河南省财政两价款重点资助项目

铝土矿床突水机理与防治技术

——豫西夹沟铝土矿床突水治理理论与实践

李满洲　杨昌生　王继华
甄习春　郑　拓　余　强　编著

黄 河 水 利 出 版 社

内 容 提 要

本书针对铝土矿床地质、水文地质特征，采用多个学科、多种手段综合研究的方法，系统地论述了铝土矿床的充水水源特征、突水通道特征；以我国首例夹沟突水采场为靶区，详细地剖析了铝土矿床的突水成因和机理；在总结分析国内外非铝矿山突水治理实践的基础上，初步建立了铝土矿床突水的防治方法和技术，介绍了防治工程勘查、设计、施工的方法和要求，提供了矿床水优化设计的理论和过程，给出了矿床地应力测量及其数值模拟的方法和应用实例；结合夹沟采场突水治理，开展了高效廉价复合注浆材料的研究和试验，并在矿床突水防治工程实践中得到运用。可供从事矿山水害勘查、设计、治理等部门的工程技术人员阅读，也可供矿山水文地质、工程地质、采矿工程等专业的科研人员和高等院校有关专业的教师、学生参考。

图书在版编目(CIP)数据

铝土矿床突水机理与防治技术:豫西夹沟铝土矿床突水治理理论与实践/李满洲等编著. —郑州:黄河水利出版社,2007.9

ISBN 978-7-80734-278-6

Ⅰ. 铝… Ⅱ. 李… Ⅲ. 铝土矿-矿山突水-防治 Ⅳ. TD745

中国版本图书馆CIP数据核字(2007)第141330号

组稿编辑:雷元静　电话:0371-66024764

出 版 社:黄河水利出版社

地址:河南省郑州市金水路11号　邮政编码:450003

发行单位:黄河水利出版社

发行部电话:0371-66026940　传真:66022620

E-mail:hhslcbs@126.com

承印单位:河南省瑞光印务股份有限公司

开本:787 mm×1 092 mm 1/16

印张:18.75

字数:455千字　印数:1—1 500

版次:2007年9月第1版　印次:2007年9月第1次印刷

书号:ISBN 978-7-80734-278-6/TD·3　定价:45.00元

前　言

矿山水害，长期以来成为困扰着采矿安全工作的重大隐患。我国北方华北地台铝土矿床多赋存于石炭系中统本溪组地层里，矿床常与灰岩岩层共存。铝土矿床的直接顶、底板分别毗邻石炭系上统厚层灰岩和奥陶、寒武系巨厚层灰岩。该灰岩岩溶、裂隙十分发育，导富水性很强。加之构造断裂、岩溶陷落柱等的存在，矿床水文地质条件极其复杂。开采过程中，一旦接近或沟通这类灰岩，就可能构成突水的威胁或造成灭顶的灾难。随着铝土矿床浅部易采资源的逐渐枯竭，深部开采规模和范围日益扩大，矿床突水已成为一个重大的问题摆在了我们面前。

坦率地说，未来铝土矿床深部开采将会普遍面临突水的威胁。同煤类矿床相比，这种突水威胁将有过之而无不及。

2003 年 10 月，我国百米深露天采场——中铝河南夹沟采场已首遭严重的突水危害。该采场采至距下伏奥灰 10 多米时，发生了突水。最大积水量150 000m^3，积水深度达 30 多米，采掘工作面全部被淹，年产 15 万 t 的矿山停产瘫痪，给企业以至国家带来重大的经济损失。

夹沟矿床突水事例向我们昭示，如果不及时开展铝土矿床突水机理与防治方法研究、寻求有效解决矿床突水的防治措施与技术，未来河南乃至北方深部开采工作必将会普遍遭受突水的重创。为此，我们必须早做计议、科学应对，力争从源头上抑制或减轻矿床突水的危害。遗憾的是，迄今为止有关铝土矿床突水危害并未引起人们的关注。以往关于铝土矿床突水的相关研究甚少，至今尚未有较为系统的研究成果。

本书是作者在河南夹沟铝土矿床突水治理的亲身实践基础上，并结合我国北方华北地区铝土矿床地质、水文地质特征以及作者长期从事矿山地质灾害防治工作的实际，借用国内外非铝矿床突水防治的成功经验，对铝土矿床突水机理与防治方法和技术进行的初步研究，对铝土矿床突水防治问题做了一些有益的探索。

除绪论外，全书分上、中、下三篇，共 16 章。

上篇以地质、水文地质学理论为基础，分别从区域地质环境演化特征、区域地质构造演化特征和区域岩溶发育演化特征入手，较详细地论述了区域地质环境发育特征对矿床突水的影响。这种论述是必要的，因为研究矿床“突水”发生、发展的规律，始终离不开地质、水文地质环境大背景，它可以帮助我们从全局上、客观地把握矿床突水的本质，对于剖析矿床突水机理、正确开展防治方法与技术研究具有重要的指导性作用。再者，这种基础性的研究工作，也有利于读者从宏观视野角度加深对矿床突水的多样性、复杂性的理解和认识。

中篇分析评述了国内外非铝矿床突水机理和预测预报研究的历史与现状；较为系统地总结了铝土矿床的充水水源类型和突水通道类型；结合夹沟矿床（采场）突水实际，较详细地剖析了铝土矿床突水的机理，并对铝土矿床突水预测预报进行了初步的研究。

下篇在分析研究国内外非铝矿床突水防治现状、策略与方法的基础上，开展了铝土矿床突水防治方法与技术的研究，初步总结建立了关于铝土矿床突水防治的方法与技术。介绍了防治工程勘查、设计、施工的方法和要求。并结合夹沟采场突水治理，进行了疏水降压方法及其优化模拟技术、矿床地应力测量数值模拟与开采控制技术、豫Q－BR复合注浆材料试验与效果检测等专项的研究。

矿床突水防治中一个重要的问题就是降水方案的设计。如何针对复杂多变的矿区水文地质条件，给出安全、可靠且投入成本较低的优化疏降方案，是矿床突水防治技术研究的一个重要课题。本书对此有较为详尽的讨论。在进行疏降水设计的各种方法中，地下水管理模型对于疏降孔群的优化设计具有一般解析法难以企及的优势。为了使读者有一较为全面的了解，书中特别给出了夹沟采场应用的实例。

注浆止水是矿床突水防治中另一项重要的技术。目前可供选择的注浆止水材料众多，但各种浆材性能不一，适用性不同，成本价格各异。如何结合矿区实际条件，开发出高效、廉价的浆材，是矿床突水防治技术研究的一项重要组成部分。对此，作者针对铝土矿区剥离黏土弃料情况，开发了豫Q－BR复合注浆防水材料。书中探讨了该复合注浆材料的特性及其堵水试验的效果。事实证明，因地制宜，合理利用矿区剥离弃料，可以起到既满足防水要求，又能够降低注浆工程成本，同时收到废物利用、保护环境的效果，对于进一步拓展矿山堵水材料研究具有建设性的意义。

众所周知，矿床地质条件千变万化，不同地区、突水成因不同。试图用一种矿床“突水机理及模式”来涵盖一切，显然不符合客观事实，也不是作者的主张。有关防治方法和技术的研究也仅仅是初步的工作，尚缺乏大量必要的试验与检测。作者进行豫Q－BR复合注浆材料的开发，亦是旨在强调矿山水害防治须走因地制宜、变废为宝的绿色之路。从该意义上讲，本书所起的作用只是一种引玉之举，期望由此引起人们对铝土矿床突水防治工作的重视。而且由于突水事例和监测资料有限，研究工作远未达到作者期望的境界，这是本书莫大的遗憾。

本书绪论由李满洲、杨昌生编写，第2章～第6章、第7章7.3、7.4、7.5、第8章、第9章、第11章、第12章12.1～12.5由李满洲编写，第12章12.6由李满洲、郑拓编写，第13章13.1、13.2、第14章～第16章由李满洲编写，第10章由余强编写，第13章13.3由李满洲、余强编写，第1章由王继华编写，第7章7.1、7.2由李满洲、甄习春编写。插图由杜丹、李欣等清绘完成。全书由李满洲统稿。

值此书出版之际，特向那些给予诚挚关怀和热情指导的专家、学者表示由衷的感谢。他们是吉林大学林学钰院士、河南省国土资源厅吴国昌总工程师、中国地质科学院水文地质环境地质研究所张发旺研究员、中国铝业公司矿业分公司姜小凯总经理、董光辉副总经理、铁平菊副总经理、孙新礼经理等。另外还要感谢方洁新女士、李欣女士的帮助，她们在本书撰写和整理出版过程中做了许多辅助的工作，作者心中永存感激之情。写作过程中，作者参考了大量同行的学术与工作成果，在此向他们亦表示衷心的感谢。

由于作者水平所限，书中谬误之处难免，敬祈读者不吝指正。

李满洲

2007年3月

目　录

下篇 矿床突水防治方法与技术

绪　论

0.1　铝土矿床发育特征及其突水状况

0.1.1　铝土矿床成矿规律

我国北方华北地台铝土矿床埋藏于石炭系中统(C_2)海陆交替相的碎屑岩建造中，主要的成矿规律为：

(1)铝土矿床赋存于寒武—奥陶系古风化侵蚀面上的石炭系中统本溪组中。矿床的形成是与寒武—奥陶系碳酸盐岩的风化剥蚀和准平原化密切相关的。加里东运动之后，广阔的华北地台上升为陆地，寒武—奥陶系的碳酸盐岩基底经受了长达1.4亿年的风化剥蚀。漫长的物理和化学作用过程，除造成华北大陆的广泛夷平外，还留下了铝、硅、铁质为主要成分的钙红土风化壳。后发生海侵，在地表径流的作用下，钙红土风化壳物质在低洼处沉积下来，遂形成含矿岩系的雏形。由于海侵的速度较慢，这套含矿岩系的形成先后不一、厚薄不等，但整个沉积层序比较稳定，华北地台统称为本溪组，平行不整合于寒武—奥陶系碳酸盐岩古侵蚀面上。受由北而南碳酸盐岩基底抬升及剥蚀程度的差异影响，铝土矿床一部分地区，如豫西、豫西北济源—焦作、陕县、渑池—新安、偃师—巩义、登封—禹州等地赋存于奥陶系古风化侵蚀面上；而另一部分地区，如豫西南汝州—宝丰等地赋存于寒武系古风化侵蚀面上。

(2)本溪组含矿岩系自下而上具有稳定古陆壳区边缘的铁—铝—硅沉积序列建造，分布均匀而稳定，一般厚5～20m。垂向上，从下往上铁质递减，铝质递增，至中上部为铝土矿，在往上过渡为铝硅质、炭硅质的海陆交互相沉积。平面上，与自东北向西南的海侵方向一致，北部含矿岩系较厚，向南稍薄。由于成矿期古地形和物质供给的双重控制，常以古陆侵蚀区边缘的负地形为中心，含矿系和铝土矿床中心厚，向外则变薄。

(3)主要铝土矿带围绕古侵蚀区呈带状分布。古侵蚀区是铝土矿的物源，铝土矿床的分布受区内古侵蚀区边缘的控制。矿带的展布方向与当时的古侵蚀区相一致，大多呈近东西向，部分为北东向。各矿带的展布随古侵蚀区凹凸不平的边缘变化而变化，呈蛇曲状、弧形带状，分布于古侵蚀区向海一侧，部分沿盆地的边缘呈弯月形分布。矿带规模沿成矿区内的古侵蚀区边缘者最大，矿床也较稳定，而沿外围的古侵蚀区边缘分布的矿带或区内古侵蚀区交错部位的矿带规模小，矿床亦不连续。

(4)不同类型岩溶侵蚀面所形成的铝土矿床具有不同的地质特征。本溪组含矿岩系与顶底板的界限呈上平下凹凸不平的特点，这主要是由于下伏碳酸盐岩基底在成矿前的岩溶作用下造成的，下伏岩溶侵蚀面的起伏程度决定了岩溶负地形如洼地、洼斗的发育程度，并由此控制了含矿岩系的厚度变化及铝土矿体的规模和形态。在铝土矿形成的早期阶段，成矿以“填平补齐”作用为主，基底岩溶侵蚀面的形态产状决定着铝土矿床的规模形态甚至品位的变化。

0.1.2　铝土矿床的成因机制

关于铝土矿床的成因主要有以下几种观点：

(1)胶体化学沉积理论。是由苏联学者 A.Л.阿尔汉格尔斯基提出的,他认为铝硅酸盐岩岩石风化后,不仅可以获得铝、铁、钛等难溶物质的氢氧化物,而且可以获得各种硫酸和有机酸的可溶岩。这些真溶液和胶体溶液能够被泉水或地表径流一起从风化壳范围内被带走,迁移较远距离,以化学和胶体化学方式沉积于不同的(湖泊、沼泽、海洋)盆地中而形成铝土矿。这一学说对我国铝土矿床成因研究影响深远,人们认为,豫西巩义—偃师(夹沟)铝土矿床即是化学或胶体化学沉积作用形成的,沉积过程无论水平或垂向均为化学分异作用所控制,即化学分异作用是铝土矿成矿沉积的主导作用。

(2)红土或钙红土残坡积成因理论。"红土说"是提出最早、影响最广的铝土矿床成因理论。该理论认为铝土矿在基岩的风化过程中,一些易活动组分流失,而惰性组分,如 Fe、Al、Ti 的氢氧化物等残留并聚集在原地即红土风化壳里形成的。认为该红土是比铝土矿老的碳酸盐岩石的风化残余物,它是就地形成的或者搬运距离非常有限。对豫西铝土矿床的成因持这种观点的,其主要论点为:铝土矿的主要物质来源应属其底板碳酸盐岩石,因其经过长期的化学风化作用,使主要含 Al、Fe 的残余物质保留在原地,或发生近距离搬运,在原地或附近堆积形成最原始的红色高铁铝土矿。

此外,还有红土—沉积成因理论(Г.И.布申斯基)以及国内一些研究者在这一理论基础上,提出的如"红土—沉积—红土化"成因观点(李启津,1985)、"红土—沉积—改造富铝化"成因观点(殷子明,1987)等。

0.1.3　铝土矿床突水概况及其研究的意义

从上述铝土矿床发育分布特征不难看出,铝土矿床的形成与下伏灰岩之间具有内在的联系,铝土矿床的埋藏分布与灰岩相伴而存,铝土矿床的直接底板与厚层、巨厚层灰岩相接触。而且,由铝土矿床发育形成的古环境决定着该灰岩岩溶化作用强度和规模将会很大,岩溶、裂隙一定发育,导富水性势必很强。加之构造断裂、岩溶陷落柱等异常地质体的存在,矿床水文地质条件极其复杂。开采过程中,一旦接近这类灰岩或沟通这类异常地质体,就可能构成突水的威胁或造成灭顶的灾难。随着铝土矿床浅部易采资源的逐渐枯竭,深部开采规模和范围日益扩大,矿床突水必然成为一个突出的问题摆在我们的面前。

坦率地说,未来铝土矿床深部开采将会普遍面临突水的威胁。由于铝土矿床距离寒武、奥陶系灰岩强含水层很近,因此同煤类矿床等相比,这种突水威胁将有过之而无不及。

2003 年 10 月,我国百米深露天采场——豫西铝土矿区夹沟采场已首遭严重的突水危害。该采场采至距下伏奥陶系灰岩 10 多米时,发生了突水。采场最大积水量 150 000m^3,积水深度达 30 多米,采掘工作面全部被淹,一个年产 15 万 t 的矿山停产瘫痪,给企业以至国家带来重大的经济损失。

夹沟矿床突水事例向我们昭示,如果不及时开展铝土矿床突水机理与防治方法研究、寻求有效解决矿床突水的防治措施与技术,未来河南乃至北方深部开采工作必将会普遍遭受突水的重创。

为此,河南省国土资源厅、财政厅决定,以我国首例——豫西铝土矿区夹沟矿床突水采场为靶区,就“铝土矿床突水机理与防治技术”展开科技攻关的研究(豫财建[2004]219号),以便早做计议、科学应对,力争从源头上遏制或减轻矿床突水的危害,为河南乃至北方深部开采工作提供技术支撑与安全保障。

0.2 研究工作思路与方法

0.2.1 研究工作思路及技术路线

研究工作总的思路是:“面”上调查研究摸清条件和规律;“点”上试验检测查明成因和效果。以面控点、以点领面、先面后点、点面结合,在全面搜集、调查和试验、检测工作的基础上,充分借鉴非铝矿床研究方法和成功实践经验,紧密结合豫西夹沟突水矿床乃至华北地台铝土矿床地质、水文地质条件,详尽开展矿床突水机理与防治方法和技术的研究。

其中,“面上调查研究摸清条件和规律”主要是指调查摸清豫西矿区乃至华北地台型铝土矿床赋存的地质、水文地质环境条件,包括搜集研究区域地质构造演化特征、区域岩溶地质发育演化特征及其对矿床突水的影响。着重对矿床充水水源特征、突水通道特征等矿床突水的形成条件和变化规律进行调查研究;“点上试验检测查明成因和效果”是指以目前我国首例——豫西夹沟突水矿床为“靶区”,采用多种方法和手段,包括高分辨率物探、降水试验、矿床地应力测量、室内与原位物理力学测试、压水试验、复合材料注浆试验、钻探检查等勘查揭示矿床突水通道的形态类型和分布特征、充水水源类型和含水岩组水文地质的特征及其矿床突水的模式和机理,评价矿床突水的强度。在大量试验、检测工作的基础上,重点开展矿床突水防治方法和技术的研究,研究建立针对铝土矿床突水的防治方法与技术,总结提出豫西铝土矿区乃至华北地台区域铝土矿床突水防治管理的策略和措施。

0.2.2 研究工作方法及内容

研究工作采用的主要方法有:资料搜集分析、综合矿床地质和水文地质调查、地球物理勘探、矿床地应力测量、岩石物理力学测试、水文地质试验、注浆堵塞加固试验、地质钻探以及综合分析研究等。其中:“面”上区域性工作以资料搜集及对比分析研究为主,辅以必要的实地调查工作;“点”上专门性工作以试验、检测方法为主,加以综合分析和总结升华研究的方法。

夹沟矿区主要的试验、检测工作内容如下。

0.2.2.1 地球物理勘探

地球物理勘探,包括瞬变电磁法、钻孔地震CT法和钻孔声波法。

0.2.2.1.1 瞬变电磁法

(1)探测充水含水岩组岩溶裂隙发育特征、含隔水岩组空间分布变化状况;

(2)探测断层、破碎带规模及其空间的展布;

(3)探测本溪组铝土矿床底板和下伏灰岩古侵蚀面的位置、起伏形态以及岩溶裂隙突水通道发育分布状况;

(4)对夹沟突水矿床注浆防渗堵塞和加固效果进行探测与检验。

0.2.2.1.2　钻孔地震 CT

(1)探测铝土矿床底板原生裂隙、次生裂隙、断层、破碎带位置和规模;

(2)探测铝土矿床底板及其下伏灰岩含水岩组岩溶、裂隙的发育状况,溶洞规模、分布与充填情况;

(3)对夹沟突水矿床注浆堵塞与加固效果进行探测与检验。

0.2.2.1.3　钻孔声波测试

出于对比研究的需要,特增设此法。主要测试部位和内容同“钻孔地震 CT”法。

0.2.2.2　水岩分析

水岩分析,包括碳酸盐类分析和地下水分析。碳酸盐类分析针对矿区灰岩、白云质灰岩充水含水岩组碳酸盐岩采样测试。主要研究内容为方解石、白云石等矿物成分和 CaO、MgO、酸不溶物化学成分含量等及其对充水含水岩组岩溶裂隙的发育影响。并对充水含水岩组岩溶裂隙地下水采样分析,分析内容为常规简分析,外加侵蚀性 CO_2 分析。

0.2.2.3　岩石物理力学测试

岩石物理力学测试,包括室内实验和原位测试:

(1)室内岩石物理力学实验。采样对象系矿床顶底板黏土岩、铝土岩和灰岩等。主要分析研究矿床顶底板岩石物理力学特征,结合豫西地区乃至华北地台铝土矿床勘探资料,开展矿床开采顶底板科学管理技术以及突水预测预报的研究。

(2)矿床地应力测量。矿床地应力测量于注浆引孔中采用水压致裂法进行。测量内容为夹沟矿区大地应力场类型、最大主应力及其展布方向等。分析研究矿床顶底板岩体的受力特征,进行矿床开采布局及其顶底板科学管理技术的研究。

0.2.2.4　矿床降水试验

按稳定流、三个落程进行。降水试验的同时,开展矿区地下水流场动态监测以及地表水体、相关矿井水位、水量动态变化的观测。主要研究内容为夹沟突水采场充水含水岩组水文地质特征(参数)、突水点分布状况以及矿床突水的强度等,开展疏水降压技术及其排水—供水—生态环境三位一体综合治理的研究。

0.2.2.5　钻孔压水试验

钻孔压水试验利用注浆引孔,分别于注浆前、后各进行若干次试验。主要分析研究矿床顶底板岩体的渗透特征以及检测注浆防渗堵塞与加固的效果。

0.2.2.6　注浆试验

重点开展矿床隔水底板各类原生、次生裂隙等导水通道的加固试验和矿床底板下伏灰岩充水含水岩组岩溶、裂隙导水通道的防渗堵塞试验。并通过与豫西地区乃至华北地台铝土矿床地质、水文地质条件的对比分析,开展矿床突水注浆方法与技术的研究。

0.2.2.7　地质钻探

地质钻探主要针对夹沟采场突水通道与注浆堵塞加固效果开展直接的检测,通过地质钻探取心观察,对注浆充填状况、固结状况等防渗堵塞与加固效果进行直观的研究。

0.3　取得的主要成果与认识

(1)在区域矿床地质、水文地质环境演化研究的基础上,系统分析了豫西乃至华北地台铝土矿床可能的充水水源和条件,并对不同充水水源的特征进行了详细的分类与研究。指出通常情况下,豫西乃至华北地台铝土矿床主要充水水源为碳酸盐岩类裂隙岩溶水。其中,矿床顶板上覆石炭系太原组岩溶裂隙含水岩组富水性相对较弱,一般发生突水时突水量不大;矿床突水水源主要来自底板下伏奥陶、寒武系裂隙岩溶含水岩组。

(2)通过区域矿床地质、水文地质环境演化研究,特别是区域矿床地质构造演化和岩溶地质发育演化特征的研究,系统分析了豫西乃至华北地台铝土矿床可能遭遇的突水通道类型和产生条件,并对不同突水通道的特征进行了详细的分类与研究。指出矿床底板下伏"岩溶凸起柱式导水通道"则是铝土矿床潜在的一种突水通道,对于矿床安全开采工作具有严重的威胁。

(3)开展了矿床突水机理的研究,指出矿床突水是以地形地貌、地质构造、含(隔)水岩组等矿床地质、水文地质环境条件为形成基础,以水文气象条件做外部催化,以矿山开采等人类工程活动为驱动诱发的、一种由岩石场、渗流场、人类工程活动场等多因子耦合作用的结果。当以地下水为突水水源时,矿床突水一般具有"二元"结构的特征,突水水源可来自两个不同的渗流场:一是矿床顶板上覆石炭系太原组(C_3)岩溶裂隙水渗流场;二是矿床底板下伏奥陶、寒武系($O_2+\in_{2+3}$)裂隙岩溶水渗流场。前者通常以重力自由渗流(露天开采时)为突水力源,以裂隙、溶孔(洞)为突水通道(途径),突水形式为直接式突水;后者以承压水力顶托渗透为突水力源,以各类原生、次生裂隙为突水通道(途径),突水形式为间接式突水。

(4)分析研究了国内外非铝矿床突水的防治方法与技术,在充分借鉴非铝矿床突水防治的成功实践经验的基础上,结合豫西乃至华北地台铝土矿床地质、水文地质条件实际,初步总结建立了关于铝土矿床突水的防治方法与技术。它对于指导目前豫西乃至华北地台其他地区铝土矿床安全开采工作具有一定的指导作用和意义。

(5)开展了铝土矿床地应力测量研究。结果表明,豫西夹沟矿区存在着较高的水平构造应力,其量值明显高于垂向应力。水平高构造应力与开采形成的局部地应力场不良改变的叠加影响对矿床底板岩石场各类裂隙、结构面导水起到极为重要的"催活"作用,是造成矿床底板突水的重要因素之一。矿床水平高构造应力方向为 N70°E 向,未来矿床采掘面轴线走向沿 N70°E 方向布设,可有效减弱水平高构造应力对矿床底板及其边坡稳定性的不良影响。关于此对于指导豫西乃至华北地台其他地区铝土矿床安全开采工作有着重要的借鉴作用。

(6)结合豫西铝土矿区的实际,开展了豫 Q－BR 复合注浆材料的研发和现场堵水的试验。结果证实,因地制宜,合理利用矿区剥离弃料,可以起到既满足堵水的要求,又能够降低注浆工程成本,同时收到废物利用、保护环境的效果,对于进一步拓展矿山堵水材料研究具有建设性的意义。

(7)开展了铝土矿床疏水降压优化管理模型的模拟研究。结果显示,豫西夹沟矿床底板下伏奥陶、寒武系($O_2+\in_{2+3}$)裂隙岩溶含水岩组水压力高、富水性强。矿区未来开采采取地表预先疏水降压的措施,能够满足开采至预定高程时,不发生矿床突水的需要。

当受地下水疏降条件的限制或出于对生态水环境保护的需要,豫西乃至华北地台其他铝土矿区深部实施带压开采时,对于矿床隔水底板薄弱的部位,建议优先采取预先注浆加固堵塞的措施。其中,加固主要用于矿床直接隔水底板各类裂隙防渗黏结的处理;堵塞主要用于矿床隔水底板下伏灰岩含水岩层溶洞、溶孔防渗充填的处理。

预先注浆既可在地表进行，也可随着矿床的开采，结合探防水工作于坑道内进行。

(8)从矿床“二元”突水模式实际出发，豫西夹沟现采场以及未来纵Ⅲ线以南乃至华北地台其他地区浅部开采时，其防治水策略和措施可优先采取：事前主动“预留矿床(C_2)隔水底板”的防护，同时做好事后平行“疏干排水”治理的工作。

参 考 文 献

[1] 吴国炎．豫西铝土矿的物质来源和成矿模式探讨[J]．地质与勘探，1987(10)．
[2] 廖志范，等．中国铝土矿地质学[M]．贵阳：贵州科技出版社，1991．
[3] G. 巴多西，G.J.J 阿列瓦．红土型铝土矿[M]．沈阳：辽宁科学技术出版社，1994．
[4] 王恩孚．论中国古生代铝土矿之成因[J]．轻金属，1987(7)．
[5] Г.И 布申斯基．铝土矿地质学[M]．北京：地质出版社，1984．
[6] 刘长龄．中国石炭纪铝土矿的地质特征与成因[J]．沉积学报，1988(3)．

上篇　区域地质环境发育特征及其对矿床突水的影响

第1章　区域矿床地质环境特征

铝土矿床突水机理与防治方法研究必然以矿床区域地质环境发育演化特征为基础，它是造成矿床突水的自然环境因素，亦是矿床突水防治方法正确运用的地质依据和条件。

矿床区域地质环境包括矿床分布区的地形地貌、地层、区域地质构造、岩土工程地质及水文地质等方面。

1.1　地形地貌

铝土矿床现今的空间分布除受成矿条件制约外，还受成矿后的构造变形和地形地貌及切割状况所控制。从地形地貌角度来看，铝土矿床一般分布于背、向斜的翼部地带，如豫西铝土矿床主要分布于渑池向斜、岱眉寨背斜、颖阳—新密复向斜、嵩山背斜、禹州向斜、汝州—邓州复向斜等褶皱构造的翼部。其中，夹沟突水矿区即位于嵩山背斜的北翼地带，南为嵩山山脉西段中低山地，北为山前倾斜平原。矿区地貌可分为低山、低山丘陵和洪积倾斜平原三种基本类型，见图1-1。夹沟突水采场地貌类型以洪积倾斜平原为主，东南部为少部分低山。地面高程220～450m，由山前向下游倾斜。

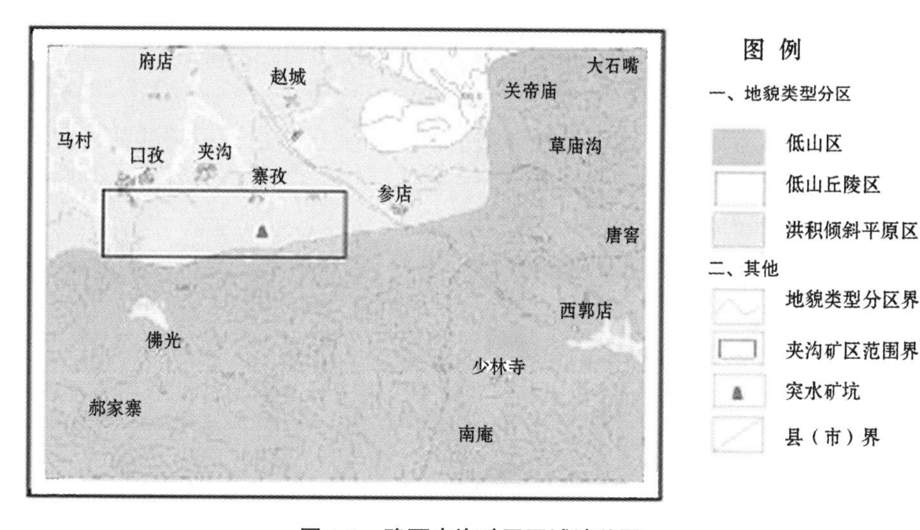

图1-1　豫西夹沟矿区区域地貌图

1.2　区域地层

我国北方华北地台铝土矿床区域地层为华北型地层。豫西铝土矿区除缺失上奥陶、志留、泥盆、下石炭和侏罗、白垩系外，自太古界至新生界均有出露。太古界和下元古界变质岩系分布于嵩山复背斜及箕山复背斜的核部，中上元古界和古生界分布于复背斜的两翼，中新生界分布于断陷盆地中，见图 1-2。

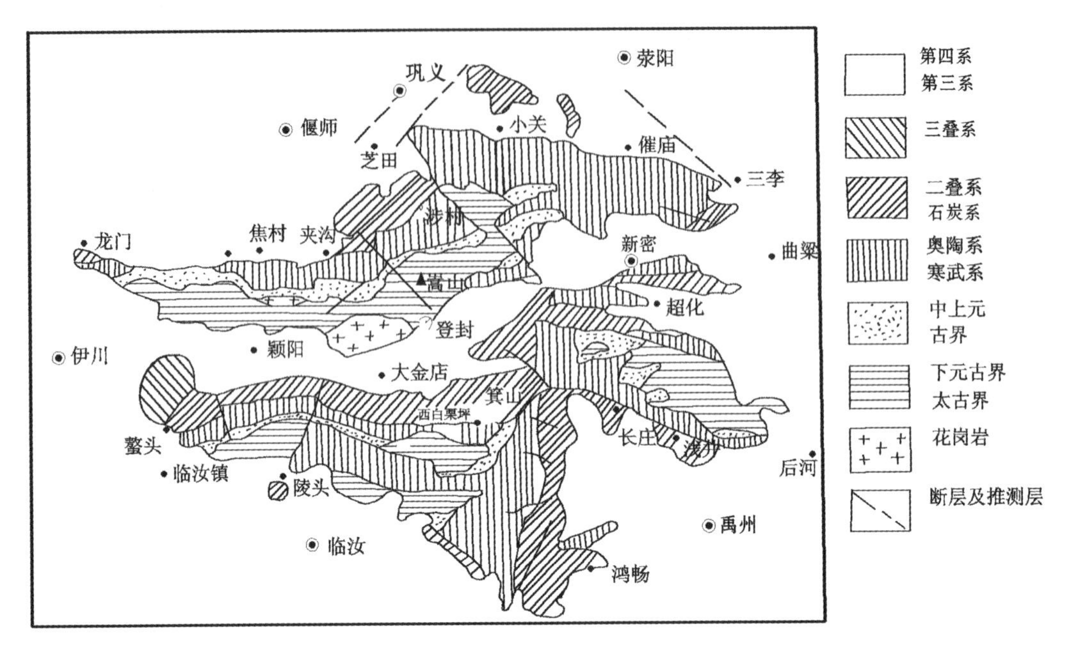

图 1-2 豫西嵩箕地区地质略图

各时代的地层特征见表 1-1。

太古界登封群：早期为黏土、半黏土质沉积和中基性火山岩，晚期为含砾泥砂沉积。嵩阳运动经受区域变质，属于铁铝榴石角闪岩相，并伴有混合岩化和花岗岩化。其后在形变中发生退变质。

下元古界嵩山群：为滨海—浅海陆源砂质、泥砂质、泥质及白云质碳酸盐岩沉积。中岳运动经受浅变质，属绿片岩相黑云母亚相。

中上元古界，为浅海碎屑岩，基本上未变质，局部浅变质。

古生界寒武系和奥陶系为浅海相碳酸盐岩、页岩，石炭系和二叠系为滨海相、海陆交互相及陆相煤系地层。

中生界和新生界零星分布在断陷盆地中及河流两岸。

鉴于铝土矿床突水机理与防治技术研究的需要，兹将豫西嵩箕地区寒武、奥陶及石炭系地层特征详述如下。

1.2.1 寒武系(∈)

该系在豫西嵩箕地区广泛分布，为深—浅海环境沉积物，自下而上分为三统八组。

1.2.1.1 寒武统($\in_1$)

由辛集组和馒头组构成。辛集组下部为黑色磷块岩、炭质页岩、含磷粉砂岩、砂质等，中部为条纹状白云岩、杂色白云岩(或灰岩)、角砾岩，含燧石块白云岩及灰岩，上部以豹皮状灰岩为主。下部碎屑岩由南向北粒径变粗，磷含量降低，顶部豹皮灰岩稳定。登封—渑池一带厚 51～139m，南厚北薄。

表 1-1　豫西嵩箕地区地层简表

界	系	统	组	代号	厚度(m)	岩性
新生界	第四系			Q	0～245	棕红色粉砂质亚黏土，黄土及近代冲积砂砾石层
	上第三系			N	0～201	上部为辉石橄榄玄武岩、安山岩、砂质黏土岩、泥岩，下部为砂质黏土岩平泥灰岩
	下第三系			E	106～2 464	上部为红色含砂砾黏土岩，中部为红色含砂质黏土岩、钙质砾岩、砂岩及炭质页岩等，下部为紫红色砂质黏土岩及黏土质砂砾岩互层
中生界	三叠系	上统		T_3	482～694	上部为黄绿色石英砂岩，长石石英砂岩、粉砂岩及砂质页岩、泥质页岩，下部浅黄、黄褐石英砂岩，暗紫红粉砂岩、砂质页岩
		中下统		T_{1+2}	598	紫红色钙质粉砂岩，砂质页岩，灰白色细砂岩，顶部为肉红色长石石英砂岩
	二叠系	上统	石千峰组	P_{2sh}	470～865	紫红色钙质粉砂岩与中细粒砂岩互层
			上石盒子组	P_{2s}	403～969	上部为灰白色中粒长石石英砂岩，下部为黄绿色泥岩、砂岩互层，夹黄色细砂岩，炭质页岩及煤层
		下统	下石盒子组	P_{1x}	22～77	砂岩，泥岩，夹煤线
			山西组	P_{1s}	10～65	中上部为砂岩，砂页岩；下部为泥岩、炭质页岩，夹厚层煤
	石炭系	上统	太原组	C_{3t}	51～105	生物灰岩、含燧石灰岩、砂质页岩、砂岩互层；中夹岩质页岩及煤层
		中统	本溪组	C_{2b}	0.45～87	上部铝质页岩、铝土矿、黏土岩；下部含铁黏土岩，赤铁矿层
下古生界	奥陶系	中统	马家沟组	O_{2m}	42～126	上部为厚层状灰色灰岩，角砾状灰岩，白云质灰岩；下部为薄层状泥质灰岩，底部为黄绿色页岩
	寒武系	上统	凤山组	$\in_{3f}$	119	灰白色厚层状含硅质团块白云岩，白云质灰岩
			长山组	$\in_{3c}$	46	厚层状白云质灰岩，顶部为灰绿色薄层状泥质灰岩、泥质白云岩
			崮山组	$\in_{3g}$	94～277	灰、深灰色厚、巨厚层白云岩，鲕状白云岩，顶部为橘黄色薄层状泥质白云岩
		中统	张夏组	$\in_{2zh}$	49～125	灰、深灰色巨厚层鲕状灰岩，白云岩
			徐庄组	$\in_{2x}$	53～241	中厚层泥质条带灰岩，白云质灰岩夹黄绿色页岩
			毛庄组	$\in_{2m}$	66～197	紫红色砂质页岩，夹薄层状粉砂岩，泥质灰岩
		下统	馒头组	$\in_{1m}$	57～85	紫红色、绿色泥质灰岩夹薄层粉砂岩，泥质页岩
			辛集组	$\in_{1x}$	59～184	上部为豹皮状灰岩，白云质灰岩；下部为紫红色、黄绿色泥质或砂质灰岩，泥质粉砂岩，底部为砂砾岩

续表 1-1

界	系	统	组	代号	厚度(m)	岩性
上元古界	震旦系		罗圈组	Z_1	0～306	暗红、灰黄红色铁质砂岩夹薄层泥质页岩及砾岩
		洛峪群	何家寨组	P_{t_3h}	329	灰紫、灰黄色砂质页岩、泥灰岩、灰岩夹砂岩
			骆驼畔组	P_{t_3lt}	17～68	紫红、灰白色厚层粗粒石英砂岩夹砂质页岩,底部砂砾岩
中元古界		汝阳群	葡萄峪组	P_{t_2p}	93～130	紫红、灰黄色板状砂质页岩夹细砂岩,局部夹透镜状灰岩
			马鞍山组	P_{t_2m}	46～645	浅紫红色、灰黄色中粗粒石英砂岩夹页岩,底部具砾岩及透镜状赤铁矿
			兵马沟组	P_{t_2b}	559	暗紫红色砂质页岩夹薄层粉砂岩,中粗粒砂岩及砂砾岩,底部为泥质胶结砾岩
下元古界		嵩山群	花峪组	P_{th}	86～328	紫红色千枚状绢云石英片岩夹白云岩、石英岩
			庙坡组	P_{t1m}	166～395	上部为紫红色、灰白色相间条带状石英岩;下部为灰白色粗粒夹细粒石英砂岩
			五指岭组	P_{t_1w}	734～1 629	上部为杂色含铁绢云母片岩,绢云母石英片岩夹白云岩、石英岩;中部为银白、浅绿色千枚状石英绢云片岩夹薄层石英岩;下部为灰白色褐黄色绢云石英片岩与石英岩
			嵩山组	P_{t_1s}	749	上部为灰白色厚层中粒石英岩夹绢云石英片岩,下部为巨厚层中细粒石英岩
太古界		登封群		A_{rg}	>3 000	黑云角闪斜长片麻岩,顶部为含砾绿泥绢云石英片岩,局部混合岩化

馒头组岩性较稳定,主要为黄色、灰黄色薄层泥晶白云岩、条带泥晶灰岩、泥灰岩及紫色页岩。登封一带厚 115m,与下伏地层整合接触。

1.2.1.2 中寒武统($\in_2$)

由毛庄组、徐庄组和张夏组组成。

(1)毛庄组($\in_{2m}$)。岩性稳定,主要为紫红色粉砂质页岩、薄层粉砂岩夹泥质(条带)灰岩或鲕状灰岩,自下而上灰岩增多。登封一带厚 86.4m。

(2)徐庄组($\in_{2x}$)。岩性稳定,下部为紫红色、猪肝色页岩和黄绿色页岩夹海绿石砂岩、粉砂岩及灰岩,中部紫红色页岩、黄绿色页岩与泥质条带灰岩、鲕状灰岩互层,上部深灰色薄—厚层泥质条带灰岩、鲕状灰岩。登封—济源一带厚 150～164m。

(3)张夏组($\in_{2z}$)。岩性稳定,主要为灰色、深灰色厚—巨厚层亮晶鲕状灰岩、含泥质条带状灰岩及白云质灰岩、白云岩等,厚度 179～268m。

1.2.1.3 上寒武统($\in_3$)

由崮山组、长山组和凤山组组成。

(1)崮山组($\in_{3g}$)。主要为灰黄色、薄—中厚层泥质条带白云岩、灰白色厚层细晶白云岩、含燧石团块白云岩,厚 42～79m。

(2)长山组($\in_{3c}$)。主要为灰黄色、薄—中厚层含泥质白云岩和灰白色厚层细晶白云岩。

(3)凤山组($\in_{3f}$)。本组岩性稳定,主要为灰色、灰白色中厚层细晶白云岩、含燧石团块白云岩夹黄色薄层泥质白云岩、白云质泥灰岩等,厚44～77m。

上述寒武系各组间皆为整合接触关系。

1.2.2　奥陶系(O)

奥陶系为碳酸盐岩相。出露厚度为14～597m。豫西地区缺失下奥陶统、上奥陶统,只有中奥陶统(O_{2m}),由下马家沟组、上马家沟组组成。

(1)下马家沟组(O_{2x})。出露于三门峡—禹州以北。自下而上可分为三段,一段为贾旺页岩,主要为灰黄色薄层粉晶白云岩、灰绿色页岩,底部常有一层砂砾岩,平行不整合覆盖于寒武系或下奥陶统之上,是良好的标志层;二段主要为灰色中—薄层泥晶白云质灰岩夹厚层泥晶灰岩,在登封—禹州一带角砾状灰岩发育;三段为白云质灰岩、白云岩及钙质白云岩等。豫西地区本组厚5～102m。

(2)上马家沟组(O_{2s})。主要出露于新安县庙上—巩义北洼一线以北。自下而上也可分为三段。一段主要为灰黄色薄层粉晶白云岩、中层白云质灰岩;二段主要为深灰色厚层花斑状泥晶灰岩,含白云质灰岩、白云岩等;三段为浅灰色、灰黄色中—薄层钙质白云岩、白云岩与深灰色厚层泥晶灰岩互层。豫西地区厚44～200m。

1.2.3　石炭系(C)

下石炭统全区缺失,中石炭统也发育不全。沉积类型属地台型海陆交替相铝质岩—碳酸盐岩—含煤碎屑岩建造。该系含有丰富的煤、铝土矿和耐火黏土等矿产。

(1)中石炭统本溪组(C_{2b})。本组以铝土岩(矿)为主,夹铝土页岩、黏土岩和细粉砂岩。本组底部常有紫灰色鲕状或豆状赤铁矿或黄铁矿层。与下伏奥陶系中统为平行不整合接触,但在嵩山、箕山以南地区可超覆于上寒武统之上。厚度一般为10m,局部可达87m。

(2)上石炭统(C_3)。太原组(C_{3t}),主要为铝土页岩与燧石团块灰岩或生物屑灰岩互层,夹砂岩及煤层(或煤线),其中灰岩一般3～4层。本组底部一般可见一层长石石英砂岩,与下伏本溪组整合接触。厚度10～62m。

1.2.4　二叠系(P)

山西组(P_{1s})。本组底部为浅灰色长石石英细砂岩或铝土质黏土岩,下部为黑灰色厚层生物屑粉晶泥晶灰岩夹浅灰色铝土质黏土岩、细—粉砂长石石英砂岩及煤线。有灰岩3～4层,除第一层灰岩较稳定外,其他常变为页岩,靠近上部的灰岩常呈透镜状。中上部为灰黑色砂质页岩、炭质页岩、煤层及煤线。含煤1～3层,是最重要的含煤层位。本组厚度一般在30～60m之间,与下伏太原组呈整合接触。

1.3　区域地质构造

豫西嵩箕地区地质构造具有双层结构特点,基底构造方向呈近南北向(见图1-3、图1-4),盖层构造方向有近东西向、北西向、北东向三组。

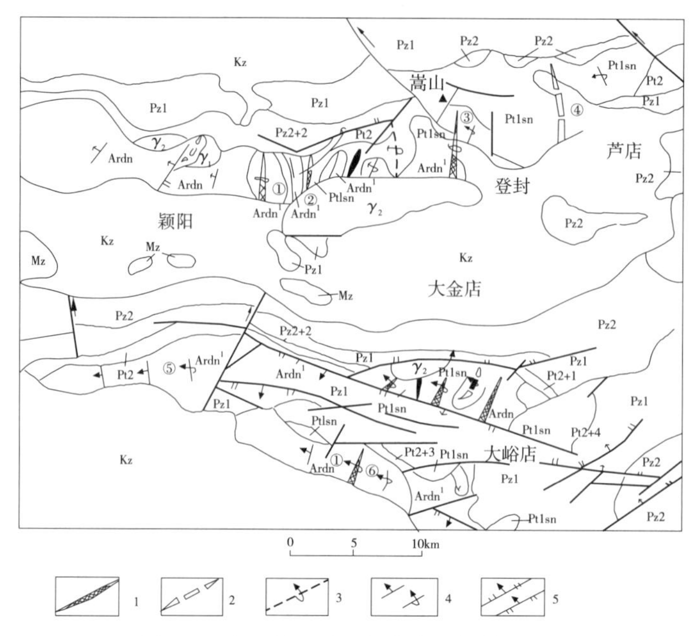

图 1-3　豫西嵩箕地区基底岩系褶皱分布图

Ardn^1—登封群下亚群；Ardn^2—登封群上亚群；P_{t2+3}—汝阳群+洛峪群；P_{z1}—下古生界；P_{z2}—上古生界；Mz—中生界；Kz—新生界；δ_1—嵩阳期闪长岩；γ_1—嵩阳期花岗岩；γ_2—王屋山期花岗岩；1—倒转背斜；2—向斜；3—倒转向斜；4—岩层产状；5—断层；①—清羊沟倒转背斜；②—挡阳山倒转背斜；③—登封倒转背斜；④—五指岭向斜；⑤—袁窑倒转背斜，⑥—陈窑倒转背斜；⑦—天摩寨向斜

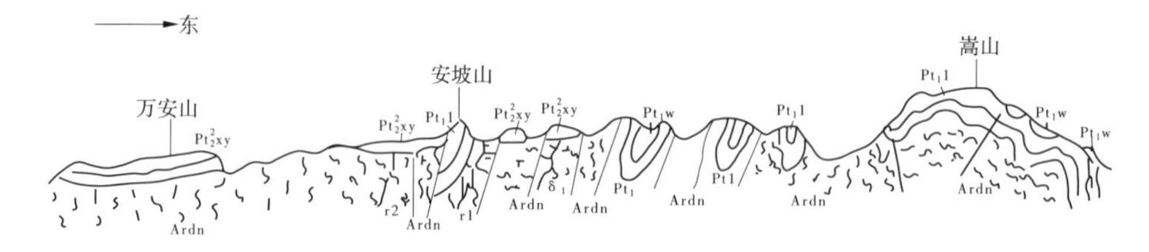

图 1-4　豫西嵩箕台隆嵩山地区万安山—嵩山基底岩系构造剖面图

Ardn—登封群；Pt1—罗汉洞组；Ptw—五指岭组；Ptry—汝阳群；γ_1—王屋山期花岗岩；γ_2—嵩阳期花岗岩；δ_1—嵩阳期变闪长岩

近东西向构造为昆仑—秦岭纬向复杂构造带的东延部分，东西向构造一直起主导作用。嵩山复背斜、箕山复背斜、颍阳—新密复向斜及东西向断裂为本区主要构造形迹。

北西向构造体系的主要构造形迹为嵩山断层、五指岭断层、南峡窝—白操岗断层、龙门南—吕店断层等，为一组逆时针扭动的压扭性断层。涉村向斜、禹州向斜等也卷入到这一构造体系。

NE—NNE 向构造有西施村—西白栗坪断层与中岳庙断层控制的卢店—大金店盆地，白河—南山口断层与孝义—回廓镇隐伏断层控制的站街—芝田盆地、陡立山—娘娘山断层与袁庄断层控制的豆村盆地等，控制了中新生界的沉积。

值得注意的是，嵩箕地区 NW 向构造和 NE—NNE 向构造多见扭动方向与河西系及华夏—新华夏系相反，它不是代表了南北向的挤压作用，而是东西向挤压应力场的反应。这可能与秦岭—大别弧所代表的一个古老的、长期活动的山字形构造的复合有关。嵩箕地区正位于这一山字形的盾地区,NW、NE—NNE向构造继承了盾地区一对X扭裂面。

夹沟铝土矿区位于嵩山复背斜的北翼,为一向北倾斜的舒缓单斜构造,构造线以近东西向、北西向展布为主,见图1-5。

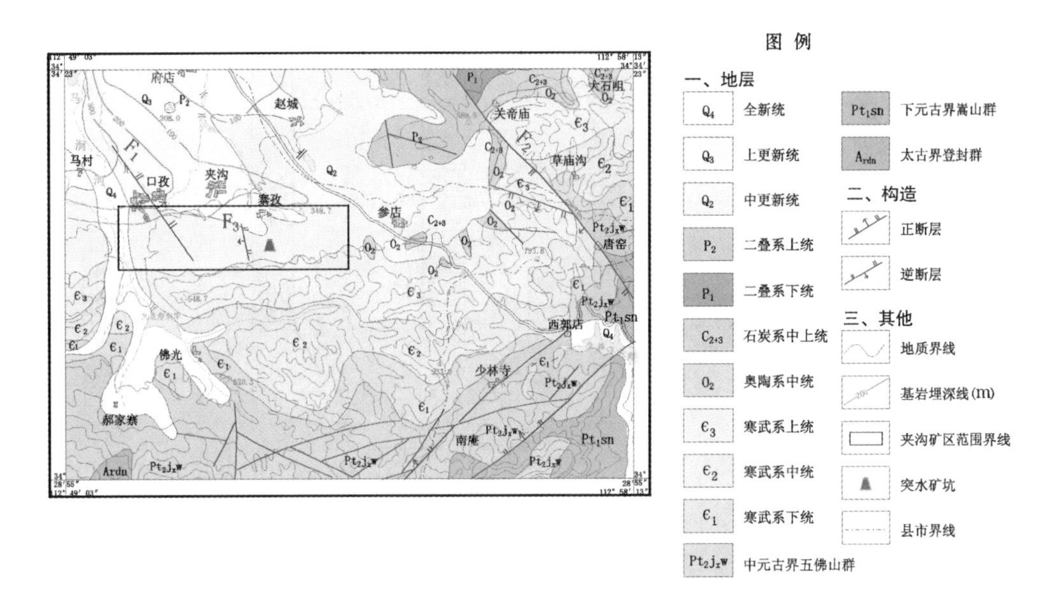

图1-5　夹沟矿区区域地质及构造图

(1)口孜断层(F_1)。位于夹沟矿区西部,为一隐伏正断层,走向北西,长约3 500m,倾向北东,落差30m。断层处曾有泉水出露,流量3~10L/s。

(2)嵩山断层(F_2)。位于唐瑶—关帝庙一线,向南穿越嵩山背斜,经中岳庙后被第四系覆盖。总体走向315°,长近60km,并以断裂带形式出现,倾向南西,倾角65°~80°,南西盘下降。断层逆时针扭动,错断了嵩山复背斜,使其北东盘向北西方向推移3km左右。断层在唐瑶、草庙沟一带出露较好,落差在300m以上,断裂破碎带宽约150m,往北西变窄。

(3)矿区逆断层(F_3)。据原勘探钻孔发现矿区两条隐伏逆断层,对矿体具有一定程度的破坏。

①F_{3-1}逆断层。位于矿区中部,在第18~20横勘探线间,此断层呈NWW向展布,长700m,平均走向340°,倾向SW、倾角75°左右,为一压扭性断层,上盘往北斜冲,使矿体受到破坏,在ZK219孔斜断距11m左右,在ZK018孔垂直断距20~30m,西盘北移,水平断距52m。②F_{3-2}逆断层。位于矿区西部,第39横勘探线以西,为压扭性断层,上盘往北西斜冲,使矿体受到破坏。最大垂直断距30m,延伸长500m,走向315°、倾角70°。

需要指出的是,夹沟矿区岩溶漏斗地带,本溪组下部地层倾角可达30°~50°,这主要是与所谓"贴壁沉积"造成的自然倾角有关,不代表褶皱作用的强度,见图1-6。

另外,在局部地段,夹沟矿区岩层有波状弯曲,但轴向不一定是东西向的,也可以是南北向或近南北向。如在原勘探CK15孔处形成一个小向斜,轴向为253°,见图1-7。这种情况可能既与构造作用有关,也与古地形造成的原始产状有关。又如在CK16形成一个轴向近南北的小背斜,并且在顶板等高线图上有所反映。从顶板等高线图上还可以看出,在ZK33、

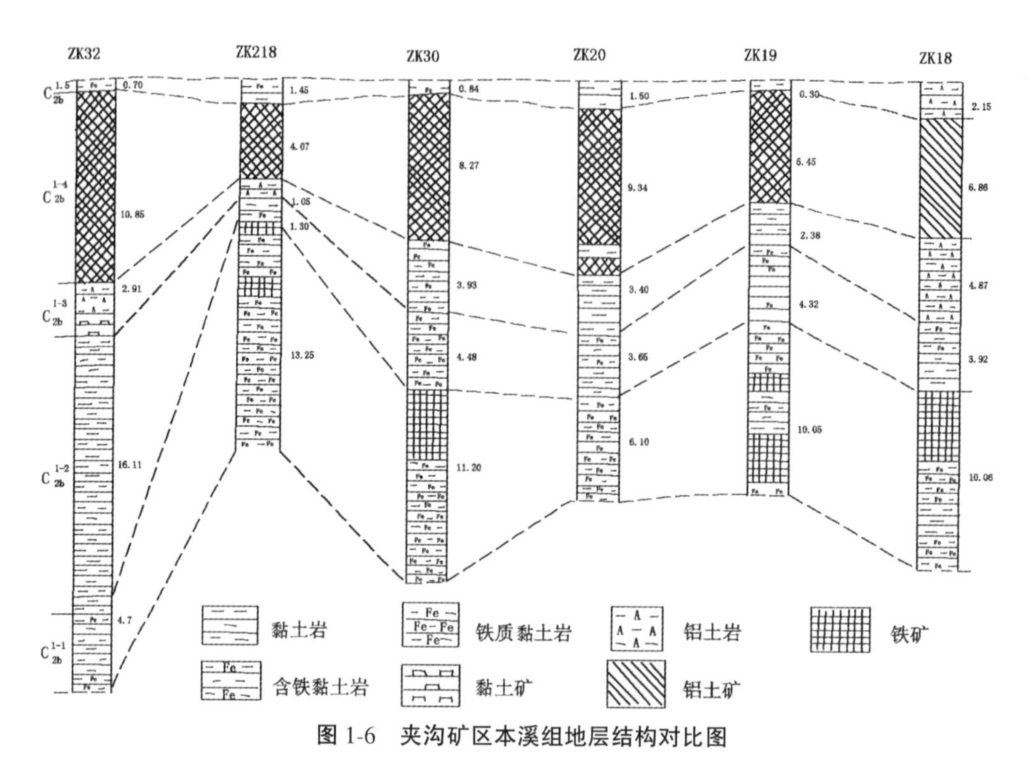

图 1-6 夹沟矿区本溪组地层结构对比图

ZK136、ZK137 等处都有这种小褶皱现象。此外，一些钻孔中还见有构造角砾岩或岩石破碎等现象。

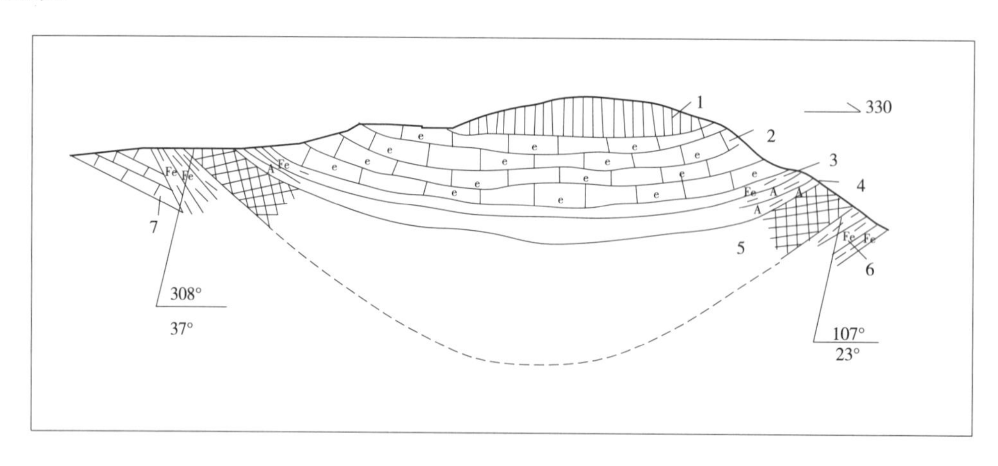

图 1-7 CK15 素描图

1—黄土；2—含生物灰岩；3—铁质黏土岩；4—铝土岩；
5—铝土矿；6—黏土岩及含铁黏土岩；7—石灰岩

1.4 岩土工程地质

铝土矿床所在地区，一般岩土种类较多，经多次构造变动，岩体结构面复杂。豫西嵩箕地区主要有松散土体类、坚硬与半坚硬岩体类。

1.4.1　松散土体工程地质

松散岩土主要为山前倾斜平原的黄土及黄土状土。

黄土及黄土状土广泛分布于嵩箕山地区山前冲洪积倾斜平原地带，由中、上更新统风成黄土、黄土状土及全新统冲积土组成。岩性为灰黄色、棕黄色黄土状粉土、粉质黏土，中间夹数层红色黏土（古土壤），多具有湿陷性，区域上湿陷性自西向东有减弱之势，湿陷系数0.02～0.07。岩性疏松、垂直节理发育，多大孔隙。其物理力学性质指标见表1-2。

表1-2　黄土物理力学性质指标

土类	天然含水量（%）	干容重（g/cm^3）	孔隙比	塑性指数	压缩系数（cm^3/kg）	湿陷系数
Q_4 黄土	7.0～30.86	1.27～1.87	0.45～1.04	7.94～17.50	0.01～0.82	0.002～0.09
Q_3 黄土	12.8～22.7	1.31～1.88	0.71～1.095	10～17.0	0.008～0.081	0.013～0.074
Q_2 黄土	14.2～31.4	1.43～1.83	0.67～0.98	11.9～18.3	0.005～0.057	0.006～0.041

1.4.2　坚硬及半坚硬岩体工程地质

1.4.2.1　岩浆岩建造

包括侵入岩和火山岩，均呈坚硬块状。

侵入岩类，新鲜岩石致密坚硬，整体性、均一性好，干抗压强度1 320～2 000kg/cm^2，软化系数0.73～0.8。风化厚度一般1～5m，局部构造带风化厚达20～25m。

火山岩类，抗风化能力较强，干抗压强度1 500～2 500kg/cm^2，软化系数0.77～0.99。

1.4.2.2　变质岩建造

混合岩、混合质片麻岩，呈坚硬块状，干抗压强度1 200～2 000kg/cm^2，抗风化能力一般，风化壳厚一般5m，局部达6～10m。

层状石英砂岩，层状结构，岩石致密坚硬，强度较高，干抗压强度500～1 200kg/cm^2，软化系数0.73，抗风化能力较强。

1.4.2.3　碎屑岩建造

该建造层理发育。石炭系和三叠系以中厚层钙质、硅质石英砂岩、砂砾岩、长英砂岩为主，其次是砂岩、薄层燧石灰岩、页岩、泥岩。干抗压强度650～1 800kg/cm^2，软化系数0.75～0.94。软弱夹层抗压强度低，抗风化能力差。二叠系及侏罗系以薄层状砂岩、长英砂岩、粉砂岩、页岩为主，其次为薄层泥灰岩、灰岩、煤层等。干抗压强度300～800kg/cm^2。白垩系和第三系主要为砂岩、钙质泥岩、泥灰岩、砂质页岩、黏土岩等，中厚层状，抗压强度较低，干抗压强度35～300kg/cm^2，软化系数0.1～0.4，抗风化能力较弱。

1.4.2.4　碳酸盐岩建造

主要由寒武系和奥陶系碳酸盐岩组成，包括灰岩、白云质灰岩、泥质条带灰岩等。坚硬、层状结构，岩溶裂隙发育，含丰富岩溶水。干抗压强度850～1 400kg/cm^2，抗风化能力较强。

1.5　水文地质

1.5.1　地下水类型及含水岩组的划分

根据地下水的赋存条件和水力特征以及含水岩层的孔隙性质，一般铝土矿床所在地区地下水可划分为松散岩类孔隙水、碎屑岩类孔隙裂隙水、碳酸盐岩类裂隙岩溶水及基岩裂隙水四种基本类型。根据含水层岩性组合特征，又可划分为若干含水岩组(层)。豫西嵩箕地区地下水类型和富水性状况见表1-3。

表1-3　豫西区域地下水类型及含水岩组富水性

地下水类型		含水岩组(层段)代号	含水介质岩性特征	富水性	富水性指标		
类	亚类				单位涌水量(L/(s·m))	常见泉流量(L/s)	径流模数(L/(s·km^2))
松散岩类孔隙水		Q_4、Q_3、Q_2	砂砾石	中等	1~5		
		Q_4、Q_2	钙核砂砾石	弱	<1		
		N	砂、砂砾岩	极弱	<0.5		
碎屑岩类孔隙裂隙水		P、T	砂岩、页岩、泥岩	弱	<0.1	<1.0	1~3
碳酸盐岩类裂隙—岩溶水	碳酸盐岩裂隙岩溶水	O_2、$\in_3$、$\in_{2z}$、$\in_{2x}$	灰岩、白云岩 灰岩、白云岩	中等	0.1~2.0	1~3	3~6
	碳酸盐岩夹碎屑岩裂隙岩溶水	C_3	灰岩、砂岩	弱	<0.1	<2.0	
		$\in_{1x}$	灰岩、泥质灰岩及砂岩	丰富		>2.0	3~6
基岩裂隙水		Ardn、Pt_1sn、Pt_2jxw	片麻岩、片岩、石英岩	弱		<0.5	<1.0

夹沟矿区地下水类型如下。

1.5.1.1　松散岩类孔隙水

主要为第四系洪积成因的砂及砂卵砾石含水层组。分布于矿区北部的洪积倾斜平原及山间河谷一带。

组成岩性为棕红色夹钙质结核、砂砾石层，沉积厚度5~80m。含孔隙潜水，水位埋深25~40m，单位涌水量0.037~6.89L/(s·m)，渗透系数4.20~61.80m/d。水化学类型以$HCO_3-Ca\cdot Mg$型为主，矿化度小于0.5g/L。

一般松散岩类孔隙含水层在背斜两翼矿区分布位置较高，一般透水而不含水，多为包气带。在向斜两翼矿区分布位置较低，成为饱水带，但与矿床之间有多层不透水层相隔，一般对矿床充水没有太大的影响。

1.5.1.2　碎屑岩类孔隙裂隙水

主要为二叠系各类砂岩层状孔隙裂隙含水岩组。岩性为砂岩、粉砂岩等,砂岩含水层沉积厚度不一,各含水层间有10～30m厚的页岩、泥岩或砂质泥岩相隔,使各砂岩含水层间一般无水力联系。砂岩结构较致密,构造裂隙不发育,各含水层富水性虽有差别,但总的较弱。因通常含水层出露高度大,补给面积有限,一般具有水头高、水量小的特点,抽水过程中反映出水位下降快、恢复慢、不易稳定的特征。含水岩组中出露的泉点,主要为下降泉,泉水流量一般小于1.0L/s,季节性变化明显,在旱季大部分干枯断流。据偃-龙矿区勘探资料,水头涌出地表14.6～28.5m,单位涌水量一般0.031～0.101L/(s·m),渗透系数0.315～0.816m/d。地下水水化学类型以$HCO_3-Ca\cdot Mg$型为主,矿化度一般小于0.5g/L。

该含水岩组在夹沟矿区一带位置较高,上部为厚40～60m的第四系粉质黏土层覆盖,降水入渗补给甚微,富水性弱,下部有多层泥岩、页岩不透水层相隔,对矿床充水一般没有影响。

1.5.1.3　碳酸盐岩类裂隙岩溶水

包括寒武系、奥陶系、石炭系太原组各灰岩裂隙岩溶含水岩组(层),在背、向斜翼部地表连片出露。夹沟矿区地带,多被第四系粉质黏土覆盖,埋藏深度大于50～200m。各灰岩裂隙岩溶含水岩组的基本特征如下:

(1)石炭系上统灰岩、砂岩含水岩组。厚30～105m,岩性为灰色层状灰岩与灰黄色砂岩、砂质页岩互层夹煤线,属碳酸盐岩夹碎屑岩类含水岩组类型,具承压性。通常把太原组分为上部灰岩段,中部页岩、砂泥岩段和下部灰岩段。

上部灰岩含水段:为深灰色生物碎屑灰岩,夹泥岩、砂岩及煤线,灰岩总厚10～40m。单位涌水量一般0.002～0.01L/(s·m),个别达0.01L/(s·m)以上。水化学类型$HCO_3-Na\cdot Mg$及$HCO_3-Na\cdot Ca$型,矿化度小于0.5g/L。

中部页岩、砂泥岩段:由灰、灰黄色页岩、砂质泥岩、砂岩组成,夹不稳定的薄层灰岩及煤线,厚20～30m,可起到一定的隔水作用,称为中部砂泥岩、页岩隔水段。

下部灰岩含水段:含灰、灰黑色生物碎屑灰岩、泥晶灰岩1～6层,夹泥岩、砂质泥岩和煤线,灰岩总厚20～40m。灰岩裂隙岩溶较发育,钻孔中可见0.22～1.8m溶洞。单位涌水量0.004～0.1L/(s·m),渗透系数0.095～5.83m/d,夹沟采场东部韩庄煤矿矿井涌水量(C_3)一般为5.7L/s。水化学类型$HCO_3-Ca\cdot Mg$型,矿化度0.429～0.452g/L。

(2)奥陶系中统马家沟组含水岩组。出露于夹沟矿区南部,上部为灰色厚层状灰岩、豹皮状灰岩、角砾状灰岩及灰黄色薄层泥灰岩,下部为致密灰岩,灰绿、黄绿色页岩及石英砂岩,底部为灰白色硅质砾岩。厚度42～126m。

该组灰岩致密坚硬,层厚、性脆、质纯,可溶性组分含量高,裂隙岩溶发育,地表岩溶侵蚀、溶蚀作用明显,钻孔中可见3m以上的溶洞和小型陷落柱,含丰富的裂隙岩溶承压水。夹沟矿区一带水位标高:20世纪70年代初期260m左右、80年代初期230～250m,水位标高最高273.41m,年最大水位变幅23.41m。含水岩组富水性较强,据勘探抽水资料,水位降深3.21～10.97m,单位涌水量1.074～2.1377L/(s·m),渗透系数1.57～4.42m/d。夹沟矿床降水试验,单位涌水量2.598L/(s·m),渗透系数1.47～2.17m/d。水化学类型为$HCO_3-Ca\cdot Mg$型,矿化度小于0.5g/L。

(3)寒武系上统含水岩组。出露于夹沟矿区南部,呈东西条带状展布。包括崮山组、长山组和凤山组,为灰白色厚至巨厚层状白云岩、白云质灰岩夹薄层泥质灰岩及泥质白云岩等,厚约350m。

该组灰岩致密坚硬,富含白云石矿物,可溶性相对较差,风化剥蚀后易形成细小碎块,地表溶蚀现象不明显,裂隙岩溶不十分发育,一般无大的泉水出露,泉水流量一般小于0.5L/s,富水性总体较弱且不均一,钻孔单位涌水量0.001~1.0L/(s·m),地下水水化学类型以$HCO_3-Ca·Mg$型为主,其次为$HCO_3·SO_3-Ca·Mg$型。

(4)寒武系中统含水岩组。包括张夏组和徐庄组上部灰岩段,出露于夹沟矿区南部。含水层岩性主要为灰、深灰色中至厚层鲕状灰岩、泥质条带鲕状灰岩,厚110~240m。单位涌水量一般0.5~1.0L/(s·m),泉水流量1~3L/s,水化学类型$HCO_3·SO_3-Ca$型,矿化度小于0.5g/L。其中徐庄组灰岩,层薄、致密,泥质含量高,可溶性较差,致密坚硬,富水性相对较弱。灰岩下部的紫红色泥岩、砂质泥岩为相对隔水层。

(5)寒武系下统辛集组含水岩组。出露于夹沟矿区南部,主要为中厚层豹皮灰岩、泥质灰岩、泥质条带白云质灰岩和含燧石团块灰岩,厚41~150m。灰岩底部为砂砾岩及含磷砂岩,与下覆元古界地层呈不整合接触,上部被馒头组页岩、泥岩覆盖。灰岩中节理裂隙发育,溶蚀现象明显,含有丰富的裂隙岩溶承压水,泉水流量一般大于2.0L/s。地下水化学类型为HCO_3-Ca型,矿化度小于0.5g/L。

上述含水岩组(1)常构成铝土矿床的间接顶板;(2)、(3)、(4)含水岩组常构成铝土矿床的间接底板。其中,含水岩组(2)是夹沟铝土矿床的间接底板,富水性较强,水头压力较大,对上覆铝土矿床充水构成严重的威胁,是矿床充水的主要含水岩组。

1.5.2 区域隔水岩组的划分

岩石的隔水性能,主要取决于岩性、厚度及其延展分布情况和受后期构造作用的破坏程度。在一般情况下,为一定规模和厚度的黏塑性岩类,如黏土、粉质黏土和各类泥岩、页岩等,其隔水性能良好。按各类隔水岩石的沉积分布状况及其组合关系,将华北地台铝土矿床主要隔水岩组简述如下。

1.5.2.1 二叠系泥岩、页岩隔水岩组

二叠系各煤组之间,均存在有泥岩、砂质泥岩、页岩相对隔水层段,厚度一般在10~35m之间。该类岩石透水性差,可塑性强,在外力作用下易于变形而不易碎裂,具有较好的隔水性能。

1.5.2.2 石炭系中统本溪组黏土岩、铝土岩、铝土矿隔水岩组

组成岩性主要为铁质黏土岩、杂色黏土岩、铝土质泥岩、铝土岩、铝土矿及薄层铁矿层等。厚度变化与其底板奥陶系、寒武系岩溶剥蚀面的起伏形态有关。该岩层沉积分布广,隔水性能强,具有较好的区域性隔水效果。

1.5.2.3 寒武系中下部泥岩隔水层段

包括寒武系馒头组、毛庄组和徐庄组的下部泥岩段。岩性主要以泥岩、砂质泥岩为主,夹薄层砂岩及泥灰岩透镜体,总厚度150~320m。区内该组(段)岩层沉积分布稳定,透水性差,为一良好的区域性隔水岩层,常构成铝土矿床下部裂隙岩溶含水岩组(层)的底部隔水边界。

上述隔水岩层，主要是按岩性、厚度和沉积分布、组合关系等在垂向上的透水、隔水性质划分的。在后期构造作用及人类工程活动的影响下，必然会破坏原来岩层的完整连续性及不同透、隔水层之间的组合关系；断裂破碎带本身，往往起到沟通上下含水层之间水力联系的导水作用。对此，需要根据矿区具体情况具体分析。

1.5.3　区域控水构造

区域控水构造常常是某一铝土矿区一项重要的水文地质条件。夹沟铝土矿区区域控水构造主要为嵩山断层，该断层由矿区东部通过，断层倾向南西，总体走向315°，长近60km。断层逆时针扭动，使其北东盘向北西方向推移，错断了石炭系、奥陶系、寒武系地层，唐瑶、草庙沟落差在300m以上，断裂破碎带宽约150m，断层断距较大、压扭性强，使由东向西径流的地下水受阻。根据断层特征并结合嵩箕水文地质测绘及豫西大水矿区岩溶水研究成果对该断层的认定结果，为一区域性阻水构造。

1.5.4　地下水的补给、径流及排泄条件

1.5.4.1　孔隙水的补给、径流及排泄条件

铝土矿区多位于山前冲洪积倾斜平原地带，孔隙水的主要补给来源为降水入渗补给、地表水体补给，其次为灌溉回渗。

孔隙潜水总体径流方向由洪积倾斜平原流向河谷阶地，径流方向与矿区地形倾向基本一致，径流条件较好。

孔隙水以开采、蒸发、侧向径流方式排泄。工农业开采常为矿区孔隙水的主要排泄方式，其次为侧向径流排泄。

1.5.4.2　碳酸盐岩类裂隙岩溶水的补给、径流及排泄条件

受矿区地形地貌条件控制，铝土矿区裂隙岩溶水补给主要为裸露区大气降水的补给，其次为地表水体的渗漏补给。夹沟矿区位于嵩山背斜的北翼，寒武系、奥陶系及石炭系碳酸盐岩在标高450～1 000m范围内大片连续出露，构成岩溶水的补给区。山顶及山脊较为浑圆，山坡相对平缓，岩溶、裂隙发育，草木丛生，降水及地表水体入渗补给条件较好，有利于补给。位于夹沟矿区西南部的九龙角水库，库址直接坐落在奥陶系石灰岩上，水库水可常年渗漏补给裂隙岩溶水。

区域上岩溶水一般顺岩层走向径流，地下水径流条件较好。

裂隙岩溶地下水以开采、泉流、侧向径流及采矿降水的形式排泄。开采常为矿区岩溶地下水的主要排泄方式；部分岩溶水在构造有利部位、河谷深切部位或遇阻水岩体以泉流的形式排泄；此外，就是以侧向径流的方式排泄。

1.5.4.3　碎屑岩类孔隙裂隙水的补给、径流及排泄条件

铝土矿区碎屑盐类孔隙裂隙水的主要补给方式为降水入渗补给。碎屑岩常出露于低山丘陵区，一般沟谷深切，植被不发育，对降水入渗补给不利。

碎屑盐类孔隙裂隙水径流途径一般较短，条件差。以煤矿排水、泉流、个别地段开采及侧向径流等形式排泄。

参考文献

[1] 李润田．河南省山区建设方向途径问题的探讨[J].河南师范大学学报(自然科学版)，1983(3).

[2] 河南省地质矿产局．河南省区域地质志[M].北京:地质出版社,1989.
[3] 河南省地矿局环境水文地质总站,煤炭部第一地质勘测公司科教中心.豫西地区岩溶地下水资源及大水矿区岩溶水的预测、利用与管理研究报告[R].1998,1.

第 2 章　区域地质环境演化特征及其对矿床突水的影响

2.1　区域地质环境演化特征

2.1.1　区域地质环境的对比

包括夹沟矿床在内,我国华北地台铝土矿床属于内源沉积矿床,其区域地质环境演化历史有 30 亿年之久,空间上也具有规律性的变化,见表 2-1。

表 2-1　区域地质发展史简表

<table>
<tr><th>阶段</th><th colspan="2">时代(Ma)</th><th>地壳运动</th><th>演化特征</th></tr>
<tr><td rowspan="5">第四纪—侏罗纪</td><td colspan="2">第四纪 2.4</td><td rowspan="3">喜马拉雅运动</td><td rowspan="5">地壳活动由南北分异改变为东西分异,活动方式以断块运动为主,华北断坳形成,并归入中国东部大陆边缘活动带</td></tr>
<tr><td colspan="2">晚第三纪 25</td></tr>
<tr><td colspan="2">早第三纪 80</td></tr>
<tr><td colspan="2">白垩纪 140</td><td rowspan="3">燕山运动
印支运动</td></tr>
<tr><td colspan="2">侏罗纪 195</td></tr>
<tr><td rowspan="8">三叠纪—震旦纪</td><td colspan="2">三叠纪 230</td><td rowspan="8">中朝准地台稳定发展。中奥陶纪末华北地壳整体抬升,大规模海退;中石炭纪地壳又整体沉降,发生面式海侵。秦岭地槽向南迁移,南秦岭冒地槽发展。华里西运动秦岭褶皱系最终形成</td></tr>
<tr><td colspan="2">二叠纪 285</td><td rowspan="3">华里西运动</td></tr>
<tr><td colspan="2">石炭纪 350</td></tr>
<tr><td colspan="2">泥盆纪 375</td></tr>
<tr><td colspan="2">志留纪 440</td><td rowspan="3">加里东运动</td></tr>
<tr><td colspan="2">奥陶纪 500</td></tr>
<tr><td colspan="2">寒武纪 600</td></tr>
<tr><td rowspan="2">晚元古代</td><td>震旦纪
800 ± 50</td><td>少林运动</td></tr>
<tr><td rowspan="3">晚元古早期—中元古代</td><td>早期
1 000</td><td>晋宁运动</td><td rowspan="3">河南陆壳破裂,优、冒地槽与准地台同时发展。王屋山运动中朝准地台基底最终形成,转为准地台发展阶段。秦岭断陷地槽及优地槽同时发展。晋宁运动大洋地壳最终关闭,秦岭褶皱系基本形成</td></tr>
<tr><td rowspan="2">早元古代</td><td>晚期
1 400</td><td rowspan="2">王屋山运动</td></tr>
<tr><td>早期
1 900</td></tr>
<tr><td rowspan="2">早元古—太古代</td><td colspan="2">早元古代
2 500</td><td>中条运动</td><td rowspan="2">大洋地壳演化为大陆地壳。古陆核形成,优冒地槽同时发展。中条运动中朝准地台基底基本形成,原始秦岭褶皱带形成,华北地台与秦岭陆壳拼接,形成统一的陆壳</td></tr>
<tr><td colspan="2">太古代</td><td>嵩阳运动</td></tr>
</table>

2.1.1.1 地壳演化基本特征

区域地质环境演化,表现为由大洋地壳经过多旋回发展演化为大陆地壳。经历了活动—相对稳定—再活动的总体发展趋势。即在太古代,洋壳活动和古陆(华北陆块)形成;早元古代陆壳迅速增长;中元古代早期,华北区基底基本形成,边缘出现坳陷;到元古代,已形成的华北地台进入相对稳定的发展时期。中生代以后,华北地台又转归大陆边缘活动带,总体演化方向也从由南向北转为东西分异的发展阶段。

2.1.1.2 地质构造演化特征

在区域造山运动中,中条运动和燕山运动最具转折意义。中条运动使华北地台基底基本形成,开始进入地台发展阶段,并与秦岭褶皱系构成南北分翼。燕山运动使华北地台盖层发生近东西向褶皱,并重新转入以断块为主体的构造型式,西隆东陷,卷入中国东部大陆边缘活动带,近南北向构造,尤其断裂构造十分发育,呈现东西分翼格局。

中条运动与燕山运动之间,古生代区域陆壳还发生了两次升降运动。加里东运动使区域陆壳整体抬升,终止了古生代的第一次海侵,造成晚奥陶世—早石炭世沉积缺失;华里西运动早期区域陆壳又整体沉降,造成古生代第二次面式海侵,形成了晚古生代海陆交互相沉积。

2.1.1.3 沉积建造演化特征

区域沉积建造取决于地壳和构造环境。太古代以基性火山岩建造为主,早元古代以陆屑—碳酸盐岩建造组合为主,中元古代至古生代,区域建造已呈现为地台建造,计有四种类型:陆屑建造组合、碳酸盐岩建造组合、陆屑含煤建造组合和红色陆屑建造组合,主要矿产有煤、铁、铝等。中、新生代主要为内陆盆地沉积建造。

2.1.1.4 岩浆活动特征

前古生代以基性岩浆喷出和侵入为主;早古生代以后,以酸性岩浆侵入为主,但喜马拉雅旋回又转为基性—超基性岩浆活动。其间加里东旋回是区域最大一次基性—超基性岩浆侵入活动;华里西旋回全为酸性岩浆侵入活动;燕山旋回是区域最大一次酸性岩浆侵入活动。其中,华里西旋回、燕山旋回岩浆侵入活动对地台区铝土矿床具有一定的改造与破坏作用,一些矿床与岩浆侵入体的接触带(处)常形成导水的通道。

2.1.2 铝土矿床区域地质环境特征

2.1.2.1 矿床层位特征

华北地台铝土矿床赋存于石炭系中统本溪组,为一套以碎屑岩为主与碳酸盐岩和煤层交互出现的沉积建造。主要由铝土质页岩、砂岩、灰岩层组成。豫西灰岩层较少,往北灰岩层渐多,有薄有厚,西南薄东北厚,反映了石炭纪海侵的方向,即由东、东北向西、西南的海侵方向。上与二叠系整合接触,下与奥陶系或寒武系平行不整合接触。

本溪组下部普遍为含铁黏土岩,局部含少量铁矿。豫西广大地区矿体一般厚度为2~20m,局部底板岩溶漏斗处可超过50m。铝土矿体呈层状、似层状、透镜状和漏斗状分布,几种形态可同时出现而互相连接。矿体的形状和厚度皆受基底岩石表面起伏状态所控制,与矿体顶、底板围岩形状相一致。

2.1.2.2　矿床沉积环境特征

2.1.2.2.1　矿床下伏奥陶纪沉积环境特征

华北地台铝土矿床下伏地层,在大部分地区为奥陶纪碳酸盐岩,仅在地台南部豫西宜阳—登封大金店—禹州方山一线以南等地为寒武纪碳酸盐岩沉积。

晚寒武纪末,华北地区发生短暂海退后,于早奥陶纪继续新的海侵。中奥陶纪时,华北地区的沉积环境为浅海相,沉积物几乎全为碳酸盐岩,仅局部地区如峰峰、焦作等地区的下马家沟组底部有石英砂岩、页岩等碎屑沉积及石膏、盐岩等化学沉积物。大致以垦利—德州—原平一线为界,该线以北以灰岩为主,由各种石灰岩及少量白云岩组成;该线以南以白云岩为主,并含有石膏、盐岩夹层,局部地区还夹有石英砂岩、泥岩等薄层碎屑岩类。这说明华北陆表海在该线以南为半闭塞或闭塞的浅水沉积环境,潮上、潮间及潮下环境交替出现,见图2-1。

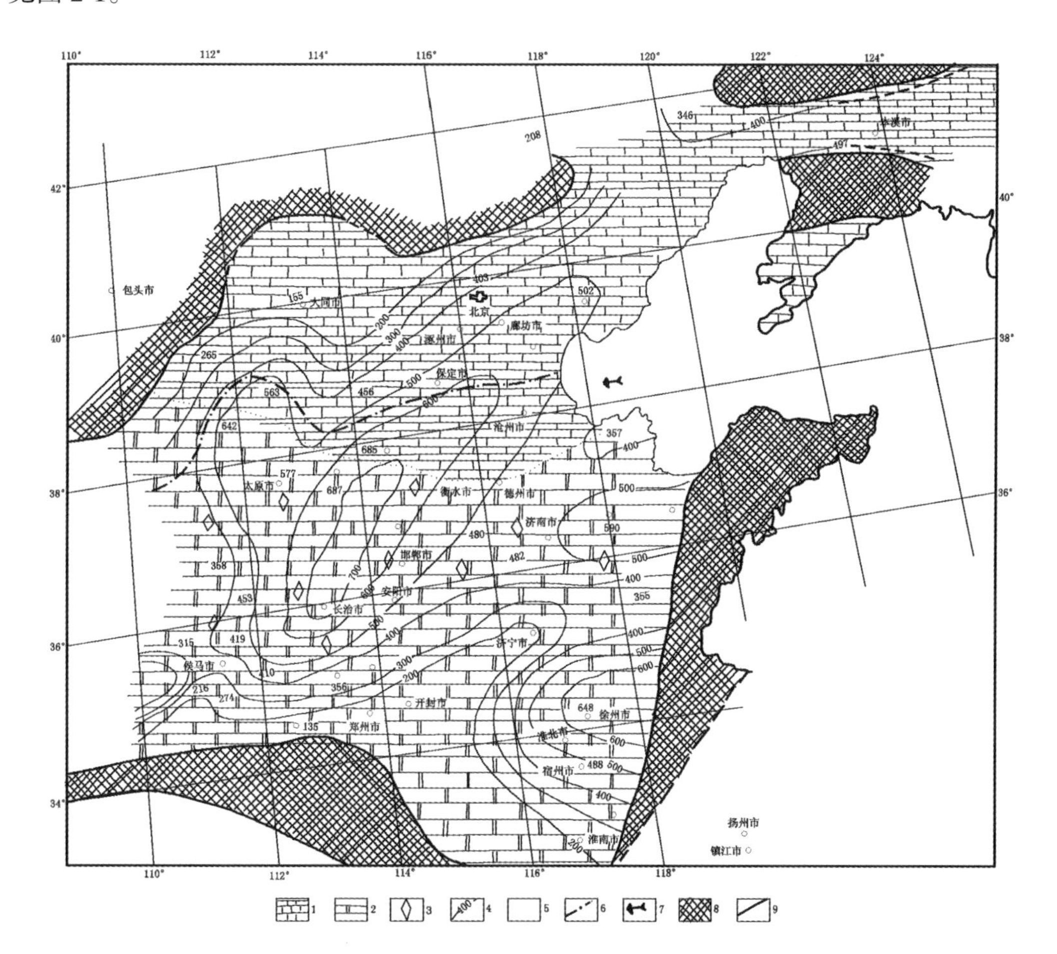

图2-1　华北地区中奥陶统岩相古地理图

1—浅海碳酸盐岩(以钙为主)组合;2—浅海碳酸盐;3—石膏;4—中奥陶统等厚线;5—峰峰组北界;6—岩相界线;7—海进方向;8—古陆;9—断裂

中奥陶世后,加里东期大规模的造陆运动,使华北地区发生海退,华北陆表海上升为陆地,广大地区遭受剥蚀,仅华北西缘渭北地区存在上奥陶统背锅山组沉积,见表2-2。

表 2-2　华北地区奥陶系地层对比简表

<table>
<tr><th colspan="2">年代地层</th><th>渭北区</th><th>山西
太行山</th><th>唐山
辽南</th><th>豫西</th><th>徐州</th><th>鲁中南</th><th>淮南
淮北</th></tr>
<tr><td colspan="2">上覆地层</td><td>本溪组</td><td>本溪组</td><td>本溪组</td><td>本溪组</td><td>本溪组</td><td>本溪组</td><td>本溪组</td></tr>
<tr><td rowspan="2">上统</td><td>王峰阶</td><td></td><td></td><td></td><td></td><td></td><td></td><td></td></tr>
<tr><td>石器阶</td><td>背锅山组</td><td></td><td></td><td></td><td></td><td></td><td></td></tr>
<tr><td rowspan="4">中统</td><td>韩江阶</td><td>平凉组</td><td></td><td></td><td></td><td></td><td>八徒组</td><td></td></tr>
<tr><td>胡乐阶</td><td>峰峰组</td><td>峰峰组</td><td></td><td></td><td>阁庄组</td><td>阁庄组</td><td>老虎山组</td></tr>
<tr><td rowspan="2">宁国阶</td><td>上马家沟组</td><td>上马家沟组</td><td>上马家沟组</td><td>上马家沟组</td><td>马家沟组寨山组</td><td>马家沟北庄组</td><td>马家沟肖县组</td></tr>
<tr><td>下马家沟组</td><td>下马家沟组</td><td>下马家沟组</td><td>下马家沟组</td><td>贾旺组</td><td rowspan="3">纸坊庄组</td><td>贾旺组</td></tr>
<tr><td rowspan="2">下统</td><td rowspan="2">新厂阶</td><td>亮甲山组</td><td>亮甲山组</td><td>亮甲山组</td><td></td><td rowspan="2">三山子组</td><td rowspan="2">韩家组</td></tr>
<tr><td>冶里组</td><td>冶里组</td><td>冶里组</td><td></td></tr>
<tr><td colspan="2">下伏地层</td><td>凤山组</td><td>凤山组</td><td>凤山组</td><td>凤山组</td><td>凤山组</td><td>凤山组</td><td>凤山组</td></tr>
</table>

中奥陶统最大厚度在渭北平凉地区，达 1 419.5m；豫西一带，一般厚度为 300～500m；长治—石家庄一线两侧的广大地区，一般厚度大于 500m，呈北东向展布；以淄博—徐州为中心的鲁、苏、豫、皖交界处及鲁中一带可达 900m。

2.1.2.2.2　*矿床石炭纪沉积环境特征*

从河南省岩相古地理图系可以看出赋存铝土矿床的石炭纪沉积环境的演变过程，反映了矿床上下层位的接触关系变化，见图 2-2～图 2-4。石炭系本溪组沉积相可以进一步划分为鹤壁—安阳浅海相，济源—焦作临滨、滨外相和济源—郑州以南滨岸相。

其中，济源—郑州以南滨岸相，盛产铝土矿，又可分为以下几个亚相，见图 2-5、表 2-3。

(1)三门峡—渑池海湾亚相。西北有中条古陆、南侧有秦岭古陆，呈向东开口的海湾状，东侧有岱眉寨古岛阻挡。含铝岩系为海水沉积，晚期有淡水注入，海水向义马潮道口侵入，发育鲕滩。部分粗屑状铝土矿为具密度流性质的砂坝斜坡沉积，总体为有淡水注入的半封闭海湾环境。

(2)新安半封闭泻湖亚相。西靠岱眉寨古岛，呈北北东向展布，地层东厚西薄。中央为铝土矿—黏土矿带，西侧为黏土—铁质黏土岩带，再向外为黏土岩带。下部铁质黏土岩为淡水或偏淡水沉积，为前滨相；中部铝土矿为前滨、临滨相海水沉积；上部黏土岩为海水沉积，但有淡水注入，为后滨泥坪、前滨沙滩相。海侵方向由东向西，物源区在西侧，构成一个完整的海侵海退旋回。

(3)汝阳—鲁宝泻湖亚相。南依秦岭大别古陆，北由岱眉寨古岛、嵩箕古岛和长葛古岛将其与开阔海隔开，产低品位铝土矿，由单个沉积旋回构成。下部铁质黏土岩夹有两层厚约 1m 的长石石英砂岩，为沙滩沉积，其上砂质黏土岩为砂质泥坪沉积。总之为有淡水加入的后滨泥坪、前滨沙滩环境；中部铝土矿，下呈厚层状，上呈薄层状，属临滨、前滨海水沉积环境；上部黏土岩海水沉积，属后滨泥坪、沼泽环境，系淡化泻湖亚相。

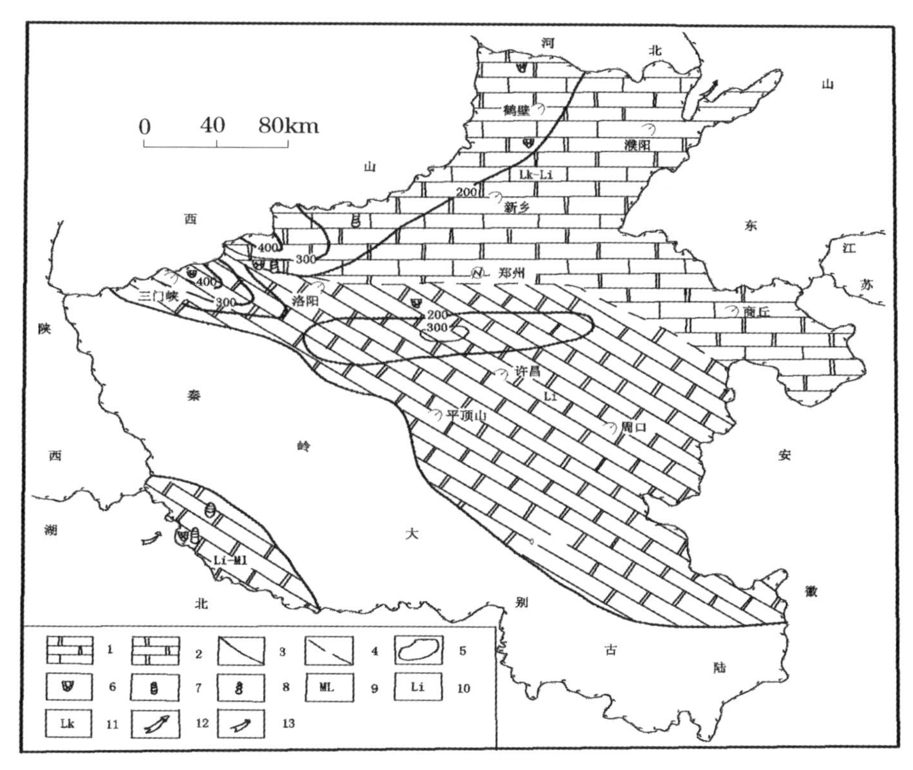

图2-2　河南省晚寒武—早奥陶世岩相古地理略图

1—白云岩-灰岩组；2—白云岩组；3—海陆界线；4—岸相界线；5—深积等厚线；6—三叶虫；7—头足类；8—舌形贝；9—浅海陆棚相；10—局部台地相；11—开阔台地相；12—海侵方向；13—海退方向

(4)嵩箕古岛间泻湖—海湾亚相。南有箕山古岛和长葛古岛，北有嵩山古岛及其水下隆起。为一向东张开的三角状海湾，产高品位铝土矿。下部碎屑状铝土矿为前滨、临滨相，中上部鲕状铝土矿为前滨鲕滩相，顶部是水平层理的黏土岩，为后滨泥坪相。其中炭质黏土岩夹层表明小规模水退，形成后滨沼泽、泥坪沉积。这一地区为还原—半还原的半封闭式岛间海湾、泻湖环境。

(5)偃巩荥开阔滨岸亚相。南靠嵩山古岛和长葛古岛，向北开阔。平面上由南向北，岩性依次为黏土—铁质黏土岩带—铝土矿、黏土岩带—黏土岩、铝土矿带—黏土岩带，产低品位铝土矿。下部铁质黏土岩常夹高铝耐火黏土层和山西式铁矿，均匀水平层理。往上可见铁质鲕粒或碎屑或夹有炭质页岩或煤线，为淡化后滨泥坪相。

中部铝土矿，由下而上为淡化后滨、前滨相薄层状铝土矿，临滨、滨外相厚层状铝土矿(主矿层)、淡化后滨泥坪、前滨浅滩相薄层片状铝土矿。

上部黏土岩、炭质页岩夹煤线(层)，厚度较薄，为非正常海相的后滨泥坪、沼泽相。海水由北侵入，物源在南侧。

由上述可知，中、晚石炭世，区域下降复遭海侵，于古岩溶盆地中沉积了一套含铝岩系。垂向上，含铝岩系组成了中、晚石炭世海侵初期的次级海进海退旋回。海侵初期形成铁质黏土岩，海退时期形成铝(黏)土页岩、黏土岩、砂页岩或炭质页岩夹煤线(层)。自下而上依次为后滨相—前滨相—临滨、滨外相—前滨、后滨相—后滨泥坪、沼泽相。横向上，古地势西南

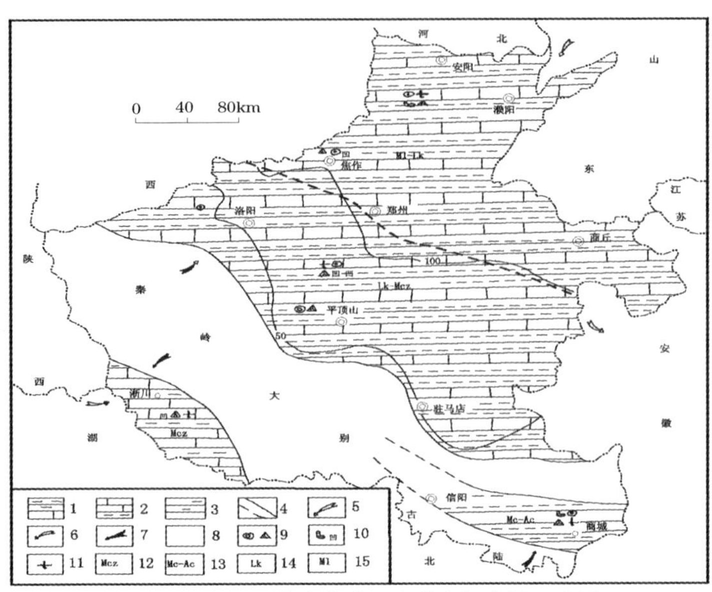

图 2-3　河南省中晚石炭世岩相古地理略图

1—页岩－灰岩组;2—灰岩－页岩组;3—页岩－砂岩组;4—海陆界线、相区界线;5—海侵方向;6—海退方向;7—物质搬运方向;8—沉积等厚线;9—簇、腕组类;10—双壳类、珊瑚;11—植物;12—滨海沼泽相;13—滨海－冲积扇;14—开阔台地相;15—浅海相

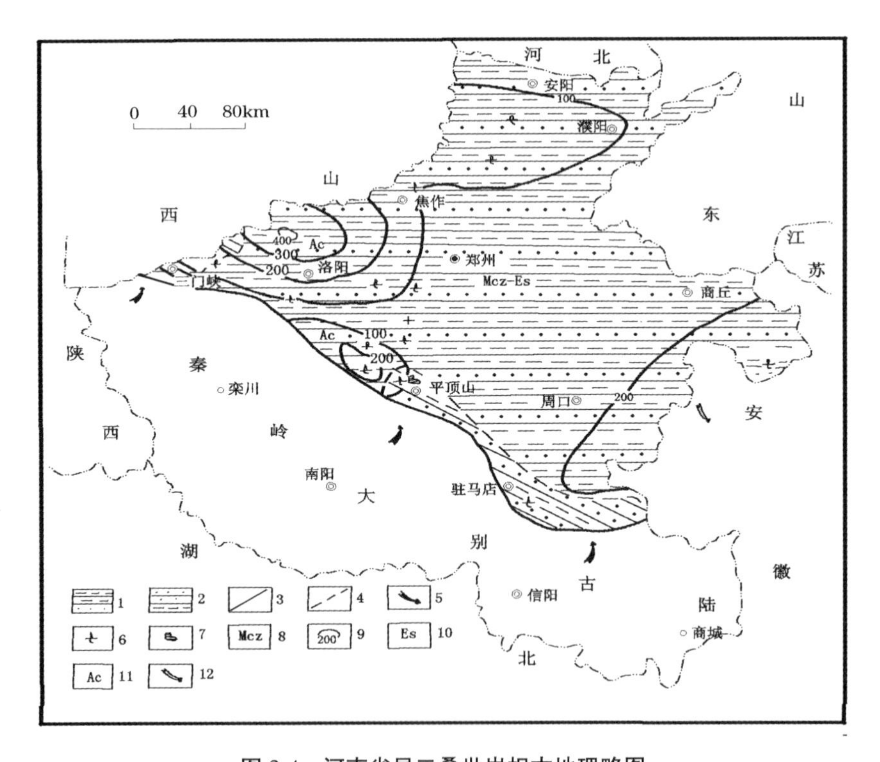

图 2-4　河南省早二叠世岩相古地理略图

1—页岩－砂岩组;2—砂岩－页岩组;3—古陆与沉积区界线;4—岩组界线;5—物质来源方向;6—植物;7—双壳类;8—滨海沼泽相;9—沉积等厚线;10—三角洲;11—冲积扇;12—海退方向

表2-3 区域中元古代至古生代(华北区)沉积相简表

<table>
<tr><th colspan="3">时代</th><th colspan="4" rowspan="2">地层单元</th><th colspan="2" rowspan="2">沉积相</th></tr>
<tr><th>代</th><th>纪</th><th>世</th></tr>
<tr><td rowspan="19">古生代</td><td rowspan="3">二叠纪</td><td rowspan="2">晚世</td><td colspan="4">石千峰组</td><td colspan="2">湖泊相</td></tr>
<tr><td colspan="4">上石盒子组</td><td colspan="2" rowspan="2">三角洲、开阔台地</td></tr>
<tr><td>早世</td><td colspan="4">下石盒子组</td></tr>
<tr><td rowspan="3">石炭纪</td><td rowspan="2">晚世</td><td colspan="4">山西组</td><td colspan="2" rowspan="3">滨海沼泽、开阔台地</td></tr>
<tr><td colspan="4">太原组</td></tr>
<tr><td>中世</td><td colspan="4">本溪组</td></tr>
<tr><td rowspan="5">奥陶纪</td><td rowspan="3">中世</td><td colspan="4">峰峰组</td><td colspan="2" rowspan="3">局限台地—开阔台地</td></tr>
<tr><td colspan="4">上马家沟组</td></tr>
<tr><td colspan="4">下马家沟组</td></tr>
<tr><td rowspan="2">早世</td><td colspan="4">亮甲山组</td><td colspan="2" rowspan="3">局限台地</td></tr>
<tr><td colspan="4">冶里组</td></tr>
<tr><td rowspan="8">寒武纪</td><td rowspan="3">晚世</td><td colspan="4">凤山组</td></tr>
<tr><td colspan="4">长山组</td><td colspan="2" rowspan="2">开阔台地、局限台地</td></tr>
<tr><td colspan="4">崮山组</td></tr>
<tr><td rowspan="3">中世</td><td colspan="4">张夏组</td><td colspan="2" rowspan="2">开阔台地</td></tr>
<tr><td colspan="4">徐庄组</td></tr>
<tr><td colspan="4">毛庄组</td><td colspan="2" rowspan="2">局限台地</td></tr>
<tr><td rowspan="2">早世</td><td colspan="4">馒头组</td></tr>
<tr><td colspan="4">辛集组</td><td colspan="2">浅海—滨海</td></tr>
<tr><td rowspan="7">晚元古代</td><td rowspan="3">震旦纪</td><td>晚世</td><td colspan="4">罗圈组</td><td colspan="2">浅海</td></tr>
<tr><td rowspan="2">早世</td><td colspan="4">董家组</td><td colspan="2" rowspan="2">海滩—局限台地</td></tr>
<tr><td colspan="4">黄连垛组</td></tr>
<tr><td rowspan="4"></td><td rowspan="4"></td><td rowspan="4">栾川群</td><td>煤窑沟组</td><td rowspan="4">洛峪群</td><td>洛峪口组</td><td rowspan="2">浅海陆棚—局限台地</td><td>局限台地</td></tr>
<tr><td>南泥湖组</td><td>三教堂组</td><td>海滩</td></tr>
<tr><td>三川组</td><td rowspan="2">崔庄组</td><td rowspan="2">陆棚边缘台地</td><td rowspan="2">浅海陆棚</td></tr>
<tr><td>白术沟组</td></tr>
<tr><td rowspan="5">中元古代</td><td rowspan="5"></td><td rowspan="5"></td><td rowspan="5">官道口群</td><td>冯家湾组</td><td rowspan="5">汝阳群</td><td>北大尖组</td><td rowspan="3">局限台地</td><td rowspan="2">潮坪</td></tr>
<tr><td>杜关组</td><td>白草坪组</td></tr>
<tr><td>巡检司组</td><td>云梦山组</td><td>潮坪</td></tr>
<tr><td>龙家园组</td><td rowspan="2">兵马沟组</td><td rowspan="2">海滩</td><td rowspan="2">冲积扇—河流</td></tr>
<tr><td>高山河组</td></tr>
</table>

高、东北低，沉积盆地呈向东张开的三角形。海水自安阳、鹤壁和东部永城地区进入，先淹没了东北地区。至铝土矿沉积时期，东北安阳、鹤壁地区为浅海环境，海水最深，形成碳酸盐岩，中部焦作、开封地区海水稍浅，为临滨、滨外相环境，形成黏土矿，南部广大地区为滨岸环境，海水最浅，有淡水注入，形成铝土矿。自北东向南西，沉积环境由正常滨海、浅海相转为半咸水—正常滨岸相。

沉积环境是控制铝土矿床分布的主要因素之一。黏土矿形成于滨岸环境，富矿体又与半封闭泻湖、海湾亚相有关。矿体总是分布在古陆、古岛的边缘，矿产依赖环境和物源。沉积环境还控制了矿物的组合。开阔环境以弱碱性—碱性水介质为特征，形成铝土矿物—伊利石组合；封闭环境以弱酸性—中性水介质为特征，形成铝土矿物—高岭石组合。

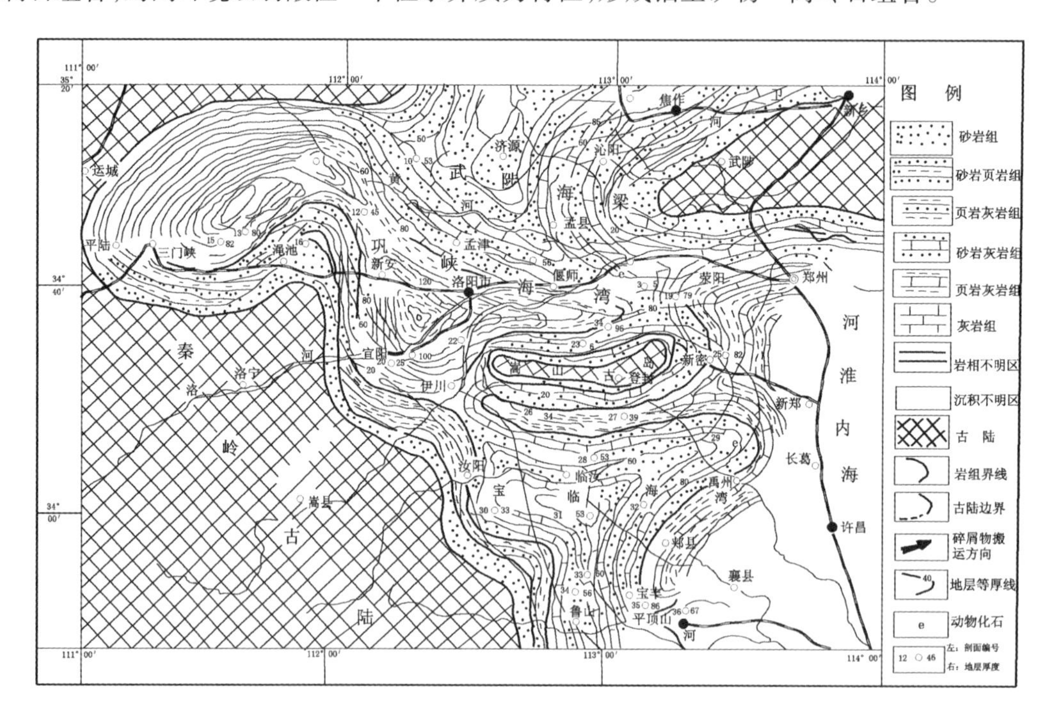

图 2-5　嵩箕地区中上石炭纪岩相古地理图

在中、新生代，含铝岩系经构造运动而抬升至近地表，在地下水的淋滲改造作用下，矿石发生去硅除铁作用，品位升高，形成工业富矿体。富矿体多与铝土矿物—高岭石组合区有关，是由于高岭石较伊利石等更易淋滤分解的缘故。

2.2　区域地质环境演化对矿床突水的影响分析

本溪组是在华北地台经历了上奥陶世至早石炭世的剥蚀、夷平和准平原化作用之后，最早沉积下来的含铝地层。其厚度大者在地台东部临沂、新汶为 80～90m，东北部本溪 164m，向西—西南变薄直至缺失，一般厚度为 40～50m，岩性大致可分为三段：下段为砂岩、页岩、砂质页岩互层，底部有一层黏土（俗称 G 层黏土），局部尚有山西式铁矿分布，夹石灰岩 1 层和薄煤或炭质页岩2～3层;中段为厚层页岩夹砂岩段;上段为砂岩、砂质页岩及灰岩韵律层,构成四个沉积旋回,是一套典型的海陆交互相沉积。岩相在空间上的分布:东部浅海相成分多,以灰岩为主,灰岩层数在辽东和苏鲁地区达7层以上,总厚30～50m;向西浅海相成分渐减,到冀、晋、豫,灰岩层数减少到1～3层,其总厚也减到不足10m;再向西到豫西、晋西,浅海相灰岩已无沉积,变为陆相砂页岩,甚至变为仅有残积相的黏土岩、铁铝岩沉积。

2.2.1 铝土矿床地质环境对矿床突水的影响

区域地质环境决定了铝土矿床的生成及赋存条件。即在三门峡—宜阳—田湖—平顶山断裂带以北相对稳定的陆源碎屑沉积区,在有淡水注入的滨海环境海退时生成了铝土矿床,位于本溪组中下部。它在中、新生代又被构造抬升到地表,经过地下水淋滤改造,发生去硅除铁作用,形成工业矿床,矿床本身的建造特色是矿床突水的内因。

本溪组下伏地层为寒武—奥陶系,呈平行不整合接触。在宜阳—登封大金店—禹州方山一线以北,不整合在奥陶统上。

寒武系下统朱砂硐组、中统张夏组和上统为碳酸盐岩建造,属浅海相潮间沉积,以单一灰岩、单一白云岩或灰岩、白云岩间互组合出现。其他各组为一套砂砾岩—页岩—泥灰岩—灰岩(或白云岩)沉积,属浅海相碎屑岩—碳酸盐岩相建造,具明显的韵律,岩性、厚度变化不大。

奥陶系中统,厚度变化较大,在新安—偃师(夹沟)—巩义大峪沟、崔庙一带厚146～263m,向南渐薄,厚17m,仅见下马家沟组,是一套砂砾岩—页岩—灰岩沉积,属浅海相碎屑岩—碳酸盐岩相建造,其中非碳酸盐岩仅出现在下马家沟组的贾旺段,厚8～38m,砂、页岩层不稳定,相变较大。

本溪组上覆石炭系上统,碎屑岩与碳酸盐岩和煤层交互沉积,属浅海陆棚—开阔台地生物滩及滨岸海湾—淡化泻湖沉积相产物。本溪组本身主要是黏土岩类,中部有铝土矿床。

由上述可知,自寒武系、奥陶系至石炭系,总体是一个面状海退趋势。作为铝土矿床下伏的寒武—奥陶系,其碳酸盐岩岩溶裂隙发育,富含裂隙岩溶地下水。在构造与地下水的互动中,岩溶不断发育,形成裂隙岩溶富水带,其中地下水又有较大的水头值,成为铝土矿床突水的重要水源。本溪组含铝岩系距离岩溶含水带很近,紧密接触,地质环境演化结果客观上构成了矿床突水的外部条件,对矿床突水的形成产生潜在的威胁。

2.2.2 矿床顶底板岩石特征与突水

夹沟矿床属于嵩箕成矿区北带的荥阳—偃师—龙门矿带的西段。其东段为小吴矿带,位于五指岭断层以东。中段为涉村矿带,在五指岭断层与嵩山断层之间。西段为参店—龙门矿带,在嵩山断层以西。参店—龙门矿带,东自巩义李家窑,西到洛阳龙门,长45km,其中李家窑至偃师西寨长27km,夹沟矿床即位于其中,见图2-6。

夹沟矿区东自偃师宋寨,西到偃师口孜,长5.74km。矿床与下伏奥陶系为平行不整合接触,与上覆石炭系太原组呈整合接触。厚0.45～54.25m,平均15.18 m,自下而上可分五层:褐红色铁质黏土岩含铁矿层、杂色页岩黏土岩、浅灰色薄层铝(黏)土岩、灰—深灰色厚层状铝土矿(0.35～44.86m)、深灰色黏(铝)土岩及含铁黏土岩。下伏奥陶系,以灰色厚层状灰岩为主,底部有含砾砂岩。上覆太原组为生物灰岩,砂岩和砂页岩夹薄煤11层。

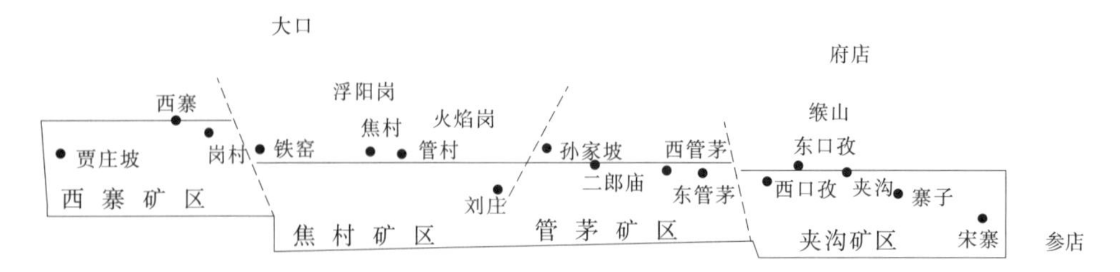

图 2-6　参店—西寨铝土矿带矿区位置图

地质环境演化的结果,使得铝土矿床的直接顶、底板主要为高岭石黏土岩、铝土岩、铝土质黏土岩、铝土质页岩等。其中,铝土岩、黏土岩及砂质页岩等,单层厚度一般不超过 10m。它们每米厚度的比极强度分别为:砂岩 0.1MPa、砂质岩 0.07MPa、铝土页岩 0.05MPa、断层带 0.035MPa。开采状态下,难以阻挡矿床下伏寒武—奥陶系灰岩承压地下水的突入。当底板下伏灰岩含水层的水头值达到一定值时,将冲破这些相对隔水层的阻挡从而形成矿床的突水。

参 考 文 献

[1] 河南省地质矿产局 . 河南省区域地质志[M]. 北京:地质出版社,1989.

[2] 施和生,王冠龙,关尹文 . 豫西铝土矿沉积环境初探[J]. 沉积学报,1989(6).

[3] 地质矿产部,等. 中国北方岩溶地下水资源及大水矿区岩溶水的预测、利用与管理的研究项目总体研究报告(一)[R]. 1990. 6.

[4] 温同想,王艺生,王富生,等. 河南省偃师县夹沟铝土矿区详细勘探地质报告[R]. 河南省地质局地调二队,1983.

[5] 河南省地矿局环境水文地质总站,煤炭部第一地质勘测公司科教中心,豫西地区岩溶地下水资源及大水矿区岩溶水的预测、利用与管理研究报告[R]. 1998. 1.

第3章　区域地质构造演化特征及其对矿床突水的影响

3.1　区域地质构造演化特征

3.1.1　概述

区域地质构造演化，与地壳演化相一致。地壳演化经历了活动（前寒武纪）—稳定（古生代）—再活动（中、新生代）的过程，构造演化相应经历了水平运动（前寒武纪）—垂直运动（古生代）—水平运动（中、新生代）的过程。区域相对稳定、南北分翼的发展是在中条运动后；燕山运动后，区域上再度转入活动期，形成东西分翼的发展格局。

不同的构造发展时期，形成不同的沉积环境和建造组合，发生不同的构造形态及其改造特征，产出不同的岩浆活动物，表现为不同的构造形式，控制着铝土矿床的分布。中条运动形成豫南栾川—确山—固始深断裂带以北相对稳定发展的华北区，经历的构造运动主要表现为升降运动，造成了震旦系底界、寒武系底界、中石炭统底界三个区域性的平行不整合面。燕山运动呈现强烈的断裂活动，盖层内断裂发育，多形成近东西向宽缓背、向斜，并造成区域分异，表现为几个不同的地层亚区和在西部隆起区形成断（坳）陷盆地。

其中豫西地区，近东西向宽缓背、向斜有：

（1）渑池向斜。位于观音堂一带，轴向近东西，两端翘起，长约60km，宽约20km，槽部被新生界覆盖，仅零星分布有侏罗系，两翼为汝阳群至三叠系地层。北翼岩层倾向南，倾角8°～30°，南翼由于白阜镇断裂切割，地层出露不全，产状变陡，向北倾斜，倾角70°～80°，该向斜西端观音堂以西地区，叠加有北东向次级褶皱，为一不对称开阔向斜，铝土矿产较为丰富。

（2）嵩山背斜。背斜轴位于嵩山、五指岭、白寨一带。呈东西向伸延，向东倾伏，长约100km，宽15～20km。核部为登封群和嵩山群，岩层走向近东西，倾角50°～70°，两翼基本对称，岩层分别倾向北或南，倾角5°～10°，局部可达35°，铝土矿产较为丰富。该背斜被北西向嵩山断层、五指岭断层切为三段。

（3）颍阳—卢店向斜。位于颍阳—大金店—卢店一带。轴呈东西向延伸，两端抬起，长47km，宽10～15km，槽部被新生界覆盖，仅零星分布有三叠系。南翼比较完整，岩层倾向北，倾角15°～25°。北翼因太后庙断层破坏，仅零星出露石炭系、二叠系，产状变陡，呈一开阔向斜，铝土矿产较为丰富。

（4）箕山背斜。呈近东西向展布在摩天寨、密腊山地区，向东倾伏，长50km，宽10～15km，核部为登封群、嵩山群，岩层走向近东西，倾角45°～70°，两翼基本对称，倾角5°～25°，是一对称平缓开阔背斜。

上述背、向斜均形成于燕山运动。

3.1.2 区域构造应力场演化

3.1.2.1 燕山期前古构造应力场

燕山期前古构造应力场有晚太古代近东西向构造带和早元古代近南北向构造带反映的晚太古代南北向主压应力场和早元古代东西向主压应力场;中元古代至古生代的近东西向和北东向构造线反映的当时南北向主压应力场和北西—南东向主压应力场。

3.1.2.2 中生代构造应力场

主要形成新华夏系。原东西向构造体系和北西向构造体系相继活动。中生代晚期,北西向构造开始活动。东西向构造带二次纵张活动沿现黄河两岸发育了数个中生代断陷盆地,如渑池盆地、济源盆地。豫西一系列北北东向构造岩浆岩带,表现为逆时针压扭性特征,为南北向逆时针扭动构造应力所造成。区域主压构造应力为北西—南东方向。

3.1.2.3 新生代构造应力场

新生代北东向华夏式和北西向构造活动强烈。华夏式构造体系在嵩山西部地带,表现为多字型构造形式,控制北东向断陷盆地内白垩—第三纪红层的发育和分布,盆缘断裂带内往往可见张性角砾岩,是南北向顺时针扭动作用的结果。

北西向构造在嵩山地区逆时针扭性活动强烈,主干断裂带错断古生代、中生代,甚至下第三纪、晚更新世地层,嵩山山体被五指岭断层等切成三段,水平断距 10km,反映了北东—南西向主压应力的状况。新华夏系北北东向断裂,在新生代表现出顺时针扭动的性质。关于此,由夹沟矿床地应力测量结果得到了证实。

3.1.2.4 区域构造主压应力轴方向

区域构造主压应力轴方向,晚太古代嵩阳期,为南北方向;早元古代中条期,为东西方向;晚元古代时期,为南北方向;古生代加里东和华力西期,为南北向叠加北西—南东向;中生代燕山期,为北东—南西向;新生代喜山期,为北东东—南西西向。

中生代以前,南北和东西向水平挤压交替变化。中生代以来,北西—南东及北东东—南西西方向的主压应力方向,反映了我国大陆相对于太平洋地块作南北方向水平对扭的运动,见表 3-1。

3.2 区域地质构造演化对矿床突水的影响分析

铝土矿区基岩中的地下水主要是裂隙水、岩溶水。基岩裂隙岩溶水主要受构造控制,在同一区域构造应力下,基岩裂隙生成方式相同;同一力学性质的基岩裂隙在不同岩石中出现的密度、分布长度、深度以及启闭程度不同,可造成不同岩石裂隙、岩溶发育及区域含水性的差别,基岩裂隙、岩溶水的富集带常取决于构造。构造对基岩地下水的控制意义,在于构造对基岩裂隙、岩溶水富集带的决定作用,这是本质性的。

3.2.1 基岩储水构造控制基岩裂隙富水带

基岩中的富水带(层)取决于地质构造因素所形成的基岩储水裂隙、储水场所和补给来源等条件。

研究区的基岩储水构造主要有单斜储水构造、褶曲储水构造、断裂储水构造和侵入—接

表 3-1　区域构造主压应力轴方向

地质时代		区域主压应力场	构造运行时期	构造体系生活、活动
新生代	Kz	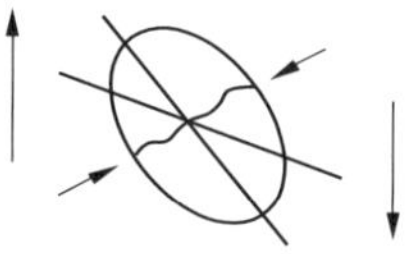	喜山运动	豫中北西向构造，华夏式(晚期张扭)构造体系
中生代	Mz	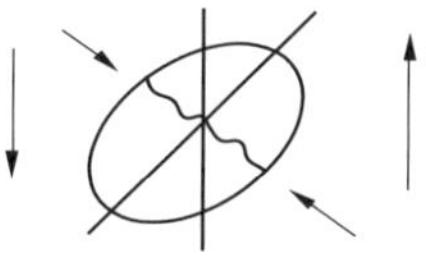	燕山运动	新华夏构造体系和华夏式(早期压扭)构造体系、南北向构造带
古生代	Pz	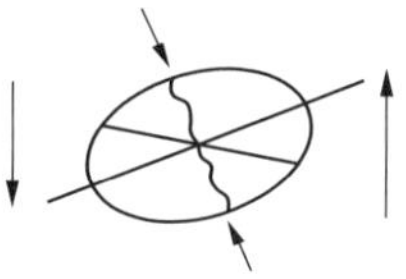	华里西运行及加里东运动	华夏构造体系
晚远古代(震旦亚代)	Pt_2	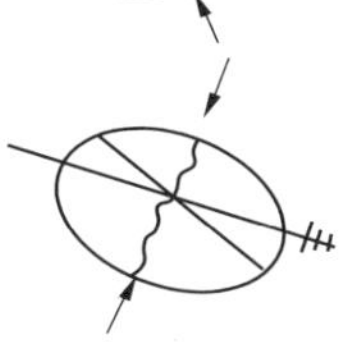		伏牛—大别弧形构造带、东西向构造体系
早元古代	Pt_1	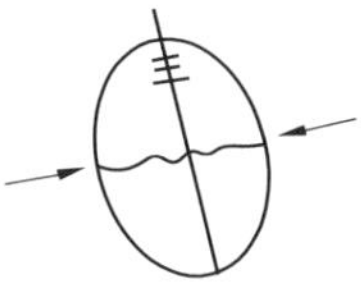	中岳运动	古太行—嵩山经向带
晚太古代	Ar	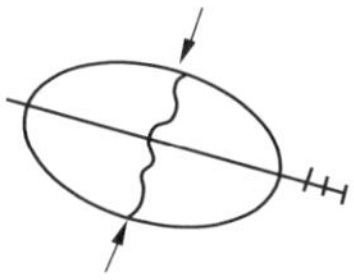	嵩山运动	古秦岭纬向带

触储水构造。这些储水构造和富水带，有规律地出现在相对应构造体系的特定部位。

(1)单斜储水构造。由于应力差异造成的岩层不同倾斜状态(近水平、缓倾斜、陡倾斜)和不同类型的含水裂隙(如平行“×”扭裂和追踪张裂、层面裂隙和层间滑动张裂、层面滑动张裂)决定了地下水运动的方向和富集地区。

(2)褶曲储水构造。构造形迹的空间状态(背斜、向斜、轴倾没方向等)控制地下水的补给、运移和聚积，局部(背斜轴部纵张裂隙带、侵蚀谷地、倾没端、向斜轴部岩层均一，埋藏不深时)形成存储空间，成为富水带。

(3)断裂储水构造。断层的力学性质，张性—扭性—压性，富水条件依次由好到差。断层旁侧裂隙带富水条件则依次为压—扭—张性断层。燕山运动或再次活动断裂，不同期断裂交叉部位、上盘下落的张裂拖拽弯曲段往往成为富水地带。断层规模大(为压性断裂)可出现大的旁侧密集裂隙破碎带，对矿区岩石区域含水性、补给条件、阻水作用都发生重大的影响，决定富水带的空间位置。

(4)侵入—接触储水构造。侵入或沉积接触带，岩体阻水作用和围岩裂隙都可造成基岩裂隙的富水带。

3.2.2 构造体系控制基岩地下水的区域分布规律

构造体系对基岩裂隙水的区域分布规律的控制作用,表现在它控制着区域地下水总的补给、径流和排泄条件,不同构造体系的某些特定部位形成不同类型的基岩储水构造和裂隙富水带。通过对区域地下水动力条件——地下径流的循环方式、运动方向、运动途径、运动速度和地下水水头值的变化规律等进行分析,可以预测富水带的位置、补给通道的边界,确定矿区地下水的形成条件。因为地下水作为一种动力作用也会改造其存在的地质环境。在可溶岩地区,地下水径流交替循环强烈,可以促使岩溶发育。非可溶岩地区,地下水可促使物理风化,其冲刷作用也可改善裂隙储水条件。张性构造裂隙带溶蚀后更加富水,成岩裂隙经后期张裂改造成为富水带,溶洞溶隙和风化等外动力裂隙在经过溶蚀后也可形成富水带。

东西向和南北向构造体系,主干背斜核部常成为分水岭,压性断裂或隔水岩体常成为矿区地下水的隔水边界。

多字型等扭动构造体系主干压性结构面或隔水岩体,常构成矿区区域性地下径流的补给或隔水边界,北西向张或张扭面(断裂带)是矿区区域性地下水径流的通道。富水部位常在主干背斜构造的倾没端和与之垂直的张或张扭断裂带以及主干与张裂面的交叉部位。

构造体系的归并,如追踪前期两组扭裂面而形成的张裂带,或一体系张性面对另一体系扭性面的改造,常形成较好的富水区,或增强矿区区域富水性。东西向压性断裂反接其他体系结构面时,常具有矿区区域性阻水的作用。构造体系相互切割时,岩体破碎,裂隙密集,有利于地下水的富集。

3.2.3 构造因素对矿床突水的影响

构造运动破坏岩石的完整性,降低岩石的强度,沿构造破坏带,容易成为地下水突入矿床的通道。特别是新构造运动,如北北东、北东向活动性断裂在平面、剖面上延伸较远,往往会导致大型的突水。地下水压与岩石强度的平衡状况,是突水发生与否的基本条件。在构造破坏带,岩石强度降低,难以平衡地下水压的作用,遂可引发矿床的突水。从已发生的其他矿床突水情况来看,绝大多数都发生在断裂构造的附近,如断层密集带、交叉处、收敛处或尖灭端等部位,其原因也就在于此。褶皱轴部,往往应力集中,产生构造裂隙,降低岩层强度,阻水能力变差,也将成为引发矿床突水的原因。断层除可降低矿床顶底板岩层力学的强度或直接成为突水通道外,断层错动还会缩短矿床与含水层(组)的距离,起到加速导水的作用。

此外,构造还控制着岩溶的发育,与岩溶含水层补、排方向一致的构造常成为矿区岩溶水的主要运移通道,对矿床突水起加剧的作用。就夹沟矿区而言,它位于嵩山背斜北翼地带,这种区域构造形态有利于矿区地下水的补给与运移,有利于岩溶化的作用和发展,可提高矿床突水的规模及强度。而矿区东部的嵩山断层,使由东向西的地下水径流受阻,起到区域阻水的作用,这对缓解夹沟矿床突水局面具有一定的积极作用。

参 考 文 献

[1] 河南省地质矿产局．河南省区域地质志[M]. 北京:地质出版社,1989.

[2] 河南省地矿局水文地质一队,等. 焦作地区∈－O系碳酸岩岩溶发育特征和含水层划分的研究[R],1987.

第4章　区域岩溶发育演化特征及其对矿床突水的影响

4.1　区域岩溶发育演化的特征

4.1.1　岩溶发育的分布特征

4.1.1.1　岩溶形态及分布规律

4.1.1.1.1　分布规律

平面上，华北地台区岩溶分布一般具有如下几方面的规律：

(1)岩溶多分布于质纯、巨厚的碳酸盐岩岩层中。碳酸盐岩岩层主要为O_{2m}组、$\in_1$朱砂硐组、$\in_2$张夏组灰岩等，岩溶沿碳酸盐岩与非碳酸盐岩的接触部位分布。如豫西荥阳庙子泉沿朱砂硐底部灰岩层而延伸；渑池石河河床中落水洞及地下岩溶以徐庄组泥质条带灰岩为隔水底板，沿层面发育在张夏组白云岩中。

(2)岩溶多沿层理、顺走向发育分布。如豫西巩义市老庙雪花洞，洞底沿朱砂硐组的底部泥灰岩延伸；渑池土峰峪溶洞，高3.5m，沿走向顺层而发育，长达250m。

(3)岩溶多沿河谷地带分布。河谷两侧可发育多层溶洞，如新安西沃、黄河谷地两侧走壁上可见四层溶洞，宝丰观音堂大木厂、下垛落水洞、渑池北坻坞石河落水洞、新安石寺漏水段、渑池北坻坞—龙涧段强岩溶带、新密市洧水强岩溶带等也都在河床地带出现。

(4)岩溶多在背、向斜轴部及倾伏端处分布。如新密市超化背斜轴部的洧水强岩溶带、嵩山背斜倾伏端处的圣水峪泉、三李泉群等。

(5)沿断裂带多有岩溶分布。如宜阳九龙洞、登封石羊关强岩溶带均分布在断层带内，沿北西西、北东东、北西及北东向四组裂隙带处溶蚀发育较为集中。

垂向上，夹沟矿床所在的豫西地区岩溶于地表下20～140m深度段、标高50～370m分布最多。如嵩、箕山一带标高180～320m、渑池至新安一带标高280～370m岩溶十分发育。

4.1.1.1.2　岩溶形态及充填状况

地表岩溶形态有溶沟溶槽(缓倾斜碳酸盐岩层面)、溶孔、溶坑($\in_2$凤山组最发育、O_2下部白云质灰岩中较普遍)、溶隙(溶层间或断裂发育，成为岩溶水运移通道)、落水洞(如豫西渑池北坻坞2.5m×8m落水洞)、岩溶干谷(断头河、如宝丰观音堂“十八里暗河”)、溶洞(如巩义市雪花洞、沿NW320°裂隙发育，长达700m，高差50余米)及岩溶泉等。地下岩溶形态有溶隙、溶洞、强岩溶带、岩溶泉等。

不同时期不同形态的岩溶体内，充填情况不尽相同。垂向上，充填程度随深度增加而增大，颗粒随深度增大而变细，地下水变动带充填程度降低。主要充填物有溶蚀残余物、岩溶崩塌的重力堆积物、地下水流挟带物、化学沉积物等，其岩性有红黏土、粉质黏土、铝土质黏土岩、砂砾石、灰岩碎块等。

豫西地区地表岩溶洞穴形态及分布状况，见表 4-1、表 4-2。

表 4-1 豫西地区地表溶洞统计

编号	洞 名	位 置	标高(m)	时代	发育方向	发育规模(m)			溶洞特征
						长	宽	高	
1	雪花洞	巩义新中老庙	640	$\in_{1z}$	顺层	700	3	3～20	雪花石、笋、石钟乳
2	神仙洞	新密尖山马沟	580	$\in_{1z}$	顺层				雨季有水
3	溶洞	新密尖山西南	820	$\in_{1z}$		30			有钙华
4	织机洞	荥阳王棕店	280	$\in_{3g}$	顺层				
5	相于洞	新密超化赠沟	280	$\in_{3g}$	主 180° 支 280°				
6	九龙洞	宜阳后洞门	560	$\in_{2z}$	北西	130			沿断层溶蚀
7	鱼洞	登封徐庄鱼洞河	190	$\in_{2z}$	顺层	80	3～4	3～5	石笋、石钟乳
8	溶洞	临汝黄岭灵枣沟	420	$\in_{1z}$	顺层	40	3～4	3～4	有石葡萄

表 4-2 不同层位和岩性洞穴发育情况

岩 性	层位	洞穴个数	所占百分数(%)	洞穴长度(m)		洞穴高度(m)	
				总长	平均	总高	平均
泥晶灰岩和颗粒	O_2^5	23	61	521	43	38.3	3.2
泥晶灰岩	O_2^3	12	31	2 289	229	43.8	4.4
白云岩	O_1	1	3	15	15	5	5
亮晶颗粒灰岩	$\in_2^2$	2	5	650	650	3.8	3.8

豫西地区强岩溶(富水)带、岩溶大泉，分别见表 4-3、表 4-4。

4.1.1.2 岩溶层组

华北地台碳酸盐岩主要发育于寒武—奥陶系地层中，其中矿床底板下伏中奥统地层当属主要的岩溶发育层位。中奥陶统的厚度和岩性在华北地台区有较明显的南北分异性(见图 2-1)，从而影响着岩溶的发育和分布。在地台南部，大致从豫西、平顶山至淮南一带，中奥陶统厚度较薄，岩性多为白云岩，不含石膏沉积，岩溶发育受到一定的限制；在地台中部地区，如渭北、山西、太行山东侧及南侧、鲁中地区、燕山南侧、唐山一带地区，碳酸盐岩灰质含量增高，且含石膏沉积，岩溶十分发育；在地台北部辽南一带，中奥陶统主要为厚层纯质灰岩，白云岩含量较少，岩溶甚为发育。

根据岩性组合特征，华北地台中奥陶统可分为三种类型：北部以钙质为主的碳酸盐岩组合类型，中部以镁质较多的碳酸盐岩并含膏盐层的组合类型和南部以镁质为主的碳酸盐岩不含膏盐的组合类型。

考虑到地台南部豫西地区的奥陶系岩溶地层较薄、寒武系岩溶地层较厚且对矿床突水具有重要的影响，因此在这些地区分析岩溶作用和岩溶层组时，不仅要对奥陶系碳酸盐岩地层进行关注，而且还要对寒武系碳酸盐岩地层展开深入的研究。下面根据典型实例剖面，对豫西地区不同地段奥陶系、寒武系碳酸盐岩岩溶发育层组、发育特征等加以说明。

豫西地区岩溶发育不同地段的划分，见表 4-5。

依据渑池仁村北坻坞、登封唐庄窑粮坑寒武系剖面、渑池仁村煤窑沟、新安西沃、巩义涉村、登封大冶、新密平陌和禹州方山等奥陶系剖面，基本可反映和说明该地区寒武—奥陶系碳酸盐岩的组合面貌。

基本组合形式有：纯碳酸盐岩连续类、纯碳酸盐岩夹非碳酸盐岩类、纯碳酸盐岩夹不纯碳酸盐岩类、非纯碳酸盐岩与纯碳酸盐岩间互类、不纯碳酸盐岩夹纯碳酸盐岩类。有关碳酸盐岩组合形式、厚度比例和连续厚度统计、岩溶层组类型等，详见表 4-6～表 4-11。

表 4-3 豫西地区主要强岩溶带

名 称	位 置	岩溶地质特点	规模(km)		发育层位
			长	宽	
渑池北坻坞—龙洞泉强岩溶带	北坻坞—洪阳	受背斜倾伏端控制，岩溶发育溶隙、溶孔、溶洞，表溶洞 1～4m 并有落水洞，钻孔遇洞率 80%～90%，溶洞和层间溶隙为主要导水通道，单井涌水量 3 686～4 838m^3/d	20		
巩义新中强岩溶带	巩义新中—郑州三李，嵩山北翼	溶洞、溶隙发育，仅庙路河两侧大于 1m 的洞达百余个，钻孔遇洞率 65% ～45%，溶洞率 3.51%，矿坑最大突水量 4 800m^3/d	36		
新密洧水强岩溶带	新密平陌—超化双洎河支流洧河河谷	受超化背斜控制，河谷两侧沿层面溶洞溶隙溶孔发育，单井涌水量 2 719m^3/d	6		
登封石羊关强岩溶带	登封部成东，沿过风口断层东北段	石羊关泉排泄量 290.7L/s	5		
宝丰观音堂强岩溶带	宝丰观音堂—大木厂沿石河发育	沿河见落水洞 2 个，观音堂泉排泄 50L/s	26		

表 4-4 豫西地区岩溶大泉特征

名称	类型	泉口可溶岩时代	平均流量(L/s)	岩溶系统面积(km^2)
龙洞泉	泉群	O_2	50	
三李泉	泉群	$Є_{2+3}$	87	
超化泉	泉群	$O_2 + Є_3$	200	
石羊关泉	泉群	O_2	290.7	
观音堂泉	泉群	$Є_{1z}$	50	

表 4-5 豫西地区岩溶分区一览表

大区	豫西亚湿润低山丘陵岩溶区		
亚区	崤山岩溶亚区	嵩箕岩溶亚区	外方山岩溶亚区
岩溶系统（块段）	三门峡岩溶块段	偃龙岩溶块段	宜阳岩溶块段
	渑池岩溶块段	荥巩岩溶块段	临汝岩溶块段
	新安岩溶块段	新密岩溶块段	宝丰岩溶块段
		妙水寺岩溶块段	平顶山岩溶块段
		登封岩溶块段	
		大峪店溶块段	
		禹州岩溶块段	

表 4-6　各亚区岩溶层组类型一览表

<table>
<tr><th colspan="2" rowspan="2">时代</th><th colspan="3">崤山岩溶亚区</th><th colspan="3">嵩箕岩溶亚区</th><th colspan="2">外方山岩溶亚区</th></tr>
<tr><th>各组岩溶层组类型</th><th colspan="2">合并层岩溶层组类型</th><th>各组岩溶层组类型</th><th colspan="2">合并层岩溶层组类型</th><th>各组岩溶层组类型</th><th>合并岩溶层组类型</th></tr>
<tr><td colspan="2">奥陶系中统（O_2）</td><td>灰岩与白云岩间互型</td><td colspan="2"></td><td>灰岩夹白云岩型</td><td colspan="2"></td><td></td><td></td></tr>
<tr><td rowspan="3">寒武系上统</td><td>凤山组（$\in_{3f}$）</td><td>白云岩连续型</td><td></td><td rowspan="3">白云岩夹不纯碳酸盐岩型</td><td>不纯碳酸盐岩夹纯碳酸类</td><td></td><td rowspan="3">白云岩与不纯碳酸盐岩间互型</td><td></td><td></td></tr>
<tr><td>长山组（$\in_{3c}$）</td><td>白云岩连续型</td><td rowspan="2">白云岩与不纯碳酸盐岩间互型</td><td>白云岩连续型</td><td rowspan="2">白云岩连续型</td><td></td><td></td></tr>
<tr><td>关山组（$\in_{3g}$）</td><td>不纯碳酸盐岩夹纯碳酸盐岩类</td><td>白云岩连续型</td><td>不纯碳酸盐岩夹纯碳酸盐岩类</td><td></td></tr>
<tr><td rowspan="3">寒武系中统</td><td>张夏组（$\in_{2z}$）</td><td>白云岩连续型</td><td colspan="2"></td><td>白云岩与灰岩间互型</td><td colspan="2"></td><td>白云岩连续型</td><td></td></tr>
<tr><td>徐庄组（$\in_{2z}$）</td><td>非碳酸盐岩与碳酸盐岩间互类</td><td colspan="2"></td><td>非碳酸盐岩与纯碳酸盐岩间互类</td><td colspan="2" rowspan="2">非碳酸盐夹纯碳酸盐岩类</td><td>非碳酸盐岩与纯碳酸盐岩间互类</td><td></td></tr>
<tr><td>毛庄组（$\in_{2m}$）</td><td>灰岩夹不纯碳酸盐岩型</td><td colspan="2"></td><td>非碳酸盐岩连续类</td><td>灰岩夹不纯碳酸盐岩型</td><td></td></tr>
<tr><td rowspan="3">寒武系下统</td><td>馒头组（$\in_{1m}$）</td><td>灰岩夹非碳酸盐岩型</td><td colspan="2" rowspan="3">灰岩夹非碳酸盐岩型</td><td>非碳酸盐岩夹纯碳酸盐岩类</td><td colspan="2" rowspan="3">非碳酸盐与纯碳酸盐岩间互类</td><td>灰岩夹非碳酸盐岩型</td><td rowspan="3">灰岩夹非碳酸盐岩型</td></tr>
<tr><td>朱砂硐组（$\in_{1z}$）</td><td>灰岩连续型</td><td>灰岩与白灰岩间互型</td><td>灰岩连续型</td></tr>
<tr><td>辛集组（$\in_{1n}$）</td><td>非碳酸盐岩与纯碳酸盐岩间互类</td><td>非碳酸盐岩夹纯碳酸盐岩类</td><td>非碳酸盐岩与纯碳酸盐岩间互类</td></tr>
</table>

表4-7 碳酸盐岩与非碳酸盐岩厚度比例和连续厚度统计

地层分区			渑确地层小区								
剖面位置			渑池仁村北坻坞								
厚度	时代		$\in_{x}$	$\in_{1z}$	$\in_{1m}$	$\in_{2m}$	$\in_{2x}$	$\in_{2z}$	$\in_{3g}$	$\in_{3c}$	$\in_{3f}$
	厚度(m)		20.80	41.76	102.42	50.67	214.29	181.17	75.00	57.00	47.83
非碳酸盐岩	累计厚度(m)		12.00	0	20.47	4.08	120.87	0	0	0	0
	厚度比例(%)		57.7		20.0	8.1	56.3				
	层数		1		3	1	8				
	连续厚度(m)	一般	12.00		5.28	4.08	12.35				
		最大			11.62		29.25				
		最小			3.57		7.59				
不纯碳酸盐岩	累计厚度(m)		0	0	0	12.31	0	0	55.20	0	2.65
	厚度比例(%)					24.3			73.6		5.5
	层数					2			1		1
	连续厚度(m)	一般							55.20		2.65
		最大				8.74					
		最小				3.57					
纯碳酸盐岩	累计厚度(m)		8.80	41.76	81.95	34.28	93.42	181.17	19.80	57.00	45.18
	厚度比例(%)		42.3	100.0	80.0	67.6	43.7	100.0	26.4	100.0	94.5
	层数		1	5	7	3	6	6	2	3	1
	连续厚度(m)	一般	8.8	5.32	10.56	1.53	11.76	26.17		19.50	45.18
		最大		23.28	20.25	17.45	42.57	100.51	12.77	33.6	
		最小		1.32	3.06	1.57	1.95	7.02	7.03	3.90	
岩层组合形式			非碳酸盐岩与纯碳酸盐岩间互类	纯碳酸盐岩连续类	纯碳酸盐岩夹非碳酸盐岩类	纯碳酸盐岩夹不纯碳酸盐岩类	非纯碳酸盐岩与纯碳酸盐岩间互类	纯碳酸盐岩连续类	不纯碳酸盐夹纯碳酸盐岩类	纯碳酸盐岩连续类	纯碳酸盐岩连续类

表 4-8　碳酸盐岩与非碳酸盐岩厚度比例和连续厚度统计

地层分区			嵩箕地层小区								
剖面位置			登封唐庄关口—窑粮坑—巩义涉村								
厚度	时代		$\in_{x}$	$\in_{1z}$	$\in_{1m}$	$\in_{2m}$	$\in_{2x}$	$\in_{2z}$	$\in_{3g}$	$\in_{3c}$	$\in_{3f}$
	厚度(m)		20.57	30.68	115.32	86.42	107.89	213.19	39.25	41.92	80.32
非碳酸盐岩	累计厚度(m)		13.67	0	57.09	86.42	56.58	0	0	0	0
	厚度比例(%)		66.4		49.5	100.0	52.4				
	层数		3		4	3	4				
	连续厚度(m)	一般	4.60		4.11	12.18	12.88				
		最大	8.21		24.60	71.84	25.16				
		最小	0.86		1.00	2.40	8.88				
不纯碳酸盐岩	累计厚度(m)		345		2 781	0	0	0	0	0	56.14
	厚度比例(%)		16.8		24.1						69.9
	层数		1		4						4
	连续厚度(m)	一般	3.45	0	4.20						8.32
		最大			11.85						32.70
		最小			2.16						7.28
纯碳酸盐岩	累计厚度(m)		3.45	30.68	30.42	0	51.31	213.19	39.25	41.92	24.8
	厚度比例(%)		16.8	100.0	26.4		47.6	100.0	100.0	100.0	30.1
	层数		1	2	3		5	8	2	4	5
	连续厚度(m)	一般	3.45		10.26		8.14	22.00		18.00	4.19
		最大		18.86	15.12		15.54	87.93	35.05	1.64	10.15
		最小		11.82	5.04		6.44	4.93	4.20	1.08	1.76
岩层组合形式			非碳酸盐岩夹纯碳酸盐岩类	纯碳酸盐岩连续类	非碳盐岩夹纯碳酸盐岩类	非碳酸盐岩连续类	非纯碳酸盐岩与纯碳酸盐岩间互类	纯碳酸盐岩连续类	纯碳酸盐岩连续类	纯碳酸盐岩连续类	不纯碳酸盐岩夹纯碳酸盐岩类

表 4-9　碳酸盐岩与非碳酸盐岩厚度比例和连续厚度统计

地层分区			渑确地层小区			嵩箕地层小区				
剖面位置			渑池仁村	新安西沃	平均	巩义涉村	登封大冶	新密平陌	禹州方山	平均
厚度	时代		O_2	O_2	O_2	O_2	O_2	O_2	O_2	O_2
厚度	厚度(m)		13.95	263.19	138.57	67.08	41.89	79.00	16.50	51.12
非碳酸盐岩	累计厚度(m)		0.50	6.30	3.40	0.64	0.24	0	2.13	0.75
非碳酸盐岩	厚度比例(%)		3.6	2.4	24.5	1.0	0.5		12.9	14.7
非碳酸盐岩	层数		1	1		1	1		2	
非碳酸盐岩	连续厚度(m)	一般	0.50	6.30		0.64	0.24			
非碳酸盐岩	连续厚度(m)	最大							1.93	
非碳酸盐岩	连续厚度(m)	最小							0.20	
不纯碳酸盐岩	累计厚度(m)		7.20	25.20	16.20	0	0	10.04	9.54	4.90
不纯碳酸盐岩	厚度比例(%)		51.6	9.6	11.70			12.7	57.8	9.59
不纯碳酸盐岩	层数		1	2				5	2	
不纯碳酸盐岩	连续厚度(m)	一般	7.20					1.30		
不纯碳酸盐岩	连续厚度(m)	最大		22.05				4.42	4.83	
不纯碳酸盐岩	连续厚度(m)	最小		3.15				1.12	4.71	
纯碳酸盐岩	累计厚度(m)		6.25	231.69	118.97	66.44	41.65	68.96	4.83	45.47
纯碳酸盐岩	厚度比例(%)		4.48	8.80	85.85	9.90	9.95	8.73	2.93	88.95
纯碳酸盐岩	层数		3	11		6	6	12	2	
纯碳酸盐岩	连续厚度(m)	一般	2.25	15.12		2.34	2.27	8.12		
纯碳酸盐岩	连续厚度(m)	最大	3.55	43.90		27.31	24.49	16.66	3.86	
纯碳酸盐岩	连续厚度(m)	最小	0.45	2.80		1.16	0.43	0.85	0.97	
岩层组合形式			不纯碳酸盐岩与纯碳酸盐岩间互类	纯碳酸盐岩夹不纯碳酸盐岩类	纯碳酸盐岩夹不纯碳酸盐岩类	纯碳酸盐岩连续类	纯碳酸盐岩连续类	纯碳酸盐岩夹不纯碳酸盐岩类	不纯碳酸盐夹纯碳酸盐岩类	纯碳酸盐岩连续类

表 4-10　岩溶层组类型

可溶岩时代	岩溶层组类型	
	类　别	型　别
O_2^3	碳酸盐岩夹不纯碳酸盐岩类	灰岩夹白云灰岩型
O_2^2	碳酸盐岩夹不纯碳酸盐岩类	灰岩夹云灰岩及白云岩型
O_2^1	碳酸盐岩夹不纯碳酸盐岩类	灰岩夹云灰岩型
O_1	碳酸盐岩连续类	白云岩连续型
$\in_3$	碳酸盐岩夹不纯碳酸盐岩类	白云岩夹不纯碳酸盐岩型
$\in_2$	碳酸盐岩夹非碳酸盐岩类	灰岩夹非碳酸盐岩型

表 4-11　岩溶层组类型划分

类	型	亚型	地层
碳酸盐岩与非碳酸盐岩互夹层类			$\in_1^1$ $\in_1^2$
纯碳酸盐岩夹不纯碳酸盐岩类	石灰岩与灰云岩互层型	亮晶鲕粒灰岩与花斑状残余鲕粒云灰岩或灰云岩互层亚型	$\in_2^2$
	白云岩与不纯白云岩间夹层型	含泥质微晶白云岩夹微晶白云岩亚型	$\in_3$
		连续状细晶白云岩亚型	O_1^1
		含硅质白云岩与细晶白云岩间层亚型	O_1^2
纯碳酸盐岩与不纯碳酸盐岩间互层类	不纯碳酸盐岩与石灰岩间层型	泥晶灰岩与含硅泥质微晶白云岩及泥云质灰岩互层亚型	O_2^{1-3}
	石灰岩与不纯碳酸盐岩及白云岩间层型	角砾状含石膏假晶泥灰质微晶白云岩与去云化细晶灰岩间互层亚型	O_2^4
		颗粒泥晶灰岩与豹皮状残余泥晶云灰岩或灰云岩间互层亚型	O_2^5
	不纯碳酸盐岩与石灰岩互层型	含铁泥质云灰岩与泥晶灰岩及豹皮状残余泥晶云灰岩互层亚型	O_2^6

4.1.1.3　岩溶含水介质

岩溶含水介质包括碳酸盐岩骨架(组成矿物和颗粒)与空隙空间(孔、缝、洞)等。

4.1.1.3.1　碳酸盐岩结构成因类型

亮晶颗粒灰岩,鲕粒、竹叶状砾屑、砂屑、生物屑等颗粒的粒间孔,由于亮晶方解石的胶结作用而被充填,岩石致密。连续厚度较大,裂隙平直,有利地下水的径流,溶蚀一般沿裂隙进行,易形成洞穴。

泥晶灰岩和颗粒泥晶灰岩,主要由泥晶方解石组成。原始孔隙度可达 50%～70%,经压实和重结晶作用,非常致密。裂隙比较密集,延伸小。地下水常沿层间裂隙渗流溶蚀,形成顺层洞穴。

白云岩,由白云石组成。晶间有孔隙,裂隙较稀疏,延伸性不好,地下水沿晶间孔渗透溶蚀,形成整体岩溶化,洞穴不发育。

膏溶角砾状灰(云)岩,骨架形状复杂,形成砾间孔、网柱状溶隙和蜂窝状溶孔。岩石破碎,裂隙密度大,伸延性差,不利形成大型溶洞。

薄叠层石灰(云)岩,由各种形状的薄叠层石组成。

区域石灰岩分类,参见表 4-12。其结构成因类型与沉积环境有关,详见表 4-13。

表 4-12　区域石灰岩分类

颗粒含量(%)	主要填隙物	颗粒—泥晶灰岩					隐藻加积凝聚—泥晶灰岩				生物骨架灰岩	化学沉淀灰岩
		内碎屑	生物屑	鲕粒	球粒	三种以上混合颗粒	凝块石	核形石	藻鲕	叠层石		
＞50	亮晶	亮晶内碎屑灰岩	亮晶生物屑灰岩	亮晶鲕粒屑灰岩	亮晶球粒灰岩	亮晶混合颗粒灰岩	亮晶凝块石灰岩	亮晶核形石灰岩	亮晶藻鲕灰岩	1. 层纹石灰岩;2. 波状叠层石灰岩;3. 穹状叠层石灰岩;4. 柱状叠层石灰岩;5. 掌状叠层石灰岩;6. 多角状层叠石灰岩	1. 生物礁灰岩(珊瑚红藻苔藓虫层孔虫等);2. 生物层礁灰岩(海百合厚壳蛤层孔虫藻类等);3. 生物泥丘灰岩(枝状珊瑚海绵苔藓虫藻类等)	石灰华、钟乳石、石笋、钙结岩
＞50	泥晶	泥晶内碎屑灰岩	泥晶生物屑灰岩	泥晶鲕粒屑灰岩	泥晶球粒灰岩	泥晶混合颗粒灰岩	泥晶凝块晶灰岩	泥晶核形石灰岩	泥晶藻鲕灰岩			
50～25	泥晶	内碎屑泥晶灰岩	生物屑泥晶灰岩	鲕粒屑泥晶灰岩	球晶泥粒灰岩	混合颗粒泥晶灰岩	凝块石泥晶灰岩	核形石泥晶灰岩	藻鲕泥晶灰岩			
25～10	泥晶	含内碎屑泥晶灰岩	含生物屑泥晶灰岩	含鲕粒屑泥晶灰岩	含球粒泥晶灰岩	含混合颗粒断绝晶灰岩	含凝块石泥晶灰岩	含核形石泥晶灰岩	含藻鲕泥晶灰岩			
＜10	泥晶结岩											
结晶灰岩	按晶粒大小(mm)分为:粗晶灰岩(1～0.5),中晶灰岩(0.5～0.25),细晶灰岩(0.25～0.05),粉晶灰岩(0.05～0.01)											

注:1. 以两种颗粒为主的岩石命名时含量低的在前,高的在后。
2. 内碎屑灰岩按内碎屑大小分:砾屑(＞2mm),砂屑(2～0.05mm),粉屑(0.05～0.01mm)。其中砾屑分竹叶状砾屑和角砾状砾屑两种;砂屑粗、中细划分标准同结晶灰岩。
3. 叠层石的形态反映成因环境,故按形态命名。
4. 生物屑灰岩和生物骨架灰岩按生物种类命名。

表 4-13　区域古海域碳酸盐岩沉积环境各沉积相简要特征

特征		次深海—深海相	陆棚边缘盆地相	浅海陆棚相	台地边缘生物礁相	台地边缘浅滩相	开阔台地相	局限台地相	台地蒸发岩相
沉积环境	潮汐	潮下深水低能带	潮下较深水陆棚低能带		潮下高能带		潮下浅水低能带	潮间潮下中低能带	潮上低能带
	波浪	浪基面之下			浪基面之上,波浪作用强		流基面之上	日潮作用带	大潮作用带
	氧化界面	之下		之上				上下	充分氧化
	盐度	正常					稍有变化37～45mg/kg	变化很大>45mg/kg	变化很大
	水深	100～1 000m	数十米至300m		0至数十米		数米至数十米	0至数米	经常暴露海面之上
	水循环	极差		良好	很好		中等	极差	
岩石类型及结构		细砂岩、粉砂岩、泥岩、含砾碳酸盐岩、硅质岩	泥晶灰岩、硅质岩、炭质页岩、硅质页岩、页岩	泥晶灰岩、微晶灰岩、钙质页岩、页岩	珊瑚礁灰岩、腕足壳灰岩、生物碎屑灰岩、泥晶灰岩	内碎屑灰岩、鲕粒灰岩、生物碎屑灰岩	内碎屑灰岩、鲕粒灰岩、生物碎屑灰岩、泥质灰岩、泥晶灰岩	泥质白云岩、藻白云岩、球粒灰岩、叠层石灰岩、粉屑白云岩	泥晶白云岩、泥晶灰岩、石膏岩、泥膏岩
沉积构造		波状层理平行层理粒序层理	水平层理	水平层理	块状层理	水平层理交错层理虫迹	水平层理、微波状层理、交错层理、虫孔发育	纹理发育、鸟眼、晶洞、叠层石构造、波状层理、虫孔	纹理、鸟眼、泥裂、石盐假晶、水平层理
颜色		暗—灰	暗	灰—绿—黄	浅	浅	浅—暗	暗—浅	灰—黄—红
生物化石		放射虫、海绵骨针	个体较小的三叶虫、腕足类	三叶虫(球接子)、腕足类、双壳类、笔石等	珊瑚、腕足类	三叶虫、腕足类、腹足类	三叶虫、腕足类、头足类、蜓、珊瑚、腹足类等	三叶虫、腹足类、藻	藻
产出层位		信阳群、二郎坪群、子母沟组	水井沱组、辛集组底部、栾川群下部	灯影组、胡家庄群、下集组、梁沟组	王冠沟组	徐庄组、张夏组	徐庄组、张夏组、马家沟组、太原组、山西组下部	官道口群中上部、洛峪口组、黄莲垛组、董家组、凤山组—亮甲山组	辛集组中部、馒头组、下马家沟组中部

4.1.1.3.2　碳酸盐岩矿物及化学成分

不同层位、结构的碳酸盐岩具有不同的矿物和化学成分，见表 4-14～表 4-16。

表 4-14　主要碳酸盐岩石矿物成分、结构、化学成分一览表

岩类	岩石名称	结构	颗粒成分(%)			矿物成分(%)		化学成分(%)			
			内碎屑			方解石	白云石	CaO	MgO	CaO/MgO	酸不溶物
			砾屑	砂屑	鲕粒						
灰岩类	砾屑泥晶灰岩	泥晶砾屑	70～80	5～10		90～100	0～5	54.2	0.56	96.8	2.11
	泥质灰岩	泥晶				95±	3±	54.36	0.66	82.4	1.72
	泥质条带泥晶鲕粒灰岩	泥晶鲕粒			70	100		49.19	4.18	11.76	3.24
	泥质条带泥晶灰岩	泥晶			1～2	97	2	50.09	2.24	22.36	4.49
	亮晶鲕粒灰岩	亮晶鲕粒			85	97	2	48.82	1.40	34.9	9.14
	豹皮状灰岩	泥晶				60	40	43.86	9.60	4.57	1.37
	含砾屑细晶灰岩	砂屑细晶		20		95	5	47.86	5.98	8.0	2.95
白云岩类	含燧石结核	细晶				3	90～95	20.27	14.21	1.43	27.57
	细晶白云岩含泥质	细晶				微量	90±	24.16	16.01	1.51	17.71
	微晶白云岩	微晶				微量	100－	30.31	20.92	1.45	2.82
	细晶白云岩	细晶				微量	100－	29.77	21.44	1.39	1.91
	细晶鲕粒白云岩	细晶鲕粒			75～80		100	30.55	29.92	1.45	1.04
	亮晶鲕粒白云岩	亮晶鲕粒			65～80	5±	95～100	30.80	21.09	1.46	0.67
云灰岩类	泥晶白云质灰岩	泥晶				80	15	31.10	19.37	1.60	4.53
泥灰岩类	泥灰岩	微晶				65		22.69	9.99		38.06

表 4-15　可溶岩化学成分及矿物成分

岩石名称	层位	岩性特征	化学成分(%)	矿物成分(%)
泥晶灰岩	中奥陶统各组上段	深灰色,几乎全由0.002～0.005mm 的泥晶方解石组成,含少量白云石	CaO 53.9～55.55,MgO 0.14～1.12,酸不溶物<4	方解石 95 左右,白云石<5
角砾状灰岩	中奥陶统各组下段	杂色,角砾成分为泥晶灰岩、白云质灰岩等,胶结物为亮晶方解石	CaO 37.84～45.12 MgO 1.33～13.4 酸不溶物 4.55～17.54	方解石 90 石膏 3～5
鲕状亮晶灰岩	中寒武统张夏组	深灰色,鲕粒直径 0.1～1mm,具明显的同心圆结构,亮晶方解石充填胶结	CaO 17.06～54.29 MgO 0.65～6.90 酸不溶物 0.71～4.17	方解石 90～100 白云石 0～10
花斑状白云质灰岩	中奥陶统各组下段及上段	浅灰色,基质由泥晶方解石组成,白云石呈浸染状分布在基质中,局部较为集中	CaO 45.3 MgO 8.33 酸不溶物 3.78	方解石 40～60 白云石 40
中—粗晶白云岩	下奥陶统	灰色,地表及浅部为灰黄色,粒状结构,自形—半自形,颗粒干净	CaO 28.19～31.14 MgO 17.01～21.51 酸不溶物 6.52～18.49	白云石 95～100
细—微晶白云岩	上寒武统凤山组	浅灰色,致密坚硬粒状结构,自形—半自形	CaO 37.53 MgO 9.09 酸不溶物 13.25	白云石 95～100

表 4-16　奥陶系 O_2 各段碳酸盐岩化学成分　(%)

时代			CaO	MgO	SiO_2	酸不溶物
中奥陶统(O_2)	峰峰组(O_2^3)	O_2^3—2	55.23	0.42	0.31	0.77
		O_2^3—1	41.69	4.19	6.09	9.62
	上马家沟组(O_2^2)	O_2^2—2	50.24	3.55	2.93	3.86
		O_2^2—1	37.45	10.49	7.38	10.10
	下马家沟组(O_2^1)	O_2^1—3	46.99	3.63	2.86	4.45
		O_2^1—2	42.42	5.51	3.26	11.65
		O_2^1—1	21.48	8.68	12.38	31.08
下奥陶统(O_1)			27.68	13.01		15.60

4.1.1.3.3　碳酸盐岩物理性质

不同时代、不同岩石类型的碳酸盐岩具有不同的物理性质,参见表 4-17。

4.1.1.3.4　空隙空间及其度量

空隙空间包括孔隙、裂隙和溶洞,其度量泛指孔隙度、裂隙率、溶洞率等。

(1)孔隙类型及孔隙度,见表 4-18～表 4-20。

表 4-17　不同岩石类型物理性质统计

形成时代	岩石类型	样品数	容重平均值 (g/cm^3)	孔隙度(%)			吸水率(%)			渗透率平均值 (m/d)
				最大	平均	最小	最大	平均	最小	
$\in_2^2$	亮晶鲕粒灰岩	10	2.71	1.9	1.15	0.4	0.64	0.32	0.11	<0.1
	花斑状云灰岩或灰云岩	11	2.71	3.6	1.73	0.7	0.82	0.50	0.27	<0.1
$\in_3-O_1$	中细晶白云岩	14	2.79	5.3	2.09	0.6	1.40	0.59	0.23	<0.1
$\in_2^{2.4}$	含泥灰质微晶白云岩	9	2.72	6.6	3.38	2.0	1.48	0.88	0.25	0.12
	去云化细晶灰岩	6	2.70	4.6	2.17	0.8	1.30	0.58	0.20	<0.1
$\in_2^{3.5}$	颗粒泥晶灰岩	6	2.70	2.4	1.20	0.6	0.74	0.40	0.29	0.32
	泥晶灰岩	7	2.70	1.7	0.96	0.4	0.43	0.26	0.15	0.11
	豹皮状云灰岩或灰云岩	7	2.71	1.3	1.07	0.7	0.46	0.27	0.15	0.10
$\in_1-\in_2^1$	不纯碳酸盐岩	8	2.65	10.9	4.16	0.3	4.04	1.44	0.19	0.19
	非碳酸盐岩	6	2.60	16.9	5.55	0.9	6.05	2.04	0.46	<0.1

表 4-18　孔隙类型划分

孔隙类型	主要成因	岩石类型
粒间孔	颗粒支撑	颗粒灰岩、藻团粒白云岩
晶间孔	白云岩化作用	白云岩、结晶灰岩
砾间孔	膏溶作用	膏溶角砾状灰(云)岩
藻窗孔	生物骨架	叠层石灰(云)岩
粒间、晶间溶孔	压溶、溶解作用	颗粒灰岩、白云岩
粒间、晶内溶孔	溶解作用	颗粒灰岩、白云岩
膏模孔	溶解作用	含石膏假晶灰(云)岩

表 4-19　孔隙空间几何结构类型

几何结构类型	主要孔隙类型	喉道
无喉型(A)	粒内、晶内溶孔及部分晶间孔	无
狭长喉型(B)	粒间、晶间溶及粒间、晶间孔	粒间或晶间缝
短宽喉型(C)	晶间孔	晶间缝
网格型(D)	藻窗孔、砾间孔及晶间孔	裂隙缝、解理缝
裂缝贯通型(E)	晶间孔、粒间孔、砾间孔	构造裂隙缝
复合型	孔、缝、洞	裂隙缝、晶间缝

表 4-20 主要类型碳酸盐岩孔隙度平均值及变化范围

岩石类型	孔隙度(%)		渗透率(m/d)	
	变化范围	平均值	变化范围	平均值
石灰岩类	1~2	1.5±	0.1~1.0	0.2±
晶粒白云岩类	2~5	3.5±	1~15	10±
藻黏结白云岩类	2~4	3±	0.5~6	5±
膏溶角砾状灰云岩类	2~7	4±		

(2)裂隙类型及裂隙率,见表 4-21~表 4-23。

表 4-21 裂隙类型划分

裂隙类型	主要成因	主要形成阶段	空间大小	
			长	宽
层间裂隙	沉积分异作用	沉积阶段	数厘米至数米	数微米至数毫米
缝合线	压溶作用	成岩阶段	数厘米至数十厘米	数微米
构造裂隙	构造应力作用	后生阶段	数厘米至数千米	数微米至数厘米
溶蚀裂隙	溶蚀作用	表生阶段	数厘米至数十厘米	0.2mm 至数毫米

表 4-22 不同类型碳酸盐岩裂隙发育特征

岩石类型	裂隙发育特征				
	PF_0(%)	PF(%)	DP(条/m^2)	TF(%)	DDF(mm)
膏溶角砾状灰云岩	0.894 7	0.824 9	10.17	28.15	1.88
中细晶白云岩	0.941 4	0.745 2	6.84	26.95	1.74
泥晶及颗粒泥晶灰岩	0.767 4	0.603 6	7.90	26.96	1.51
亮晶鲕粒灰岩	0.564 9	0.400 5	3.41	18.86	1.01

(3)溶洞及溶洞率,见表 4-24。

表 4-24 说明,灰岩类主要发育大于 0.5m 洞穴,而中细晶白云岩和膏溶角砾状灰(云)岩主要发育小于 0.5m 的孔洞,藻黏结白云岩则界于两者之间。

溶洞率也有随构造部位、埋深条件等而变化的问题,这里不作详细讨论。

4.1.1.3.5 含水介质类型及主要特征

由上述研究可知,不同类型碳酸盐岩的裂隙发育程度虽有不同,但裂隙作为含水介质的基本要素却是一致的,在划分含水介质类型时,不仅要考虑裂隙的空间大小,还要考虑裂隙的密度和宽度。孔隙介质则不同,对于灰岩类,<2%是无效的,白云岩和膏溶角砾状灰云岩>2%则是必须加以考虑的一种要素。溶洞发育又另具特点,因受洞穴发育机理制约,灰岩类可以形成较大的洞穴,使含水空间极不均匀;而白云岩和膏溶角砾灰云岩则以小洞或孔洞为主,相对比较均匀,藻黏结白云岩则属过渡类型。

表4-23 不同层位裂隙发育特征

剖面号	层位	裂隙发育特征					
		PF_0(%)	DF(条/m^2)	TF(%)	DDF(mm)		
					变化值	平均值	方差
J_yⅣ	O_2^{4-2}	0.82	15.75		0.1~	5.013 5	9.35
	O_2^{4-1}	1.344 3	9.84		0.1~20	2.510 5	3.44
	O_2^3	1.598 5	9.70		0.01~20	2.372 9	3.84
	O_2^2	0.959 7	16.86		0.01~15	1.358 6	1.96
J_yⅤ	O_2^{4-2}	1.610 8	11.00		0.05~	2.805 7	3.99
	O_2^{4-1}	0.844 2	7.22		0.10~25	2.625 2	5.33
	O_2^3	0.86	12.84		0.1~7	0.81	1.05
	O_2^2	0.648 6	11.25		0.02~20	1.183 5	2.88
J_yⅡ	O_1	0.964 4	8.10	21.45	0.1~20	1.372 4	2.35
	$\in_3$	0.873 4	6.28	9.45	0.01~15	1.568 3	1.77
	$\in_2^z$	0.400 5	3.41	18.87	0.01~10	1.005 4	1.38

表4-24 主要类型岩石溶洞率平均值

岩石类型	大于0.5m			0.5~2mm	平均溶洞(%)
	平均溶洞(%)	钻孔溶洞率(%)		中间系数	
		变化范围	平均值		
亮晶鲕粒灰岩	1.8	0.014~2.13	1.072	0.157	1.593
泥晶及颗粒泥晶灰岩	2.8	0.113~3.41	1.762	0.157	2.431
膏溶角砾状灰云岩		0.081~1.37	0.726	0.431	1.157
中细晶白云岩		0.024~1.44	0.732	0.705	1.437
藻黏结白云岩		0.08~1.88	0.980	0.705	1.685

4.1.1.4 岩溶含水介质类型特征

综合以上因素和数据，其含水介质可概化为五种类型，见图4-1。其主要特征如下。

4.1.1.4.1 糖粒状白云岩类稀疏裂隙—晶孔型

总含水空间大，主要为晶间孔和小型孔洞含水，溶蚀裂隙渗流。裂隙密度较小，隙宽较大，裂隙率中等，延伸性较差，充填程度较高，溶洞不发育，特别是大型洞穴少见。由于孔隙空间结构属于短宽喉型，所以岩石渗透性较好，属于相对均匀的含水介质类型，其渗透的各向异性主要取决于构造裂隙的发育方向。

4.1.1.4.2 膏溶角砾状灰云岩类密集裂隙—溶孔型

总含水空间中等偏大，主要为溶孔和小型孔洞含水，网格状溶隙渗流。裂隙宽度和密度均大，裂隙率高，但裂隙充填作用强，延伸性不好。孔隙空间结构属于网格型，岩石渗透性中等，溶洞不发育，大洞少见，属于相对均匀的含水介质类型。

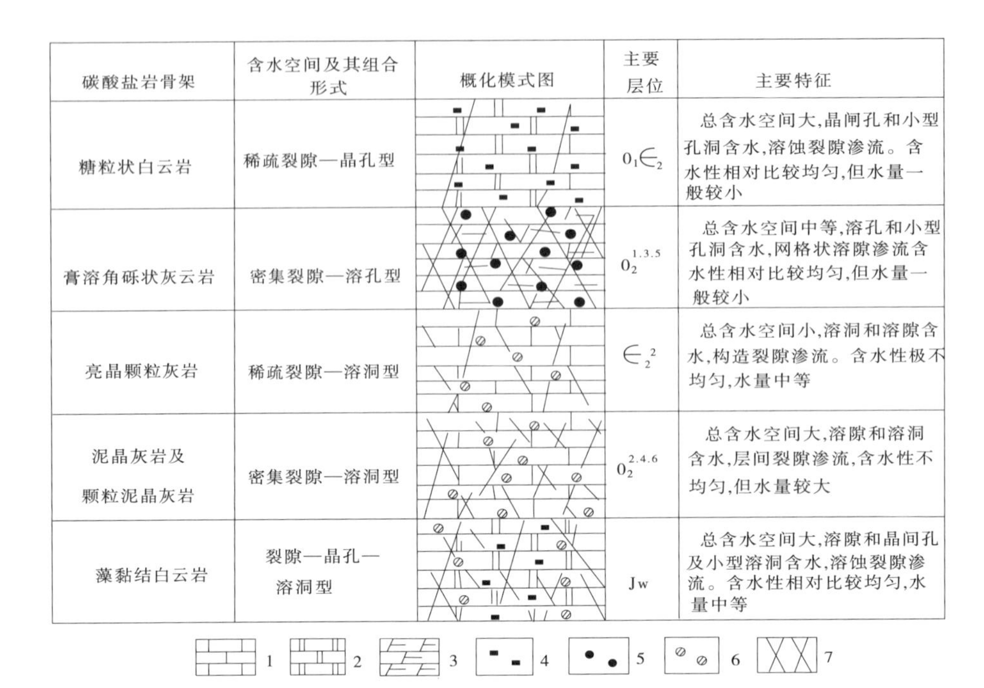

碳酸盐岩骨架	含水空间及其组合形式	概化模式图	主要层位	主要特征
糖粒状白云岩	稀疏裂隙—晶孔型		$O_1\in_2$	总含水空间大,晶闸孔和小型孔洞含水,溶蚀裂隙渗流。含水性相对比较均匀,但水量一般较小
膏溶角砾状灰云岩	密集裂隙—溶孔型		$O_2^{1.3.5}$	总含水空间中等,溶孔和小型孔洞含水,网格状溶隙渗流含水性相对比较均匀,但水量一般较小
亮晶颗粒灰岩	稀疏裂隙—溶洞型		$\in_2^2$	总含水空间小,溶洞和溶隙含水,构造裂隙渗流。含水性极不均匀,水量中等
泥晶灰岩及颗粒泥晶灰岩	密集裂隙—溶洞型		$O_2^{2.4.6}$	总含水空间大,溶隙和溶洞含水,层间裂隙渗流,含水性不均匀,但水量较大
藻黏结白云岩	裂隙—晶孔—溶洞型		Jw	总含水空间大,溶隙和晶间孔及小型溶洞含水,溶蚀裂隙渗流。含水性相对比较均匀,水量中等

1—石炭岩;2—白云岩;3—膏溶角砾状灰云岩;4—晶间岩;5—溶孔;6—溶洞;7—裂隙

图 4-1 含水介质类型概化模式图

4.1.1.4.3 亮晶颗粒灰岩类稀疏裂隙—溶洞型

总含水空间小,为溶洞溶隙含水,构造裂隙渗流,隙宽和裂隙密度均很低,故裂隙率亦很低。但裂隙的充填作用不强,延伸性和穿层性好,水沿裂隙溶蚀扩大,常形成较大的洞穴。岩溶发育极不均匀,属于极不均匀的含水介质类型。

4.1.1.4.4 泥晶及颗粒泥晶灰岩类密集型裂隙—溶洞型

总含水空间中等偏小,属溶隙溶洞含水,层间裂隙渗流,隙宽和密度中等,故裂隙率也属中等。延伸性虽较好,但因岩石单层厚度一般较薄,裂隙发育常受层面控制,穿层性不好,水主要沿层面或层间裂隙渗流溶蚀,常形成沿层面发育的溶洞。岩溶发育不均匀,属于不均匀含水介质的类型。

4.1.1.4.5 藻黏结白云岩类裂隙—晶孔—溶洞型

总含水空间大,为溶隙、晶间孔和小型溶洞含水,溶蚀裂隙渗透。裂隙率、孔隙度均高,溶洞率中等。溶洞以小型为主,孔隙空间结构属网格型,为一种较均匀的含水介质类型。从某些特征看,属于白云岩类与灰岩类过渡型含水介质。

4.1.2 岩溶发育规律

4.1.2.1 岩溶发育影响因素

影响岩溶发育的基本因素可分为三个方面:一是环境因素,包括气候条件(降雨、气温等)、水循环条件(汇水条件、水动力条件等)、水化学条件等;二是岩溶系统本身的结构条件,包括岩溶层组(岩性、结构、层组类型等)、地质构造、地貌及埋藏条件等;三是时间因素,将在后面岩溶演化规律中述及。

4.1.2.1.1　气候因素

华北地台区多属半湿润—半干旱气候带。地表发育溶隙、溶沟、溶槽等,地貌上呈现出典型的溶丘、溶岗、干谷和洼地景观。地下溶隙宽度较大,泉水动态变化显著,不稳定系数2～5,某些地区产生岩溶塌陷。各地溶蚀速度不尽一致,豫西地区,总的溶蚀速度为21.91～26.0mm/ka。

4.1.2.1.2　水循环因素

溶蚀强度与水的循环量及速度即汇水条件和水动力条件直接有关。地形地貌和植被情况往往影响汇水条件。丘陵区岩溶较之低山区发育好。山脊山坡区水源不足,仅见一些层间岩溶裂隙,沟谷地带接近侵蚀基准面,水源充足,运动速度快,有较多溶洞和溶隙发育,河流沟谷中地表径流好,地下径流模数大,往往有较大溶洞、漏水段、落水洞等或形成强径流带。

4.1.2.1.3　水化学因素

水化学条件也是影响溶蚀的重要因素。水化学作用常见有碳酸盐岩矿物溶解、阳离子交换、煤层中硫化矿物氧化、水解及脱白云岩化等。

水对可溶岩的溶蚀能力,可以水中矿物的饱和指数判定:饱和指数为0,表明水中矿物溶解处于平衡状态;饱和指数<0,表示水中矿物溶解未达饱和,继续溶蚀;饱和指数>0,表示已达过饱和状态,水无溶蚀能力,将产生固体矿物的沉淀。

岩溶地下水中各种矿物之间,方解石饱和指数大于白云石,二者又都大于石膏。多数情况下,石膏饱和指数都是负值(方解石 SiC>白云石 SiD>石膏 SiG 值)。

矿物饱和指数和岩溶地下水的循环条件有关,后者又与地下水的补给、运动、含水介质及埋藏条件有关。水循环途径短,水交替快的岩溶系统内,溶蚀能力强,饱和指数低。一般从补给—径流—排泄—滞流承压区,饱和指数逐渐增大,但由于地表水的近途补给,饱和指数也会在排泄区降低。由于降水的季节性和周期性变化也会影响岩溶作用在时间序列上的周期变化。垂向上,从含水层上部到下部,随着循环途径增长,地下水溶蚀能力渐弱,矿物饱和指数增大。硫化物氧化产生的硫酸盐可增强水对硫酸盐的溶蚀能力。人工抽水加速水流运移速度,使排水中矿物饱和程度低于相邻泉水,泉水饱和指数高于井水。人为污染还会引起水的溶蚀能力降低,矿物饱和指数增大。饱和指数垂向变化情况,参见表4-25。

表4-25　饱和指数垂向变化统计

矿名	开采水平(m)	时代	饱和指数	
			方解石	白云石
平顶山五煤矿	−214	C_3	0.08	−0.463
	−225	$\in_3$	0.216	−0.249
平顶山八煤矿	−207	$\in_3$	0.018	0.025
	−275	$\in_3$	0.071	0.115
	−430	$\in_3$	0.057	0.104
平顶山十一煤矿	−70	C_3	−0.049	−0.795
	−180	$\in_3$	0.024	−0.730

4.1.2.1.4　**地层岩性因素**

可溶岩是岩溶发育的基础,岩性是首要因素。

（1）岩石成分。决定可溶岩的主要溶蚀特性，决定溶解速度和岩溶作用。灰岩比白云岩岩溶发育，因其方解石含量高，CaO/MgO 比值大。不同时代、地层岩性对岩溶发育的影响，见表 4-26、表 4-27。

表 4-26　不同时代可溶岩岩溶发育特征

时代			主要岩性	岩溶发育特征
中奥陶统	峰峰组	O_2^3-2	深灰色厚层泥晶灰岩	强岩溶化、以裂隙为主、次有溶洞，但发育不均匀，溶隙宽度数厘米至数十厘米，溶洞沿层面发育高数十厘米，长数十米
		O_2^3-1	角砾状泥晶灰岩、花斑状白云岩含石膏	弱岩溶化、地表和浅部可达中等岩演化、石膏早期溶蚀、岩溶形态以溶孔为主，直径 2～5cm，发育较均匀，但孔内多含充填物，溶孔连通性差
	上马家沟组	O_2^2-2	深灰色厚层泥晶灰岩夹少量花斑状白云质灰岩	强岩溶化，以溶隙和小型溶洞为主，发育不均匀
		O_2^2-1	角砾状泥晶灰岩、泥晶白云岩、白云岩含石膏	弱岩溶化，地表和浅部岩演化程度较高，岩溶形态以溶孔为主，发育均匀，但多含充填物，连通性差。
	下马家沟组	O_2^1-3	灰色泥晶灰岩夹白云质灰岩	强岩溶化，以溶隙为主，溶隙宽数厘米至数十厘米，分布不均
		O_2^1-2	角砾状泥晶灰岩	弱岩溶化，以溶孔为主，分布较均匀但含充填物，连通性差
		O_2^1-1	钙质页岩	非岩溶层
下奥陶统		O_1	厚层含燧石结核白云岩、白云岩	弱岩溶化，以溶隙和溶孔为主，分布均匀，顶部常见小型溶洞。
上寒武统		$\in_3$	中部细晶白云岩、底部泥质白云岩	弱岩溶化，以溶缝为主
中寒武统	张夏组	$\in_2$	亮晶颗粒灰岩	灰岩中等岩化，以溶隙为主，发育极不均匀，地表和浅部多沿垂向发育

（2）岩石结构。岩石成分不同，引起内部结构出现差异，石灰岩与白云岩的溶蚀方式的特点即不相同。石灰岩多泥晶结构，岩石致密，天然孔隙甚微，天然孔隙率在 0.5% 以内，岩石的溶解主要通过节理和裂隙面进行，以溶隙和溶洞为主。白云岩一般结晶颗粒较粗，孔隙率多大于 3%，溶蚀在裂隙和整个岩体空间进行。矿物结晶颗粒越细，相对溶解速度值越大，如$\in_1$ 朱砂硐组、$\in_2$ 张夏组和 O_2 马家沟组灰岩，主要为泥晶结构，岩溶发育较强，但有时矿物结晶颗粒越细，总的孔隙度和岩体总溶蚀量虽大，却分散于大量微孔隙中，不利于岩溶集中发育，而粒粗的总孔隙度虽小，但却集中，有利于岩溶的发育。如$\in_3$ 凤山组溶洞发育，深度可达 10m 至数百米，常见岩溶泉水，成为相对均匀的岩溶水层。O_1 亮晶白云岩和 O_2 各组第一段泥晶白云岩岩化程度最低，具相对隔水的性质。

（3）岩溶层组。石灰岩连续型以奥陶系中统泥晶灰岩为代表，岩性单一，结构均匀，构造裂隙切层性强，延伸远，有利于地下水循环和岩溶的发育。

白云岩连续型以凤山组为代表，尤其上部厚层白云岩，质地均一，裂隙溶洞均较发育。

表 4-27　岩石溶蚀试验结果

岩石名称	地质层位	化学成分(平均值)				矿物成分(平均值)		孔隙率(平均值%)	相对溶解速度(平均值)
		CaO(%)	MgO(%)	CaO/MgO	酸不溶物(%)	方解石(%)	白云石(%)		
泥晶灰岩	O_2	53.18	0.87	61.12	2.99	93.0	4.0	1.9	1.03
斑状白云质灰岩	O_2	49.49	4.52	10.94	2.08	77.2	20.7	0.5	1.03
生物碎屑灰岩	O_2	54.1	0.54	100.2	2.03	95.5	2.5	0.4	1.03
白云质及泥质灰岩	O_1	50.17	2.36	21.26	5.19	84.1	10.7	—	1.09
鲕状白云质灰岩	$\in_2^2$	47.6	5.44	8.75	3.22	71.5	25.3	4.1	0.89
砾屑灰岩	$\in_2^2$	47.96	3.96	12.11	6.27	75.6	18.1	0.4	0.93
灰质白云岩	O_2	36.92	15.12	2.44	3.48	27.4	69.1	4.6	0.82
泥晶白云岩	O_2	3.07	18.18	1.66	5.36	10.1	84.5	7.9	0.80
微、细粒亮晶白云岩	O_1	28.83	19.36	1.48	7.33	4.2	88.5	3.1	0.77
中、粗粒亮晶白云岩	$\in_1^3$	30.67	21.31	1.44	1.54	1.10	97.4	3.2	0.52

石灰岩与白云岩互层型，为亮甲山组上部灰岩与白云岩互层(各 1～2m)，一般不利于形成大的溶洞，但发育顺层裂隙岩溶。

石灰岩夹云灰岩(或白云岩)型，以上马家沟组和峰峰组二段上部为代表，层位连续稳定，岩溶洞穴均发育在灰岩中，白云岩则相对隔水。

不纯碳酸盐岩与白云岩互层型，奥陶系中统各组上下段和贾旺层属此型，不利于岩溶的发育。

4.1.2.1.5　地质构造因素

古生代以前，区域上受南北向挤压作用，形成东西向构造线。中生代时期转为北西、南东向挤压，广泛发育了北东、北北东向构造以及北西、北西西向断裂。新生代初期，大规模东西向拉伸作用，形成一系列张裂性断陷盆地，且多沿中生代形成的深大断裂发育，新生代中期以后，区域压力转为近东西向挤压作用，致使北东、北北东向断裂产生右旋扭错，而使北西、北西西向断裂产生左旋扭错，形成了一系列小型断陷盆地。这一构造演化过程对区内岩溶发育史、发育方向、岩溶分布及岩溶孔隙特征有着深刻的影响和控制作用。

豫西地区，东西向、北西向和北东向构造将碳酸盐岩切割成互不相连的三大区和若干块段，水动力条件较差，致使未形成大的岩溶泉和岩溶水系统，岩溶发育中等或较差。可溶岩走向多呈东西向延伸，岩溶多顺走向沿层面发育，相对强岩溶带也呈近东西方向，如巩义新中—郑州及渑池北坞—龙洞泉强岩溶带等。

4.1.2.2　岩溶发育分区特征

岩溶发育分区，首先根据气候条件和地理位置划分出岩溶大区，再按地质、地貌和水系等因素划分出岩溶亚区。豫西岩溶发育分区见表 4-28,岩溶面积统计见表 4-29。

表 4-28　岩溶发育分区

岩溶区	岩溶亚区	岩溶系统
豫西亚湿润—半干旱区	崤山中低山亚区(入黄河水系)	
	嵩箕中低山亚区(入黄—颍河水系)	
	外方山中低山岩溶亚区(汝河水系)	

表 4-29　岩溶面积统计　　(单位:km^2)

岩溶区名称	岩溶分区名称	岩溶区面积				非岩溶区面积	总计
		裸露型	交叉型	埋藏型	合计		
豫西亚湿润—半干旱区	崤山中低山亚区(入黄河水系)	471	85	2 890	3 446	1 794	5 240
	嵩箕中低山亚区(入黄—颍河水系)	1 174.8	859.2	5 730	7 764	1 414	9 178
	外方山中低山亚区(汝河水系)	349	413	4 364	5 126	7 155	12 281
总　计		1 994.8	1 357.2	12 984	16 336	10 363	26 699

这里兹将涉及夹沟矿区及相邻的岩溶亚区的岩溶发育状况分述于下。

4.1.2.2.1　崤山中低山岩溶亚区

位于三门峡以东的渑池、新安以及巩义以西一带,西部以 NE 向的温塘—会兴镇断层为界,东部以 NW 向的益家窝—王庄断裂为界,北部以黄河为界,南部以白阜镇、笃忠、张村及偃师断层为界。可溶岩地层主要为寒武—奥陶系的豹皮状灰岩、鲕状灰岩及灰岩、白云岩等。零星分布在渑池—新安一带。寒武系可溶岩分布较稳定,奥陶系中统厚度变化较大,新安一带仅见上马家沟组。局部地表溶洞多见于 O_2 和$\in_2^2$,一般洞长 2～4m,较大溶洞见于畛河北岸 O_2 灰岩中,长 12 m,宽 18 m,高 3.5m,顺层延伸。较大岩溶泉有龙洞泉、仁村西泉和南坡泉,流量分别为 50、73、36L/s。地表岩溶以溶蚀裂隙为主,多顺层和垂直层面发育,局部可见落水洞,如北坻坞附近河床发育一落水洞,宽 8m,洪水季节河水沿落水洞补给岩溶水,最大流失量大于 $1m^3/s$。据钻孔揭露寒武系中统可溶岩层中见有 6 个大于 4m 的溶洞,最大高 11.9m。其次,强岩溶带很发育,在渑池北部,沿碳酸盐岩与非碳酸盐岩接触带发育一条长 20km 的强岩溶(径流)带,沿此带钻孔遇洞率达 80%～90%,岩溶地下水极富,单井涌水量达 3 686～4 838m^3/d。

4.1.2.2.2　嵩箕中低山岩溶亚区

位于伊川、新密、登封、禹州一带,西部以东范庄断层为界,北部以李村、偃师断层为界,西南部以宜阳、伊川、临汝、郏县断层为界,东部接豫中平原。可溶岩集中分布在嵩山和箕山背斜两翼,以寒武—奥陶系中统为主。

构造比较发育，控制岩溶发育的构造有：东西向的嵩箕山隆起带，北西向的新安、平顶山断裂带。此外，NE 和 SN 向等断裂也较发育，这些构造控制着岩溶发育的强度和深度，以及岩溶地下水的储存、运移、排泄，并从而影响矿床的突水。

常见的岩溶形态主要有：溶沟、溶槽及溶隙，溶洞也较发育，如雪花洞、神仙洞、尖山洞、纪机洞、相子洞、鱼洞、临汝黄岭洞等，其中雪花洞规模最大。溶洞多沿断裂带发育。强岩溶（径流）带有三条：巩义新中强岩溶带、新密洧水强岩溶带，登封碎关强岩溶带。其中巩义新中强岩溶带最长，约 36km。

4.1.2.3　岩溶发育的分期特征

前已述及，控制岩溶发育的基本因素，除气候因素、岩溶系统和结构条件外，还有时间因素。岩溶发育是一种较快速的地质作用，几万年即可形成具有一定规模的地质景观，而新生代以来北方的气候、地貌、海平面都发生过多次变迁，对岩溶的演化（发育的退化）都有着重大的影响，这就是岩溶发育史，即不同时期、不同阶段、不同环境条件下形成的岩溶是一种地质历史的记录。

为了对岩溶发育的分期有一总体了解，现将我国南、北方代表性岩溶发育时期和第四纪典型洞穴沉积—古气候—岩溶发育期综合分析结果及我国北方岩溶分期情况列表说明，见表 4-30。

对于豫西夹沟地区，岩溶发育大体经历了以下几个过程。

4.1.2.3.1　古生代中奥陶世末—中石炭世前沉积间断岩溶期

寒武纪末，嵩山一带海退，产生了奥陶系与寒武系间的假整合接触形成局部古溶蚀面。中奥陶系沉积后，由于加里东运动的抬升，碳酸盐岩露出水面（海水由南向北退出）直到中石炭世，为长达 1.5 亿年的侵蚀期。中奥陶系顶面因此普遍发生夷平，发育形成了厚达几十米的古岩溶风化壳，残留了古岩溶负地形（溶蚀裂隙和溶洞“层”），接受后期（C_2）含铁、铝质岩沉积。

4.1.2.3.2　中生代燕山运动沉积间断岩溶期

中石炭纪时，接受海侵，形成滨、浅海，沉积海陆交互相地层，其中薄层石灰岩，时而露出地表，形成网状溶隙。燕山运动使侏罗纪以前地层褶皱隆起，在豫西义马一带缺少侏罗系地层。

4.1.2.3.3　新生代喜山运动岩溶期

喜山运动使本区持续差异性上升，形成多级夷平面和多级阶地以及与之相当（层）的岩溶“层”。

4.1.2.4　深部岩溶发育特征

华北地台区侵蚀基准面和区域地下水位 100m 之下发育有深岩溶，且往往随着深度增加而减弱，垂向上具有强—中—弱的变化规律，深部溶洞的发育深度各地不同。如豫西登封 30m（∈溶洞）、平顶山李家沟 70m（∈溶洞）、临汝三里寨 −60m（∈溶洞）、新密及新郑 −500m（O 溶洞），显示了垂向上岩溶发育的差异性。

表 4-30　中国北方岩溶分期

岩溶期	延续时间（百万年）	气候	环境特征	岩溶特征	重点岩溶区
第四纪（Q）	2～3	暖温带，半干旱—亚湿润—湿润气候，多次冷、暖交替	地形高差大，地表河流代替湖盆，海面多次升降，新构造活动剧烈	破坏第三纪古岩溶，发育了干谷—溶蚀型岩溶，出现很多岩溶裂隙泉，溶部岩溶发育	山西高原、太行山东南麓，燕山南麓，徐淮，旅大
第三纪（E+N）	65（早第三纪 42 百万年，晚第三纪 23 百万年）	暖温—亚热带干湿交替过渡带气候	早第三纪时期，山西高地、渭北高地、太行山区、徐淮、燕山南麓为裸露岩溶区；华北平原大部分地区为覆盖岩溶区。晚第三纪时期，山西高原、太行山区、辽东、鲁中南、徐淮大部分地区为裸露岩溶区；华北平原、渭北及徐淮部分地区，山区中部盆地为覆盖岩溶区	在中生代岩溶基础上发育了溶丘—洼地及地下河，岩溶发育，产生大量陷落柱	山西高原，渭北，太行山东南麓，燕山南麓，辽东，鲁中南，徐淮
中生代（T－K）	120	温带—热带过渡性气候	经印支—燕山构造运动，华北断块区断裂褶皱发育，华北地区大部分为裸露岩溶区	典型亚热带溶丘—洼地岩溶地貌及暗河道等地下岩溶发育，膏溶作用显著	华北地区岩溶发育，但现今仅在华北平原之下得以保存
古生代（O_2 末－C_2）	130～180	气温较高，较为潮湿	经加里东运动，华北整体上升为陆地，南高北低，南北均为海，地层平缓，分布东西向平缓褶皱	因地层平缓，岩溶作用仅发生在中奥陶统上部，产生厚 30～50m 的古岩溶层，中部在峰峰组中，南北则在马家沟组中，并产生膏溶作用	华北广大地区
中上元古代（P_{t_2} －Z）	50～550	温湿	经滦县上升、芹峪上升等多次运动上升为陆地，地层平缓	因地层平缓，主要为面状溶蚀，在雾迷山组、高于庄组、大洪峪组白云岩顶部形成多个溶蚀面	燕山南麓石家庄、天津、德州、大同、太原及辽南—徐州一带

4.1.2.4.1　*深岩溶分段特征*

深岩溶分段特征明显，豫西地区地下溶洞多发育在 50～370m 之间，据现有钻孔资料，溶洞分布最低标高为 －556.40m，溶洞大小一般为 0.5～1.0m，最大溶洞可高达 19m，见表 4-31。深部岩溶垂向分布一般在 0～－100m 为强岩溶带，－100～－300m 为中等岩溶带，－300～－400m 为弱岩溶带。

表 4-31　豫西钻孔见较大溶洞一览表(洞高＞4m)

钻孔编号	钻孔位置	见洞标高(m)	洞高(m)	见洞层位
MK2	渑池仁村	362.92	6.72	寒武系中统张夏组
MK4	渑池仁村	284.00	4.35	寒武系上统凤山组
MK5	渑池仁村	265.51	11.90	寒武系上统长山组
MK6	渑池仁村	542.70	4.00	寒武系上统凤山组
MK 大 7	渑池仁村	304.20	4.40	寒武系上统凤山组
硖 7	陕县硖石	318.33	4.00	奥武系中统
ZK73	偃师佛光夹沟	219.81	4.47	奥陶系中统
ZK336	偃师佛光夹沟	199.14	5.34	奥陶系中统
N6	荥阳崔庙大阳沟	271.46	4.00	寒武系中统张夏组
15－2	新密杨家洼井田	10.16	8.80	寒武系上统凤山组

平面上,以区域岩溶地下水位下 200m 作为深岩溶发育之顶界面,可得顶界面等值线图,见图 4-2。

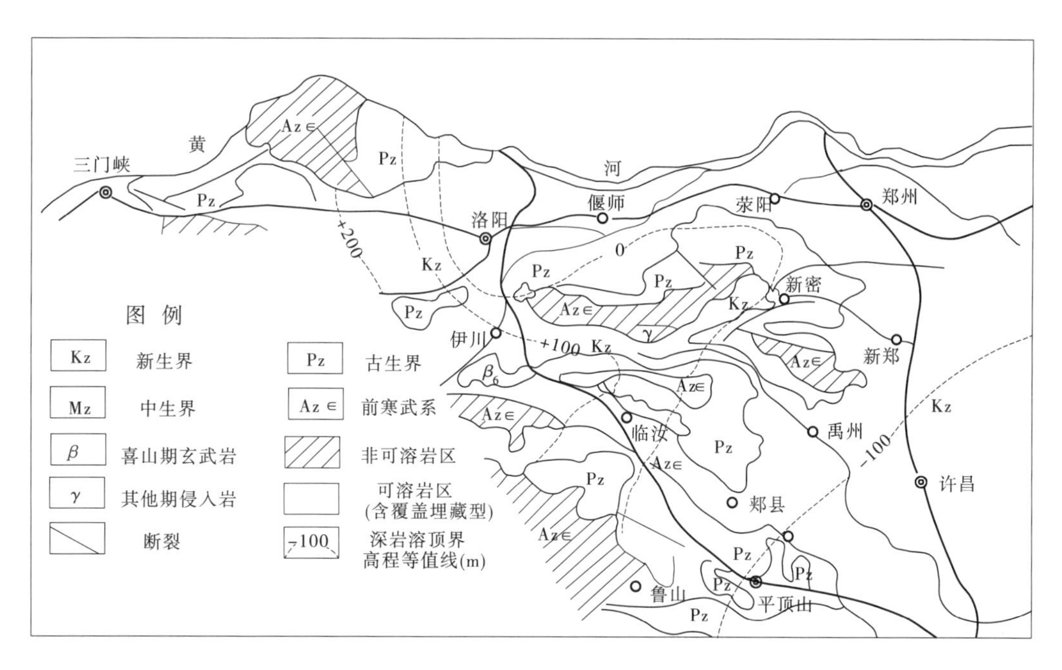

图 4-2　深岩溶顶界等值线图

4.1.2.4.2　深岩溶的发育规律与富水性

深部岩溶的形成与岩性、构造、水的溶蚀能力、水动力条件等皆有密切的关系。岩性单一、厚度大、质纯的灰岩岩溶层组,岩溶发育强烈。构造有利于地下水深循环的运移,对深岩溶发育起控制作用。在背斜轴部、倾伏端横向张裂隙有利于导水、富水,溶蚀作用较强,是强岩溶发育带。如豫西渑池龙涧泉,出露在大庄背斜倾伏端的奥陶系灰岩中,上部被第四系黏土层覆盖,为承压上升泉。荥巩背斜倾伏端岩溶发育,富集岩溶地下水,在倾伏端前沿又有郭小寨阻水断层,由西向东径流的地下水,在沟谷低洼处,形成三李泉群。深岩溶的充填情况也有规律可循。O_2 沉积后,长期裸露地表,O_2 灰岩顶面溶蚀,剥蚀面起伏不平,接受本溪组沉积时,首先被粗碎屑填平补偿,形成富水充填体,当海水进一步入侵时,细碎屑的铝质黏土开始沉积其上。

充填物成分与上覆地层岩性有关,或被第三系红黏土或被本溪组铝土岩等充填。

4.2 区域岩溶发育演化对矿床突水的影响分析

4.2.1 矿床底板下伏碳酸盐岩分布规律及其对矿床形态和突水的影响

上述岩溶发育影响因素综合作用的结果,导致铝土矿床底板下伏碳酸盐岩分布及其矿床形态具有如下变化的规律。

4.2.1.1 矿床底板下伏碳酸盐岩分布规律

铝土矿床底板下伏地层为寒武系—奥陶系的碳酸盐岩建造,区内分布时代因地而异,大体表现为南部老、北部新。如豫西南部鲁山—宝丰一带矿床底板下伏碳酸盐岩是寒武系上统崮山组或凤山组,中部荥阳—陕县一线属奥陶系中统马家沟组,北部焦作—济源一带属奥陶系中统峰峰组。

豫西中部和北部的奥陶系中统发育不一,总的趋势是南薄北厚,下马家沟组从渑池—禹州方山一线向北开始出露底部层位,向东北逐渐加厚,到新安—巩义一带发育完整,并有上马家沟组残留。到博爱—修武一线上马家沟组发育完整,并有峰峰组底部层位出露。沉积岩相稳定,为浅海相碳酸盐岩沉积。

矿床底板下伏地层的岩石类型也表现出差异,总体规律是:焦作—济源一带为较纯的石灰岩;新安—渑池—陕县一带为石灰岩和白云质灰岩;巩义—登封一带以白云质灰岩为主,最南部的鲁山—宝丰一带为含铁白云岩和白云岩。

4.2.1.2 矿床底板下伏碳酸盐岩古岩溶形态及分类

由于地壳运动的不均衡性,沉积间断的时限性,所产生的正负构造单元导致沉积间断面的凹凸不平,区域上出现了西南部高、东北部低的古地形,并由此导致不同的地貌景观和矿石的差异。根据其形状和大小可分为溶斗、溶洼、溶盆、溶洞和平坦洼地五种类型,空间分布上常以一种或两三种搭配组合的形式出现。

(1)溶斗。溶斗是一种常见的直径几十米至百余米、深十余米至几十米的闭合负地形,其底部常有落水洞。溶斗形态复杂,平面上有圆形、椭圆形、长条形、十字形或不规则形。溶斗边坡有陡有缓,一般变化于 20°~70°之间,也有直立者。按剖面形态,可将溶斗进一步划分为碟状、盆状、漏斗状和井状,它是优质厚大铝土矿体的主要控矿类型。

(2)溶洼。溶洼是面积较大的闭合负地形,幅度长达数百米,边坡平缓,底部平坦,剖面上多呈蝶状。有的溶洼显然是几个溶斗经进一步溶蚀扩大后合并而成,形态很不规则,在等高线图上常有好几个低点。它也是富矿和中等富矿的赋存场所,尤其是溶斗与溶洼交互出现的地段。

(3)溶盆。溶盆是在地壳相对稳定条件下形成的,地下水水平作用增强,溶洼进一步扩大,垂直渗入带厚度进一步减小,从而构成封闭或半封闭的盆地地形。溶盆距古陆越近,成矿物质来源越丰富，在溶盆内可形成厚度稳定、品位不高、长度达数公里或十余公里的大型铝土矿床。条件有利时，也可形成中—富铝土矿床。

(4)洼地。洼地指古地形平坦、闭合不明显的大型洼地，矿体长约十几公里以上，厚度十分稳定但很薄，一般仅 1～3m。矿体连续性好，矿石品位变化小，一般多为贫矿。

4.2.1.3　矿体分布垂向和侧向变化特征

受上述矿床底板下伏古岩溶形态、古岩溶地形的控制，上覆铝土矿床的垂向、侧向变化及相变特征不尽相同，在不同的成矿带内呈现各具特色的规律性。

4.2.1.3.1　垂向变化特征

铝土矿床形成的早期阶段，成矿以“填平补齐”作用为主，矿床底板下伏岩溶侵蚀面的形态产状决定了铝土矿床的规模形态甚至品位变化的特征。据有关铝土矿床勘探资料统计分析，矿床在垂向上有一定的规律可循。一方面在纵剖面方向上呈现出一定的规律性，含矿岩系底部是以铁、铝、硅成分为主，由褐铁矿、菱铁矿、赤铁矿、鲕绿泥石等组成的铁质黏土岩，时常夹有 1～3 层褐铁矿或赤铁矿层；中部以铝、硅成分为主，由硬水铝石、高岭石等组成黏土矿和铝土矿，一般有 2 层黏土矿和 1 层铝土矿组成；上部以硅、铝成分为主，由高岭石、石英组成黏土质页岩和砂页岩，部分矿区夹有煤线。含矿岩系从下而上矿物成分的变化特点是水云母由多变少，硬水铝石由少变多再变少，而高岭石由次要变为主要。另一方面在矿体形态上也具有一定的规律性，矿体形态主要为层状、似层状、透镜状和溶斗状等，这几种主要形态的矿体在一个铝土矿区内可以以一种类型出现，也可以两种或两种以上类型组合形式出现。含矿岩系内矿体在剖面上的产出层位大体一致，但规模、厚度、品位却有明显的差异。层状、似层状矿体，矿体厚度较小，往往构成规模较大的贫矿床。矿体下部主要为铁质黏土岩夹有“山西式”铁矿，上部为黏土质页岩，常夹有煤层和煤线；透镜状矿体一般厚度中等，品位较富，多构成中—大型矿床。矿体下部为铁质黏土岩和铝质页岩，上部为黏土质页岩，偶夹煤线；溶斗状矿体多以厚度大、品位富—特富为特征，矿体规模多为几十万吨。矿体下部为铁质黏土岩，底部常有砾岩，上部为黏土页岩和砂岩。

豫西、晋南铝土矿床按矿床特征大致分为 3 个类型，即由层状、似层状矿体组成的大中型矿床，由扁豆、透镜状矿体组成的中型矿床和透镜状、溶斗状矿体组成的小型矿床。层状矿体主要分布于嵩山剥蚀区北坡及中条山剥蚀区南侧，矿体平面规整，上连下不连，底面呈钟乳状，倾角平缓。扁豆状、透镜状矿体主要分布于秦岭剥蚀区北侧和嵩山、箕山剥蚀区的相互交错部位，常呈弧形带状分布。溶斗状矿体多与似层状、透镜状矿体相间分布，矿体充填于溶斗、溶坑、溶洞中，平面上呈近等轴状，一般直径 50～100m，厚度 5～30m，品位极富。

4.2.1.3.2　侧向变化特征

矿床的侧向变化及相变特征不尽相同，在不同的成矿带内呈现各具特色的规律性。如豫西平面上厚而富的矿床主要集中分布在三门峡—新安陇海铁路沿线以北和嵩箕古剥蚀台地之间，与这些区域内奥陶系基底岩溶发育程度较强、古地形起伏变化较大相一致。而鲁山—宝丰—临汝成矿区内，基底地形平坦，岩溶作用不强烈，矿体多呈层状、似层状，以黏土矿为主，铝土矿居次要位置。中部地区的渑池—新安、偃师—夹沟—登封—新密一带，铝土矿床受较强的岩溶作用控制，多见厚大的富矿体呈漏斗状、透镜状产出。而到黄河以北的济源—焦作一带基本为黏土矿，少量为低品位的铝土矿。

4.2.1.4 矿床底板下伏碳酸盐岩分布规律及其对矿床突水的影响

上述矿床底板下伏基底碳酸盐岩古岩溶形态、古岩溶地形侧向和垂向变化特征，决定了矿床底板突水局面的复杂性。这种复杂性将集中表现在以下几个方面：一是矿床直接隔水底板分布的空间多变性和不可预见性；二是矿床底板突水通道的多样性和不易预防性；三是矿床底板突水规模、突水强度较大和不易预测性以及难以治理性。因此，不难看出，同煤矿床等相比，未来深部铝土矿床开采将会面临更加严峻的突水局面和突水的威胁，基底碳酸盐岩古岩溶发育状况、分布形态将是影响矿床突水的一种十分重要的因素。

4.2.2 岩溶含(隔)水层组与矿床的突水

就豫西地区而言，根据寒武、奥陶系各岩溶层组的岩溶发育特征及其水文地质特征可划分为五个岩溶含水层组：中奥陶统(O_2)、中寒武统($\in_2$)、下寒武统朱砂硐组(以上均为溶洞、溶隙型含水层组)、上寒武统凤山组(为溶孔、溶隙含水层组)、上寒武统崮山组和长山组(为溶孔含水层组)，见图 4-3。隔水层为中寒武统徐庄组(下段)和毛庄组、下寒武统馒头组和辛集组。在渑池仁村、长山组顶部和崮山组底部的泥质白云岩因其岩溶不发育构成区域相对隔水层。

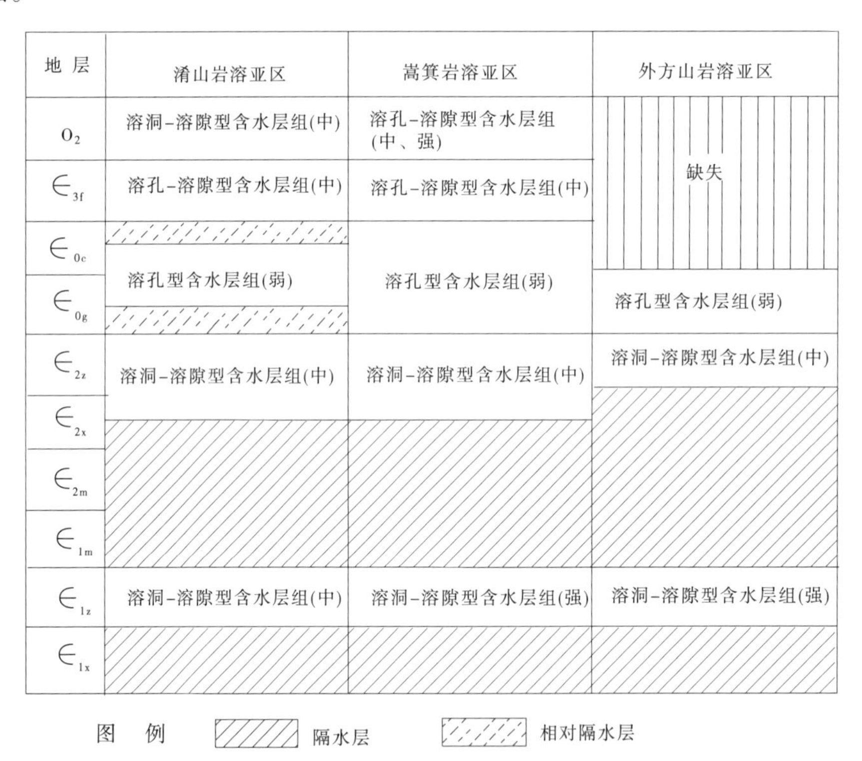

图 4-3 豫西岩溶含水层组划分对比

对于煤矿突水而言，石炭系本溪组充当隔水层的角色。而对于铝土矿床突水而言，本溪组本是铝土矿层，故不能再按隔水层来考虑，这也就从客观上决定了铝土矿床具有更加严峻的突水局面。

4.2.2.1 奥陶系中统溶洞—溶隙型岩溶含水层组(O_2)

为灰岩连续型或灰岩与白云岩间互型,在牛心坡背斜北东翼、嵩山背斜北翼、新密向斜,该含水层组厚度较大且稳定,溶洞、溶隙均较发育,构成岩溶含水结构的主体,且多形成中强富水带。龙涧泉即出露于该层,流量大而稳定。新密城关乡小李寨机井,在该层中有两个岩溶发育段,单井涌水量>1 000m^3/d。该岩溶含水层组常构成对铝土矿床开采的威胁。

豫西地区奥陶系 O_2 富水性状况,参见表4-32。

表4-32 O_2 富水性勘探成果

矿 区	单位涌水量(L/(s·m))	单井涌水量(m^3/d)
新密	1.5～24.0	
义马	1.06～5.0	
新安		166～1 415.23
偃龙	0.01～2.0	279～1 911
平顶山($\in_{2+3}$)	0.002～3.78	

4.2.2.2 寒武系上统凤山组溶孔—溶隙型含水层组($\in_{3f}$)

豫西崤山亚区为白云岩连续型,至嵩箕亚区相变为不纯碳酸盐岩夹纯碳酸盐岩类。溶隙、溶孔均较发育,与上覆页岩(薄且不稳定,加上断裂裂隙破坏沟通)共同构成统一含水层组,富水程度不均。

4.2.2.3 寒武系上统崮山组和长山组溶孔型含水层组($\in_{3f+c}$)

以白云岩连续型为主,崤山亚区顶底板均有泥质白云岩,可溶性较差,富水性较弱。

4.2.2.4 寒武系中统张夏组溶洞—溶隙型含水层组($\in_{2z}$)

主要由张夏组构成,局部包括部分徐庄组,为白云岩连续型及白云岩与灰岩间互型,CaO含量高,易于溶蚀,裂隙发育,多形成中等富水带。该两个岩溶含水层组,对铝土矿床亦构成较大的突水威胁。

4.2.2.5 寒武系下统朱砂硐组溶洞—溶隙型含水层组($\in_{1z}$)

为灰岩连续型及灰岩与灰云岩间互型,厚30～40m,层面裂隙发育,岩溶水集中于层间流动,多呈中、强富水带。但由于馒头组巨厚的页岩、泥页岩的阻挡,正常情况下不构成对铝土矿床开采的影响。

4.2.3 岩溶水系统与矿床的突水

根据岩溶水的分布、补径排条件和不同边界条件,豫西地区可划分为若干岩溶水系统,见表4-33、图4-4。它可充分反映岩溶水的水文地质特征,这对矿床突水的分析预测是十分重要的。

表 4-33 豫西地区岩溶水系统划分

类别	编号	名称	类别	编号	名称
岩溶水系统	1	渑池岩溶水系统	岩溶水散流区	8	三门峡岩溶水散流区
	2	新安岩溶水系统		9	妙水寺岩溶水散流区
	3	偃龙岩溶水系统		10	登封岩溶水散流区
	4	荥巩岩溶水系统		11	大峪店岩溶水散流区
	5	新密岩溶水系统		12	禹州岩溶水散流区
	6	临汝岩溶水系统		13	宜阳岩溶水散流区
	7	平顶山岩溶水系统		14	宝丰岩溶水散流区

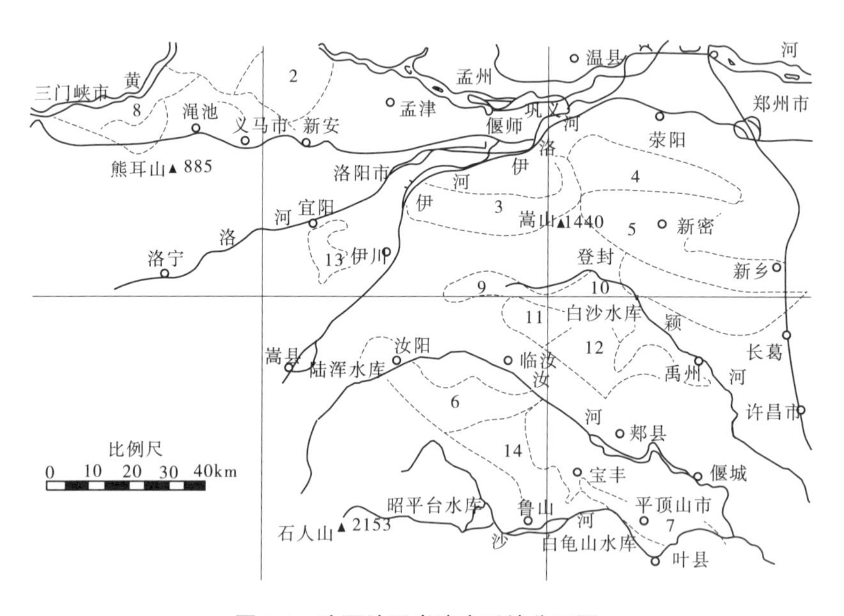

图 4-4 豫西地区岩溶水系统分区图

兹将涉及夹沟地区的偃龙岩溶水系统特征分述于下：

偃龙岩溶水系统位于偃师—龙门一带。东界为五指岭阻水断层，南界西段为安坡山—御寨山地表分水岭，东段为下寒武统隔水底板，西界为龙门街—吕店阻水断层，北界为岩溶含水层的深埋区，面积 504km^2。其中，灰岩裸露区 176km^2，隐伏区 212km^2，非碳酸岩区 155km^2。

主要含水层为奥陶系中统、寒武系下统朱砂硐组和中统张夏组。前两者水量较大，为中—强富水。如奥陶系中的凌沟泉，流量 40L/s，单井出水量 279～1 911m^3/d。其他含水层富水性较弱，泉流量一般小于 10L/s，单井涌水量 14～45m^3/d。

其他岩溶水散流区，一般来说对矿床充水影响较小，不再赘述。

综上所述，矿床突水发生和影响因素是个相当复杂的问题。它既有客观原因，也有人为因素；既有必然性，也有偶然性。本篇四章主要是从矿床区域地质环境、区域地质构造及其区域岩溶发育演化角度出发，从客观自然因素着眼，对矿床突水发生的条件进行了多方面的讨论，对影响矿床突水的若干自然因素进行了分析与论述。

地质环境发展史中，地质、构造、岩溶的发育演化应当是最主要的组成内容。在地壳演化的大背景下，一定的气候和地理环境变迁决定了一定的岩相建造，这是矿床赋存的决定因素。在矿床突水中，矿床无疑是基础、是主体。在地壳水平和垂直运动的动力作用下，构造变动对建造产生了重大的改造，各类构造形式和形迹加在建造上，或成为岩溶发育(可溶岩)的决定条件，或直接成为矿床突水的通道。矿床突水水源来自四面八方，无论矿床埋藏条件如何，突水水源(水位、水头、运动条件、水量等)总是与矿床所处的地质、地貌、气候及自身条件有关。各类地表水和不同类型地下水都可能成为矿床突水的水源，其中情况复杂多变的岩溶水作为矿床突水水源时更不易把握。一般地说，矿床建造环境是突水的基础，构造变动是突水的条件，水源压力是突水的重要因素。但是，三者在不同组合中的作用不尽相同，有的表现为协同加剧的作用，有的表现为拮抗抑制的作用。因此，对于具体的矿床突水环境需做具体的分析和研究，才能把握住事物的本质。何况，还有人类采矿破坏等人为主观因素的作用或影响。这就要求我们在开展对矿床突水问题的研究时，除了认真汲取实际经验，从理论与实践的结合上下工夫外，还必须从矿床地质环境实际出发，具体问题具体分析，加上有针对性的测试、试验工作，方可掌握矿床突水的关键因素与规律，从而正确开展矿床突水的防治。

参考文献

[1] 卢耀如. 中国岩溶(喀斯特)及其若干水文地质特征[C]//国际交流地质学术论文集(6)，1985，1.

[2] 地矿部，等. 中国北方岩溶地下水资源及大水矿区岩溶水的预测、利用与管理的研究项目总体研究报告[R]. 1990，6.

[3] 温同想，王艺生，王富生，等. 河南省偃师县夹沟铝土矿区详细勘探地质报告[R]. 河南省地质局地调二队，1983.

[4] 河南省地矿局环境水文地质总站，煤炭部第一地质勘察公司科教中心. 豫西地区岩溶地下水资源及大水矿区岩溶水的预测、利用与管理研究报告[R]. 1998，11.

中篇　矿床突水机理与预测预报研究

第 5 章　矿床突水机理与预测预报研究历史和现状

矿床突水是一种复杂的地质、水文地质及其挖掘采动等多种因素综合作用的结果，各种因素之间时而表现为相互制约而抑制矿床突水的发生，时而又表现为相互叠加而促使矿床突水的发生。矿床突水机理与突水预测预报研究是趋利避害、克制矿山水患、正确开展防治方法与技术研究的一项极为重要的基础性工作。因此，需要在上篇矿床区域地质环境发育演化特征研究的基础上，首先对包括夹沟矿区在内的铝土矿区客观存在的矿床突水类型、矿床突水机理及矿床突水预测预报等项工作展开研究。

5.1　国外研究历史与现状

考虑到铝土矿床赋存的地质环境实际，这里重点关注和评述以往非铝矿床底板突水机理及预测预报研究的历史和现状，以便指导铝土矿床突水机理及预测预报工作。

早在 20 世纪初期，国外就有人注意到了矿床底板隔水层的作用，认识到只要矿床底板有隔水层，矿床突水次数就少，突水量也小，隔水层越厚则相应突水次数及突水量越少。

20 世纪 40～50 年代，匈牙利韦格弗伦斯第一次提出底板相对隔水层的概念，并指出煤层底板突水不仅与隔水层厚度有关，而且还与水压力有关，突水条件中受“相对隔水层厚度”的制约。相对隔水层厚度是等值隔水层厚度与水压力值之比。他同时指出，在相对隔水层厚度大于 1.5m/atm 的情况下，开采过程中基本不突水，80%～88%的突水都是相对隔水层厚度小于此值的结果。为此，许多承压水上采煤的国家引用了该相对隔水层厚度大于 2m/atm就不会引起煤层底板突水的概念。20 世纪 60～70 年代，匈牙利国家矿业技术鉴定委员会将相对隔水层厚度的概念列入《矿山安全规程》，并对不同矿井条件作了规定和说明。

20 世纪 50 年代期间，苏联学者 В.П. 斯列萨列夫将煤层底板视作两端固定的承受均布载荷作用的梁，并结合强度理论推导给出：

$$H_L = 2K_P t_P^2 + \gamma_R t_P \tag{5-1}$$

$$M_L = \frac{L(\sqrt{\gamma_R^2 L^2 + 8K_P H_P} + \gamma_R L)}{4K_P} \tag{5-2}$$

式中　H_L——隔水底板所能承受的临界水压值，kN/m^2；

H_P——作用于隔水底板上的实际水压值，kN/m^2；

M_L——能够阻抗水压 H_P 的临界隔水层厚度，m；

t_P——隔水底板岩层的实际厚度，m；

L——采区空间底宽，m；

K_P——底板隔水层抗张强度，kN/m^2；

γ_R——底板隔水层岩石密度，t/m^3。

他指出：当 $H_P < H_L$ 时，不会形成穿透底板的导水通道；

$t_P > M_L$ 时，不会形成穿透底板的导水通道；

$H_P > H_L$ 时，则会形成穿透底板的导水通道；

$t_P < M_L$ 时，则会形成穿透底板的导水通道。

然而，随后的实践证明，利用上式及准则预测底板隔水层的突水条件时，往往存在较大的误差，分析其原因主要有以下几点。

(1)公式完全是利用材料力学的理论，把坑道隔水底板看成是两端固定，承受均布水压荷载的梁，并考虑极限平衡理论条件所建立的，这一假设条件与采空空间底板隔水层的实际受力状态存在差别。

(2)考虑底板隔水层厚度时，并没有减去在天然水压劈裂力作用下所形成的原始导升裂隙带。

(3)没有考虑矿山压力的采动破坏影响，而且隔水底板大多由力学性质完全不同的多种岩层组合而成，而这种不同性质岩石所组成的层状结构体在受力状态下的破坏机理与均一岩体的破坏机理具有较大差异。

(4)实际岩层(体)中存在有多种形式和产状的薄弱(损伤)面，这往往是导致岩层(体)破坏的优势面和决定性因素，而式(5-1)和式(5-2)中未能考虑这一因素。

之后，20 世纪 70 年代后，许多学者又从不同角度、不同方面对矿床底板破坏机理和预测预报进行了研究。由于地质条件和矿层赋存环境的差异性，世界上一些产煤大国如美国、加拿大、澳大利亚、德国、英国等国家一般不存在煤矿开采过程中的底板突水问题。只有匈牙利、波兰、南斯拉夫、西班牙等国家在煤矿开发过程中受到不同程度的底板岩溶水的影响。因此，这一状况在某种意义上讲，限制或影响了国外在这一领域的研究和发展。可以看到的多是一些岩石力学工作者在研究矿柱的稳定时，顺便对矿床底板的破坏机理进行的研究。其中具有代表性的是桑托斯(C.F.Santos)、宾尼威斯基(Z.T.Bieniawski)。他们基于改进的 Hock - Brown 岩体强度准则，并引入临界能量释放点的概念对底板的承载能力进行了分析研究。

5.2　国内研究历史与现状

我国开展矿床突水规律方面的研究始于 20 世纪 60 年代。在这之前，中国矿山主要是引用上述前苏联 B.П. 斯列萨列夫公式来评价矿床底板是否发生突水的危险性。由于该公式简化条件过多，与采掘实际情况不太相符，因而 60 年代后在中国很少使用，逐步被突水系数法所取代。

20 世纪 60 年代初河南焦作煤矿水文地质会战期间，国内水文地质工作者通过对大量实际突水资料的统计分析，并考虑到当时匈牙利保护层理论在实践中的应用情况，提出了矿床“突水系数”的概念，即单位隔水层厚度所承受的水压。用公式表达如下：

$$T_s = \frac{P}{M} \tag{5-3}$$

式中　T_s——突水系数；

P——含水层水压，MPa；

M——隔水层厚度，m。

若突水系数（T_s）值大于临界突水系数——单位隔水层厚度所能承受的最大水压或极限水压，则认为矿床底板有突水的危险；反之，则无突水的可能。这里，突水系数在数值上相当于匈牙利的“相对隔水层厚度”的倒数。

20世纪70～80年代，人们发现利用突水系数进行突水预测不够准确。究其原因，一个根本的问题是未能考虑矿压对底板的破坏因素。因此，煤科总院西安分院水文所两度对突水系数的表达形式进行了修改，如在考虑矿压破坏因素时，从隔水层厚度中扣除矿压对底板的破坏程度；在考虑隔水层分层岩石力学性质不同时，引用匈牙利等值隔水层厚度的概念。修改后的公式如下：

$$T_s = \frac{P}{\sum M_i a_i - C_p} \tag{5-4}$$

式中　M_i——隔水层第 i 分层厚度，m；

a_i——隔水层第 i 分层等效厚度的换算系数；

C_p——矿压对底板的破坏深度，m。

由于突水系数物理概念明确，公式简单实用，在我国煤矿行业预测煤层底板突水和在一定水压条件下实施带压开采等方面起到了积极的作用，因此至今仍在沿用。

但是，由于临界突水系数值是已知突水资料的经验统计值，并且主要反映的是断裂薄弱带的突水条件，因此用它来预测正常块段的底板突水常常偏于保守，尤其是在预测深部开采方面具有较大的束缚和限制作用。

20世纪80年代后，因我国经济的快速发展，煤炭资源开发力度随之增强，导致煤矿底板突水事故也日趋严重，这客观上迫切要求人们对矿床底板突水机理与预测预报工作开展更加深入的研究，在国际上掀起了又一轮新的研究高潮，并在矿山突水防治实践中形成了一些各具特色的理论。

5.2.1　“下三带”理论

“下三带”的理论观点最早是由山东科技大学、井陉和峰峰矿务局等一批科技人员在实践中提出的，并在实践中得到应用和发展，最后由山东科技大学的一批科研人员上升到一定的理论高度。

该理论认为开采状态下，煤层底板也像采动覆岩一样存在着三带，即：上段矿山压力对底板隔水层的破坏带；中段原始完整隔水层带；下段承压水原始导升高度带，见图5-1。各带具体含义如下。

第Ⅰ段——上段矿压采动破坏带（M_{I}），是指由于采动矿压的作用，底板隔水岩层完整性、连续性遭到破坏，导水性发生明显改变的岩体带。该带的厚度称为“底板破坏深度”。采动破坏带包含有层向裂隙带和竖向裂隙带，它们相互穿插，无明显界线。层向裂隙主要是底板受矿压作用，经压缩—膨胀—压缩等，产生反向位移所致；竖向裂隙主要是剪切及层向拉力破坏所致。该带的厚度受多种因素影响，从我国煤矿矿床情况来看一般为6～14m。还有

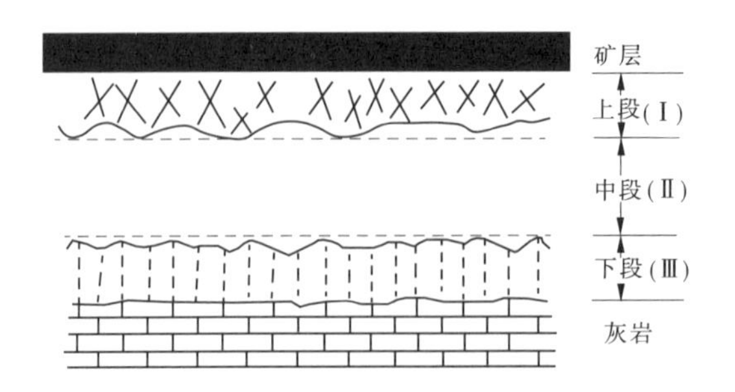

图 5-1　底板隔水层下三带划分示意图

Ⅰ—上段矿压破坏带；Ⅱ—中段完整隔水带；Ⅲ—下段原始导高带

学者认为该带厚度主要受采面斜长的影响，并给出经验公式：

$$M_{\mathrm{I}} = 1.86 + 0.11L \tag{5-5}$$

式中　L——工作面斜长，m。

第Ⅱ段——完整隔水岩层带(或叫保护层带)(M_{II})，是指底板岩层保持采前的原始完整状态及其阻水性能的部分。其特点是保持采前岩层的完整性和连续性，阻水性能未发生变化。该带厚度由下式得到：

$$M_{\mathrm{II}} = M - (M_{\mathrm{I}} + M_{\mathrm{III}}) \tag{5-6}$$

式中　M、M_{I}、M_{II}、M_{III}——底板隔水层总厚度、采动破坏带厚度、完整隔水岩带厚度和承压水导高带厚度。

当 $M > M_{\mathrm{I}} + M_{\mathrm{III}}$ 时，则完整隔水岩带存在；

当 $M < M_{\mathrm{I}} + M_{\mathrm{III}}$ 时，则完整隔水岩带不存在。

第Ⅲ带——下段承压水导高带(或称隐伏水头带)(M_{III})，是指矿床底板下伏含水层中的承压水沿隔水底板中的裂隙或断裂破碎带上升的高度，即由含水层顶面到承压水导升上限之间的部分。有时受采动影响，采前原始导高还会再导升，但一般上升值很小。由于裂隙发育的不均一性，故导高带的上界面是参差不齐的。而且，不同的矿区，因其底板岩层性质及地质构造的差异，承压水原始导高大小不一(灰岩水一般为 3～7m)，有的矿区甚至无原始导高带的存在。

基于上述因素，关于矿床隔水底板“下三带”的划分进一步修正、完善了以往突水系数的计算公式，即：

$$T = \frac{P}{M - M_{\mathrm{I}} - M_{\mathrm{III}}} = \frac{P}{M_{\mathrm{II}}} \tag{5-7}$$

式中　T——突水系数，MPa/m；

P——作用于隔水层底板上的水压力，MPa；

其他符号意义同前。

上式反映出，完整隔水岩层带(M_{II})对阻隔底板突水起着主要的保护作用。将式(5-7)与式(5-3)相比可以看出，它充分考虑了矿压及水压对底板隔水层的破坏和影响，尽管人们对下部承压水原始导高是否普遍存在并构成一定的带尚有争议，但在原始导高带存在的前提下，“下三带”的概念应该说更加趋近于实际情况，比较符合矿床采动条件下底板破坏及突水的规律，较为全面地反映了隔水底板阻水的本质，在煤矿山防治水实践中也得到了较为广泛的应用，在选择适合带压开采的方法及工作面尺寸等方面具有较大的实用价值。

但是，分析式(5-7)不难看出，该式中仍未考虑底板隔水岩层的多层性及其不同岩层具有的不同物理力学强度的性能。因此，不能单纯以岩层的实际厚度来计算突水系数，而应当根据各岩层本身的力学强度和隔水性能对实际厚度进行计算，得出一个假定岩体强度和隔水性能均一的等效隔水层厚度(M_e)。为此，提出了等效隔水层厚度的计算公式：

$$M_e = M\xi \tag{5-8}$$

$$\xi = \sum_{i=1}^{n} \xi_i M_i \tag{5-9}$$

式中 M——底板隔水层的实际量测厚度，m；

M_e——底板隔水层的有效厚度，m；

ξ——底板隔水层的强度比值系数；

M_i——底板隔水层中某一性质岩石的厚度百分比($M_i = \frac{H_i}{M}$)；

ξ_i——底板隔水层中第 i 层岩石的强度比值系数。

从式(5-8)和式(5-9)不难看出，确定有效隔水层厚度的关键在于如何确定不同性质岩层的强度比值系数。关于这一问题，目前还缺乏系统的理论与实验研究。王梦玉教授曾根据河北邯郸地区的现场压水试验资料获得了一些岩性的强度比值系数，见表5-1。

表5-1 部分岩石强度比值系数

岩石名称	强度比值系数(ξ)	岩石名称	强度比值系数(ξ)
砂岩	1.0	灰岩	0
砂质页岩	0.7	断裂破碎带	0.35
页岩	0.5		

在获得了等效隔水层厚度后，并考虑矿压和原始水压的因素，所得到新的突水系数计算公式如下：

$$T = \frac{P}{\left(M\sum_{i=1}^{n} \xi_i M_i - M_{\mathrm{I}} - M_{\mathrm{III}}\right)} \tag{5-10}$$

式(5-10)对底板隔水层的分带性、分层性及其岩性特征都有所考虑，与前述的几种突水系数计算方法相比有了很大的改进。

20世纪90年代，我国煤炭科学研究总院西安分院在华北型煤田奥陶系灰岩岩溶大水煤矿床带水压安全开采技术研究项目中，通过对底板隔水层不同分带岩石的阻水能力、抗水压能力现场试验研究后认为：底板破坏导水带的底部尚有一定的阻水能力，底板下部构造导水带应属于含水层的一部分而无阻水能力。根据这一认识，建立了带水压开采的安全水压预测公式：

$$P_a = D_{ph}\alpha C_z + (D_{6m} - D_{ph} - D_{dh})Z_{cp} \tag{5-11}$$

式中 P_a——安全开采底板隔水层允许承受的最高水压，MPa；

D_{ph}——底板导升带高度，m；

D_{6m}——底板有效隔水层(保护层)厚度,m;

D_{dh}——底板存在的构造导水带高度,m;

α——弱阻水破坏深度比率,一般取 0.6;

C_z——残余阻水系数,一般为 0.015MPa/m;

Z_{cp}——有效隔水层的阻抗水压系数,一般为 0.13MPa/m。

式(5-11)不仅考虑了底板岩层的分带性,同时还充分考虑了不同带对底板水压的阻抗能力,将不同带岩层对水压的阻抗能力分别计算后求和,形成整个底板岩层对水压的总阻抗能力,并通过比较实际水压与底板整体的总阻抗水压能力,达到判断预测预报底板突水的目的。

然而,实际工作中发现人们所获取的水压力往往是含水层中的水压值,但当下伏含水层高压水在底板隔水层下部劈裂导升一定的高度后,在其导升段的能量消耗已很大,这时作用于有效隔水层段下部的实际水压已远远小于含水层中的观测水压,见图 5-2。真正作用于有效隔水层带底部的水压力是导升水的残余压力 P_c,而非含水层的原始压力 P_o;如果采用有效隔水层计算突水系数,则对应的水压应该是残余压力 P_c。

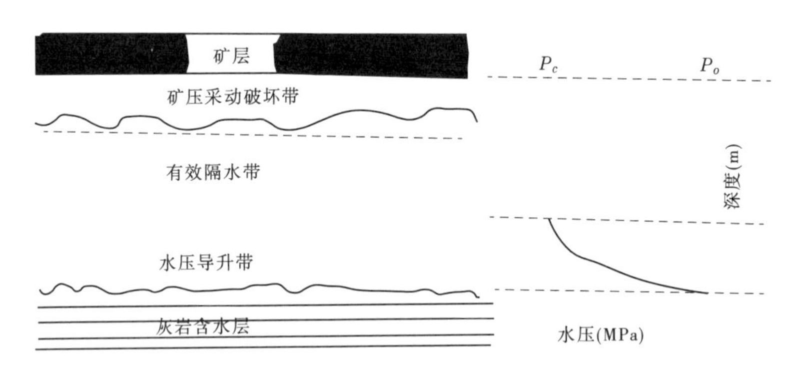

图 5-2　底板隔水层不同深度水压分布示意图

这时,底板隔水层突水系数的计算公式应为:

$$T = \frac{P_c}{\left(M\sum_{i=1}^{n}\xi_i M_i - M_{\mathrm{I}} - M_{\mathrm{III}}\right)} \tag{5-12}$$

式中各变量物理意义同前。

式(5-12)只是计算了作用于单位有效隔水层厚度上的水压力,倘若要判定是否突水还需要正确地选择临界突水系数。

表 5-2 是我国煤矿主要底板突水事故的统计结果。

从表 5-2 看出,凡是发生突水的地方其底板隔水层厚度 95%都在 20m 之内,而很少发现在较厚隔水层和高水压作用下发生底板突水的事例。虎维岳认为,这一现象表明发生底板突水的核心因素是矿压采动破坏带与高压水导升带之间是否相互沟通,而不是作用在底板有效隔水层单位厚度中残余水压力的大小,或者说残余水压力已经非常小,仅在这一残余水压的作用下很难鼓破一定的有效隔水岩柱而发生突水。因此,准确查明矿压采动破坏带和导升裂隙带厚度是预测底板突水条件的关键因素。这一认识解释了大量的、在传统突水系数概念下认为有突水危险,而实际又能够得以安全开采的一些原因。

表 5-2　我国煤矿主要底板突水事故统计

矿山名称	水压(MPa)	隔水层厚度(m)	矿山名称	水压(MPa)	隔水层厚度(m)
焦作韩玉矿	0.8	16	焦作王封	0.56	18
焦作中马村	2.5	20	焦作王封	2.1	16～22
焦作演马矿	2.5～3	16～22	焦作冯营	1.9	19
徐州韩桥	0.48	2.7	焦作韩王	1.37	16
新汝华丰	1.7	18～22	焦作韩王	0.27	16
新汝华丰	1.6	15～20	淮北相城	2.7	7.3
焦作焦西	0.65	21.4	肥城陶阳	0.6	17
鹤壁五矿	0.7	8	肥城陶阳	1.14	13
淮南谢一	2	10	肥城大封	1.1	16.5
焦作九里山	2.8	20	肥城大封	1.1	15
焦作朱村	1.8	5	焦作焦西	2.1	7.35
焦作九里山	1.9	23	焦作演马	1.5	22

资料来源:据虎维岳。

5.2.2　原位张裂与零位破坏理论

该理论是由我国煤炭科学研究总院北京开采所王作宇、刘鸿泉提出的。他们认为,被开采的煤层在矿压、水压的联合作用下,工作面对底板水平的影响范围可分为三段,即超前压力压缩段(Ⅰ段)、御压膨胀段(Ⅱ段)和采后压缩到稳定段(Ⅲ段)。矿压作用于煤层底板的影响深度也分为三种情况,即直接破坏带(Ⅰ带)、影响带(Ⅱ带)、微小变化带(Ⅲ带)。在水平挤压力及支承压力和水压的联合作用下,使Ⅰ段内整个结构岩体呈现的矿压水平分量传递深度在全厚的整体上半部分受水平挤压,下半部分受水平拉张的力学性状,岩体呈整体上凹的性状。在Ⅰ段中部的底界上岩体产生张裂隙,并沿着原岩节理、裂隙发展扩大,但不引起岩体之间较大的相对位移,仅在原位形成张裂隙。在底板水压力的作用下,克服岩体的结构面阻力,使张裂隙扩大。同一岩性其张裂度的大小与底板承压水压力及支承压力的大小有关。张裂隙发生在煤层底板的Ⅱ带范围内,形成煤层开采底板岩体的原位张裂破坏。张裂隙破坏产生于Ⅰ段中部底面,随着工作面推进逐渐向上发展,在接Ⅱ段处处于稳定。煤层底板岩体由Ⅰ段向Ⅱ段的过渡引起结构状态的质变,处于压缩的岩体急剧卸压,围岩的贮存能大于岩体本身的保留能,则以脆性破坏的形式释放残余弹性应变能,以达到岩石能量的重新平衡,从而引起工作面底板岩体发生自上而下的破坏,其位置一般在工作面附近,靠近工作面零位的 +3～-5m 的范围内。破坏带基本上一次性达到最大深度,并很快稳定。煤层底板岩体移动的这种破坏即所谓的"零位破坏"。该理论认为,底板岩体内摩擦角是影响零位破坏的基本因素,并进一步引用塑性滑移线场理论分析了采动底板的最大破坏深度。

一些学者认为,"原位张裂与零位破坏"理论从矿山压力及承压水压力角度,解释了煤层开采过程中的底板破坏过程,但尚未从本质上简明地说明突水发生的机理,而且操作起来较复杂,现场人员应用不多。

5.2.3 关键层理论

关键层理论是将采场顶板覆岩运动受关键层控制的理论观点引申到底板突水研究中，从而认为关键层是控制突水的主要原因。

所谓关键层是指底板中含水层以上承载能力最高的一层岩层。该理论认为，一旦关键层破裂，就会引发突水。由于关键层可以看成薄板，因此在力学研究手段上采用了薄板模型。一些学者认为，尽管底板关键层的力学特征与顶板关键层具有相同的意义，但底板突水与否很难说就是由这种关键层所控制，有时恰恰相反，会由一些承载力不很高，但阻水性能强的岩层，如页岩、泥岩等所控制。而关键层往往会因裂隙闭合度差而成为导水层，且裂隙的渗水速率又是服从立方定律的，故关键层的透水性反而不可小视。

5.2.4 板模型理论

煤炭科学研究总院北京开采所刘天泉、张金才等从力学分析角度出发，提出了底板岩体"两带"的模型，即底板岩体由采动导水裂隙带及底板隔水带组成。该理论引用断裂力学Ⅰ型裂纹的力学模型，求出采场边缘应力场分布的弹性能，并应用 Comulomb - Mohr 破坏准则及 Griffith 破坏准则，求出矿山压力对底板的最大破坏深度。而对隔水带的处理是将其看做四周固支受均布载荷作用下的弹性薄板，然后采用弹塑性理论分别得到底板岩层抗剪及抗拉强度为基准的预测底板所能承受的极限水压的计算公式。

一些学者认为，该模型前半部分，即对导水裂隙带的处理，较好地揭示了矿压对底板的破坏规律；而模型的后半部分，即对隔水带的处理存在一些不足。如模型中认为煤层底板除了采动导水裂隙带外，其余的岩层便是隔水带，这与实际情况存在一定的出入。

5.2.5 其他研究简述

除上述代表性理论和方法外，其他一些学者还从数理统计、水力学和岩体力学、模糊数学、多源信息复合计算处理等角度对矿床底板突水机理和预测预报工作进行了研究与探索。如中国科学院地质研究所许学汉、王杰、凌荣华等利用工程地质力学理论与方法对煤矿突水进行了研究；山东科技大学施龙青、尹增德等根据矿山压力控制理论、材料力学理论及几何损伤力学理论，提出了煤矿底板突水的力学模型；西安交通大学陈秦生、蔡元龙运用计算机模拟识别的方法预测煤矿的突水；山东烟台孙苏南、中国矿大曹中初、郑世书利用地理信息系统(GIS)预测煤矿底板的突水；施龙青、韩进等采用突水概率指数法预测采场底板的突水；李定龙采用神经网络方法对煤矿突水进行预测评价；煤炭科学研究总院西安分院水文所和肥城矿务局地测处等同志运用专家系统对肥城矿务局采煤工作面煤层底板突水开展了计算机专家系统预测研究；王永红、沈文等运用 ARC/INFO 软件，采用多源信息复合的方法进行底板突水预测预报研究等。但上述一些方法多处于探索阶段，目前尚不成熟，实际应用也不普遍。

综上所述，矿床突水机理与预测预报研究在我国方兴未艾、不断深入，处于国际前沿、甚至领先的地位。

5.3 目前研究工作存在的问题及分析

综观国内外矿床突水机理与预测预报研究过程和现状,大致经历了从宏观认识到微观分析、从单一因素到多项因素、从实践经验到理论升华等几个阶段。人们试图从不同角度、采用不同方法进行全面而深入的研究。从理论上来看,研究成果也逐渐逼近于客观实际,对正确反映矿床突水机理和科学开展矿床突水预测预报及其防治工作起到了一定的作用。但是,就目前的研究现状和应用情况来看,仍存在不少需要完善的地方以及进一步探索的问题,具体表现在以下几个方面。

5.3.1 矿床突水机理研究方面

5.3.1.1 矿床突水机理研究对象局限性较大

迄今为止,在矿床突水机理研究方面,其研究对象几乎全部是煤类矿床,而非煤矿床突水机理研究很少有报道,特别是关于铝土矿床突水机理研究从未开展过,矿床突水机理研究对象局限性较大。由上篇各章分析知道,同煤矿床相比,由于铝土矿床距寒武、奥陶系灰岩强含水层更近,矿床底板直接毗邻下伏寒武、奥陶系灰岩强含水层,从防治突水角度来讲,矿床赋存环境更加恶劣。故此,可以断言该类矿床发生突水的频率和强度将会更大,有关矿床发生突水的机理亦会不同。因此,加强非煤矿床突水机理研究,扩大和延伸矿床突水机理研究内涵,补充和完善矿床突水机理研究内容十分必要。

5.3.1.2 矿床突水机理研究过程中,有关关键致突因子的确定,缺乏多方法、高技术的支撑和运用

目前,对于矿床突水机理研究,人们把绝大部分精力投放到相关学科、边缘理论的引入和模型建构方面,而对于那些关键致突因子,如有效致突水压,地应力方向、大小及其对底板断裂的作用性质和强度等勘察工作不够深入,缺乏多种方法、高新技术的相互支撑与综合运用,以致一些理论模型同实际情况出入较大,有关突水机理分析成为一种不切实际的理论描述。造成这种局面的原因主要有两点:一是人们对关键致突因子的勘察工作的重要性认识不足,认为只要有“新理论”的引入,并在该理论的统领下,凭借简单的观察与测量结果,就可对矿床突水机理有一“新”的认识,故此很少有人在科学测量、准确厘定关键致突因子的技术方法上下工夫;二是从事矿床突水机理研究人员的专业限制,从事矿床突水机理研究的人员一般都是地质、水文地质领域的人员,尽管他们有时也认识到勘察、测量技术在突水机理研究中的重要性,但由于受专业知识的限制,很难开展具有针对性的、行之有效的包括物探测量等在内的致突因子关键测量技术和方法的研究。

5.3.2 突水预测预报方法研究方面

在煤类矿床突水机理研究工作的基础上,人们研究提出了不少关于煤类矿床突水的预测预报方法,如:匈牙利的相对隔水层厚度法、苏联 B.П. 斯列萨列夫公式法、中国的突水系数法和“下三带”理论法,以及不少学者分别从数理统计、水力学和岩体力学、模糊数学、神经网络和多源信息复合处理等方面开展的预测预报探索工作等。

上述各类方法中,目前比较流行的方法有两种,即我国的突水系数法和“下三带”理论。

其他方法或自身存在的缺陷较大,或方法本身目前尚不够成熟,因而应用不多或已逐步被淘汰。即便是“突水系数法”和“下三带”理论也存在一些弊病和不够完善与不尽人意的问题。

5.3.2.1　“下三带”理论测试工作复杂,费用昂贵,数据获取十分困难,实用性差

“下三带”理论要求对矿床隔水底板采动破坏带、有效隔水带和水压导升带各带的厚度进行准确的测定。由于受研究者专业领域和知识的限制,多年来“下三带”理论研究同相应的支撑勘察、测量技术的开发应用研究之间存在严重的脱节现象。因此,尽管该理论比较符合矿床采动条件下底板隔水层破坏的实际,但由于测试手段跟不上,加之测试工作复杂,测试费用昂贵,数据获取十分困难,具体可操作性差。同时,理论本身亦不够完善,如对于水压导升带的形成力学机制缺乏水岩相互作用方面的深入研究;关于有效隔水带阻水能力的评价尚需考虑岩层原始损伤的影响等,故此现场人员实际应用亦不普遍。

5.3.2.2　突水系数法对地区经验值依赖性较强,且局限性较大

尽管突水系数法物理概念比较明确,公式构造简单实用,从其诞生以来,一直沿用至今,但突水系数法对各类地区的临界突水系数经验值依赖性较强,并且在不少地区这个临界突水系数经验值尚未建立,其应用的局限性较大,主要反映在以下几个方面:

(1)突水系数是预测判断矿床底板是否突水的一个指标,实际应用中,它常常是根据一个矿区具体的水文地质条件、底板隔水层的承压水头、厚度及岩性组合计算出的一个确定的值。但是突水事件发生的随机性与突水系数值的确定性在某些情况下是有矛盾的。煤炭系统统计资料表明,在突水系数值小于这一地区的临界经验值时,有的工作面也会发生突水;反之,当突水系数大于该临界经验值时,也可能不发生突水。这种情况说明,突水事件是由矿区的地质、构造、岩体应力场和含水层水动力场特征等确定性和随机性因素综合作用的结果。一个给定的突水系数还不能全面地反映出这些因素,所以给实际的突水预报判断带来了一些偏差。

(2)突水系数临界值一般是某一地区的特定值,它是依据这个地区众多矿床突水实际资料统计后得出的。例如,我国煤类矿床突水系数临界值即是根据华北地区的几个大型矿区突水点的实际数据统计而来的。因此,该临界经验值的实用范围有限,其局限性较强,并且煤类矿山在确定工作面带压开采的临界突水系数值时,一般是根据煤层底板岩性、岩层结构情况、地层的完整性和承压水头来估计的,这样确定的经验值可靠性较差,在实际应用中把握不是很大。

最需要指出的是,截至目前,人们给定的突水系数临界值一般都是煤类矿床,其他非煤矿床很少。而对于铝土矿床来讲,由于国内只有豫西夹沟一例突水事件,所以也就无临界经验值可言。因此,如何开展非煤矿床特别是铝土矿床突水判定,正确提出针对性的预测预报方法,是以往工作所未解决的课题。

(3)从突水系数的研究发展过程来看,人们把主要研究工作都集中于对底板隔水层本身结构和力学性质的研究,而对影响突水预测的另外两个重要因素——水压力和突水系数临界值的研究和改进工作则涉及不多。事实上,当把底板隔水层划分为多个带、层时,并把突水系数的计算公式改进后,建立在原来统计意义上的临界突水系数已经不适用于新的计算公式,这是因为原统计意义上的突水系数临界值是底板突水诸多因素的综合反映指标。因此,如果将突水系数计算公式修正后,那么相应的突水系数判别指标、即临界经验值也应做相应的调整。否则,二者之间不具备可比性,也就不能做为突水预测的依据。

另外一个重要因素就是作用于底板隔水层上的承压水压力问题。前已述及，我们通常测定的含水层中的水压力值（P_o），当其劈裂底板导升一定的高度后，压力损失会很大，真正到达并作用于有效隔水层带底部的残余压力（P_c）一般往往较小。如果采用有效隔水层计算突水系数时，对应的水压应该是残余水压力（P_c），而目前关于该残余水压力的获取方法和技术研究十分薄弱，极大地阻碍了相对先进的、建立在有效隔水带基础上的预测预报方法的应用。

（4）矿床突水是一种多因素影响的动态水文地质现象，而现有的突水系数计算模型所包含的或所反映的地质、水文地质及其他有关的信息量不足，一般只是包含 2～3 个因素的一个确定性数学模型，因而很难给出合乎实际的预测预报结果。但要把许多因素考虑在一个模型中，一时尚难以解决，这需要我们不断地补充和逐步地进行完善。

参 考 文 献

[1] 虎维岳．矿山水害防治理论与方法[M]．北京：煤炭工业出版社，2005.

[2] 施龙青，韩进．底板突水机理及预测预报[M]．江苏：中国矿业大学出版社，2004.

[3] 王永红，沈文．中国煤矿水害预防及治理[M]．北京：煤炭工业出版社，1996.

[4] 王作宇，刘鸣泉．承压水上采煤[M].北京：煤炭工业出版社，1992.

[5] 李白英，沈光寒，荆自刚，等．预防采掘工作面底板突水的理论与实践[C]//第二十二届国际采矿安全会议论文集.北京：煤炭工业出版社，1987.

[6] 张金才，张玉卓，刘天泉．岩体渗流与煤层底板突水[M].北京：地质出版社，1997.

[7] 黎良杰．采场底板突水机理的研究[D].中国矿业大学博士学位论文.1995.

[8] 钱鸣高，缪协兴，许家林．岩层控制中的关键层理论研究[J].煤炭学报，1996，21(6).

[9] 黎良杰，钱鸣高，李树刚．断层突水机理分析[J].煤炭学报，1996，21(2).

[10] 施龙青，韩进，宋扬，等．用突水概率指数法预测采场底板突水[J].中国矿业大学学报，1999，28(5).

[11] 孙苏南，曹中初，郑世书．用地理信息系统预测煤矿底板突水[J].煤田地质与勘探，1996(12)

[12] 王作宇，张建华，刘鸿泉，等．承压水上近距煤层重复采动的底板岩体移动规律[J].煤炭科学技术，1995，23(2)

[13] 张金才．煤层底板突水预测的理论与实践[J].煤田地质与勘探，1989(4).

[14] 张金才，刘天泉．论煤层底板采动裂隙带的深度及分布特征[J].煤炭学报，1990，15(2).

[15] 施龙青，宋振骐．采场底板“四带”划分理论研究[J].焦作工学院学报，2000，19(4).

[16] 施龙青，尹增德，刘承法．煤矿底板损伤突水模型[J].焦作工学院学报，1998，17(6).

[17] 陈秦生，蔡元龙．用模式识别方法预测煤矿突水[J].煤炭学报，1990，15(4).

[18] 李定龙．应用神经网络对煤矿突水预测评价[J].煤炭学报，1998，7(37)

[19] 卜昌森．“华北型”煤田岩溶水害及防治现状[J].地质论评，2001，47(4).

第6章 矿床充水水源与突水通道特征

6.1 矿床充水水源特征

6.1.1 矿床充水水源及分类

从整个华北地台来看,不同地区,不同的气象、水文条件和不同的地质地貌、水文地质条件下会具有不同类型的铝土矿床充水水源以及特定的充水模式,形成不同的突水规模和突水强度。

分析铝土矿床充水水源,按其成因、属性划分可分为:大气降水、地表水、地下水、老空水和袭夺水五大类。其中,大气降水、地表水、地下水系自然充水水源,老空水、袭夺水系人为充水水源。

铝土矿床充水水源类型及其划分结果详见表6-1。

表6-1 矿床充水水源分类结果

<table>
<tr><th colspan="2">类型</th><th colspan="2">亚类型</th></tr>
<tr><td rowspan="10">自然充水水源</td><td>大气降水</td><td colspan="2"></td></tr>
<tr><td rowspan="3">地表水</td><td colspan="2">河流、水渠</td></tr>
<tr><td colspan="2">水库、池塘</td></tr>
<tr><td colspan="2">海洋、湖泊</td></tr>
<tr><td rowspan="6">地下水{间接充水
直接充水
自身充水}</td><td>孔隙水</td><td></td></tr>
<tr><td rowspan="2">裂隙水</td><td>层状裂隙水</td></tr>
<tr><td>脉状裂隙水</td></tr>
<tr><td rowspan="3">岩溶水</td><td>溶隙水</td></tr>
<tr><td>溶孔(洞)水</td></tr>
<tr><td>暗河管道水</td></tr>
<tr><td rowspan="6">人为充水</td><td rowspan="2">老空水</td><td colspan="2">静态老空水</td></tr>
<tr><td colspan="2">动态老空水</td></tr>
<tr><td rowspan="4">袭夺水</td><td colspan="2">袭夺泉水</td></tr>
<tr><td colspan="2">袭夺地表水</td></tr>
<tr><td colspan="2">袭夺相邻含水层水</td></tr>
<tr><td colspan="2">袭夺相邻水文地质单元地下水</td></tr>
</table>

6.1.2 不同矿床充水水源的特征

6.1.2.1 大气降水

从严格意义上讲,大气降水是所有矿床充水的原始水源,无论是地表水还是地下水都是直接或间接地接受大气降水补给的结果。但这里所指的大气降水是其本身成为矿床充水的直接或唯一的充水水源。

6.1.2.1.1　充水条件

典型的以大气降水作为矿床充水水源的条件有四：

(1)露天采坑(场)，雨季特别是暴雨季节，大气降雨直接落入，如夹沟矿床便是如此，见图 6-1。

(2)地表存在相对低洼的汇水区域，矿床位于低洼地表之下且埋藏较浅，在地表和矿床体之间存在有断层、裂隙等导水介质，如图 6-2。

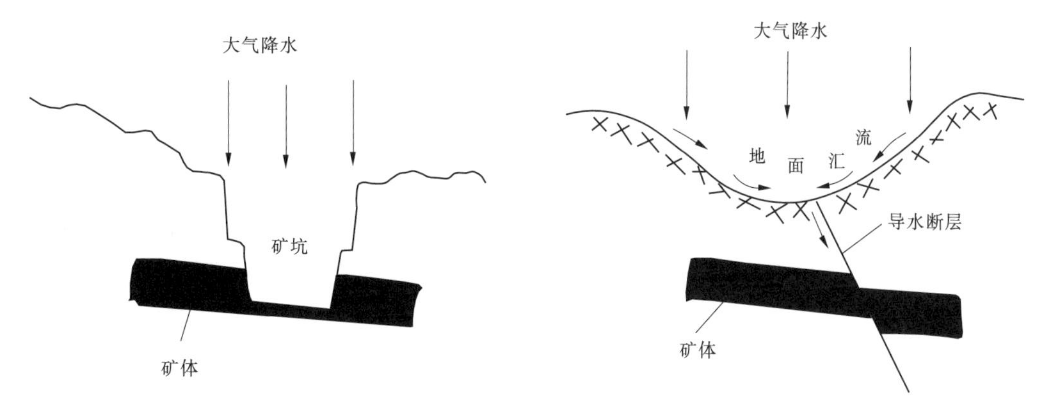

图 6-1　露天采场型充水示意图　　图 6-2　洼地汇水型充水示意图

(3)处于分水岭地区或地下水季节变动带，矿床埋藏深度较浅，矿床上覆岩层裂隙较发育且有利于大气降水的入渗，如图 6-3。

(4)地表具有相对低洼的汇水条件，矿床位于洼地之下且埋藏较浅，在地表和矿床体之间存在有岩溶塌洞或落水洞式导水通道，大气降水可直接通过岩溶塌洞导水矿坑，如图 6-4。

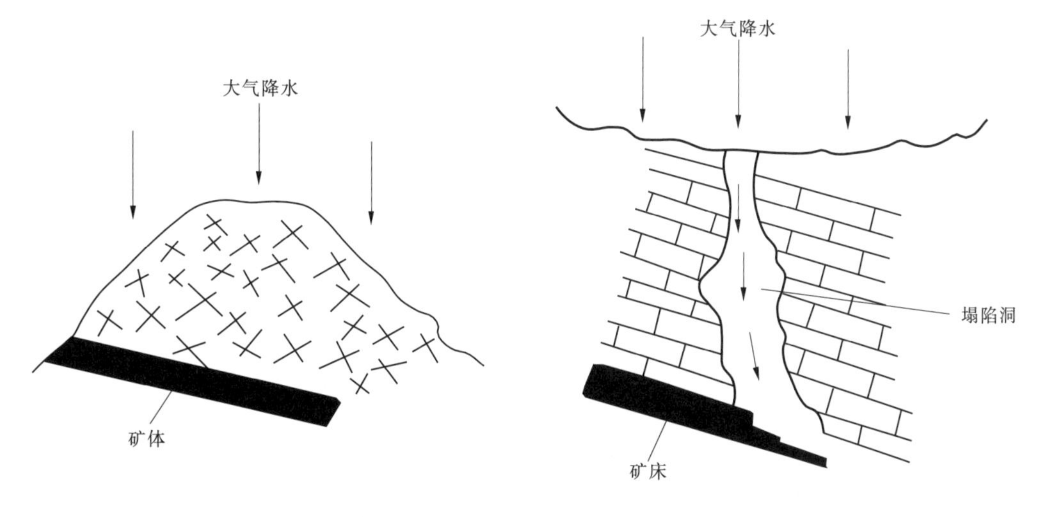

图 6-3　分水岭型充水示意图　　图 6-4　塌陷洞型充水示意图

6.1.2.1.2　矿床涌水的特点

当大气降水成为矿床主要或唯一的充水水源时，其矿床涌水具有以下几方面明显的特征：

(1)矿床涌水的动态与当地降水的动态相一致，随气候呈现出明显的季节性变化和多年周期性变化。这主要是因为受季风气候的影响，大气降水年内分布具有季节性、多年变化具有周期性的缘故。

(2)矿床涌水量一般呈现出骤起骤落的特点。即一旦有强的降水过程出现，矿床涌水量则迅速增加；随着降水过程的结束，矿床涌水量则迅速衰减。大气降水起落过程同矿床涌水量起落过程在时间上几乎是同步发生。

(3)矿床涌水的强度取决于大气降水的强度和延续的时间。一般情况下，大气降水的强度越大、延续的时间越长，则矿床涌水量越大；反之，矿床涌水量越小，甚至可以为零。

6.1.2.1.3 影响矿床涌水量的因素

由前述矿床充水条件可知，大气降水充水型矿床涌水量的主要影响因素如下：

(1)地表汇水、滞水条件。地表汇水、滞水条件主要受地形地貌所控制。地表汇水地形可分为汇水地形——低洼谷地、滞流地形——坡度小且起伏不大的平原和台地、散流地形——坡度大且切割强烈的山脊和山坡。不同的渗(透)入条件和地形的结合，会构成不同的降水充入条件。一般汇水地形最有利于大气降水对矿床的充水补给，而散流地形则不利于这种补给。

地表的滞水条件除地形因素外，还常会受到植被、耕作层结构等影响。一般来说，地表植被越发育，耕作层越厚且疏松，则大气降水在原地的滞留时间就越长，其最后效应是地表径流量得到减少，矿床充水量因此而增大。

(2)导水通道的性质。不同的导水通道会产生截然不同的矿床充水形式。通常位于分水岭附近的裂隙型导水通道，往往是形成渗水、淋水等充水形式。这种充水形式一般水量较小，不具备突发性，主要是影响采掘面的工作环境和生产效益，增加矿床排水量，一般不会造成淹矿或人员伤亡事故。断层和岩溶陷落洞型导水通道，往往在大雨时候很快造成溃入现场，其充水量大、突发性强、滞时短，易于发生淹矿或人员伤亡事故，特别是该类导水通道与汇流地形组合一起之后，对矿山的威胁则更大。

(3)大气降水的分布和强度。矿床涌水量的大小不仅与降水量的多少有关，而且还与降水的强度、降水分布的连续性和降水前包气带的含水量等有密切的关系。由于降水强度与分布特征具有极强的随机性，同类型、不同年份的同量降水对地下的补给量有很大的差异。通常，在时间上分散且不连续、强度不大的小雨，其降水大部分消耗于包气带的湿润和蒸发，对矿床的有效补给和影响不大；强度过大的暴雨容易超过对地下的渗(透)入能力，形成地表径流而迅速走掉，导致对矿床的有效充入量相对减少；只有降水强度与就地导水通道透水能力或裂隙渗(透)水能力相适应或相匹配，且降水时间延续又长时，才最能够发挥对矿床或矿坑充水的作用和影响。

6.1.2.2 **地表水**

矿床常见的地表水充水水源有河水、湖水、库水、渠塘水等。这些地表水体多具有季节性，即在雨季积水或存在大流量径流，而在旱季干涸无水，这种现象在我国北方、西北乃至中原地区较为常见。地表水体能否构成矿床充水水源，关键在于水体与矿床之间是否存在导水通道，只有水体和导水通道二者同时存在，才能形成对矿床的充水。

6.1.2.2.1 地表水对矿床充水的途径

通常地表水对矿床充水的途径主要有以下几个方面：

(1)通过岩溶陷落洞、断层、构造裂隙带或古井(窑)直接溃入。

(2)在水体下采矿时，由于矿层开采后，顶板岩层冒落和产生裂隙，使地表水导入采掘面。

(3)洪水期间，通过地势低洼处的坑口或冲破围堤直接灌入。

当矿床(区)附近存在有地表水体，且该水体通过某种通道进入矿床时，则形成地表水水源充水矿床。该类矿床常赋存于山区河谷和平原河、湖、水库附近或这些水体的下面。

依其充水水源的性质，地表水充水矿床分为季节性充水矿床和常年性充水矿床。季节性充水矿床是指由于影响矿床充水的地表水体存在季节性，导致矿床充水亦具有季节性，雨季通常矿床涌水量较大；旱季矿床涌水量减小甚至消失。常年性充水矿床是指矿床位于地表常年积水或河流附近，由于有充沛的水源补给，矿床充水则具有常年性和多年连续性。

6.1.2.2.2 地表水对矿床充水的特征及影响因素

地表水水源充水矿床的充水特征和主要影响因素如下：

(1)常年性地表水充水矿床的涌水量往往呈现出大而稳定的特点，不易疏干，矿山一旦被淹很难恢复。矿床涌水量的大小主要受导水通道的过水能力所控制，不同类型的导水通道具有不同的涌水特点。对矿山威胁最大的当属岩溶陷落洞、断层以及古井(窑)类导水通道，该类导水通道常常使矿山毁于一旦，而裂隙性导水通道充水的突发性和灾害性相对较弱。

(2)季节性地表水充水矿床的涌水量受地表水源的季节性影响而表现出季节性变化的特点，在某种意义上讲也受大气降水特征所控制，但其涌水动态与相同条件下仅受大气降水渗透补给的矿床具有一定的差异，这主要表现在雨季矿床涌水量的增速、增幅、减速和减幅等方面。由于大气降水充入式矿床的涌水量往往受矿区附近小范围降水和汇水条件的影响，而地表水充水式的矿床，由于地表水体除受矿区附近大气降水影响外，还将受汇集流域上游大面积降水转化为地表径流水的影响，从而增加了降水的影响强度和延长了降水的影响时间。与大气降水直接补给为主的矿床涌水量动态相比，雨季变幅相对增强，雨后衰减过程相对较长。

(3)地表水体与矿床体的相对标高直接控制着地表水的充水条件，即只有当矿床体低于地表水体的标高时，才能构成地表水充水的基本条件；否则，不管地表水体属于何种类型，又有何种导水通道的存在，都不会构成矿床的充水水源，甚至还会起到反向充水的作用和效果。

6.1.2.3 **地下水**

由于大多矿床都埋藏于地表以下，因此矿床开采常常受到地下水的影响，它常常构成地下矿床最主要的充水水源。

6.1.2.3.1 地下水源的类型与特征

根据含水介质及空隙性质的不同，地下水水源可分为孔隙水、裂隙水和岩溶水三类。

(1)孔隙水。指赋存于疏松岩层，如第四系和部分第三系沉积物及坚硬基岩风化壳等孔隙中的地下水。孔隙含水层水的富水性和导水性受孔隙介质的粒度、分选性及充填状况等控制，一般粒度越大，分选性越好，含泥充填物越少，其富水性和导水性越好；反之则差。由于孔隙水的分布及其形成规律直接与松散岩层的形成条件有关,因此不同成因的松散岩层中的孔隙水往往具有不同的分布规律和形成特征。矿床开采中常见的孔隙水源多是洪积物中的地下水和冲积物中的地下水,这类地下水充水水源一般导致矿床涌水量很大。而部分第三系半胶结沉积物中地下水,一般富水性、导水性较弱,补给径流条件较差,矿床涌水量较小。多以排泄储存量为主,初期涌水量有时较大,但随后逐渐减少稳定到一个较小值。

(2)裂隙水。指赋存于基岩,如各类碎屑岩、岩浆岩、变质岩等坚硬岩层裂隙中的地下水。

由于裂隙的成因和发育程度的不同,裂隙水赋存和运动条件也各异。按岩石裂隙的成因,裂隙水可分为风化裂隙水、成岩裂隙水和构造裂隙水三种类型。按含水裂隙的产状,可分为层状裂隙水和脉状裂隙水两种类型。其中,在层状裂隙水和脉状裂隙水中,层状裂隙水对矿床充水的影响较大,脉状裂隙(构造裂隙和岩脉裂隙)水相对影响较小。

裂隙水对矿床的充水影响具有明显的不均匀性,一般沿一定方向的构造线附近的张性裂隙,其富水性和导水性较强,矿床涌水量与裂隙宽度直接相关,这类张性宽裂隙,当与地表水等存在水力联系时,常常造成较大的矿床涌水量。而当裂隙较窄,特别是压性裂隙,一般导、富水性较差,当与地表水无水力联系时,均以消耗储存量为主,来势较猛,消失较快,矿床平均涌水量很小,从煤类矿质来看,一般为几个 m^3/d 至数十 m^3/d,超过 5 000m^3/d 的不多,且随埋深减弱和随季节而变化,绝大多数为弱充水水源。

(3)岩溶水。系指赋存和运动于碳酸盐岩、硫酸盐岩等可溶岩中的地下水。这种岩溶地下水具有较强的溶蚀搬运作用,并不断地改变和加强着自身的赋存、运动条件。岩溶的形成发育条件、空间形态等受区域地质岩性、气候等因素所控制,表现出很强的区域性等特征。依溶隙空间形态的不同,岩溶地下水可划分为溶隙水、溶洞水和暗河管道水三种。在我国北方一般以溶隙水为主,南方以溶洞水为主,西南则以岩溶管道水为主,形成三种不同的区域性岩溶地下水充水水源。从我国煤类等矿床来看,90%以上的大水矿床均与岩溶地下水充水水源有关。

岩溶地下水具有如下主要的特征:

①空间上富水性变化大。岩溶介质是一种极不均质的含水介质,在岩溶体内,存在着含水和不含水体、强含水体和弱含水体、均匀含水体与集中流动管道等特点。之所以形成这种特点是由于岩溶发育程度、各种形态岩溶通道的方向性,以及连通程度在不同方向上的差异性所致。

②导、富水性的各向异性强。当可溶岩层的某一个方向岩溶发育比较强烈,通道系统发育比较完善时,水力联系就好,导、富水性就强,这个方向就成为岩溶水运动的主要方向。而在另一些方向上,由于岩溶裂隙微小,或因通道系统被其他物质所堵塞,致使水流不畅,导、富水性较弱,水力联系较差。因此,在岩溶含水层的不同方向上,透水性能差别很大,导、富水性具有极强的各向异性的特征。

③动态变化显著。岩溶地下水其水位动态年变化幅度可达数十米,流量年变化幅度可达数十倍,甚至数百倍。只有在补给水源丰富,补给区分布面积大的地区,其动态变化等比较稳定。岩溶地下水动态变化对大气降水的反应灵敏,有的在雨后一昼夜甚至几个小时即可出现峰值。

6.1.2.3.2　地下水水源的充水模式

地下水作为矿床充水水源时,依其与被充矿床体的相互位置关系及其充水特点可划分为间接充水水源和充水模式、直接充水水源和充水模式以及自身充水水源和充水模式三种基本形式。

(1)间接充水水源与充水模式。间接充水水源是指充水含水层主要分布于矿床体的周围,但和矿体并未直接接触的充水水源。间接充水水源和充水模式一般分顶板间接式充水和底板间接式充水两种,前者系指主要充水含水层位于矿层冒落带之上,矿层与其之间有隔水层或弱透水层存在,地下水通过构造破碎带、弱透水层充入矿床;后者系指充水含水层位于矿层之下,矿层与其之间有隔水层,或弱透水层存在,承压水通过底板薄弱地段、构造破碎带、弱透水层或导水的岩溶陷落柱等充入矿床。

(2)直接充水水源与充水模式。直接式充水水源是指充水含水层与矿床体直接接触或矿山工程直接揭露充水含水层,而导致含水层水直接进入矿床的充水含水层。直接充水水源和充水模式分为直接顶板式、直接底板式和露天开采直接揭穿式三种。直接顶板式是指矿层之上直接为充水含水层,它包括冒落带在内;直接底板式是指矿层之下直接为充水含水层,它包括底板破坏带在内;露天开采直接揭穿式兼具上述两种情况或其中之一的特点。不论何种直接式充水水源和充水模式,都不需要专门的导水通道,只要进行采矿工程活动,就必然会通过开挖或采空面直接进入矿床采掘的坑道,其间无任何阻挡或障碍。

(3)自身充水水源与充水模式。所谓自身充水水源是指矿床体本身就是含水层。一旦对矿床体实施开采,赋存于其中的地下水或通过某种形式补给矿床含水体的水就会涌入坑道形成充水。由于我国煤、铝土矿床等主要矿产本身为隔水介质,一般不含水,故该类型充水模式在国内并不多见。但在国外许多矿山中经常遇到,如孟加拉国的巴拉普库利亚煤矿即是如此。该矿主采VI煤层,层厚平均36m,该层本身就是含水层,而且露头区有第四系含水层水的补给。

6.1.2.3.3　地下水水源的充水规律和特点

以地下水作为主要充水水源的矿床充水具有如下规律和基本特点:

(1)矿床涌水的强度与充水含水层(介质)的空隙性、导通性及其富水性存在着密切的关系。一般地讲,受裂隙水充水的矿床,其充水强度小于受孔隙和岩溶水充水的矿床。而孔隙水和岩溶水中受卵石层潜水和强岩溶含水层水充水的矿床,多为大水矿床,发生突水时,一般水量大、来势猛,不易疏干,会给矿山带来巨大灾害。同它们相比,多数裂隙水充水时,主要以淋水、渗水为主,发生突水的瞬间冲击力不大,通常不会给矿山带来灾难。

(2)矿床充水特点与充水量变化规律、充水含水层中地下水的性质及其水量有关。通常流入矿床采掘坑道中的地下水往往包含两种性质完全不同的部分:一部分为静储量,这部分水量大小及其对矿床充水的能力主要取决于含水层厚度、分布规律、空隙性质以及贮存水的给出能力;另一部分为动储量,该部分水量是以一定的补给和排泄为前提,以地下径流的形式在充水含水层中不断地进行着水交替运动。当矿床充水含水层中的水以静储量为主,则矿床涌水的特点是初期矿床涌水量较大,随着排水时间的延续,矿床涌水量会逐渐地减少,该类矿床易于疏干;当矿床充水含水层以动储量为主,则矿床涌水量相对比较稳定,矿床涌水量的动态特点往往会受充水含水层补给量的动态变化所影响,该类型充水水源则不易疏干。

6.1.2.4 老空水

老空水又称老窑水或老窿水，是指矿床体开采结束后，封存于采矿空间的地下水。

我国许多矿区地带分布有古代小窑和现代旧矿坑道，特别是近些年来由于小煤窑关闭矿井的迅速增加，不少正在开采的矿床周边及邻近地区，往往分布有很多废弃和关闭的煤窑或其他矿井，如夹沟铝土矿床现采场东、西两侧分别有废弃铝土矿坑和煤窑各数座。这些废弃矿井、坑道中常常积存着大量地下水，有的即是因为采矿突水而放弃。因此，一旦矿床开采活动不慎沟通了这些废弃矿井，其中积存的老空水便会充入矿床，形成老空水充水。尤其是一些现代非法开采的小煤窑，由于缺乏设计和准确的测量资料，其井下巷道的分布特征往往不清楚，很容易造成正在开采矿山与它沟通而形成灾害。

老空水可分为两类，一类为静态老空水，即老空水为“死水”，属静储量；另一类为动态老空水，即老空水不完全是死水，它和其他水源具有很好的水力联系，一旦触动它，会得到源源不断的“新水”补给，为“活水”，具有一定的动态补给能力。前者充水特点是突水性强，来势猛，持续时间短，水循环条件差，多为酸性水，有害气体含量多，对人身和矿山设备的伤害性较大，但易于疏干；后者除具有上述突发性强，来势猛和伤害性大等特点外，这类动态老空水发生突水一般持续时间长，且很难以疏干。

6.1.2.5 袭夺水

袭夺水是指由于矿床的开采，在排水作用下，降落漏斗不断扩大，形成的人工流场强烈地改造着矿区天然地下水渗流场，促使原地下水渗流场获得新的补给水源，这部分新的补给水源称为袭夺水。

袭夺水系人为充水水源，通常存在下列几种袭夺情况：

(1)袭夺位于矿床地下水排泄区的泉水。

(2)袭夺位于矿床地下水排泄区的地表水，如河水、库水、湖水等。

(3)袭夺位于矿床地下水径流带内的排泄区一侧的相邻含水层水。

(4)袭夺位于矿床相邻水文地质单元中的地下水等。

袭夺水的存在，可增大矿床充水量，增加矿床排水工作的难度。同其他几种充水水源相比，虽然有人对它作为一种独立的水源存在争议和看法，但它确实是随着矿床开采降水至一定程度后而“新增的一部分水源”，在矿床充水水源中具有一定的地位和作用，对此切不可忽视。

上述是常见的几种主要矿床充水水源。在某一具体的涌水事例中，往往不是一种充水水源在起作用，而可能是由某一种水源起主导作用，另有其他水源的存在，或是由多种水源混合的作用等。因此，在分析矿床充水水源时，必须进行充分的调查研究工作，找出它们的组成结构和主次关系，方能正确分析矿床突水的机理，有效开展矿床突水的防治。

6.1.3 夹沟铝土矿床(区)充水水源类型及特征

夹沟矿床(区)包括目前正在开采的夹沟矿床(采场)地段和未来整个夹沟矿区两部分。

6.1.3.1 夹沟矿床(采场)充水水源类型及特征

矿床区域水文地质调查及矿床突水勘查结果表明，夹沟矿床(采场)充水水源类型有二：一是地下水，二是大气降水，均为自然充水水源。

6.1.3.1.1　地下水

地下水是夹沟铝土矿床的主要充水水源，按含水介质及空隙类型来分，主要有矿床底板下伏寒武、奥陶系灰岩岩溶溶孔、溶洞地下水和矿床顶板上覆石炭系灰岩岩溶溶隙、溶孔地下水两种。二者相比，前者含水层厚度大，导水性、富水性强，补给量丰富，是矿床的主要充水水源，其充水模式为底板间接式充水；后者含水层厚度相对较薄，导水性、富水性较弱，补给条件一般，相对而言是矿床充水的次要水源。特别是在枯水年份或枯水季节，矿床一带此含水层常常为透水而不含水的状态，对矿床充水几乎没有影响。该含水层充水模式为顶板直接式充水。

6.1.3.1.2　大气降水

大气降水是夹沟矿床（采场）的非连续性次要充水水源，充水时期主要为汛期 7、8、9 三个月，尤其是汛期暴雨时节，其他季节对矿床充水影响很小，或无影响。其充水模式为大气降水直接落入式充水，见图 6-1。

6.1.3.2　**夹沟矿区充水水源类型及特征**

从夹沟矿区地质、构造及水文地质条件勘探结果来看，在东西长数千米、南北宽千余米的整个矿区内，其矿床充水水源类型较为复杂，除上述夹沟矿床已经揭露的两种充水水源外，还存在着地表水、老空水以及开采降水状态下的袭夺水等水源。

6.1.3.2.1　地下水

同夹沟矿床开采揭露的地下水充水水源一样，夹沟矿区普遍存在这类充水水源，该水源仍将是矿床的主要充水水源。其充水模式及充水特征同上，这里不再赘述。

6.1.3.2.2　大气降水

未来夹沟矿区开采，当继续采用露天采掘的方式时，大气降水仍将是矿床的一种充水水源，在汛期具有一定的充水影响，不容忽视。当未来纵Ⅲ线以北开采采用地下方式时，除非在地势低洼处，又遇岩溶塌陷洞外，大气降水可不作为一种独立的充水水源来考虑。

6.1.3.2.3　地表水

夹沟矿区西部有马涧河呈近南北向流过。虽然该河流水量较小，为一季节性河流，但在汛期洪水流量则较大，且河床主要由卵砾石组成，直接坐落在灰岩之上，河床东侧附近又有口孜断层通过等，因此该河流地表水将会成为矿床充水的水源，尤其是在汛期暴雨时节，河流水对矿床的充水作用不可忽视。

6.1.3.2.4　老空水

调查发现，夹沟矿区范围内分布有大小废弃矿坑、老窑 14 个，主要为废弃铝土矿坑、铁矿坑和煤窑。

这些废弃矿坑和老窑中，大多积存有数量不等、性质不同的老空水。一般地讲，铝土矿坑、铁矿坑系民采所致，采深通常小于百米，规模有限，其中积水不多，粗略估算在 5 000～15 000m^3 之间，汛期较多，其他季节较少，甚至干涸，且多为静态积水。而废弃煤窑则情况不同，积水规模较大，一般在 10 000～30 000m^3 之间。虽也受降水季节所影响，但动态变幅较小，而且这类积水多为动态积水，通常与某一或多个地下含水层组存在着水力联系。

这些废弃的铝土矿坑、铁矿坑和老煤窑空间分布位置距离目前正在开采或不久即将开采的铝土矿床不远，如现正在开采的夹沟矿床（采场）的东面 100m 即有一废弃铝土矿坑，西北 800m 即有一废弃的夹沟煤矿，它们中都有积水。其中夹沟废弃煤矿积水为动态老空水。

该矿建于1975年,开采煤层为二$_1$煤,开采深度100～200m,开采范围由西向东1 800m左右。矿井排水布设69m^3/h和120m^3/h水泵各一台,主、副井和下山设69m^3/h水泵各一台。矿井主要充水水源有:

(1)石炭系上统(C_3)灰岩裂隙岩溶承压含水层水,为二$_1$煤层的底板,在开采过程中运输大巷遇该层或小型断层破碎带时,产生突然涌水。

据井下突水点涌水量变化看,一般是开始较大,以后逐渐变小,见表6-2。C_3灰岩裂隙承压水为该矿的主要充水水源,1982年因突水而关闭。

(2)二叠系下统(P_1)砂岩裂隙承压含水层水,为二$_1$煤层的顶板,井下涌水点水流状态呈小股状及淋滤状,涌水量承季节变化明显,为该矿的次要充水水源。

表6-2　夹沟煤矿突水点状况统计结果

含水层时代	突水点状态	突水点位置	突水量(L/s)
P_1	淋滤状	副井筒	0.5
P_1	淋滤状	主井筒	0.61～6.983
P_1	淋滤状	主下山	0.2
P_1	淋滤状	副下山	0.2
P_1	淋滤状	风井	1.355
P_1	小股状	主下山以西采区	7.27
P_1	小股状	主下山以西采区	6.86
C_3	大股状	东大巷东端	19.70～0.513
C_3	大股状	东大巷东端	19.85～6.44
C_3	大股状	副井筒底部	35.40

因此,铝土矿床开采一旦触及或沟通这些老空积水,它们便成为矿床一种灾害性充水水源,其瞬间突水作用和危害较大,对此须引起高度重视。

6.1.3.2.5　袭夺水

从夹沟矿区及其周边水文、水文地质条件分析来看,未来矿区开采,在强降水环境下,有袭夺水源的存在。可能的袭夺水源有:矿区西部地下水向下游径流的排泄水、矿区西部地表口孜河水以及矿区西南部口孜河上游九龙角水库水等。它们在强降水环境下,有成为矿床充水水源的可能,特别是未来矿区西部开采时,对此应引起注意。

6.2　矿床突水通道特征

6.2.1　矿床突水通道及突水类型

矿床充水水源的存在只是构成矿床突水的一个方面,矿床是否发生突水还取决于另外一个重要方面,即突水通道是否存在。它是矿床突水因素中最关键,也是最难以准确认识的因素,许多矿床突水灾害正是由于对各种突水途径、突水通道认识不清所致。

6.2.1.1　以往突水通道类型的划分方法及总结

从我国煤类矿山和其他金属矿山突水通道研究情况来看,迄今为止,突水通道类型的划分尚没有统一的标准。在以往的突水研究中，人们对突水类型的划分主要依据突水的地点、时间、水源、通道及水量等因素。

6.2.1.1.1 山东矿业学院划分方案

山东矿业学院根据矿床突水与断层的关系和按突水量的大小，较早提出了如下突水通道类型的划分方案。

(1)根据矿床突水与断层的关系划分为：

- 底板突水
  - 断层突水
    - 断层切穿煤层突水
    - 断层接近煤层突水
    - 断层隐伏较远突水
  - 非断层突水
    - 隔水层强度不够突水
    - 岩溶陷落柱突水

(2)按突水量的大小划分为：

- 底板突水
  - 特大型突水($Q>50m^3/min$)
  - 大型突水($20m^3/min<Q\leqslant50m^3/min$)
  - 中、小型突水($5m^3/min<Q\leqslant20m^3/min$)

6.2.1.1.2 王作宇、刘鸿泉划分方案

王作宇、刘鸿泉根据突水发生的部位和突水表现形式的不同，将断裂突水划分为四种类型，即突发型、跳跃型、缓冲型和滞后型，并总结了各种类型断裂的突水过程、突水形式和断裂发育的特点，详见表6-3。

表6-3 断裂突水类型划分

突水类型	突水过程及形式	断裂发育特点
突发型	突水时水量很快达到峰值，水势猛、速度快，冲击力与水压一致，水量达到峰值后持续稳定或逐渐减少	无充填断裂，贯穿性断裂，断裂与工作面剪切带相交处居多
跳跃型	突水量跳跃式增长，有泥沙冲出，水量达到最大值需时较短，随后逐渐稳定，减小趋势不明显	断裂充填性不好，大多为贯穿性断裂
缓冲型	突水时，水量由小到大需要较长时间才能达到稳定，长者可达1～2年	充填较好的断裂，临空型断裂
滞后型	工作面回采数日、数月甚至数年后才发生突水，水量变化很难掌握	断裂充填好，临空型断裂，一般隐伏存在于回采中

6.2.1.1.3 中国统配煤矿总公司划分方案

由中国统配煤矿总公司生产司生产局编制的《煤矿水害事故典型案例汇编》中，根据突水水源，将煤矿突水分为五种：

- 矿井突水
  - 地表水体突水
  - 冲积层水突水
  - 薄层灰岩水突水
  - 厚层灰岩水突水
  - 砂岩含水层突水

6.2.1.1.4　黎良杰划分方案

黎良杰将长壁工作面底板突水划分为二大类六小类：

采场突水
- 非采动影响型底板突水
  - 导水断层突水
  - 导水陷落柱突水
  - 裂隙渗透性突水
- 采动影响型底板突水
  - 无断层影响下的底板突水
  - 有断层影响下的底板突水
  - 其他构造影响下的底板突水

6.2.1.1.5　高延法划分方案

上述几种突水类型划分方案，从不同侧面比较明确地体现了突水的条件和特点，但对矿床突水机理与采掘工作面及矿山压力的关系反映不够。为此，高延法根据煤矿突水提出下列三分方案：

煤矿突水
- 构造揭露型突水
- 断层采动型突水
- 底板破坏型
  - 裂隙通道型突水
  - 岩溶通道型突水

（1）构造揭露型突水是指当采掘工作面接近或揭露含水构造时所引发的爆发型突水，突水量一般很大。这里的含水构造主要指断层，还包括岩溶陷落柱以及灰岩岩溶。

（2）断层采动型突水是指采掘工作面揭露断层时并不导水，在工作面推进过程中，引起底板和四周煤岩体的移动、变形，造成断层面的相对移动，底板岩溶水沿断层上升，发生滞后的突水。

（3）底板破坏型突水分为两种情况，一是指底板隔水层较薄，节理裂隙发育，当回采工作面推进一定距离时，造成底板裂隙扩展破坏而导致的突水；二是指底板灰岩中有岩溶通道，回采工作面推进过程中，引发岩溶顶部岩层破坏塌落，剩余隔水能力不足，从而发生底板破坏型突水。这种突水通常突水量很大，是以往没有引起人们足够重视的一种突水方式，一般不会被发现，只有发生突水后，堵水注浆打钻时，才有可能打到灰岩溶洞，其概率较小。少数情况下发现灰岩溶洞后，一般仅认为是灰岩岩溶发育，很难充分认识到底板突水是由于岩溶塌陷造成的。

6.2.1.1.6　虎维岳划分方案

虎维岳根据突水通道的成因和形态的不同，对突水通道类型进行了划分：

（1）按成因的不同，矿床突水通道类型可划分为：

突水通道类型
- 构造类突水通道（如断层、裂隙等）
- 采矿扰动类突水通道（如顶板垮落、底板破坏、煤柱击穿等）
- 人类工程类突水通道（如小煤窑、封闭不良的钻孔等）
- 其他类突水通道（如陷落柱、岩溶塌陷洞等）

（2）按形态的不同，矿床突水通道类型可划分为：

突水通道类型
- 点状突水通道（如陷落柱、封闭不良钻孔、岩溶塌洞等）
- 线状突水通道（如断层带或断裂破碎带等）
- 面状突水通道（如发育在顶、底板岩层中的各类裂隙等）

6.2.1.1.7　柴登榜和原淮南矿院、焦作矿院、西安矿院、山西矿院划分方案

(1)岩层的孔隙。这种通道通常存在于疏松未胶结成岩的岩石中。其导水性能取决于孔隙的大小和连通状况,而不取决于孔隙度。岩层的孔隙大、连通程度好,则坑道穿过时,涌(突)水量就大;否则就小。

单纯的孔隙水,只有在矿层围岩是大颗粒的松散岩层,并有固定的强大的补给水源,或围岩本身是饱水的流砂层时,才能造成矿床灾害性的突水。

(2)岩层的裂隙。岩层的裂隙指风化裂隙、成岩裂隙和构造裂隙等,这些裂隙都能构成矿床涌(突)水的通道。但对矿床涌(突)水具有普遍而严重威胁的是构造裂隙,它包括各种节理、断层和巨大的断裂破碎带。

从煤矿采掘过程中发生突水的情况来看,遇见最多、危险性最大的是各种中、小型断裂。如河北峰峰煤矿自1952年至1961年共发生6次突水,全部与构造断裂有关。

(3)岩层的溶隙。这里溶隙是指广义的溶隙,它包括细小的隙缝、隙孔、孔洞等,它们可以是彼此连通也可以形成单独的管道或似格架状岩溶体,其中可赋存大量的水或沟通其他水源,当坑道接近或揭露它们时,将造成灾害性突水。

6.2.1.1.8　施龙青划分方案

施龙青、韩进从有利于突水资料的统计与突水规律的总结、便于系统研究矿床突水机理、方便底板突水预测预报角度出发,根据煤矿床各种突水的不同特点及矿山压力在采场及巷道的分布特征,对其矿床突水类型进行了划分:

- 煤矿突水
  - 掘进沟通型突水
    - 掘进沟通断层型突水
    - 掘进沟通陷落柱型突水
  - 回采影响断层型突水
  - 回采底板破坏型突水
    - 裂隙通道型突水
    - 陷落柱通道型突水

(1)掘进沟通断层型突水是指在煤矿井各种巷道掘进过程中,人为沟通导水断层而引发的巷道中的突水。这种类型的突水与矿山压力关系不大。

(2)掘进沟通陷落柱型突水是指在煤矿各种巷道掘进过程中,人为沟通导水陷落柱而引发的突水。此类型的突水与矿山压力的关系亦不大。

(3)回采影响断层型突水是指煤矿井在回采过程中,由于采场矿山压力的影响,导致断层活化而引发的采场中的突水。这种类型的突水与矿山压力有着密切的关系。

(4)回采底板破坏型突水是指煤矿在回采过程中,在无断层条件下,由于采场矿山压力对底板破坏而导致采场底板的突水。它又可分为裂隙通道型突水和陷落柱通道型突水。这类突水主要是由矿山压力破坏了薄底板隔水层所造成的。

除上述一些主要的、具有代表性的分类外,还有一些人为了突水资料统计的方便,根据突水特点划分出掘进巷道型突水、回采工作面型突水。其他如庞荫恒、王良根据井陉煤田突水情况提出过一套突水分类。王梦玉、叶贵钧提出北方煤矿区岩溶突水划分标准。另外,一些人士根据煤矿断层突水情况,对断层的突水类型与特征进行了分类研究,可表述为切割型、接近型、对接型和远距型四种,详见表6-4。

表 6-4　断层引起煤层底板突水类型

突水类型	断层与煤层的关系	突水特征
切割型	断层已切割了开采矿层	开掘工程一旦揭露或穿过断层带,立即引起底板或巷道突水。突水往往是突发性的,且水量增加较快
接近型	断层基本达到或充分接近开采矿层	巷道掘进初期,可能不产生突然涌水。过一定时间后,由于岩体力学平衡条件的改变,会引起突水。回采工作面在矿压、水压作用下,易形成滞后式突水,水量呈跳跃式上升
对接型	断层使含水层与矿层对接	巷道一旦穿过断层带,立即突水。回采时由于预留煤柱过小,采后底板破裂,引起突水。突水多为滞后式,水量呈递增特征
远距型	断层顶距开采矿层或巷道有一定距离	巷道掘进一般不会引起底板突水。但在回采过程中,在矿压、水压的共同作用下引起底板岩体破裂,造成底板突水,突水为滞后式,水量一般较小

6.2.1.2　铝土矿床突水研究给出的划分方案

结合我国华北地台铝土矿床赋存条件和豫西夹沟首例突水的实际,为方便矿床突水机理分析、突水预测预报及其防治方法研究工作的需要,本着分类简结、概念清晰、内涵丰富、现场适用的原则,本书提出并采用如下划分方案,见表 6-5。

表 6-5　铝土矿床突水通道分类

<table>
<tr><th colspan="2">分类</th><th colspan="2">亚类</th></tr>
<tr><td rowspan="14">天然型</td><td rowspan="8">构造型</td><td rowspan="4">条状断层型</td><td>切割型</td></tr>
<tr><td>接近型</td></tr>
<tr><td>对接型</td></tr>
<tr><td>远距型</td></tr>
<tr><td rowspan="4">面状裂隙型</td><td>突发型</td></tr>
<tr><td>跳跃型</td></tr>
<tr><td>缓冲型</td></tr>
<tr><td>滞后型</td></tr>
<tr><td rowspan="6">侵蚀剥蚀型</td><td rowspan="4">点状岩溶陷落柱型</td><td>全断面导水型</td></tr>
<tr><td>核心导水型</td></tr>
<tr><td>接触带导水型</td></tr>
<tr><td>影响裂隙带导水型</td></tr>
<tr><td colspan="2">丘状岩溶凸起柱型</td></tr>
<tr><td colspan="2">窗状隐伏露头型</td></tr>
<tr><td rowspan="4">人为型</td><td rowspan="2">采矿扰动型</td><td colspan="2">顶板冒落裂隙带型(包括露天开采直接揭露型)</td></tr>
<tr><td colspan="2">底板采动裂隙带型</td></tr>
<tr><td rowspan="2">非采矿扰动型</td><td colspan="2">岩溶疏水塌陷带(洞)型</td></tr>
<tr><td colspan="2">点状钻孔、凿井型</td></tr>
</table>

6.2.2　不同突水通道类型及突水特征

矿床不同突水通道类型，其突水特征及突水机理不同，它们的防治方法和措施亦不相同。

6.2.2.1　条状断层型

该型突水通道是由构造断裂作用所形成，其断层破碎带一般具有较好的透水性，往往形成矿床突水的良好通道。特别是对于一些大型断裂，由于断层两盘的牵引裂隙广泛发育，这类断层（断层带）通道，除了具有导水性质外，其断裂带本身就是一个含水体，还具有充水水源的性质。

从我国煤类矿床突水情况来看，由断层面或断层牵引裂隙带导水而引发的矿井突水灾害在整个矿井突水事故中占有绝对主导的地位。

一般认为，张性断裂的透水性较强，压性断裂的透水性较弱，甚至不透水，扭性断裂的透水性则介于二者之间。事实上，断层的导、储水性要远比上述规律复杂得多，它不仅要受断层力学性质和岩性的影响，而且亦受到断层面所处的应力状态、断层活动次数和序次、断层带胶结物性质与胶结状况等多种因素的影响。根据我国煤矿床大量断层致突事例统计分析认为，断层的导水性受到两盘岩性的直接影响。通常情况下，断层带的透水性与其两盘岩石的透水性具有一致性。

当断层两盘为脆性可溶岩石时，如灰岩、白云岩等，断层及其影响带裂隙、岩溶发育，具有良好的透水性；当断层两盘为脆性但不可溶岩石，如石英岩、石英砂岩等，断层两侧往往发育有张开性较好的牵引裂隙，具有良好的透水性；当断层两盘为柔性岩石，如泥岩、页岩等时，断层破碎带多被低渗透性的泥质成分所充填，并具有一定程度的胶结，导致破碎带孔隙、裂隙率大为降低，断层面发生“闭合”，一般不具导水性或导水性极弱。

6.2.2.1.1　隔水断层

隔水断层是指断层包括其断裂带与两侧的含水层无水力联系或联系很弱而言的。正如上面所说，此类型多出现在较软的泥岩、页岩等黏性岩层中，多数是由压应力及部分扭应力作用而形成，少数是张性及张扭性断层（断裂）被后期充填并胶结所致。这样的断层及破碎带不仅本身不会导水，而且还可使被切断的两侧含水层之间失去水力联系。

隔水断层带的隔水性，在水平和垂直方向上经常是不一样的，这种变化与隔水断裂带的规模和穿过的岩层性质有关。关于这一点，在研究隔水断层（带）的隔水性时须加注意。

在隔水的断层带中，根据开采后的表现又可分为两种，即开采后仍能起隔水作用的和开采后透水的。开采后透水是指开采后在水压及矿压作用下，促使断裂带进一步破碎或因其中的疏松充填物被冲蚀掉而变为透水。据煤矿系统统计，开采巷道穿过某些断层带时无突水或水量很小，但经过一段时间或回采工作面扩大到一定宽度时，开始发生底鼓、破裂，继之突水，这种“迟到”突水的例子在各大煤矿区的开采史上是不少的。

6.2.2.1.2　透水断层

透水断层多数是张性和张扭性断层（裂）带，极少数是压性和压扭性断层（裂）。前者一般分布在各种岩层中，后者主要分布在弹、脆性岩层中。当这种透水断层（裂）带与其他水源无水力联系时，一般为孤立的含水断层（裂）带。这种水可以有很大的水头压力，但通常水的储量不大。坑道接近或揭露这种断层（裂）带时，会发生突然涌水，但一般是开始水量较大，以后逐渐减少直至干涸，对采掘工作无太大影响，通常不需要采取复杂的措施；当这种透水断层(裂)带与其他水源有水力联系时，这种断层(裂)带对采矿工作影响很大，前述煤矿突水事故大多都是与这种断层(裂)带有关，突水水量大而稳定，不易疏干。

根据该透水断层(裂)带与开采矿层的空间分布关系，又可分为：切割型致突断层(裂)带、接近型致突断层(裂)带、对接型致突断层(裂)带和远距型致突断层(裂)带四种。上述各种形式的致突断层(裂)带与矿层的空间分布关系及致突特征，详见表 6-3。

在分析断层(裂)带的导水性时，应特别注意不要轻易将某条断层(裂)带简单地划为导水断层、隔水断层或贮水断层，要充分注意到断层的水文地质性质以及它的方向性和局部性，即一条断层可以在某一方向上导水，在另一方向上可能隔水，或同一断层的某一部位导水，而在另一部位则隔水。有些断层在初次揭露时隔水，但随着采矿扰动后可能发生滞后导水。因此，在研究和判断断层的水文地质性质时，要用动态的观点、发展的眼光去审视它的全程变化状况，一定要将其视为一个在不同部位具有不同水理性质、不同部位具有不同应力状态、不同部位具有不同岩性对接关系的复杂面状地质结构体进行整体分析和必要的分段评价，而不能以一点之见的资料就对整条断层作出最终的评价。

6.2.2.2　面状裂隙型

面状裂隙主要是指在地质历史时期、多期构造应力作用下，岩层以破裂形式释放应力时产生的不同方向较为密集的破裂面和节理，形成较为发育的呈整体面状展布的裂隙网络。该裂隙网络结构面往往是承压水突出的薄弱面及通道。

裂隙的力学性质、连通及充填状况对突水的形成、突水的形式及突水的规模起着极为重要的控制和制约作用。

一般认为，张性和张扭性裂隙，且未被充填或充填程度不高的，则导水性较强，当有充足的水源补给时，容易形成大规模的突水。压性和压扭性的裂隙，一般导水性差，甚至不导水。

根据突水形式和突水过程的不同，裂隙致突可分为四种类型，即突发型、跳跃型、缓冲型和滞后型。各型裂隙的发育特点和突水过程见表 6-3。

6.2.2.3　点状岩溶陷落柱型

点状岩溶陷落柱是指在地下水的长期物理和化学作用下，于可溶岩中形成的大量古岩溶空洞，在上覆岩层和矿层的重力作用下，空洞溃塌并被上覆物体所充填的柱状体。它像一导水管道常常沟通矿层与其他充水水源之间的联系，特别是位于富水带、径流带上的岩溶陷落柱，可造成十分严重的矿床突水事故。

据我国煤矿床突水资料，虽然岩溶陷落柱引起的矿床突水数量相对断层、裂隙较少，约占总突水事故的 20%(赵阳升)，但岩溶陷落柱导致矿床突水的规模往往较大。例如：1984 年唐山开滦范各庄煤矿 2171 工作面岩溶陷落柱突水(见图 6-5)，突水量平均达 $34.2m^3/s$，是南非著名的德律芳天金矿突水量的 5 倍，是我国 1935 年淄博北大井煤矿突水量($7.4m^3/s$)的 4.6 倍，在世界采矿史上是前所未有的。

岩溶陷落柱的地表特征比较明显，特别是在基岩裸露区更为明显。一般陷落柱出露区地层产状杂乱，无层次可寻，乱石林立，充填着上覆不同地层的破碎岩块。陷落柱周围地区因受塌陷影响而略显弯曲，并多向塌陷区内倾斜。地下陷落柱形态一般呈下大上小的柱体，陷落柱高度取决于陷落的古溶洞的规模，溶洞空间愈大则陷落柱发育高度也愈大，甚至可波及到地表。如开滦范各庄煤矿 2171 工作面 9 号陷落柱，起始于煤层下伏 180m 以下的奥灰含水层，沟通上覆数层含水层，柱高 280m，横断面 1 312～2 647m^2。陷落柱内的堆积物为上覆地层岩石碎块，一般呈岩块状、岩屑状杂乱无章地排列，且随胶结物的不同，有的致密、有的松散，与周围正常地层产状形成明显的对比。陷落柱顶部常有一个未充填的空间，周围还常拌生有裂隙构造等。

影响岩溶陷落柱分布的因素十分复杂，其展布规律至今研究不够。根据目前的研究成果，人们认为，地质构造是控制岩溶陷落柱分布规律的主要因素之一。

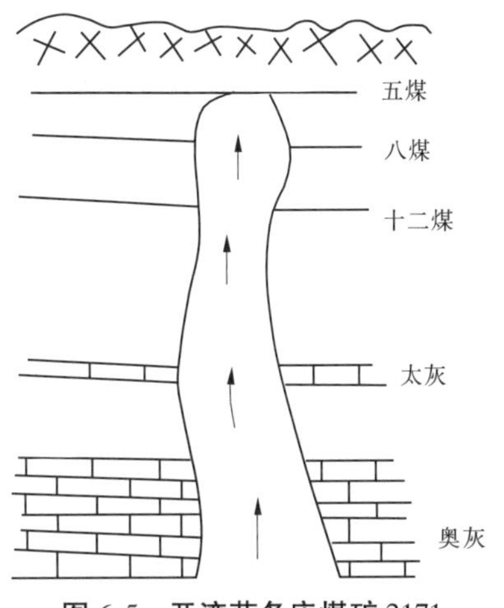

图 6-5　开滦范各庄煤矿 2171 工作面陷落柱突水剖面示意图

岩溶陷落柱的导水形式多种多样，从大的方面可分为导水陷落柱和不导水陷落柱两种。导水陷落柱依其导水形式的不同，又可分为全断面导水型、核心导水型、接触带导水型和影响裂隙带导水型四种类型。各型陷落柱的具体特征及导水状况，详见第 14 章——“矿床开采探放水技术”。

6.2.2.4　丘状岩溶凸起柱型

丘状岩溶凸起柱型突水通道是结合豫西夹沟矿区乃至整个华北地台区铝土矿床赋存的地质环境实际提出的，它是以往人们发现和提出的不少突水通道形式外的一种，是铝土矿床所特有的一种新型通道。

丘状岩溶凸起柱型突水通道，顾名思义，该凸起柱形如馒头似的丘状(个别呈岭状)，是由岩溶发育体组成。其成因主要是由于铝土矿床下伏奥陶系灰岩在侵蚀、剥蚀作用下形成的古凹凸不平体所致。丘状岩溶凸起柱的大小、高低不一，其展布规模受古岩溶凹凸体控制，大者直径可达数百米、甚至千余米，高数十米，甚至百余米；小者直径及高度可达数米至数十米。从夹沟矿区勘探资料分析来看，该矿区丘状岩溶凸起柱大小以直径数十米至百余米、高度以数十米者居多。

由上篇区域矿床底板下伏基底碳酸盐岩古岩溶发育形态及其垂向和侧向变化研究结果知道，由于铝土矿床直接沉积坐落在灰岩古岩溶侵蚀、剥蚀面上，受古侵蚀、剥蚀凹凸不平体的影响，铝土矿床底板亦呈凹凸不平状，在凹陷部位矿层及底板黏土岩、铁质黏土岩等一般厚度均较大，呈常窝状、碟状、盆状、漏斗状分布；而在凸起部位矿层及底板黏土岩、铁质黏土岩等往往厚度均较小，特别是底板黏土岩、铁质黏土岩等厚度很薄。当铝土矿床开采从凹陷带向凸起带推进时，稍有不慎就有触及和揭露矿床下伏丘状岩溶凸起柱的可能。此时，该丘状岩溶凸起柱便扮演一导水通道的角色，将矿床下伏奥陶系灰岩强含水层水导入矿床采掘工作面，形成矿床突水，如图 6-6 所示。

可以预见，矿床开采一旦揭露丘状岩溶凸起柱，则所发生的突水强度和规模通常会很大，一般将成为灾难性突水。

6.2.2.5　窗状隐伏露头型

窗状隐伏露头型突水及突水通道是指铝土矿床底板黏土岩、铁质黏土岩等隔水岩体，由于沉积尖灭或侵蚀剥蚀作用等原因，在某些地带沉积厚度极其有限，甚至导致缺失。从而在铝土矿层和其下伏的奥陶系灰岩强含水层之间形成状如“天窗”似的隐伏缺口，致使铝土矿层与下伏灰岩含水层直接接触，二者之间失去天然隔水屏障。当铝土矿层开采到此部位时，如果预先不清，且又未预留足够厚的铝土矿层作为底板阻水屏障，下部灰岩含水层高压水就会通过该沉积天窗直接导入矿床开采工作面，引发矿床突水，见图 6-7。

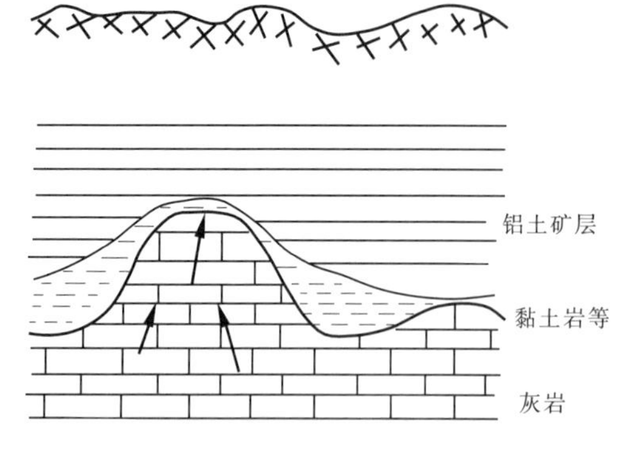

图 6-6　铝土矿床丘状岩溶凸起柱型突水示意图

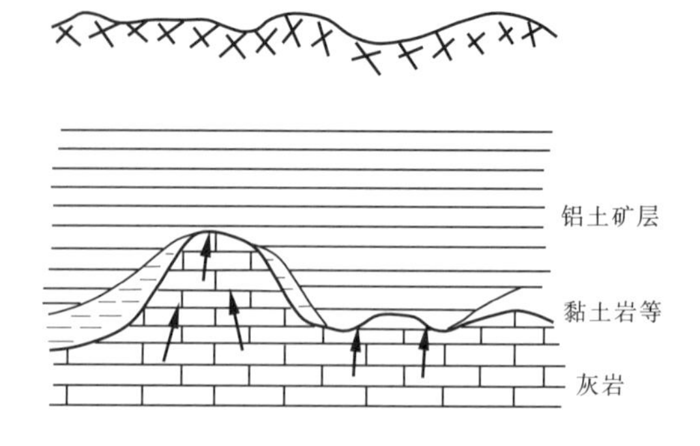

图 6-7　铝土矿床窗状隐伏露头型突水示意图

与丘状岩溶凸起柱型突水不同，窗状隐伏露头型突水发生部位可以在古岩溶凹凸带的任何地方，即既可以在丘状岩溶凸起柱的顶部、侧部，也可以在窝状岩溶凹陷地带。但是与丘状岩溶凸起柱相同的是，这种窗状隐伏露头型突水的强度和规模通常都会很大，一旦发生突水，将会发生灾难性淹矿的事故。

6.2.2.6　**顶板冒落裂隙带型**

铝土矿床地下开采时，由于矿石挖出后在岩体内部形成一个空洞，即采空区，使其天然应力平衡状态受到破坏，产生局部的应力集中。当采空区面积较大、围岩强度不足以抵抗上覆岩土体重力时，顶板岩层内部形成的拉张应力超过岩层的抗拉强度极限时产生向下的弯曲和移动，进而发生断裂、离层、破碎并相继冒落（或垮塌）。从煤类矿床来看，采空区顶板岩体的破坏变形形态与规律通常受到采空区空间几何结构、顶板岩性力学强度及其组合、矿床产状及采矿方法、地质构造与应力环境及其受力状态等多种因素的控制，不同因素的组合会产生不同的顶板岩体变形破坏的特征。但就一般规律而言，于采空区上方，自下而上可出现和划分为三个不同性质的破坏与变形带，分别为：冒落带（垮落带）、断裂带和弯曲带，俗称“上三带”，见图 6-8。

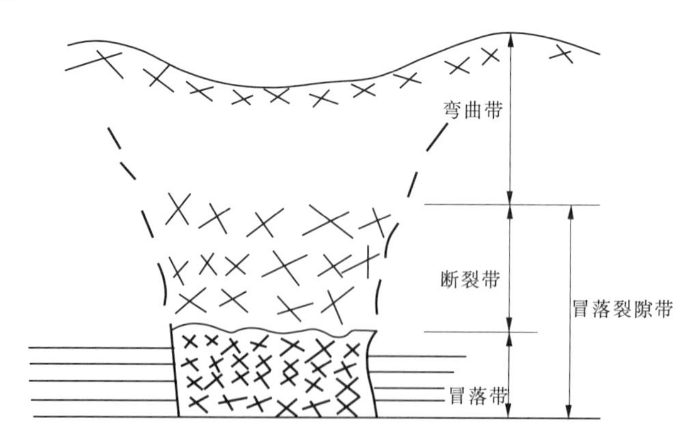

图 6-8　铝土矿床顶板破坏与变形分带示意图

6.2.2.6.1　冒落(垮落)带

冒落带是指采空区顶板冒落(垮落)破坏的范围。根据冒落块的破坏程度和堆积状况,可分为规则冒落带和不规则杂乱冒落带。如果冒落带高度达到上覆含水层,则将引起顶板水的突发性导入。当上覆含水层为第四系松散沉积孔隙含水层时,不但会形成突水,还会引起溃砂和地面塌陷等灾害。

6.2.2.6.2　断裂带

该带是指冒落带以上大量出现的切层、离层和断裂或裂隙发育带。它一般由下而上,其断裂和离层程度由强变弱。但当顶板岩层及其组合变化比较复杂时,也会出现不均匀发育的特点。从以往各类矿山观测情况来看,该带不一定具备透砂能力,但一般具有较强的导水能力。

6.2.2.6.3　弯曲带

弯曲带是指断裂带以上至地表的整个范围内岩体发生弯曲下沉的整体变形和沉降移动区。该带的主要特点是岩层的整体变形和移动,而其断裂化程度较弱,所以一般不具备导水能力。

所谓顶板冒落裂隙带型突水通道是对顶板冒落带和断裂带两部分的总称,它常常是导致矿床顶板突水的主要通道,是典型的采矿扰动型通道。当顶板冒落裂隙带沟通巷道上覆含水层或其他水源时,则将引发严重的矿床突水灾害。如 1961 年,徐州青山泉煤矿二号井在 -120m 水平泵房施工中,因顶板冒落而沟通了上覆九层灰岩水,引发严重的突水事故,当时最大突水量达 1 620m^3/h(虎维岳),致使整个 -120m 水平被淹没。

6.6.2.7　底板采动裂隙带型

许多矿床底板之下赋存有高承压含水层水,如煤矿床、铝土矿床等。这些矿床在开采之前,水、岩处于一定的平衡状态。当矿体被挖出后,在矿床底板隔水层之上便形成临空边界并产生水、岩应力释放,原来平衡状态随之被打破,应力重新调整与分布,促使水压作用和岩体结构发生变化,以期达到新的平衡状态。这种应力重新调整的过程,也就是矿压和水压调整与作用的过程。随着这个过程的推进,隔水底板岩层必然受到不同程度的破坏,形成新的破裂面或使原有的闭合裂隙活化,组成采动裂隙破坏带,如图 6-9 所示。同时,矿床底板下伏含水层水压力也会伺机作出调整和变化,这种水压力的调整和变化将会表现在对隔水底板的压裂扩容、渗水软化以及一些学者(施龙青)提出的应力溶蚀作用等方面。压裂扩容作

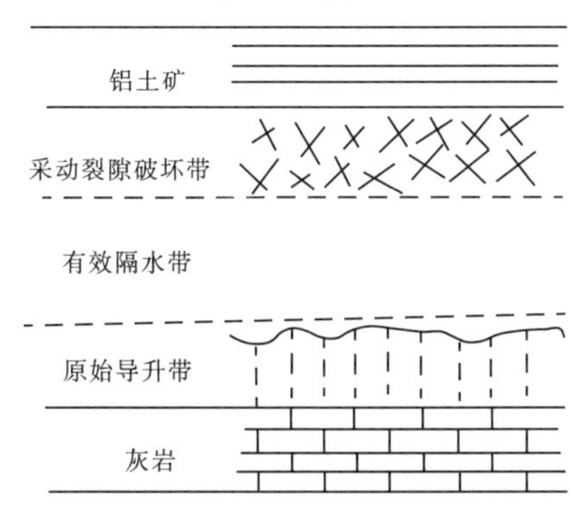

图 6-9　采动条件下铝土矿床隔水底板分布示意图

用是指承压水在小裂隙中进一步压裂岩体，使原有裂隙扩大；渗水软化作用是指承压水在底板裂隙中使有效应力和岩体的内聚力降低，隔水层软化，裂隙进一步增大；应力溶蚀作用是指在水压应力作用下，水对岩石加速溶蚀的作用，它可使得裂隙得到进一步扩大。在这些作用下，会促使矿床底板原始导升带的进一步导升。

当矿床底板上部采动裂隙破坏带不断向下发展，有效隔水层厚度逐渐变薄，最后导致与下部水压裂隙导升带或含水层直接沟通后，下伏承压含水层便涌入矿床采掘工作面，造成矿床的突水。这种因矿床开采扰动作用形成的底板采动裂隙通道，称之为底板采动裂隙带型通道，其突水形式称之为底板采动裂隙带型突水。

这里，矿床底板下伏含水层的导、富水性是发生底板突水的内在因素，它决定着突水量的大小及突水量的动态变化；水压力的存在是驱动含水层水导入矿床采掘面的动力；而底板采动破坏所形成的破裂则是地下水得以导入的咽喉和通道。

对于铝土矿床来讲，由于矿床紧邻下伏灰岩强含水层，因此底板采动裂隙带型突水很有可能成为一种主要的突水形式。

6.2.2.8 岩溶疏水塌陷带(洞)型

岩溶疏水塌陷带(洞)型突水及突水通道非采矿工程扰动所致，它是岩溶地区人为大规模抽取或矿区长期疏排岩溶地下水所形成，主要成因观点有两种。

6.2.2.8.1 地下水潜蚀成因机制

在地下水流作用下，岩溶洞穴中的物质和上覆盖层沉积物产生潜蚀、冲刷和淘空作用，结果导致岩溶洞穴或溶蚀裂隙中的充填物被水流搬运带走，在上覆盖层底部的洞穴或裂隙开口处产生空洞。当地下水位发生下降，则渗透水压力在覆盖层中产生垂向的渗透潜蚀作用，土洞不断向上扩展，最终导致地面塌陷带(洞)的形成。

这里，岩溶洞穴或溶蚀裂隙的存在、上覆土层的不稳定性是塌陷产生的物质基础，地下水对土层的侵蚀搬运作用是引起塌陷的动力条件。自然条件下，地下水对岩溶洞穴或裂隙充填物和上覆土层的潜蚀作用也是存在的，不过这种作用很慢，且规模一般也不大。而在人为大量抽采或疏排地下水时，情况则不同，这时地下水对岩溶洞穴或裂隙充填物和上覆土层的侵蚀搬运作用大大增强，加速了地面塌陷带(洞)的发生和发展。

6.2.2.8.2 真空吸蚀成因机制

根据气体体积与压力关系的玻意尔－马略特定律，在密封条件下，当温度恒定时，随着气体体积的增大，气体压力则不断减小。在相对密封的承压岩溶网络系统中，由于大量开采或采矿排水，地下水水位大幅度下降。当水位降至较大岩溶空洞覆盖层的底面以下时，岩溶空洞内的地下水面与上覆岩溶洞穴顶板脱开，出现无水充填的空腔。随着岩溶水位的持续下降，岩溶空洞体积不断增大，空洞中气体压力不断降低，从而导致岩溶空洞内形成负压。岩溶顶板覆盖层在自身重力及溶洞内真空负压的影响下向下剥落或塌落，从而导致地面塌陷带(洞)的形成。

岩溶疏水塌陷带(洞)型通道，常常导致地表水、汛期大气降水等突入矿床，有时随着塌陷带(洞)的增大，还使得上覆砂砾石和泥砂与水一起溃入坑道。因此，岩溶疏水塌陷带(洞)型通道，当遇到地表水等丰富水源时，可造成严重的矿床突水事故。

6.2.2.9 钻孔、凿井型

这里钻孔、凿井主要是指矿区各期勘探遗留下来的封实质量不佳的钻孔和矿区废弃但填实不够的机民井。

封闭不良的钻孔和填实不够的旧井是典型的由于人类活动所留下的点状垂向导水通道。该类导水通道的隐蔽性强，垂向导水较为畅通，不仅会使垂向上不同层位的含水层之间发生水力联系，而且当采矿活动揭露或接近它时，会产生突发性的突水事故。

由于这类通道在垂向上往往串通了多个含水层，所以一旦发生突水事故，不仅突水初期水量大，而且还会有比较稳定的水量补给。如 1962 年新汶良庄煤矿在 ±0m 水平三采区十一层下山掘进中，遇到封闭不良的 35 号勘探钻孔，随引发严重的突水事故。此次突水来势猛，最大突水量达 $288m^3/h$，稳定水量 $72m^3/h$（虎维岳），给矿井带来了巨大损失。

因此，像其他突水通道一样，钻孔、凿井型突水通道亦不容忽视，在矿山设计和采掘工程中应给予足够的重视。

6.2.3　豫西夹沟矿床（采场）突水通道类型及特征

兹分别从整个夹沟矿区和夹沟采场两部分进行分析研究。

6.2.3.1　夹沟矿区突水通道类型及特征

就整个夹沟矿区而言，从前面区域地质环境发育演化特征和夹沟矿区地质勘探资料分析结果来看，表 6-5 中所列各类矿床突水通道几乎都有可能存在。包括未来地下开采可能发生的顶板冒落裂隙带型通道、岩溶疏水塌陷带（洞）型通道。

上述各类通道依其遭遇的可能性大小及其可能的致灾规模和强度进行预测分析，大概可分为两类。

6.2.3.1.1　Ⅰ类通道

主要有丘状岩溶凸起柱型、窗状隐伏露头型、条状断层型和底板采动裂隙型四种。其中，条状断层型将以切割亚型和对接亚型为主。

这一类突水通道一般具有三方面的特征：一是矿床开采遭遇的可能性最大；二是矿床突水水源主要来自底板下伏灰岩强含水层水，水压高、水量大，补给条件好；三是一旦遭遇，发生突水的规模和强度通常会很大，特别是在丰水年、丰水季节多会造成灾难性后果。

（1）丘状岩溶凸起柱型和窗状隐伏露头型通道。由夹沟矿区地质勘探 12 横勘探线及 72 横勘探线等地质剖面（见图 6-10、图 6-11）不难看出，这两种通道发生的几率很大，倘若开采工作不慎，极易造成严重的矿床突水事故。这两类突水通道在突水规模和强度上可能不差上下，但是在防治途径和防治方法方面存在一定的差异，故划分为两种类型。

（2）条状断层型通道。夹沟矿区区域构造部位为秦岭纬向复杂构造带东延部分、嵩山背斜北翼地带，整体上为一向北倾斜的舒缓单斜构造。次级构造形迹以条状断层为主。

据矿区地质勘探资料，钻孔揭露发现隐伏逆断层两条：①F1 逆断层。该断层位于矿区中部、18～20 横勘探线之间，由 ZK018、ZK219 和 ZK520 钻孔确定出。断层走向 NWW，平均 340°，倾向 SW，倾角 75°左右，长约 700m，为一压扭性断层，上盘往北斜冲，垂直断距 20～30m，水平断距 52m，矿体及底板受到破坏。②F2 逆断层。位于矿区西部、39 横勘探线以西，由 ZK139、ZK240、ZK351 和 ZK452 孔确定出。亦为一压扭性逆断层，产状 315°∠70°，上盘向 NW 斜冲，最大垂直断距 30m，延伸长 500m，矿床遭到破坏。

此外，尚有一些勘探孔中见到不甚连续的岩石破碎现象及其构造角砾岩分布，见表 6-6。

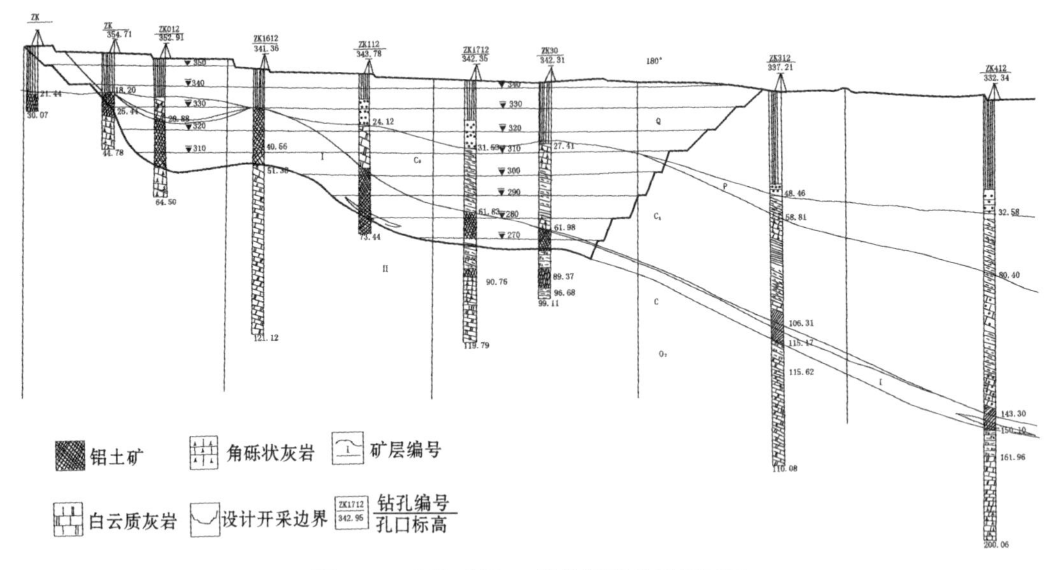

图 6-10　夹沟采场 12 横勘探线地质剖面图

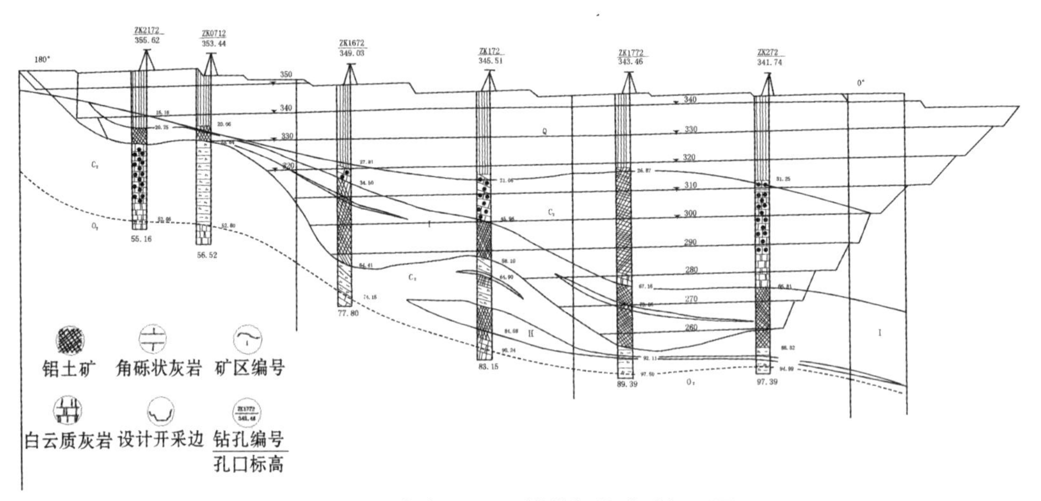

图 6-11　夹沟采场 72 横勘探线地质剖面图

上述断层及其破碎带的存在，均不同程度地破坏了岩体结构的整体完整性。当矿床开采至这些部位时，受采动影响，易于诱发矿床的突水。

(3)底板采动裂隙带型通道。与煤类矿床及其他非煤矿床相比，由于铝土矿床距离寒武、奥陶系灰岩强含水层更近，且矿床底板隔水介质，如黏土岩、铁质黏土岩及部分铝土岩等分布厚度不均，平均厚度亦较薄。因此，在矿床采动破坏，包括卸荷作用下，矿床隔水底板各类原生、次生裂隙将会“活化”，发生底板采动破坏裂隙带型突水的几率会更大。

在矿床采动作用，包括卸荷作用下，不仅矿床底板上部形成直接采动破坏带，而且使隔水底板中存在的构造裂隙、成岩裂隙等各类原生、次生裂隙势必得到活化，有效阻水作用发生明显下降，这里直接采动破坏带和原、次生裂隙活化带一起共同组成了矿床隔水底板采动裂隙带型通道。该通道与底板下伏水压裂隙发生沟通，或直接达至下伏灰岩强含水层，遂形成底板采动破坏带型突水，在下伏灰岩强含水层高水压力顶托作用下，极易发生严重的矿床突水事故。

表6-6　勘探孔中岩石破碎现象及其构造角砾岩分布特征

孔号	埋深(m)	厚度(m)	分布层位及表现特征
ZK1618	54.90～56.30	1.40	矿床底板下伏奥陶系地层、构造角砾岩
ZK1718	64.85～65.62	0.77	矿床顶板太原组地层、岩石破碎
ZK2172	26.47～47.88	21.41	矿床底板本溪组黏土岩、构造角砾岩
ZK271	39.67～46.24	2.57	矿床顶板太原组地层、岩石破碎
ZK311－1	114.34～115.68	1.34	矿床底板本溪组黏土岩、岩石破碎
ZK134	65.96～67.89	1.93	矿床底板下伏奥陶系地层、构造角砾岩
ZK536	127.19～129.73	2.54	矿床顶板太原组地层、岩石破碎
ZK337	72.02～76.50	4.48	矿床顶板太原组地层、岩石破碎
ZK238	44.37～68.36	23.99	矿床顶板太原组地层、岩石破碎
ZK140	46.01～46.39	0.38	矿床底板本溪组黏土岩、岩石破碎
ZK1636	48.28～48.51	0.23	矿床顶板太原组地层与本溪组矿体上部结合带上下处、岩石破碎

6.2.3.1.2　Ⅱ类通道

Ⅱ类通道主要包括面状裂隙型、顶板冒落裂隙带型、点状岩溶陷落柱型和钻孔凿井型以及岩溶疏水塌陷带(洞)型五种。

就夹沟矿区而言,这一类突水通道倘若单独存在,一般具有发生频率较低、突水规模和强度相对较小、突水水源具有多样性等特征。

(1)面状裂隙带型通道。夹沟矿区面状裂隙带型通道,主要是指在区域构造应力场作用下,矿床顶底板各类黏土岩、铝土岩包括部分铝土矿等岩层(体)中产生的构造裂隙型导水通道。

这类通道,在天然未人工扰动情况下,一般多呈闭合或张开程度不大状态,各个裂隙之间连通性也不一定很好。因此,由它导致的矿床突水规模和强度亦不会太大。

但是,在采动及其卸荷作用下,正如前面所述,这类面状裂隙带型通道原有状态将发生改变,原呈压性闭合状态的裂隙将朝着张性开启的状态发展,单体裂隙规模得到扩大,各裂隙之间的联通性得到加强,随之可导致严重的突水事故。

(2)顶板冒落裂隙带型通道。该类通道在夹沟矿区未来实施地下开采时可能遭遇,但在矿区不同部位,其冒落带性质和冒落后获取充水水源的组成及强度不同。

从矿区勘探和多年地下水动态变化结果来看,在纵Ⅲ勘探线以南地区,未来冒落层岩性主要为矿床顶板黏土岩和上石炭系太原组灰岩等,由于所处地区海拔位置较高,平、枯水年份该顶板上覆太原组灰岩含水层一般为透水而不含水状态,对矿床充水影响不大。只有在丰水年份,该灰岩含水层中才会含水,对矿床充水造成一定影响。而在纵Ⅲ勘探线以北地区,情况有所不同,未来冒落带岩性不仅有矿床顶板黏土岩和上石炭系太原组灰岩等,还将会有二叠系砂岩、页岩等,其冒落裂隙带岩性组合较为复杂。同时,由于所处地区海拔位置较低,一般年份,不仅上石炭系太原组灰岩含水层富水,而且连二叠系砂岩含水层中也多呈富水状态。因此,纵Ⅲ线以北地下采空地区,一旦发生裂隙冒落带型突水,水量则相对会较大,主要充水含水层由上石炭系太原组灰岩含水层和二叠系砂岩含水层组成。当冒落裂隙带达至地表时,还有沟通地表水体的危险。

(3)点状岩溶陷落柱型通道。点状岩溶陷落柱型通道通常是造成严重突水的通道,这里之所以将其列为Ⅱ类突水通道,是从矿区实际情况考虑出发的。

由夹沟矿区B级(100m×100m)网度勘探结果来看,尽管该矿区灰岩溶孔溶洞发育,特别是矿床底板下伏奥陶系灰岩中,溶洞十分发育,具备形成岩溶陷落柱型通道的前提条件。然而,从钻探情况来看,这些溶洞基本上处于全充填或半充填状态,这就又会限制岩溶陷落柱的产生和发展,或即便是岩溶陷落柱已形成和发展到一定程度,也会因为被后期充填而不同程度地降低其导水能力,甚至丧失透水功能。因此,就夹沟矿区实际情况而言,同上述突水通道相比,岩溶陷落柱型通道一般较不突出,一则发生这种类型突水的可能性较小,二则即使发生了这类突水,其规模和强度也不会太大。但是,也不排除个别偶然情况的出现。

(4)点状钻孔、凿井型通道。这类突水通道均系人为所致,前者一般指矿区各个阶段勘探遗留下来的未予封实的钻孔;后者一般为矿区工农业水井,包括矿山自身供水井等,由于分层分段止水工作不够而成为矿床突水的通道。

整个夹沟矿区各个阶段勘探钻孔达数百个,同时混合开采奥灰水、石炭水等深井有多眼。倘若这些钻孔和凿井封实或止水力度不够,势必会造成对矿床的充水影响。因此,未来矿区开采,对于这类突水通道亦应引起重视。

(5)岩溶疏水塌陷带(洞)型通道。受区域降水、抽水作用强度的制约,未来夹沟矿区开采发生这类突水的频率一般较低,规模也不会太大。这是因为岩溶疏水塌陷带(洞)型通道产生的有利层位主要为区内奥陶、寒武系灰岩地层,而将来矿区开采疏干降水标高一般控制在矿床底板稍下一些,也就是在奥陶系灰岩含水层顶板偏下一带。因此,在采矿疏水作用下,造成新的塌陷带(洞)型通道的可能性不大。

但是,历史时期由于人们的大量抽水活动,如20世纪70～80年代抗旱打井,强化岩溶地下水的开采等,是否曾导致过岩溶疏水塌陷带(洞)不同程度的发生和发展,须引起足够的注意。

6.2.3.2 夹沟采场突水通道类型及特征

夹沟采场矿床超声波检测、地应力测量及降水试验结果表明,该矿床突水通道主要为矿床底板采动裂隙带型通道,次为矿床顶板人工采掘通道。

6.2.3.2.1 *矿床底板采动裂隙带型通道*

该类型通道是典型的由于人类采矿工程作用为诱因而引发的导水通道。其主要形成作用力有三:一是采矿爆破力;二是卸荷膨胀力;三是矿区地应力及其地应力与采矿爆破力和卸荷膨胀力的叠加耦合作用力。采矿爆破力是直接作用于矿床隔水底板上部的一种致裂破坏力,它是由采矿爆炸品的瞬间爆炸膨胀力所引起。卸荷膨胀力是由于矿石的挖出,作用于原矿床底板上的垂直荷载发生消减,为获取新的应力平衡状态,矿床底板岩体随向上膨胀作用而产生的一种动力。

关于爆破力、卸荷膨胀力致裂形成导水通道的作用机制比较直观可见,这里不再赘述。下面就矿区地应力作用致裂形成突水通道的过程着重分析如下。

(1)夹沟矿床地应力测试概况及原理。为查清夹沟矿床区域地应力状况及其对矿床突水通道形成的作用影响,同时考虑到矿床底板科学管理工作的需要,特地对夹沟矿床开展了地应力测量及钻孔彩色超声波检测研究工作。地应力测量及钻孔超声波检测工作由中国地震局地壳应力研究所完成。测试方法采用水压致裂法,共进行了 3 孔、10 段地应力压裂测试,4 段定向印模测试以及两孔彩色超声波成像检测。其地应力测量的基本原理如下。

水压致裂原位地应力测量是以弹性力学为基础,并以下面三个假设为前提:①岩石是线弹性和各向同性的;②岩石是完整的,压裂液体对岩石来说是非渗透的;③岩层中有一个主应力的方向和孔轴平行。在上述理论和假设前提下,水压致裂的力学模型可简化为一个平面应力问题,如图 6-12 所示。

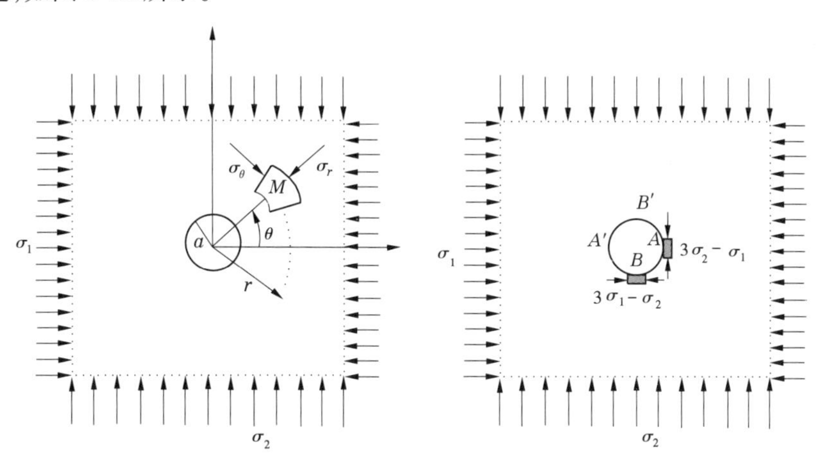

(a)有圆孔的无限大平板受到应力 σ_1 和 σ_2 作用　　(b)圆孔壁上的应力集中

图 6-12　水压致裂应力测量的力学模型

这相当于有两个主应力 σ_1 和 σ_2 作用在有一半径为 a 的圆孔的无限大平板上,根据弹性力学分析,圆孔外任何一点 M 处的应力为:

$$\begin{cases} \sigma_r = \dfrac{\sigma_1 + \sigma_2}{2}\left(1 - \dfrac{a^2}{r^2}\right) + \dfrac{\sigma_1 - \sigma_2}{2}\left(1 - \dfrac{4a^2}{r^2} + \dfrac{3a^4}{r^4}\right)\cos 2\theta \\ \sigma_\theta = \dfrac{\sigma_1 + \sigma_2}{2}\left(1 + \dfrac{a^2}{r^2}\right) - \dfrac{\sigma_1 - \sigma_2}{2}\left(1 + \dfrac{3a^4}{r^4}\right)\cos 2\theta \\ \tau_{r\theta} = -\dfrac{\sigma_1 - \sigma_2}{2}\left(1 + \dfrac{2a^2}{r^2} - \dfrac{3a^4}{r^4}\right)\sin 2\theta \end{cases} \tag{6-1}$$

式中　σ_r——M 点的径向应力;

σ_θ——切向应力;

$\tau_{r\theta}$——剪应力;

r——M 点到圆孔中心的距离。

当 $r = a$ 时,即为圆孔壁上的应力状态:

$$\begin{cases} \sigma_r = 0 \\ \sigma_\theta = (\sigma_1 + \sigma_2) - 2(\sigma_1 - \sigma_2)\cos 2\theta \\ \tau_{r\theta} = 0 \end{cases} \tag{6-2}$$

由式(6-2)可得出如图 6-12(b)所示的孔壁 A、B 两点及其对称处(A'、B')的应力集中分别为：

$$\sigma_A = \sigma_{A'} = 3\sigma_2 - \sigma_1 \tag{6-3}$$

$$\sigma_B = \sigma_{B'} = 3\sigma_1 - \sigma_2 \tag{6-4}$$

若 $\sigma_1 > \sigma_2$，由于圆孔周边应力的集中效应则 $\sigma_A < \sigma_B$。因此，在圆孔内施加的液压大于孔壁上岩石所能承受的应力时，将在最小切向应力的位置上，即 A 点及其对称点 A' 处产生张破裂，并且破裂将沿着垂直于最小主应力的方向扩展。此时把孔壁产生破裂的外加液压 P_b 称为临界破裂压力。临界破裂压力 P_b 等于孔壁破裂处的应力集中加上岩石的抗拉强度 T，即：

$$P_b = 3\sigma_2 - \sigma_1 + T \tag{6-5}$$

再进一步考虑岩石中所存在的孔隙压力 P_o，式(6-5)将为：

$$P_b = 3\sigma_2 - \sigma_1 + T - P_o \tag{6-6}$$

测量时，当压裂段的岩石被压破时，由于 $\sigma_H = \sigma_1$，$\sigma_h = \sigma_2$，P_b 可用下列公式表示：

$$P_b = 3\sigma_h - \sigma_H + T - P_o \tag{6-7}$$

孔壁破裂后，若继续注液增压，裂缝将向纵深处扩展。若马上停止注液增压，并保持压裂回路密闭，裂缝将停止延伸。由于地应力场的作用，裂缝将迅速趋于闭合。通常把裂缝处于临界闭合状态时的平衡压力称为瞬时关闭压力 P_s，它等于垂直裂缝面的最小水平主应力，即：

$$P_s = \sigma_h \tag{6-8}$$

如果再次对封隔段增压，使裂缝重新张开时，即可得到破裂重新张开的压力 P_r。由于此时的岩石已经破裂，抗拉强度 $T=0$，这时即可把式(6-7)改写成：

$$P_r = 3\sigma_h - \sigma_H - P_o \tag{6-9}$$

用式(6-7)减式(6-9)即可得到岩石的原地抗拉强度：

$$T = P_b - P_r \tag{6-10}$$

根据式(6-7)、式(6-8)、式(6-9)又可得到求取最大水平主应力 σ_H 的公式：

$$\sigma_H = 3P_s - P_r - P_o \tag{6-11}$$

垂直应力可根据上覆岩石的重量来计算：

$$\sigma_v = \rho g d \tag{6-12}$$

式中　ρ——岩石密度；

　　　g——重力加速度；

　　　d——深度。

实际地应力测量时，常将最大水平主应力 σ_H、最小水平主应力 σ_h 分别写为 S_H 和 S_h。

(2)夹沟矿床地应力测量结果。整个测量工作采用目前国际上先进的“双回路水压致裂应力测量系统”，见图 6-13。

三个钻孔地应力测量曲线见图 6-14。

根据压裂曲线特征，利用上述参数求取方法经计算得到地应力测试结果见表 6-7。

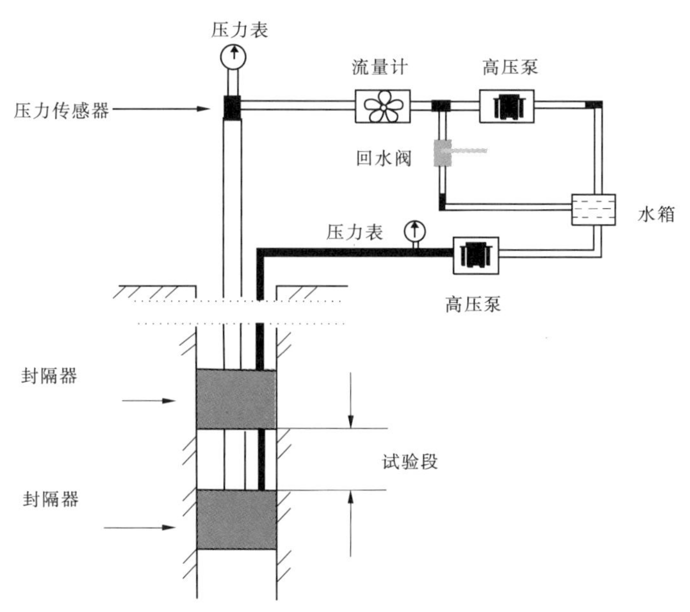

图 6-13　双回路水压致裂应力测量系统

表 6-7　水压致裂法地应力测量结果

孔号	孔深 (m)	P_b (MPa)	P_r (MPa)	P_s (MPa)	P_H (MPa)	P_0 (MPa)	T (MPa)	S_H (MPa)	S_h (MPa)	S_H 方向
Z_1- Ⅰ	16.55～17.15	13.06	4.03	3.17	0.16	0.14	9.03	5.34	3.17	
	18.55～19.15	16.52	6.63	3.62	0.18	0.16	9.89	4.07	3.62	N64°E
	20.55～21.15	9.88	2.78	2.35	0.20	0.18	7.10	4.09	2.35	
	24.55～25.15	8.41	3.68	2.39	0.24	0.22	4.73	3.27	2.39	N80°E
Z_2- Ⅰ	18.55～19.15	—	2.33	2.33	0.18	0.15	—	4.51	2.33	
	20.55～21.15	7.17	3.21	2.78	0.20	0.17	3.96	4.96	2.78	N66°E
	22.55～23.15	5.90	4.52	3.23	0.22	0.19	1.38	4.98	3.23	
Z_4- Ⅰ	14.55～15.15	17.13	6.59	3.58	0.14	0.13	10.54	4.02	3.58	
	16.55～17.15	13.49	2.74	1.88	0.16	0.15	10.75	2.75	1.88	
	18.55～19.15	13.94	4.48	2.76	0.18	0.17	9.46	3.63	2.76	N69°E

注：P_H 为水柱压力；P_o 为孔隙压力；P_b 为破裂压力；P_r 为破裂重张压力；P_s 为瞬时关闭压力；T 为岩体的原地抗张强度；S_h 和 S_H 分别为测段处的最小和最大水平主应力。

钻孔水平主应力随深度的分布变化见图 6-15。

为获取矿床测点最大水平主应力方向，在压裂测试结束后随进行了定向印模测试，测试结果分别见图 6-16 和表 6-8。

(3)矿床开采条件下地应力致裂作用过程的分析。从矿床地应力测量结果可知，夹沟矿床原岩动力场类型为大地动力场型，矿床附近存在明显的水平高构造应力，最大水平主应力达 5.34MPa，一般也达 4～5MPa，其优势方向为 N70°E 向。而垂直应力即是从坑口地面算起也不足 3MPa，矿床底板水平应力明显大于垂直应力。特别是在深达 90 余米的矿床采坑形成后，卸荷后的矿床隔水底板处的垂直应力只有 0.25～0.53MPa，其水平应力与垂直应力之差更加显著。

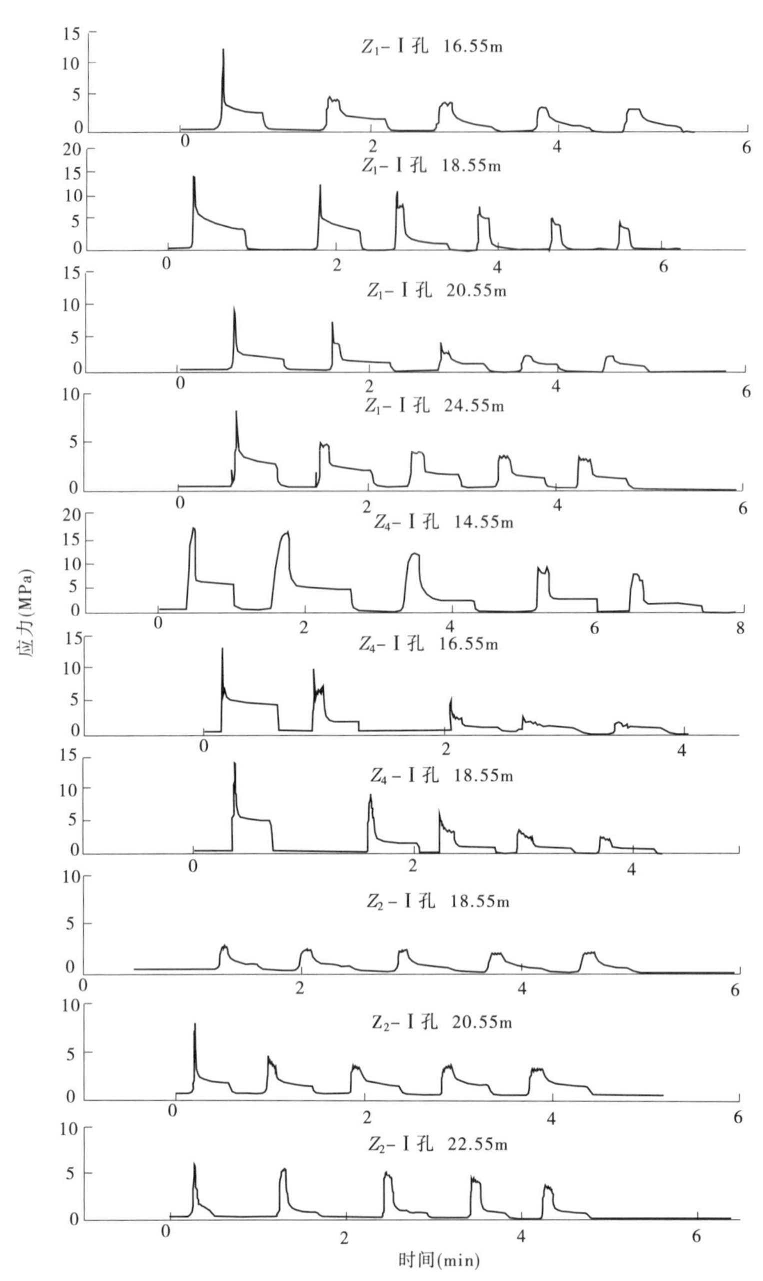

图 6-14 夹沟矿床地应力测量曲线图

表 6-8 夹沟矿床最大水平主应力方向测量结果

钻孔编号	测量孔段(m)	最大水平主应力(S_H)方向	平均最大水平主应力($\overline{S}_H$)方向
Z_1—Ⅰ	18.55~19.15	N64°E	N70°E
	24.55~25.15	N80°E	
Z_2—Ⅰ	20.55~21.15	N66°E	
Z_4—Ⅰ	18.55~19.15	N69°E	

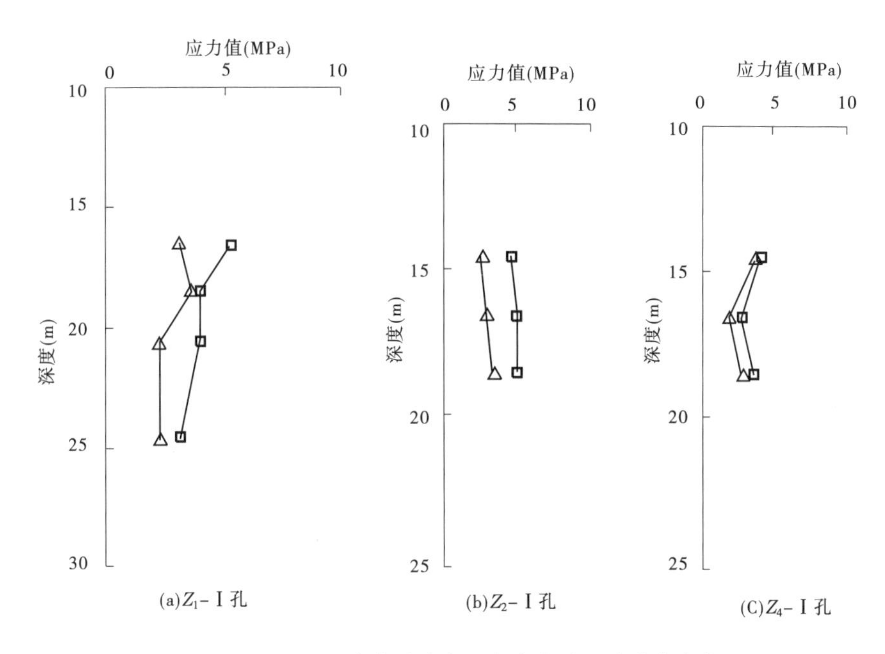

图 6-15　夹沟矿床水平主应力随深度分布变化图

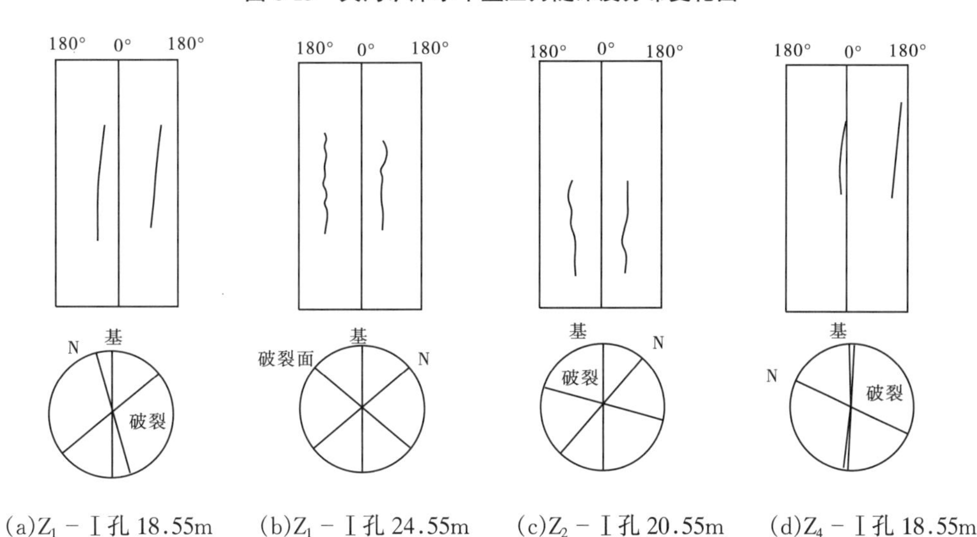

图 6-16　夹沟矿床最大水平主应力方向定向印模测试图

由于开采条件下,矿床水平高构造应力一般不会改变,它会始终维持在原有水平状态。而随着矿石的采掘挖出,矿坑下部矿床底板垂直应力(S_v)则在人为地迅速消减。这种情况必然导致矿床底板沉积岩层中一定深度范围内各类缓倾角结构面,如构造裂隙、风化裂隙、成岩裂隙及其层理、节理等产生不同程度的“上拱”现象,致使矿床隔水底板中各类原生结构面被激活,结构面的“张开度”发生增大或由原闭合到完全张开状态,促使矿床隔水底板各类原生结构面变得更加发育,连通性变好。

关于这一点,由夹沟矿床钻孔彩色超声波检测结果得到明证,见图 6-17。

在矿床地应力测量的同时,为了很好地了解矿床底板及其下伏灰岩裂隙、岩溶发育状况,又相继开展了钻孔彩色超声波测试工作。测试设备采用美国 MOUNT SOPRIS 公司的

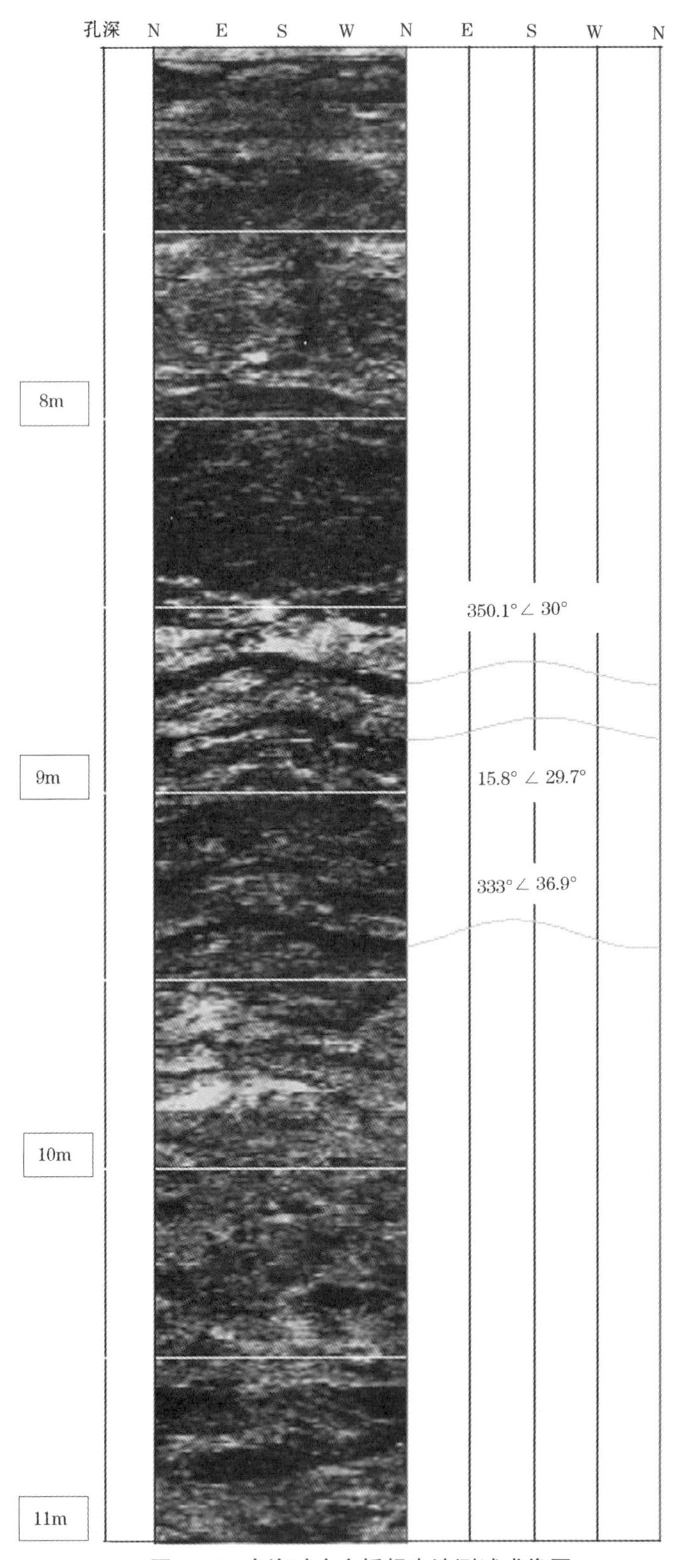

图 6-17　夹沟矿床底板超声波测试成像图

彩色超声波成像测试系统、最新一代 ABI40 型探头，数据处理采用 WellCAD3.0 系统。

图 6-17 中左侧为对应钻孔深度，右侧为根据测试结果描绘的各类原生裂隙空间产状，即倾向和倾角。图像中较暗的部分为比较松散、破碎的岩石或裂隙，较明亮的部分为相对完整的岩石。

从成像测试结果来看，矿床底板一定深度范围内的岩层中各类原生缓倾角结构面、裂隙均产生了不同程度的"上拱"张裂情况，即使在局部较为完整的矿床下伏灰岩岩层内，这些缓倾角结构面也非常发育。

同时，开采条件下，矿区水平高构造应力与矿床采动破坏力和卸荷膨胀力的叠加复合作用，又使得矿床采动裂隙、卸荷裂隙及各类原生裂隙进一步发育。单体裂隙规模和整体连通性得到增强。它们或直接发展延伸到矿床底板下伏灰岩强含水层形成矿床突水通道，或通过与激活后的各类原生裂隙一起构成矿床突水通道，进而上下发生沟通导致矿床底板突水。

这里，人类采矿作用是造成矿床底板各种应力失衡诱发矿床底板采动直接破坏力、卸荷膨胀力及其水平高构造力凸显的根本原因。在它的驱动作用下，新的裂隙随之产生，老的裂隙得到活化，各类裂隙的不断发展与沟通，最终形成夹沟矿床底板突水的通道。

6.2.3.2.2　*矿床顶板人工采掘型通道*

该类型通道属采矿扰动型，实际上就是露天开采时由人为采掘作用而形成的通道，为露天开采直接揭露型通道。由于该通道的存在，使得矿床顶板上覆上石炭系灰岩裂隙水得以沿着矿床采坑周侧自由临空面向下渗流，致使矿床发生充水(突水)。

从矿区勘探及矿区岩溶地下水动态观测结果来看，由于矿床上覆上石炭系灰岩裂隙水赋存情况和富水性大小受矿区大气降水补给条件及采场高程所控制。因此，平、枯水年时，对于所处位置较高的夹沟现采场，由这种类型通道所引起的矿床突水一般不大。只有当丰水年时，或在纵Ⅲ勘探线以北的矿区，其突水强度才会较大。

参考文献

[1] 房佩贤，卫中鼎，廖资生. 专门水文地质学[M]. 北京：地质出版社，2005.

[2] 虎维岳 . 矿山水害防治理论与方法[M]. 北京：煤炭工业出版社，2005.

[3] 施龙青，韩进 . 底板突水机理及预测预报[M]. 徐州：中国矿业大学出版社，2004.

[4] 赵阳升. 承压水上采煤理论与技术[M]. 北京：煤炭工业出版社，2004.

[5] 邵爱军，刘唐生，邵太升，等 . 煤矿地下水与底板突水[M]. 北京：地震出版社，2001.

[6] 彭苏萍，孟召平 . 矿井工程地质理论与实践[M]. 北京：地质出版社，2002.

[7] 柴登榜. 矿井地质工作手册[M]. 北京：煤炭工业出版社，1986.

[8] 淮南矿院，焦作矿院，西安矿院，等合编. 矿井地质及矿井水文地质[M]. 北京：煤炭工业出版社，1979.

[9] 王作宇，刘鸿泉. 承压水上采煤[M]. 北京：煤炭工业出版社，1992.

[10] 黎良杰. 采场底板突水机理的研究[D]. 中国矿业大学博士学位论文，1995.

[11] 高延法，沈光寒. 底板突水类型的划分与统计[J]. 山东矿业学院学报，1995，14(12).

[12] 王梦玉，章至浩. 北方煤矿床充水与岩溶水系统[J]. 煤炭学报，1991，16(4).

[13] 潘懋，李铁峰. 灾害地质学[M]. 北京：北京大学出版社，2002.

[14] 温同想，王艺生，王富生，等 . 河南省偃师县夹沟铝土矿区详细勘探地质报告[R]. 郑州：河南省地质局地调二队，1983.

[15] 李满洲，余强，郭启良，等 . 地应力测量在矿床突水防治中的应用[J]. 地球学报，2006(9).

[16] 荆自刚,李白英．煤层底板突水机理的初步探讨[J]. 煤田地质与勘探,1980(2).
[17] 蒋金泉,宋振骐．回采工作面底板活动及其对突水影响的研究[J]. 山东矿业学院学报,1987(12).
[18] 高航,孙振鹏．煤层底板采动影响的研究[J]. 山东矿业学院学报,1987(1).
[19] 钱鸣高,缪协兴,许家林．岩层控制中的关键层理论研究[J]. 煤炭学报,1996,21(3).
[20] 黎良杰, 钱鸣高,李树刚．断层突水机理分析[J]. 煤炭学报,1996,21(2).
[21] 张金才,刘天泉．论煤层底板采动裂隙带的深度及分布特征[J]. 煤炭学报,1990,15(2).
[22] 施龙青, 宋振骐．采场底板“四带”划分理论研究[J]. 焦作工学院学报,2000,19(4).

第 7 章　豫西夹沟矿床(采场)突水机理研究

7.1　夹沟矿床(采场)降水试验与突水强度

7.1.1　矿床降水试验概况

降水试验的目的是进一步查明夹沟矿床(采场)水文地质条件,揭露突水点和充水含水岩组及其相互间的水力联系状况,评价矿床突水的强度,研究建立矿床突水地质概念模型,分析矿床突水形成的机理,为矿床突水防治方法研究提供科学依据。

降水试验,采取试验与矿床排水相结合的方式进行。其中,正式降水试验历时 12 天,累计降水 12 590min,累计抽水量 124 571m³,最大水位降深 12.625m。试验期间,共布设各类观测点 41 处,其中,第四系民井 26 个,石炭、奥陶、寒武系分层或混合井孔 12 个,地表水体 1 处,煤矿井 2 处,各观测点布置见图 7-1。

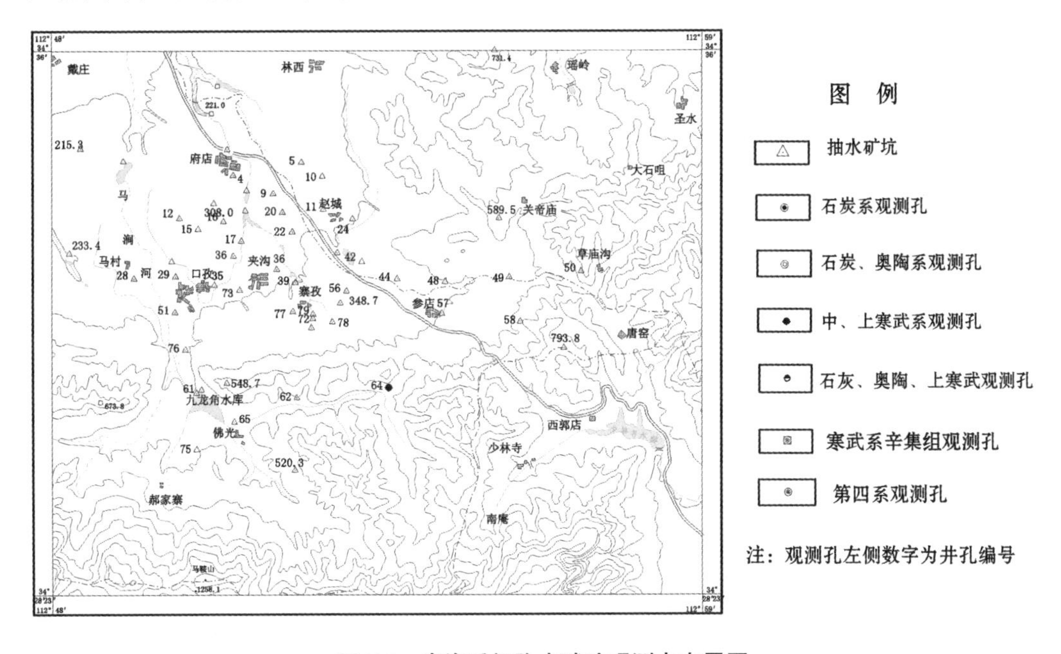

图 7-1　夹沟采场降水试验观测点布置图

7.1.2　矿床突水强度

矿床突水强度依据降水试验实测数据经分析计算后得到,具体方法如下:

(1)首先依据降水试验实测不同标高(降深)段的单位排水量(m³/h),计算出该降深段的排水总量。

(2)利用夹沟采场采掘过程中截面跟踪测量数据,计算出不同标高(降深)段采场的采空体体积,即得到对应于不同标高(降深)段采场的储水体积,见表 7-1。

表 7-1 夹沟采场储水体积测量结果一览表

标高(m)	体积(m^3)	标高(m)	体积(m^3)	标高(m)	体积(m^3)
283~283.59	8 103	278~279	8 100	273~274	2 781
282~283	12 670	277~278	7 385	272~273	1 925
281~282	11 250	276~277	6 355	271~272	1 255
280~281	9 310	275~276	5 670	270~271	1 060
279~280	8 285	274~275	5 040	269~270	520

(3)由该标高(降深)段的总排水量减去对应于该标高(降深)段采场的储水体积,即静储水量后,多出的水量即为该标高(降深)段采场的突水量。该量与对应于该标高(降深)段所用时间的比值,即为该标高(降深)段采场的突水强度。据此,依次计算出不同标高(降深)段采场的突水强度。计算结果见表 7-2。

从表 7-2 中可知,夹沟采场 270m 标高采掘面处的矿床突水强度为 119m^3/h。

表 7-2 不同标高段采场突水强度实测结果一览表

标高(m)	降深(m)	突水量(m^3/h)	标高(m)	降深(m)	突水量(m^3/h)
283	0.59	24	276	7.59	108
282	1.59	42	275	8.59	111
281	2.59	66.03	274	9.59	113
280	3.59	78.5	273	10.59	115
279	4.59	88	272	11.59	116.5
278	5.59	93.15	271	12.59	118
277	6.59	99.6	270	13.59	119

7.2 夹沟矿床突水地段水文地质特征

7.2.1 含水岩组岩性特征及其富水性状况

7.2.1.1 寒武系中、上统($\in_{2+3}$)灰岩、白云岩裂隙岩溶承压含水岩组

出露于矿区南部,沿地层走向呈东西向展布。包括寒武系上统凤山组、长山组、崮山组和寒武系中统张夏组及徐庄组上部。由一套浅灰色厚至巨厚层状灰岩、白云质灰岩、白云岩等组成,厚度 80~260m。岩层由南向北缓倾斜,倾角 18°~20°。含裂隙、岩溶水,富水性较好。据邻近地区勘探资料,钻孔单位涌水量一般为 0.01~1.0L/(s·m),个别可达 23.8 L/(s·m)。地下水化学类型为 HCO_3—Ca·Mg 型水,矿化度 0.5g/L 左右。

7.2.1.2 奥陶系中统(O_2)马家沟组灰岩裂隙岩溶承压含水岩组

该组于矿区南部及东南部出露。由深灰色厚层状灰岩、灰白色白云质灰岩、角砾状灰岩

及黄色薄层状泥质灰岩等组成,厚度60～110m,含裂隙岩溶承压水。顶面受古岩溶剥蚀作用影响,呈凹凸不平状,岩层由南向北缓倾斜,倾角18°～20°。为铝土矿床的间接底板,系矿区一主要充水含水岩组,钻探最大揭露厚度105.84m。

该含水岩组主要接受大气降水补给,以地下径流形式补给矿区,补给量较大,富水性较强,钻孔单位涌水量0.88～2.11L/(s·m),渗透系数0.610～3.250m/d,为HCO_3—Ca·Mg型水,矿化度一般小于0.4g/L。

7.2.1.3　石炭系上统(C_3)太原组灰岩裂隙岩溶承压含水岩组

矿区内大面积被第四系地层所覆盖,仅在矿区东段有零星出露,一般厚度36.95～80.96m,平均厚度51.85m。由上、下两层深灰色含燧石灰岩、厚层状生物灰岩及少量灰黄色中—细粒石英砂岩等组成。上部灰岩厚度0.45～18.69m,平均7.00m;下部灰岩厚1.70～35.07m,平均厚10.37m。中部夹厚度不等的砂质页(泥)岩及数层分布不稳定的生物灰岩。

该含水岩组补给主要来源于大气降水,除矿区东段局部裸露地带直接接受大气降水补给外,其余地段则为缓慢下渗间接式补给。原勘探纵Ⅲ线以南地区由于所处位置较高,一般降雨年份,透水而不含水,为包气带;纵Ⅲ线以北地区岩层一般则普遍含水。20世纪80年代初钻孔分层静止水位观测结果,该含水岩组水位高程较奥陶系含水岩组水位高4.22m。据原6601勘探孔降水试验结果,单位涌水量0.02～0.03L/(s·m),渗透系数0.065～0.074m/d。水化学类型为HCO_3—Ca.Mg型水,矿化度小于0.5g/L。另据夹沟煤矿当时1号突水点观测结果,该含水岩组最大涌水量19.70L/s(1980年1月),稳定涌水量0.513L/s(1980年5月);2号突水点最大涌水量159.8L/s(1980年6月),同年9月30日衰减至6.44L/s。并且在2号点突水后,1号突水点逐渐停流,此表明两个突水点水源均来自同一含水岩组。

7.2.1.4　二叠系下统(P_1)砂岩裂隙承压含水岩组

该含水岩组在矿区一带全部被第四系地层所覆盖,由二叠系下统(P_1)中、上部灰白色中—细粒、粉—细粒砂岩组成。岩层由南向北倾斜,倾角18°～20°。岩层厚4.97～22.92m,平均厚13.06m。砂岩以钙质胶结为主,局部硅质胶结,节理、裂隙发育,钻孔岩心普遍破碎,含裂隙承压水。在原勘探纵Ⅴ线以南地区,一般年份为包气带,以北地区为饱水带。水的补给来源主要为大气降水,通过第四系覆盖层而间接补给。据原煤田勘探放水试验资料,水头涌出地表高度14m,放水结果:水位降深12.60m,单位涌水量0.107L/(s·m),渗透系数0.315m/d。夹沟矿床降水试验期间,对矿床采场东北200m永兴煤矿(开采$二_1$煤)排水观测结果,一般涌水量4.167L/s左右。

7.2.2　隔水岩组岩性特征及其阻水状况

7.2.2.1　寒武系中、下统($\in_{1+2}$)隔水岩组

出露于矿区南部,沿地层走向呈东西向展布,岩层缓倾斜,倾向北,倾角18°～20°,在矿区一带隐伏于铝土矿床、奥陶系及寒武系中、上统下部。包括寒武系中统徐庄组($\in_{2x}$)下段和毛庄组($\in_{2m}$)以及寒武系下统馒头组($\in_{1m}$)。地层岩性主要为紫红色、黄绿色页岩、砂质页岩及泥灰岩等,岩性分布较稳定,累计厚度75～650m。裂隙岩溶不发育,透水性极其微

弱，为一良好的区域隔水岩组。

7.2.2.2　**石炭系中统(C_2)本溪组隔水岩组**

该隔水岩组由铝土矿床、铝土质页岩、铝土岩以及铁质黏土岩、杂色黏土岩等组成。厚度变化受底板奥陶系(O_2)古岩溶剥蚀面的起伏形态所控制，一般厚0.45～54.25m，平均厚15.18m。原矿区钻探过程中，遇该层未见漏水现象，岩体透水性差，正常情况下具有良好的隔水效果。

7.2.2.3　**二叠系下统(P_1)页岩、泥岩隔水岩组**

位于矿区北侧，沿走向呈东西展布，岩层向北缓倾斜，倾角18°～20°。组成岩性主要为二叠系下统(P_1)中、下部的炭质页岩、砂质页岩、泥岩等，一般厚度数十米至上百米。偃—龙煤田勘探资料表明，该岩组隔水作用较强，区域性隔水效果显著。

7.2.3　含、隔水岩组划定依据及其渗流场的确定

图7-2～图7-6为矿床降水试验期间，夹沟矿区各主要含水岩组地下水位动态变化图。

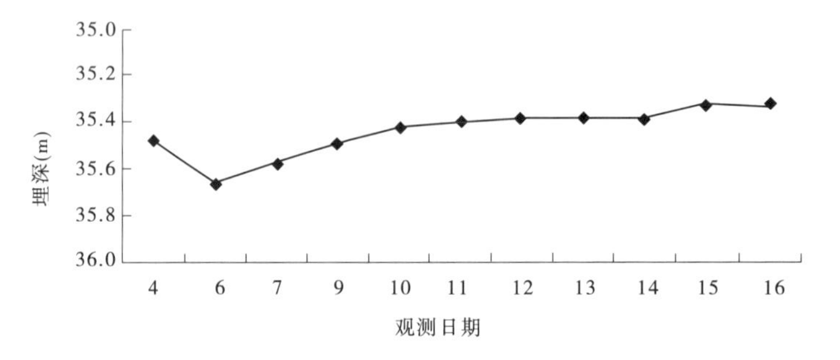

图7-2　西杏沟寒武系($\in_{1x}$)含水岩组动态曲线图

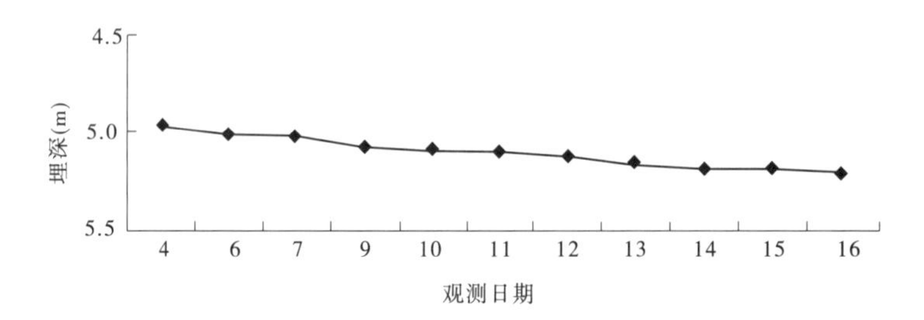

图7-3　乔家寨寒武系($\in_{2+3}$)含水岩组动态曲线图

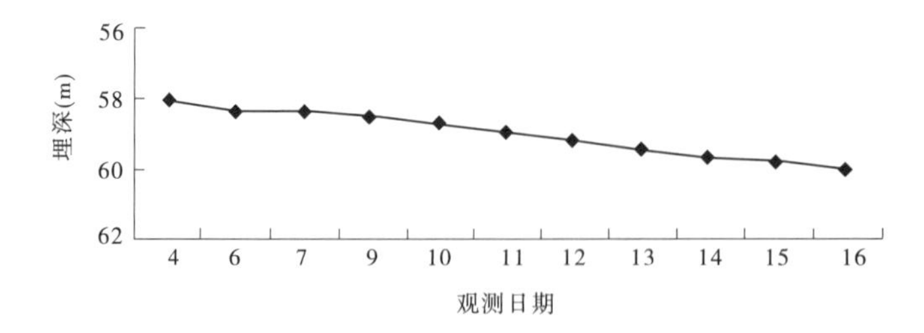

图7-4　矿床北奥陶、寒武系($O_2+\in_{2+3}$)含水岩组动态曲线图

由图7-3、图7-4和图7-5看出：C_3、$\in_{2+3}$及$O_2+\in_{2+3}$含水岩组地下水位变化受矿床降

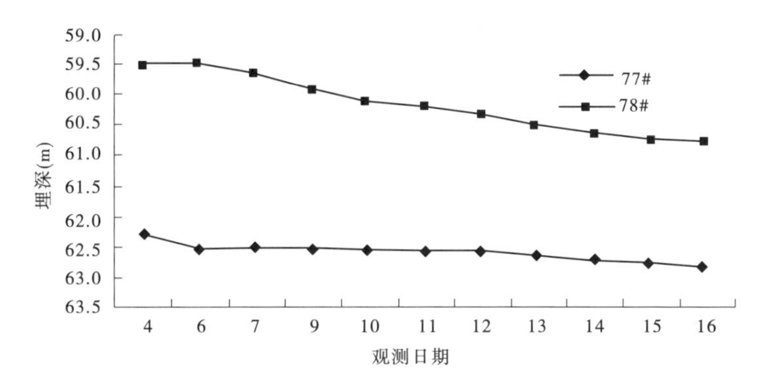

图 7-5　矿床东、西侧石炭系(C_3)含水岩组动态曲线图

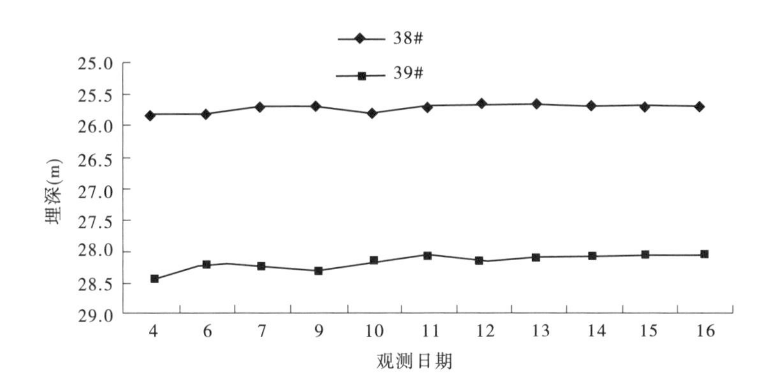

图 7-6　矿区第四系(Q)含水岩组动态曲线图

水影响而分别发生明显下降,且$\in_{2+3}$同 $O_2+\in_{2+3}$含水岩组地下水位变化过程一致,表明这些含水岩组与矿床突水之间存在水力联系,它们是造成矿床突水的重要充水水源;而图 7-2 寒武系下统辛集组($\in_{1x}$)裂隙岩溶含水岩组和图 7-6 第四系(Q)孔隙含水岩组地下水水位则不随矿床降水影响而变化,其中$\in_{1x}$水位反而有上升现象。这表明:$\in_{1x}$含水岩组和 Q 含水岩组对矿床突水不具有补给作用,它们分别被寒武系中统徐庄组($\in_{2x}$)下段、毛庄组($\in_{2m}$)、寒武系下统馒头组($\in_{1m}$)页岩、砂质页岩和二叠系下统(P_1)中、下部炭质页岩、泥岩等隔水岩组所阻挡,与矿床突水之间无水力联系。另据分层静止水位观测结果:C_3 含水岩组较 $O_2+\in_{2+3}$含水岩组水位高出 4.22m,又说明该二含水岩组亦分属于两个不同的渗流场。天然情况下,它们之间由于 C_2 铝土矿体、铝土页岩、铝土岩以及铁质黏土岩等隔水岩组的阻挡一般不具有水力联系。

同时,降水试验期间对位于矿床东北 200m 永兴煤矿排水监测结果表明,矿井排水量未发生变化。说明矿床突水水源同该矿二叠系下统(P_1)中、上部含水岩组之间无水力联系,它们之间被二叠系下统(P_1)中、下部炭质页岩、泥岩等隔水岩组所阻挡。

矿床降水试验结果佐证了上述含、隔水岩组的划定结果,确定了矿床突水的水源及其所属渗流场,明确了矿床突水水源来自两个不同的渗流场,即由石炭系上统(C_3)太原组灰岩裂隙岩溶承压含水岩组组成的 C_3 渗流场和由奥陶系中统(O_2)马家沟组灰岩裂隙岩溶承压含水岩组与寒武系中、上统($\in_{2+3}$)灰岩、白云岩裂隙岩溶承压含水岩组组成的 $O_2+\in_{2+3}$渗流场。

7.3　夹沟矿床(采场)降水试验揭露突水点特征

直接揭示矿床突水点分布、流量、形态等特征是夹沟矿床降水试验的一项重要目的与任务。试验先后揭露发现可见突水点共 5 处、1 片。

第 1 处:见于矿床采坑东北侧,突水点标高 280.91m,突水地层为 C_3 含水岩组,突水形态呈(大)股状,共见 3 股,水量约 5.6L/s。

第 2 处:见于矿床采坑西北侧,突水点标高 279.23m,突水地层为 C_3 含水岩组,突水形态呈(小)股状,共见 1 股,水量<0.5L/s。

第 3 处:见于矿床采坑西南侧,突水点标高 276.0m,突水地层为 C_3 含水岩组,突水形态呈(小)股状,共见 1 股,水量<0.5L/s。

第 4 处:见于矿床采坑东北侧,位于原第 1 处突水点下台阶处,突水点标高 272.73m,突水地层为 C_3 含水岩组,突水形态呈(大)股状,共见 2 股,水量约 3L/s。

第 5 处:见于矿床采坑正北侧,突水点标高 270.0m,突水地层为 C_3 含水岩组,突水形态呈股状,共见 1 股,水量<1L/s。

一片:系指矿床底板突水面。突水面标高约 266.0m,突水地层为 C_2 铝土矿层,突水形态呈多点状和网状。这些点状和网状突水可见冒泡现象,且具有时冒时停、此冒彼停等特征。

夹沟矿床(采场)降水试验揭露矿床突水点特征,见表 7-3。

表 7-3　矿床突水点特征一览表

编号	位置	标高(m)	地层	突水形态	股数
第 1 处	矿坑东北侧	280.91	C_3	股状	3
第 2 处	矿坑西北侧	279.23		股状	1
第 3 处	矿坑西南侧	276.00		股状	1
第 4 处	矿坑东北侧	272.73		股状	2
第 5 处	矿坑正北侧	270.00		股状	1
1 片	矿坑底板	266.00	C_2	点、网状	多处

见于矿床(采场)坑壁的 5 处突水点突水量不及坑底一片,且具有“先大后小,晚生早灭”之特征,即每一处突水点,开始时水量往往较大,随着时间的推移,水量逐渐衰减,并当下一高程处突水点产生后,先前突水点随之消亡。这说明坑壁各突水点水源来自同一的 C_3 渗流场。

7.4　夹沟矿床(采场)突水类型与突水地质概念模型

7.4.1　夹沟矿床(采场)突水类型

前已述及,夹沟矿床(采场)突水的主要充水水源为地下水,由奥陶、寒武系灰岩含水岩组水和上石炭系太原组灰岩含水岩组水组成。其中,矿床底板下伏奥陶、寒武系灰岩含水岩组是矿床的主要充水水源。夹沟矿床采场突水的主要通道为矿床底板采动破坏裂隙型通道,次为矿床顶板人工采掘(露天开挖)直接揭露型通道。因此,夹沟矿床现采场突水类型主要为底板采动破坏裂隙型,次为矿床顶板人工采掘揭露型;突水水源主要来自底板下伏灰岩强含水岩组水,次为顶板灰岩弱含水岩组水。

7.4.2　矿床(采场)突水地质概念模型

上述矿床突水特征,可用图7-7描述。

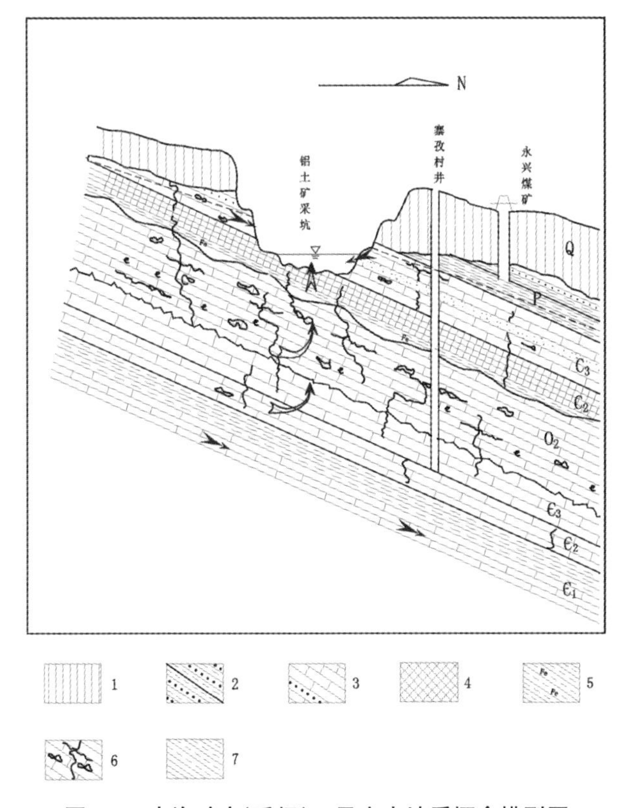

图7-7　夹沟矿床(采场)二元突水地质概念模型图

1—第四系(Q)黄土;2—二叠系(P)页岩、泥岩及煤层;3—石炭系(C_{3t})白云岩、灰岩含水岩组;
4—石炭系(C_{2b})铝土矿、铝土岩隔水岩组;5—石炭系(C_{2b})铁质黏土岩、黏土岩隔水岩组;
6—奥陶系和寒武系($O_2+\in_{2+3}$)灰岩、白云岩含水岩组; 7—寒武系($\in_1$)泥岩、页岩隔水岩组

从图7-7可以看出,矿床突水水源来自两个不同的渗流场:一是矿床顶板石炭系上统(C_3)岩溶裂隙渗流场,突水途径主要沿岩溶、裂隙通道在重力作用下,沿坑壁突水;二是矿床底板下伏奥陶系中统(O_2)和寒武系中、上统($\in_{2+3}$)裂隙岩溶渗流场,突水途径主要沿矿床底板各类裂隙渗流通道,在承压水力作用下,克服重力影响进行间接的顶托渗透。二者之间相互独立,其驱动力源机制与充水形式亦不相同。前者C_3渗流场突水系重力驱动,充水类型为直接式充水;后者$O_2+\in_{2+3}$渗流场突水系承压力驱动,充水类型为间接式充水。这里我们称该突水模式为“二元突水”模式。该突水模式主要针对露天开采情况,对于地下开采,

顶板突水情况会有所改变,甚至此元不存在。但不论是露天开采,还是地下开采,其基本的、广义的“二元突水”总体模式(构架)不变。它对于华北地台区某一具体的铝土矿床突水模式分析具有一定的指导性意义。

7.5　夹沟矿床(采场)突水机理分析

矿床突水问题,实际上是一个多因素作用并具有很大随机性的复杂问题。由上述分析可知,它不仅与矿区含水岩组的富水性、导水性、水头高度、补给条件和隔水岩组的岩性、厚度、力学性质以及后期构造裂隙、卸荷裂隙的发育程度等因素有关,而且还与矿床开采深度、方式、规模以及技术措施等有着密切的关系。这些引起或影响矿床突水的种种因素,事实上又是相互影响、相互制约的。因此,矿床突水机理及形成过程十分复杂。

7.5.1　矿床底板隔水岩层预留厚度不够且采动破坏严重是造成夹沟采场底板突水的决定性因素

据采场钻探及钻孔超声波成像资料,矿床隔水底板黏土岩、铁质黏土岩及包括部分铝土矿、铝土岩在内,其采剩厚度一般在15～16m,最厚处也不过18.1m。从钻孔岩心来看,矿床隔水底板岩体裂隙十分发育,岩心采取率一般只有30%～40%。关于这点,由钻孔超声波成像资料可得到证明。这种较薄的隔水底板,同时,又受到采动致裂作用的强烈影响,致使隔水岩体的完整性遭到破坏,新增裂隙发育,原有裂隙活化,结构面的数量、张开度、延展长度等得到发展,上下发生连通,这就客观上为矿床底板突水提供了导水通道。因此,矿床底板隔水岩层预留厚度不够且采动破坏作用严重是造成夹沟采场底板突水的决定性因素。

7.5.2　矿床底板下伏奥陶、寒武系灰岩承压强含水岩组是造成夹沟采场底板突水的基本因素

矿床底板下伏承压水要通过隔水岩体进入采掘空间必须要有一种力突破其隔水阻挡,即克服各类岩体裂隙阻力方可实现。若下伏承压水水头较低,压力较小,完不成上述过程则不可能形成突水。从矿床钻孔超声波检测成像资料来看,底板导水通道以水平通道为主,这就使得在水压作用下,水流在总体向上运移的过程中,大多水头能量将被消耗在水平通道运移中,故没有足够的水头压力,则不会形成采场的突水。因此,夹沟矿床底板下伏高承压水的存在是形成采场底板突水的基本因素。从突水后期测量结果来看,夹沟采场下伏灰岩含水岩组初始突水压力当在0.5MPa以上。在该水压作用下,水流克服各类裂隙阻力向上渗流,并对各类岩体裂隙产生楔劈及冲刷张大作用,逐渐形成强渗通道。加之矿床底板预留隔水层较薄,并遭受采动破坏作用严重,致使底板隔水能力丧失,使得底板下伏灰岩高承压水乘“隙”而出,造成采场的突水。

7.5.3　矿床原岩应力与采动附加应力的复合作用是造成夹沟采场底板突水的控制因素

在矿床原始地应力场作用下,矿床隔水底板一般处于三向受压状态,即使存在大量的原始裂隙,也多处于闭合状态,其渗透能力较弱。即便是较薄的隔水底板甚至也能勉强阻挡下

伏灰岩水的上侵,不至于发生底板的突水。而当底板上覆铝土矿体(层)采掘后,则较薄的隔水底板岩体由三向受压转变为二向或单向受压状态,导致底板向采空方向弯曲变形。当水平地应力和采动卸荷应力等复合应力作用超过底板的屈服强度极限时,底板则遭到破坏,产生层间(层向)及垂向裂隙,并使原始各类裂隙发生活化,进而使得隔水层发生破坏,失去阻抗水流的能力,造成底板的突水。关于这一点,从矿床地应力测量及钻孔超声波检测成像资料已得到明证。因此说,矿床原岩应力与采动附加应力的复合作用是造成夹沟采场底板突水的控制因素。

7.5.4　夹沟矿床突水机理与形成过程分析

通过对上述主要致突因子的梳理分析,结合矿床二元突水地质概念模型,兹将夹沟矿床突水机理与形成过程剖析、诠释如下:

矿区地层在区域构造运动和水文气象因素作用下,岩溶、裂隙随地层岩性选择性发育,从而构造了矿区特定的含、隔水岩组格架,形成以 C_3、O_2、$\in_{2+3}$ 为主体的矿区含水岩组和以 C_2、$\in_1$ 为主体的隔水岩组,以及由它们共同组成的地下水渗流场,创建了矿床突水的地质环境基础条件。

当铝土矿床实施开采,C_3 岩土全部及 C_2 铝土矿石被逐渐挖出,导致上述地质环境条件发生变异,地下水渗流场和运动轨迹发生改变。矿坑的出现,首先使上部 C_3 含水岩组空间连续分布状态受到破坏,C_3 渗流场发生局部改变,地下水在重力作用下,以自由渗流形式沿着裂隙、岩溶通道于矿坑周侧产生顶板式突水。随着 C_2 矿体即隔水岩体的逐步开挖,隔水岩层厚度渐薄,隔水底板上部采动裂隙、卸荷裂隙与隔水底板下部水压裂隙逐渐沟通,加之构造裂隙活化与导通的叠加影响,致使矿床底板 C_2 隔水岩体完整性遭到严重破坏,阻水能力随之丧失,底板下伏 $O_2+\in_{2+3}$渗流场高压水流沿着这些裂隙通道,产生向上顶托渗透及冲蚀,进而引起矿床底板式突水。换言之,夹沟矿床突水是以地形地貌、地质构造、含(隔)水岩组等地质环境条件为形成基础,以水文气象条件做外部催化,以矿山开采等人类工程活动为驱动诱发的一种由岩石场、渗流场、人类工程活动场等多因子耦合作用的结果,亦即:

形成条件(自然因子)+ 诱发因素(驱动因子)→ 矿床突水

突水水源来自两个不同的渗流场:一是矿床顶板 C_3 渗流场;二是矿床底板 $O_2+\in_{2+3}$ 渗流场。前者以重力自由渗流为突水力源,以裂隙、岩溶通道为突水途径,突水形式为直接式突水;后者以高压水头顶托为突水力源,以各类原生、次生裂隙为突水途径,突水形式为间接式突水。

参 考 文 献

[1] 中国地震局地壳应力研究所．中铝河南偃师夹沟铝土矿床地应力测量及分析报告[R].2005.

[2] 李满洲,余强,郭启良,等．地应力测量在矿床突水防治中的应用[J]. 地球学报,2006(9).

[3] 温同想,王艺生,王富生,等．河南省偃师县夹沟铝土矿区详细勘探地质报告[R]. 郑州:河南省地质局地调二队,1983.

[4] 李满洲,王继华,铁平菊,等．中铝河南偃师夹沟铝土矿床突水机理与降水试验报告[R].2004.

[5] 于则忠,袁焕章,李东海,等．豫西地区岩溶地下水资源及大水矿区岩溶水的预测、利用与管理研究报告[R]. 郑州:河南省地矿局环境水文地质总站、煤炭部第一地质勘察公司科教中心,1988.

[6] 河南省嵩箕区水文地质测绘报告[R],煤炭工业部煤田地质地形测量队, 1984.
[7] 高延发,李白英 . 受奥灰承压水威胁煤层采场底板变形破坏规律研究[J]. 煤炭学报,1992,17(2).
[8] 蒋金泉,宋振骐 . 回采工作面底板活动及其对突水影响的研究[J]. 山东矿业学院学报,1987(12).
[9] 张金才,刘天泉 . 论煤层底板采动裂隙带的深度及分布特征[J]. 煤炭学报,1990,15(2).
[10] 孔园波,华安增 . 裂隙岩石破裂机理研究[J]. 煤炭学报,1995,20(1).
[11] 施龙青,尹增德,王永红,等 . 肥城煤田突水机理分析[J]. 煤田地质与勘探,1998,26(1).
[12] 施龙青 . 采场底板突水力学分析[J]. 煤田地质与勘探,1998,26(5).
[13] 施龙青,娄华君 . 肥城煤田下组煤底板隔水能力影响因素分析[J]. 煤田地质与勘探, 1998,26(2).
[14] 施龙青, 尹增德,刘永法 . 煤矿底板损伤突水模型[J]. 焦作工学院学报,1998,17(6).
[15] 施龙青,张东, 尹增德 . 隔水底板应力溶蚀机理[J]. 焦作工学院学报,1999,18(1).
[16] 曲有刚, 徐望国,施龙青 . 底板突水最大涌水量预测[J]. 焦作工学院学报,2000,19(6).
[17] 黎良杰 . 采场底板突水机理的研究[D]. 北京:中国矿业大学,1995.
[18] 胡伏生 . 岩溶充水矿床涌水量垂向变化规律研究[D]. 北京:中国地质大学,1997.

第 8 章　矿床顶底板岩体物理力学特征与突水预测预报研究

8.1　矿床顶底板隔水岩性及其物理力学特征

我国华北地台区铝土矿床顶底板隔水岩性及其物理力学特征，各地情况会有所不同，特别是在岩石类型的组合方面。但基本的岩石类型和相应类型的岩石物理力学特征，具有一定的可比性。兹将豫西夹沟矿床顶底板隔水岩性及其物理力学特征介绍如下，供参考。

8.1.1　矿体岩石类型及其物理力学特征

8.1.1.1　矿石的类型及矿物成分

8.1.1.1.1　*矿石的类型*

主要有一水硬铝石型矿石、高岭石、水云母、黄铁矿、绿泥石、褐铁矿、赤铁矿。C_2^4 主矿层中主要为前两种矿石类型，黄铁矿在深部有时可以看到，后三种类型主要见于 C_2^2 矿层中。

(1)一水硬铝石型铝土矿矿石为富铝土矿矿石。据分析，$Al_2O_3$75.72%、$SiO_2$2.66%、$Fe_2O_3$1.98%、$TiO_2$3.61%，铝硅比 28.5。根据结构、构造的不同，可分为以下若干亚类：

①块状铝土矿：灰色、灰黄色、深灰色、灰黑色，隐晶质结构、微粒结构、凝聚结构，块状构造。主要由细小的(0.018～0.06mm)薄片状、薄板状一水硬铝石(75%～95%)组成；少量的细小鳞片或蠕虫状水云母(5%～20%)、高岭石(5%)不均匀地分布于矿石中，有时含少量褐铁矿(5%)，使矿石呈黄色或红色。微量矿物有电气石、金红石、磁铁矿、锆石、锐钛矿。

②豆鲕状铝土矿：灰色、黄灰色、灰黑色，豆鲕状结构，块状构造。豆鲕占 45%～70%，主要由一水硬铝石(40%～65%)组成，次要矿物有水云母(5%～15%)、高岭石和褐铁矿。胶结物占 30%～55%，由一水硬铝石(25%～35%)和少量水云母(5%)、褐铁矿(5%)组成。微量矿物有金红石、电气石、锆石。

③碎屑状铝土矿：灰色、灰白色、深灰色，碎屑状结构，块状构造。碎屑占 40%～70%，碎屑成分为铝土矿，其矿物成分主要为一水硬铝石和少量水云母。胶结物占 30%～60%，由一水硬铝石(30%～45%)和少量水云母、高岭石组成。微量矿物有金红石、锆石、褐铁矿。

④多孔状铝土矿：灰色、灰白色，微粒结构、豆鲕状结构、碎屑状结构，多孔状构造。主要矿物成分为一水硬铝石(85%)和褐铁矿(5%～10%)。一水硬铝石呈 0.072～0.109mm 的薄片状、薄板状；褐铁矿呈细小粒状散布于矿石中。次要矿物成分为水云母，不均匀地分布于矿石中。矿石中的孔洞由铁质矿物集合体淋失或豆鲕及碎屑风化脱落而成。微量矿物有金红石、锆石、磁铁矿。

(2)高岭石、水云母－一水硬铝石型铝土矿矿石。灰色、浅灰色，碎屑隐晶质结构、泥质结构，块状构造、薄层状构造。主要由一水硬铝石(50%～80%)和水云母、高岭石(15%～

45%)组成。一水硬铝石呈细小的薄片状(0.058mm),水云母、高岭石呈细小鳞片状与一水硬铝石交织在一起,有时二者分布极不均匀,有些地方以一水硬铝石为主,有些地方则以水云母为主,二者常无明显的界线。微量矿物有金红石、褐铁矿等。矿石以高 Si、高 K 为特征。据分析,$Al_2O_3$60.54%,$SiO_2$17.67%,$Fe_2O_3$2.42%,$TiO_2$2.98%,K_2O2.41%,Na_2O 0.10%,铝硅比 3.4。

(3)黄铁矿 - 一水硬铝石型铝土矿矿石。灰色,凝聚结构、显微晶质结构,块状构造。主要矿物成分为一水硬铝石(70%～75%)和黄铁矿(15%),次要矿物成分为绿泥石(10%)。一水硬铝石呈 0.03～0.15mm 粒状和柱状,部分粒度较细的和颜色较深的一水硬铝石组成不规则状斑点或鲕状。在一水硬铝石集合体中不均匀地分布着黄铁矿、绿泥石团粒和星散状黄铁矿晶粒。矿石中 Si、K、Fe、S 含量较高。据分析,$Al_2O_3$51.68%、$SiO_2$16.83%、$Fe_2O_3$8.48%、$TiO_2$2.63%、K_2O 2.67%、Na_2O 0.19%、S5.88%,铝硅比 3.1。

(4)绿泥石 - 一水硬铝石型铝土矿矿石。深灰色、绿灰色、显微晶质 - 隐晶质结构,块状构造。主要矿物成分为一水硬铝石(55%～75%)和绿泥石(15%～30%),次要矿物成分为褐铁矿(10%)和水云母(5%)。一水硬铝石呈 0.006～0.036mm 的薄片状、细小鳞片状绿泥石(0.072～0.216mm)和细小粒状褐铁矿呈不均匀地分布于矿石中。微量矿物有金红石、锆石,据分析资料,$Al_2O_3$54.96%、$SiO_2$12.19%、$Fe_2O_3$14.54%、$TiO_2$2.57%,铝硅比 4.5。

(5)赤铁矿、褐铁矿 - 一水硬铝石型铝土矿矿石。灰褐色,泥质结构,块状构造。主要矿物成分为一水硬铝石(70%～75%)和褐铁矿、赤铁矿(20%～25%),次要矿物成分为水云母。一水硬铝石呈细小的薄片状(<0.03mm);粉末状褐铁矿和细小鳞片状水云母不均匀地分布于矿石中。矿石高铁低硅,铝硅比较高。据分析,$Al_2O_3$59.31%、$SiO_2$4.46%、$Fe_2O_3$16.21%、$TiO_2$2.99%,铝硅比 9.2。

据统计,块状铝土矿占 27.0%,豆鲕状铝土矿占 36.4%,碎屑状铝土矿占 10.1%,豆鲕碎屑状铝土矿占 1.8%,多孔状铝土矿占 5.3%,土状铝土矿占 2.7%,薄层状(高岭石、水云母 - 一水硬铝石型)铝土矿占 12.3%,其他类型占 4.4%。

8.1.1.1.2 *矿物成分*

矿物成分主要为一水硬铝石,含量 45%～95%;其次为水云母、叶腊石(5%～25%)、高岭石(5%～25%)、蒙脱石(少量)、绿泥石(0～30%)、褐铁矿(5%～25%)等,有时有石英、方解石、钠长石、赤铁矿、黄铁矿、蛭石;微量矿物有金红石、电气石、锐钛矿、板钛矿、白钛矿、磁铁矿、磷灰石、锆石、榍石、绿帘石、三水铝石及碳质等。

8.1.1.2 矿石的物理力学特征

铝土矿体干与饱和两种状态下的力学试验结果:抗压强度,受力方向垂直岩层层面 802～856kg/cm^2,受力方向平行岩层层面 919～934kg/cm^2;抗剪强度,受力方向垂直岩层层面 50～89kg/cm^2,平行岩层层面 58～59kg/cm^2;弹性模量 12.1×10^4kg/cm^2。根据完整岩块的工程地质分类,按极限强度划分,铝土矿层为中等强度;按抗压强度与弹性模量之间的关系划分,为中等坚硬岩石。

8.1.2 矿床直接顶底板岩石类型及其物理力学特征

矿床直接顶底板岩石类型主要为黏土岩和铝土岩,一般与矿体呈渐变关系,也有具自然界线的,主要视一水硬铝石与黏土矿物的含量比例而定。可分为自然界线清楚的、顶板清楚底板不清楚的、底板清楚顶板不清楚的和顶底板均不清楚的。个别地带钻孔揭露矿层直接顶板为 C_3^1 灰岩、煤层或为第四系松散堆积物。

8.1.2.1 直接顶底板岩石类型及矿物成分

8.1.2.1.1 黏土岩

黏土岩主要见于中石炭统本溪组地层中,为铝土矿的直接顶底板,根据矿物成分的不同,可分为水云母黏土岩、高岭石黏土岩、叶腊石岩、钙质黏土岩、铁质黏土岩、粉砂质黏土岩等。

(1)水云母黏土岩。浅灰色、深灰绿色、黑色,豆鲕状结构、砾状结构,块状构造、层理构造。几乎全由水云母组成(80%~99%),个别有高岭石(<10%)、褐铁矿(5%~10%)、石英粉砂(<5%)、蛭石。微量矿物有金红石、锆石、电气石、独居石、白钛石、屑石、磷灰石、帘石类、磁铁矿等。水云母呈细小鳞片状(0.01~0.048mm),杂乱分布,少量水云母结晶稍大,呈蠕虫状。高岭石呈显微隐晶质集合体,有时集中成豆鲕状分布于岩石中。褐铁矿呈粉末状不均匀地或呈线条状分布于岩石中。

(2)高岭石黏土岩。浅灰色、灰色、黑色,泥质结构,层理构造、斑点状构造。主要矿物成分为高岭石(90%~95%),多呈<0.005mm 的细分散状态,颗粒轮廓不清,杂乱分布,有少量片度稍大的蠕虫状高岭石,或由铁质和片度较大的高岭石构成的斑点。次要矿物有水云母(<5%)、褐铁矿(<5%)、炭质(<5%)。水云母呈细小鳞片状或蠕虫状比较均匀地分布于岩石中,炭质部分呈极细小的尘埃状均匀地分布于岩石中,部分呈不规则的线条状分布于岩石中,微量矿物有磷灰石、磁铁矿、黄铁矿、帘石等,常呈细小的自形晶或碎屑散布于岩石中。

(3)叶腊石岩。灰白色,显微鳞片结构,不明显的层状构造、平行构造。几乎全部由叶腊石(95%~98%)组成,粒径 0.006 3mm×0.012 0mm~0.012 0mm×0.035mm。次要矿物有石英(<1%),微量矿物有金红石、锐钛矿。

(4)钙质黏土岩。灰色、灰黑色,泥质结构,块状构造、层理构造。主要矿物成分为高岭石、水云母(65%~85%)和方解石(15%~20%),次要矿物成分有褐铁矿(10%)。高岭石和水云母呈极小的鳞片状杂乱分布,方解石呈不规则粒状集合体,不均匀地成堆分布。微量矿物有金红石、黄铁矿等。

(5)铁质黏土岩。褐色、褐灰色,泥质结构、砾状结构,块状构造、层理构造、皱纹状构造。主要成分为水云母、高岭石(70%~85%)和褐铁矿(15%~30%),次要矿物成分有水铝石(<10%)、白云母,微量矿物有金红石等。水云母、高岭石呈极细小的鳞片状集合体(0.02mm),二者均匀地交织在一起。褐铁矿呈粉末状或呈 0.259~1.512mm 的鲕状分布在岩石中。

(6)粉砂质黏土岩。灰色、灰白色、黄褐色,微细粒结构,块状构造。岩石主要由水云母,少量高岭石和砂粒组成。水云母、高岭石呈极细小的鳞片状集合体杂乱分布,含量 70%~80%,砂粒以石英为主,含量 10%~25%,有少量的白云母和黏土岩碎屑,粒径 0.028~0.115mm,呈棱角状、次棱角状不均匀地分布。次要矿物褐铁矿(5%)常呈不规则粒状或线状分布于岩石中。微量矿物有锆石、电气石、金红石。

8.1.2.1.2　铝土岩

铝土岩是黏土岩的一种，主要见于中石炭统本溪组地层中。岩石类型有铝土岩、铝土质黏土岩、铝土质页岩等。

(1)铝土岩。灰色、灰白色，泥质结构、微粒结构，有时亦具豆鲕和碎屑状结构，块状构造。矿物成分主要为一水硬铝石(10%～40%)和水云母、高岭石等黏土矿物(>60%)，次要矿物为褐铁矿。断口粗糙，轻微吸水，黏舌，具油腻感，岩性松软，硬度低。

(2)铝土质黏土岩。灰色，泥质结构，块状构造。主要矿物成分为水云母、高岭石(60%～85%)和水铝石(5%～15%)。高岭石呈极细小鳞片状，少量水云母片稍大，有时呈鲕状分布于岩石中。微量矿物有金红石、锆石、电气石、钛铁矿、黄铁矿、褐铁矿等，呈极细小的半自形、它形粒状较均匀地分布于岩石中。

(3)铝土质页岩：灰色，泥质结构、碎屑泥质结构，页理构造，主要矿物成分为水云母(85%)和水铝石(5%～15%)。水云母呈细小的鳞片状，部分呈蠕虫状，半定向分布于岩石中。水铝石呈片状集合不均匀地分布于岩石中。个别具碎屑状结构，碎屑占岩石的20%～25%，主要为铝土矿，由<0.078 6mm的薄片状组成，碎屑大小不等(0.013～11.95mm)、形状多样，有圆状、椭圆状、扁豆状及不规则状，常呈定向分布。胶结物为黏土矿物和少量水铝石。微量矿物有褐铁矿。

8.1.2.2　**直接顶底板岩石物理力学特征**

直接顶底板黏土岩、铁质黏土岩及铝土岩物理力学特征见表8-1。

8.1.3　矿床间接顶底板岩石类型及其物理力学特征

8.1.3.1　**矿床间接顶底板岩石类型与矿物成分**

夹沟矿床间接顶底板岩石类型主要有各类灰岩、白云岩、页岩以及各类砂岩等。

8.1.3.1.1　灰岩类

主要见于上石炭统太原组各段的上部，其次为奥陶系地层中。主要岩石类型有：石灰岩、角砾状灰岩、花斑状灰岩、生物(碎屑)灰岩、硅质(生物)灰岩、炭质(生物)灰岩、泥质灰岩、白云质灰岩。

(1)石灰岩。石灰岩种类很多，不同层位有不同的特点。有隐晶质结构、微细粒结构、中－粗粒结构、半自形及它形粒状结构、不等粒结构等。一般为深灰色，块状构造。几乎全部为方解石所组成(>95%)，方解石呈0.006～1.452mm、它形粒状，镶嵌分布。次要矿物有绢云母、白云母、石英(<5%)。微量矿物有金红石和褐铁矿。褐铁矿呈粉末状或不规则粒状较均匀地或不均匀地分布。

(2)角砾状灰岩。灰褐色、深灰色，角砾状结构，块状构造。角砾含量变化大，少者20%～30%，多者>70%，角砾大小不等，多呈棱角状、次棱角状，部分边缘较圆滑。角砾成分主要为石灰岩、白云质灰岩及少量白云岩、灰质白云岩、泥灰岩等。胶结物主要为细－中粒(0.042～1.815mm)透明方解石、含铁方解石，次为细粒白云石及微量的重晶石、黏土矿物、黄铁矿等。

(3)花斑状灰岩。灰色，微粒结构，花斑状构造。岩石可分为两部分：一部分为黑色，由<0.014mm的不规则粒状方解石组成，仅含少量的白云石；另一部分为黄灰色，由半自形的白云石和它形粒状方解石所组成，方解石和白云石粒径0.018～0.036mm，两部分呈不规则

表 8-1　夹沟矿床直接顶底板岩石物理力学特征统计

岩石名称	岩石编号	块体容重(g/cm³)			抗拉强度(MPa)		抗压强度(MPa)		软化系数	静变模量		静泊松比		饱和剪切强度	
		自然	干	饱和	干	饱和	干	饱和		干	饱和	干	饱和	C(MPa)	φ(°)
黏土岩	Z23－Ⅳ－1－2	2.66	2.65	2.69	9.16	3.07	89.2	33.7	0.38	36.1	56.6	0.22	0.36	4.35	56.9
	Z9－Ⅱ－1－1	2.38	2.36	2.47	2.76	1.17	80.4	11.0	0.14	28.8	6.62	0.18	0.19	1.72	42.4
	Z1－Ⅰ－1－1				2.76		80.37			28.8		0.18			
	平均	2.52	2.50	2.58	4.89	2.43	83.3	22.3	0.26	31.2	31.6	0.19	0.27	3.03	49.6
铁质黏土岩	Z11－Ⅱ－27－2－2	2.73	2.59	2.78	4.74	1.59	58.9	6.37	0.11	14.3		0.08			
	Z3－Ⅰ－26－2－1	2.48	2.33	2.51	6.66	2.53	82.1	6.78	0.08	27.9	4.09	0.14	0.13		
	Z23－Ⅳ－29－2－2	2.46	2.24	2.47	6.13	2.73	30.7	6.27	0.22	14.6	28.3	0.12	0.29		
	Z4－Ⅰ－1－1	2.54	2.49	2.58	4.87	2.21	54.6	20.6	0.38	19.1	15.3	0.13	0.25		
	Z11－Ⅱ－1－1	2.76	2.72	2.80	4.64	1.85	54.3	51.4	0.95	33.9		0.10			
	Z3－Ⅰ－1－1	2.86	2.84	2.90	4.64	3.24		51.35							
	平均	2.63	2.46	2.67	5.28	2.70	56.1	23.87	0.34	21.9	15.8	0.11	0.22		
铝土岩	Z23－Ⅳ－1－1	2.42	2.36	2.58	8.20	2.51	33.8	15.1	0.45	28.2		0.12		7.89	44.6
	Z15－Ⅲ－1－1－1	2.47	2.42	2.55	2.99	2.24	39.3	15.4	0.39	5.16	8.94	0.11	0.17		
	平均	2.45	2.39	2.57	5.60	2.38	36.6	15.3	0.42	16.7	8.94	0.12	0.17	7.89	44.6

状互相穿插。

(4)生物(碎屑)灰岩。深灰色,生物结构、生物碎屑结构,块状构造。几乎全由方解石组成,含少量水云母。岩石中含有数量不等(5%～45%)、大小不一的弯曲状、管状及不规则状生物碎屑,个别可见比较完整的生物遗体。生物碎屑和生物遗体已钙化,由细小的方解石组成。部分重结晶成粗大晶体,可达 0.5～1.0cm。胶结物一般由隐晶质方解石组成,呈 0.018～0.288mm 的不规则粒状,镶嵌分布于生物碎屑之间。少量的水云母呈极细小的鳞片状集合体,不均匀地分布。

(5)硅质(生物)灰岩。深灰色、黑色,生物结构、碎屑结构,块状构造。岩石含有较多的生物遗体和生物碎屑(25%～30%),以蠕虫状、管状、棒状、弯曲状者居多,次为纺垂虫等。生物个体大小不等,如纺垂虫镜下见最大长轴 2.2mm,最小长轴 0.14mm,以小个体为主;生物遗体和碎屑均被方解石和石英代替,个体内部特征保留完整程度不等,当整个个体被粗大的方解石晶体代替时,内部特征已完全消失,仅见其外形。生物遗体和碎屑之间分布微粒－显微隐晶质方解石及少量石英(10%～15%)、有机质和铁质(5%～10%)。

(6)炭质(生物)灰岩。黑色,微粒结构、生物碎屑结构,块状构造。主要由方解石(70%～75%)和炭质(25%～30%)组成。方解石呈微细的(0.018～0.06mm)它形粒状;炭质呈粉末状分布于方解石颗粒间隙之中。岩石中偶然有云母和多少不等的生物遗体,生物体及生物碎屑均由方解石组成。

(7)泥质灰岩。灰色、褐灰色,含泥质微粒结构,块状构造、层理构造。主要成分为方解石(60%～90%),次要成分为水云母(10%～40%),微量矿物有金红石、磁铁矿、褐铁矿、高岭石、绿泥石等。方解石呈极细小的(0.012～0.2mm)它形粒状。水云母和高岭石呈细小鳞片状集合体不均匀地杂乱分布。

(8)白云质灰岩。灰色,半自形及它形微粒结构,块状构造。主要矿物成分为方解石(55%～85%)和白云石(15%～45%)。方解石呈 0.006～0.024mm 的细小它形粒状镶嵌分布;白云石呈 0.012～0.054mm 的半自形及它形晶状比较均匀地分布。个别见粒度较大的(1.5～5mm)方解石晶体中包有白云石晶粒,形成包含结构。微量矿物有磁铁矿、褐铁矿等。

8.1.3.1.2 白云岩

主要见于奥陶系和寒武系地层中,上石炭统太原组也有发现。岩石类型有白云岩、(含)灰质白云岩、硅质白云岩、泥质白云岩。

(1)白云岩。灰色、深灰色,隐晶质结构、粒状镶嵌结构,块状构造。岩石几乎全部由白云石组成(＞95%),含少量的方解石(5%)、石英、黏土矿物(＜5%)。白云石呈 0.006～0.289mm 的半自形及它形粒状镶嵌分布。白云石晶粒中常有微粒方解石包体,表明白云石可能由方解石白云石化而成。微量矿物有褐铁矿,呈细小的网脉状分布于岩石中。

(2)(含)灰质白云岩。灰色,隐晶质结构、微粒结构、中粒结构,块状构造、薄层状构造。主要矿物成分为白云石(65%～90%)、方解石(10%～35%)。白云石呈 0.018～0.10mm 的自形－半自形粒状,方解石呈 0.043～0.113mm 的微细粒它形晶分布于白云石颗粒之间,少量方解石重结晶粒度较大(0.20～1.0mm),含白云石残余物,为脱白云石化的结果。

(3)硅质白云岩:灰色,自形－半自形晶粒结构、斑状变晶结构,块状构造。主要矿物成分为白云石(60%～95%)和石英(5%～40%),次要矿物有方解石。白云石呈 0.145～

0.254mm 的自形－半自形粒状分布，石英呈大小不等的半自形及它形粒状集合体不均匀地分布，有时白云石构成变斑晶，呈 0.072 6～0.217 8mm 的自形晶，基质为隐晶质石英，成为斑状变晶结构。

(4)泥质白云岩。灰色，微细粒结晶粒状－泥质结构，块状构造。主要矿物成分为白云石(50%～60%)和高岭石(40%～50%)。白云石呈 0.06～0.20mm 的自形晶粒状，均匀分布，少部分被黏土矿物交代成不规则状残余。白云石晶粒之间被<0.01mm 的高岭石鳞片状集合体充填。

8.1.3.1.3　页岩类

页岩除在中石炭统本溪组可以见到外，主要见于上石炭统太原组中段和上段中部及二叠系地层中，根据其矿物成分，可以分为页岩、黑色页岩、炭质页岩、铁质页岩、钙质页岩、粉砂质页岩等。

(1)页岩。灰色、黄灰色，泥质结构，页理构造。主要矿物成分为水云母(>90%)，次为高岭石、褐铁矿(5%～10%)、石英(<5%)。水云母呈细小的鳞片状集合体，定向、半定向分布，构成页理构造。个别水云母稍大，呈蠕虫状。褐铁矿呈大小不等的不规则粒状不均匀地散布于岩石中，石英呈 0.03～0.187mm 的粉砂质点状均匀地分布于岩石中。微量矿物有金红石、电气石、磁铁矿、锆石等，呈细小的碎屑散布于岩石中。

(2)黑色页岩。黑色，泥质结构，页理构造，主要矿物成分为高岭石(>95%)，次为石英(<5%)和水云母。高岭石呈极细小的鳞片状集合体，少量的水云母呈稍大的鳞片状、蠕虫状散布于岩石中。石英呈 0.006～0.216mm 的棱角状、次棱角状细粉砂散布于岩石中。微量矿物有尘埃状褐铁矿和极小的金红石。

(3)炭质页岩。黑色、灰黑色，泥质结构，页理构造、显微页理构造。主要由水云母(60%～85%)和炭质(15%～35%)组成。水云母呈细小的鳞片状集合体，定向、半定向分布，少数水云母片度较大，呈蠕虫状。炭质呈粉末状比较均匀地散布于水云母鳞片之间。次要矿物有白云母(<5%)和石英。白云母呈细小的片状散布于岩石中，石英呈 0.018～0.036mm 的棱角状、次棱角状粉砂散布于岩石中。微量矿物有电气石和黄铁矿。

(4)(含)铁质页岩。褐灰色、灰白色，泥质结构、含鲕泥质结构，页理构造。主要矿物成分为水云母(65%～80%)、高岭石(15%～20%)和褐铁矿(10%～30%)，次要矿物有石英。水云母呈 0.006～0.018mm 的细小鳞片状，定向、半定向分布；高岭石呈极细小的鳞片状集合体。褐铁矿分三种：一种为尘埃状，呈不规则条带状沿页理分布；另一种呈自形、半自形粒状不均匀地分布，部分已风化淋滤成孔洞；第三种呈 0.108 9～0.29mm 的鲕状不均匀地分布。石英呈碎屑状不均匀地分布于岩石中。

(5)钙质页岩。灰黑色，变鲕状－显微鳞片结构，页理构造。主要矿物成分为水云母(55%)和含铁方解石(40%)，次要矿物有菱铁矿、炭质，微量矿物有黄铁矿。水云母呈显微鳞片状，定向排列，炭质呈线条状，二者构成岩石的页理构造。碳酸盐矿物具变鲕状结构，呈眼球状分布在岩石中。

(6)粉砂质页岩。褐灰色，粉砂泥质结构，页理构造。主要由水云母(65%～90%)和粉砂(10%～35%)组成。水云母呈细小的鳞片状，定向、半定向分布。砂粒主要为石英，次为白云母。石英呈棱角状、次棱角状，比较均匀地分布于岩石中。少量的白云母呈细小片状均匀定向分布于岩石中。次要矿物褐铁矿可分为两种：一种为细小的不规则粒状均匀地分布，一种为粉末状,呈条线状分布。微量矿物有电气石、金红石、锆石。

8.1.3.1.4 *砂岩类*

有石英砂岩、泥质石英砂岩、钙质石英砂岩、长石石英砂岩、硬砂质石英砂岩和粉砂岩。

(1)石英砂岩。灰白色,粗、细粒砂状结构,块状构造。碎屑成分占80%～95%,主要为石英(>80%)及少量的石英岩(<5%)、长英岩(<5%)、黏土岩等岩屑。砂粒呈次棱角状、次圆状,粒径0.108 9～1.996mm。石英砂粒常见波状消光和裂纹,并见有尘埃状包体。微量矿物有磷灰石、锆石、电气石、金红石、白钛石、长石、云母、褐铁矿等。胶结物占5%～20%,以硅质为主,次为黏土质和铁质。硅质常已变为细小的石英,黏土变为绢云母。胶结方式为接触式胶结。分选性较好,可分为粗粒石英砂岩、中粒石英砂岩、细粒石英砂岩,个别发育有典型的再生长胶结结构,成为沉积石英岩,主要分布于太原组中段底部。

(2)泥质石英砂岩。灰色、深灰色,中、细粒砂状结构,块状构造。碎屑成分占65%～80%,主要由石英(55%～70%)和少量硅质岩(5%～15%)、黏土岩组成。砂粒呈0.108～0.432mm次棱角状、次圆状,石英可见波状消光和裂纹。微量矿物有锆石、金红石、电气石、磷灰石、磁铁矿、黄铁矿、褐铁矿、云母等,胶结物占20%～35%,由水云母和少量硅质、铁质、炭质(<5%)组成。胶结类型为基底式、孔隙式、接触式及混合式胶结。主要见于太原组中、上段的底部。

(3)钙质石英砂岩。灰色,中、细粒砂状结构,块状构造。碎屑成分占55%～75%,主要为石英(50%～70%)及少量长石、硅质岩、黏土岩(5%)。微量矿物有锆石、电气石、磷灰石、褐铁矿等。石英粒径0.100 8～0.432mm,呈次棱角状、滚圆状,磨圆度和分选性较好,具波状消光。胶结物占25%～45%,主要为方解石(20%～25%),另外有少量黏土矿物(10%)和褐铁矿。方解石呈0.012～0.030mm半自形及它形晶粒状,多分布于石英颗粒之间的孔隙内及石英颗粒接触处,构成孔隙式和接触式胶结,有时为基底式胶结。主要见于太原组中段和上段的底部。

(4)长石石英砂岩。灰色,细粒砂状结构,块状构造。碎屑占70%～80%,主要为石英(30%～40%)和微斜长石(30%～40%),粒径多为0.04～0.10mm,棱角状、次滚圆状。微斜长石具格子双晶,有泥化和铁染,个别可见再生长结构,氢氧化铁常围绕长石和石英碎屑分布。泥质胶结,胶结物占20%～30%。主要见于太原组中段和上段底部及二叠系地层中。

(5)硬砂质石英砂岩:灰色,中、细粒砂状结构,块状构造。碎屑成分占60%～80%,主要由石英(50%～60%)、碳酸盐岩(15%～20%)组成,其次为硅质岩(5%～10%)、黏土岩(5%)、云母等,微量矿物有磷灰石、锆石等。砂粒呈0.1～0.5mm的棱角状、次棱角状,部分为次圆状,分选性、滚圆度较差。部分石英可见波状消失,碳酸盐岩碎屑常有氢氧化铁边。胶结物占20%～40%,主要为水云母(15%～20%),其次有硅质(5%)、铁质(5%)等。水云母呈极细小鳞片状集合体,分布于砂粒之间;铁质常不均匀地分布于胶结物中。胶结方式以基底式胶结为主,个别可见孔隙式胶结。主要见于太原组中段和上段底部及二叠系地层中。

(6)粉砂岩。灰色、黑色,粉砂状结构,层理构造。碎屑成分占60%～80%,主要为石英(30%～60%)、长石(15%～40%),其次有黏土岩(10%)、白云母(<5%)等,微量矿物有电气石、锆石、白钛石、金红石、金属矿物等。碎屑呈0.012～0.10mm的棱角状、次圆状,石英具波状消光,长石均已成了高岭石或绢云母集合体。胶结物占20%～40%,以水云母为主,

其次有铁质、硅质、炭质。胶结物中的泥质可重结晶成长石，当长石碎屑边缘有胶结物重结晶的长石分布时，常显示出再生长胶结结构。铁质常围绕长石、石英分布。炭质分布不均匀，多沿层面分布。为石炭、二叠系地层中常见的一种岩石类型。

8.1.3.2　矿床间接顶底板岩石物理力学特征

按矿床顶板和底板分别进行评述。

8.1.3.2.1　矿床间接顶板(C_3)岩石物理力学特征

矿床间接顶板由石灰岩、砂岩夹薄层页岩、黏土岩及煤等组成，岩石力学试验样的采取，主要对层位较厚而稳定的石灰岩采样测试，做干状态下的力学试验。试验结果：抗压强度，受力方向垂直岩芯轴1 035kg/cm^2，平行岩芯轴1 112kg/cm^2；抗剪切强度，受力方向垂直岩芯轴108kg/cm^2，平行岩芯轴105 kg/cm^2；弹性模量76.8×10^4kg/cm^2。按极限强度划分，为中等强度；按抗压强度与弹性模量之间的关系划分，为坚硬岩石。

顶板共有石灰岩3层，风化裂隙、岩溶比较发育。顶部和底部两层比较稳定，厚度均在7～11m，中间一层不稳定，呈透镜状，厚1～4m。顶部石灰岩工程地质稳定性较好，底部石灰岩据矿区东段揭露，呈波浪式起伏变化较大，并且岩石比较破碎，普遍呈块状，工程地质稳定性较差。

砂岩致密坚硬，风化裂隙较发育，但通过对采场的观察，其边坡至今仍保持原状(坡角53°～70°)，工程地质稳定性良好。

8.1.3.2.2　矿床间接底板(O_2)岩石物理力学特征

矿床间接底板由石灰岩、角砾状灰岩、白云质灰岩及白云岩等组成。白云质灰岩干状态下的力学试验结果：受力方向平行岩芯轴抗压强度1 269kg/cm^2，抗剪切强度132～157 kg/cm^2，弹性模量66×10^4kg/cm^2。按极限强度划分，为强度高的岩石；按抗压强度与弹性模量之间的关系划分，为坚硬岩石。角砾状灰岩干状态下，受力方向平行岩芯轴抗压强度1 084kg/cm^2，为坚硬岩石，见表8-2。

8.2　矿床顶底板隔水能力影响因素分析

这里主要针对夹沟矿床直接顶底板隔水能力影响因素进行分析，并重点放在底板，它对于正确开展矿床突水预测预报及防治方法研究工作具有重要作用。影响矿床顶底板隔水层阻、隔水能力的因素除隔水层的岩性及其组合外，还有隔水岩石的结构、矿物成分、物理力学性质、隔水岩体原始损伤状态、水压破坏及采掘矿压作用等因素。

8.2.1　隔水层的岩性及组合

一般地讲，隔水层的岩性特征是构成隔水层阻隔水的首要因素。通常黏土岩、泥页岩、铝土岩、铝土矿等是良好的隔水岩类；而砂岩类，如粗砂岩、中砂岩、细砂岩等则是不良的隔水岩类，其隔水性能往往较差。砂岩的隔水性能之所以较差，其原因主要有三：一是砂岩的孔隙度大，一般为25%～30%，且主要为粗大孔隙，有利于地下水的运移；二是砂岩常是在动水高能环境中形成的，单向及双向交错层理发育，而层理面就是一个透水性较强的面，它能沟通与各种导水通道的联系。与之相比，黏土岩、泥页岩等则是在低能的静水环境中形成的，层理不发育或无层理；三是与黏土岩、泥页岩、铝土岩等相比，在相同的构造应力场作用

表 8-2　夹沟矿床间接底板灰岩岩石物理力学特征统计

岩石名称	岩石编号	块体容重(g/cm^3)			抗拉强度(MPa)		抗压强度(MPa)		软化系数	静变模量		静泊松比		饱和剪切强度	
		自然	干	饱和	干	饱和	干	饱和		干	饱和	干	饱和	C(MPa)	φ(°)
灰岩	Z15－Ⅲ－28－2－2	2.71	2.70	2.74	5.37	4.86	69.8	19.5	0.28	19.7	13.7	0.12	0.20	4.48	50.2
	Z4－Ⅰ－1－2	2.67	2.66	2.72	7.04	2.62	91.7	20.0	0.22	47.9	15.5	0.23	0.19		
	Z15－Ⅲ－1－2	2.80	2.79	2.82	6.54	4.20	45.2	44.6	0.99	20.8	34.9	0.26	0.24		
	Z3－Ⅰ－26－2－2	2.71	2.69	2.72	11.2	2.44	69.5	19.4	0.28	23.9	13.3	0.21	0.17		
	Z1－Ⅰ－1－2	2.68	2.67	2.69	4.58	6.10	57.9	52.8	0.91	55.9	29.7	0.22	0.28		
	Z11－Ⅱ－1－2	2.80	2.75	2.82	1.69	0.55	29.8	9.42	0.32	13.4	2.14	0.19	0.08		
	Z11－Ⅱ－27－2－4	2.70	2.68	2.71	7.27	2.78	81.2	25.0	0.31	32.5	22.8	0.16	0.27		
	Z23－Ⅳ－29－2－3	2.65	2.62	2.69	4.96	2.26	49.7	16.2	0.33	29.4	7.51	0.20	0.23	4.50	52.0
	Z3－Ⅰ－1－2	2.76	2.74	2.78	9.24	2.50	69.3	27.0	0.39	56.0	20.6	0.41	0.27		
	平均	2.72	2.70	2.74	6.52	3.52	67.9	27.6	0.44	33.0	18.0	0.21	0.20	4.49	51.1

下,砂岩脆性较大、裂隙相对发育,且砂岩裂隙一旦形成,则不易密闭。因为组成砂岩的石英矿物具有很高的抗压强度,例如通过显微压入方法测得的石英硬度达 10^5 kPa。如此高的硬度可使得几百米深处的裂隙也不能完全闭合;而黏土岩、泥页岩、铝土岩等中的裂隙相对不发育,且在较浅的部位也会闭合。

灰岩、白云岩类因其裂隙、岩溶发育,其阻隔水能力差,常构成强含水层。

上述各类岩性,当黏土岩、泥页岩、铝土岩等发生组合时,通常构成良好的隔水岩(组)板,具有较好的抑制矿床突水的效果。而由砂岩类、灰岩类、白云岩类组合的矿床顶底板则隔水效果差,常引起矿床的突水。若由黏土岩类、砂岩类及灰岩类、白云岩类混交组合的矿床顶底板,则隔水效果介于上述二者之间。

不同岩性组合时,当岩石力学性质相近的岩性组合在一起时,新构成的顶底板则隔水性能较好。而岩石力学性质悬殊较大的岩性组合一起时,则隔水性能往往较差。因为,当组成顶底板岩性力学性质悬殊较大时,在地质构造运动过程中,不同岩性层之间容易形成离层裂隙,导致隔水性能的降低。

但无论什么样的岩性组合,总的来讲,其厚度越大则隔水性能越强;反之,即使是隔水性能好的黏土岩、铝土岩、泥页岩等也可能起不到应有的隔水作用。从夹沟矿床来看,直接顶底板在天然状态下则属于良好的隔水岩层和隔水组合,具有较强的阻水能力,对防止矿床突水有着重要的作用。但不好的是,这种天然隔水岩层及其组合,总体分布厚度较薄,且横向变化很大,甚至局部地带尖灭呈天窗状失去隔水的作用。矿床的间接顶底板则隔水能力很差,特别是间接底板——灰岩常构成强含水层,充当透水层的角色,基本不具有隔水的作用。

8.2.2　隔水层岩石矿物成分及其对物理力学性质的影响

同一隔水层岩性,倘若组成矿物不同则具有不同的隔水性能。组成岩石的矿物成分不仅决定其颗粒的大小,而且也决定着它们的形状和与水的关系。在粗粒级中,矿物成分决定着颗粒的形状,在许多情况下制约着孔隙的大小和配置,并从而影响岩石的阻隔水能力。根据 B.B.奥霍京的资料(1937 年),片状云母颗粒的透水性比长石和等维颗粒石英约低一个数量级。

矿物成分还影响着隔水层岩石的可溶性。当运动于孔隙或裂隙中的水与岩石中的可溶性矿物直接接触时,就会发生直接溶解作用。岩石在水中的溶解作用是绝对的,不溶是相对的。含可溶性矿物高的底板隔水能力相对较弱。前人研究结果表明,岩石中一价阳离子 Na^+ 的存在可以使岩石的隔水性能增强,三价阳离子 Al^{3+}、Fe^{3+} 的存在则会使岩石的隔水性能减弱。根据 П.И. 沙费雷金的资料,饱和 Na^+、Ca^{2+}、Al^{3+} 或 Fe^{3+} 的粉质黏土的透水性呈 1:48:280:290的比例关系。一价交换阳离子的存在能使岩石及土体的透水性急剧降低的原因是:一则它们的分散作用可使微小集合体破坏并缩小孔隙的直径;二则使岩石和土体的亲水性提高,从而使结合水的含水量增加和有效孔隙度降低。而岩石中三价阳离子Al^{3+}、Fe^{3+}等,在一定的条件下能够溶解于水中,阳离子的析出使得岩石的孔隙度增大、透水性增强。

除上述影响作用外,矿物成分还影响着岩石的物理力学性质,进而影响岩石的抗水压、抗折变形的强度。例如,石英砂岩的抗压缩变形强度>长石石英砂岩>长石砂岩,也就是说长石含量越高或石英含量越低,岩石的抗水压、抗压缩及抗折变形的强度越低。这是因为:首先,长石的硬度比石英低,正长石的硬度为 6 级,石英的硬度为 7 级;其次,长石易于风化成为高岭土,而石英则是极难风化的矿物。如比较陡峭的砂岩地形地貌,一般都是由石英矿物含量为主的石英砂岩组成的。长石族矿物从成分上看主要为 Na、Ca、K 和 Ba 的铝硅酸盐,多为四面体晶状结构,因碱及碱土金属的离子半径较大(0.9~1.5 埃)而不稳定。石英族化学成分简单,即 SiO_2,晶体结构亦为四面体,但因离子半径小(0.2~0.7 埃)而相对稳定。从前述夹沟矿床隔水板岩石组成矿物来看,石英物含量一般在 25%~35%,长石矿物含量一般在 20%~25%,相对而言,具有较高的抗变形强度。在其他条件相同的情况下,抗压、抗变形强度能力较强,一般具有较好的隔水效果。

8.2.3 矿床隔水底板原始损伤状态

原始损伤是指非人工影响导致隔水底板材料和结构力学性能劣化的微观结构的变化。矿床隔水底板原始损伤状态直接影响着采动作用等对底板的破坏深度,是分析评价底板隔水能力的一个重要的因素。

导致岩石原始损伤的主要因素有:岩石中的孔隙、原生裂隙、风化裂隙和构造裂隙等。其中,构造裂隙是最重要的影响因素。关于这点,从夹沟矿床隔水底板钻孔超声波成像(图 6-17)检测结果可以得到明证。从图中可以清晰地看到,在挽近时期水平高构造应力的作用下,矿床隔水底板发生弯曲,遂引起近水平离层裂隙十分发育,并伴生一定规模的垂直裂隙。这些裂隙在采掘作用下常常发生“活化”、“张开”情况,它们是产生矿床底板突水的原始隐患和先天不利的条件。

对于构造裂隙,需注意区分不同地质时期构造作用所形成的构造裂隙对隔水底板的损伤程度不同。远期的构造运动形成的裂隙因后期充填胶结和固结成岩作用常常弥补了构造运动造成的岩体损伤;而挽近期的构造运动,如燕山运动以来的构造运动形成的裂隙因尚未受到充填,故而造成对岩体的损伤程度较重。对此,应引起注意。

8.2.4 采动破坏作用

工程采动对矿床底板隔水能力的影响主要表现在两个方面:一是使原始裂隙扩展;二是使底板产生新的裂隙。在原始裂隙和新生裂隙的共同作用下,使隔水岩体遭受破坏,进而使有效隔水层厚度减小,甚至完全失去隔水作用。

8.2.4.1 **原始裂隙的扩展**

受工程采动的影响,矿床原始应力场状态发生变化,可导致原始裂隙结构面的性质发生转换,由原来的压性、压扭性状态改变为张性、张扭性状态,使之原先处于闭合不导水状态的裂隙转变为张开的导水裂隙,并发生延展和相互之间的切割与沟通,以致于成为良好的导水通道而诱发矿床的突水。

由于原始裂隙结构面展布方向的不同,以及结构面本身物理性状的差异性,其裂隙结构面发生改变的情况也不尽相同。基本的特征是:受工程采动影响后,裂隙面发生张性扩展,且张开度和延长度越大则所致突水量也越大;反之,所致突水量则小或基本保持不变,甚至有所减少。根据我国煤矿床突水情况来看,原始裂隙受采动影响的程度和结果大体可以划分为五种基本类型,见表 8-3。

表 8-3　采动影响下裂隙性状变化与突水量之间的关系

（据邵爱军等）

类型		采动影响下突水量变化曲线图	采动影响下裂隙性状变化
Ⅰ	增大型	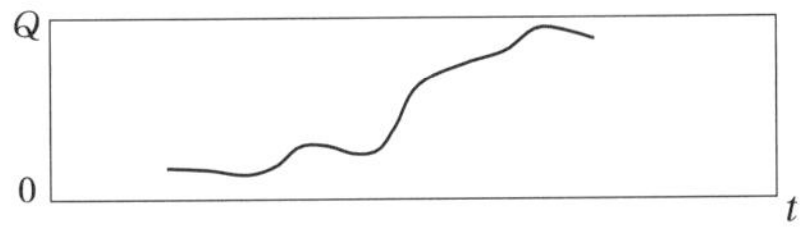	裂隙受到短轴方向位伸、主轴方向压缩的采动作用，充填物少，受力后裂隙逐渐张开，突水量逐渐增大
Ⅱ	下降型	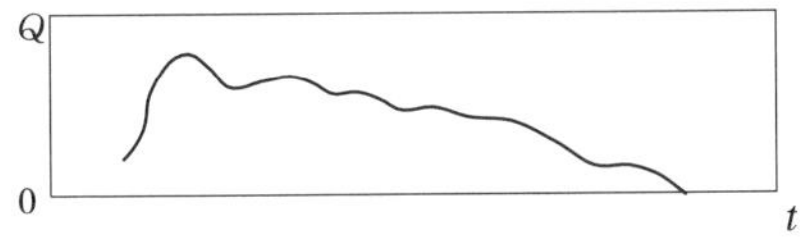	裂隙受到短轴方向压缩、主轴方向拉伸的采动作用，充填物多，受力后裂隙逐渐压缩，涌水量逐渐减少
Ⅲ	起伏下降型	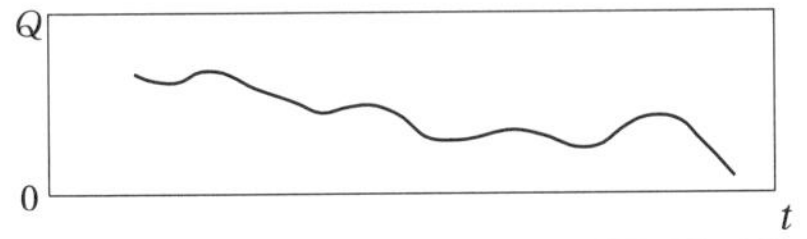	裂隙走向与矿压作用方向成一定角度，受力不均匀，充填物较多，突水量时大时小，但总的趋势是逐渐减少
Ⅳ	起伏不变形	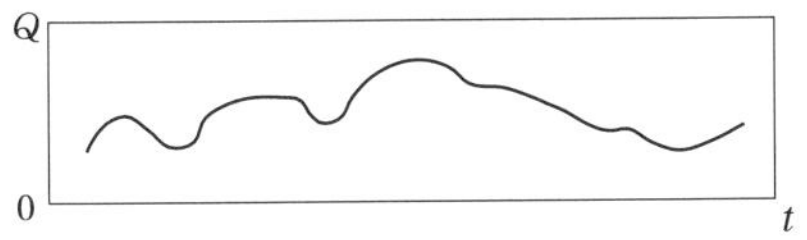	裂隙走向与采动作用成一定的角度，受力不均，充填物较少，突水量在采掘面后方逐渐趋于稳定
Ⅴ	不变形	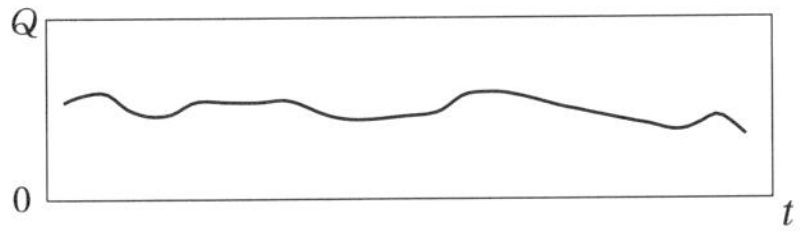	裂隙受双向压缩的采动作用，充填物少，受力后基本未变形，突水量呈稳定型，变幅不大

从诱发突水的角度来看，Ⅰ型最为危险，而且发生的几率最大。夹沟矿床影像资料显示，位于嵩山背斜翼部采动影响范围内近水平离层裂隙及大致平行于东北方向的其他原始裂隙大都发生了张开和延伸，在采动的影响下，裂隙结构面张开度增大，延伸方向增长，进而形成强渗通道诱发矿床的突水。

在采动影响下，其他几种形式的影响结果不甚危险。这也就要求我们在进行采掘工作布设时，尽量考虑到矿区应力作用方向及其原始裂隙的发育状况，以最大限度地减弱对各类原始裂隙的活化影响。

8.2.4.2　采动新增裂隙

在工程采动作用下，矿床隔水底板不仅原始裂隙性状会发生改变，而且还会产生新的裂隙。也就是说当采动作用超过隔水底板的屈服强度时，底板势必遭到破坏，产生层间和垂向裂隙型导水结构面，进而诱发矿床的突水。

需要说明的是，采动破坏影响深度是有一定限度的，从煤矿床理论计算和实际观测资料显示，最大采动破坏影响深度一般为 20m(邵爱军)左右。对于铝土矿床而言，因目前只有一例突水，尚无法正确评价其最大影响深度。仅就夹沟矿床突水的实际观测情况看，其最大采动影响深度一般小于 16m。

8.2.5　水的破坏作用与承压水导高

8.2.5.1　水的作用影响

8.2.5.1.1　水的溶蚀作用影响

从夹沟矿床隔水底板组成岩性来看，多为黏土岩类。它们的共同特点是矿物成分以黏土矿物为主。黏土矿物为层状硅酸盐，阳离子成分以 Al^{3+}、Mg^{2+} 为主，其次为 Fe^{3+}、Mn^{2+}、Fe^{2+} 等。当这类岩层与水接触时，会发生水解反应。以 Al^{3+} 为例，在岩层表面及裂隙表面遇水时，立即离解出 Al^{3+}，但并非以 Al^{3+} 简单形态存在，而是结合有 6 个配位水分子 $[Al(H_2O)_6]^{3+}$ 的水合铝离子，这是一种最简单的单核配合物。它的水解过程产物的形态与价态同 pH 值有着密切的关系，其水解反应如下：

$$[Al(H_2O)_6]^{3+} \longrightarrow [Al(OH)(H_2O)_5]^{2+} + H^+$$

$$[Al(OH)(H_2O)_5]^{2+} \longrightarrow [Al(OH)_2(H_2O)_4] + H^+$$

$$[Al(OH)_2(H_2O)_4]^{+} \longrightarrow [Al(OH)_3(H_2O)_3] + H^+$$

由上述反应可知，要使水解反应顺利进行，必须提高溶液的 pH 值，以使配位水分子逐渐减少，羟基逐渐增多。而水合羟基配合物的电荷却逐渐降低，最终生成中性氢氧化铝沉淀物。Fe^{3+} 具有类似的水解原理。据王宝贞等研究，当 $pH<4$ 时，水解受到抑制，水中存在的主要是 $[Al(OH)_3(H_2O)_3]$；当 $pH>4$ 时，水中将会出现 $[Al(OH)(H_2O)_5]^{2+}$、$[Al(OH)_2(H_2O)_4]^+$ 以及少量的 $[Al(OH)_3(H_2O)_3]$，有利于水解反应的进行；当 $pH=7\sim8$ 时，水中主要出现中性 $[Al(OH)_3(H_2O)_3]$ 沉淀物。

这种溶解、溶蚀作用，当伴随着应力致裂作用、径流作用时，其速度则会进一步加快。

影响水对矿床隔水底板的溶解、溶蚀作用的主要因素有以下几点：

(1)pH 值。水的 pH 值越高越有利于溶蚀作用的进行。在承压水呈偏碱性的地区，溶蚀作用具有普遍性。

(2)水的流态。静止的水不利于溶蚀作用的发展，流动的水促进溶蚀作用的进行。因此位于径流带附近的隔水底板，溶蚀作用进行的速度较快，具体表现在导高带发育且导高幅度较大。

(3)水压。矿床隔水底板下伏承压水水压越高，水的楔劈作用越强，岩石裂隙得以不断扩展，溶解作用面得以不断扩大，有利于溶蚀作用的进行。

(4)构造应力。构造应力一般具有裂隙扩张作用，在其作用下，裂隙不断扩展和溶解作用面不断扩大，有利于溶蚀作用的进行。

(5)岩性。黏土矿物含量高的岩层有利于溶蚀的作用。因为黏土矿物不仅影响岩石的强度，而且影响岩石的溶解度。黏土岩及其粉砂岩黏土矿物成分含量一般比中粗粒砂岩高，因此前者比后者有利于溶解。

8.2.5.1.2　水对岩石力学性质的影响

从上述的分析不难看出，组成矿床隔水底板岩体，尤其是沉积岩体，实际上是两相介质，即由矿物——岩石固相物质和含于孔隙或裂隙内的液相(水液)物质组成。由于液相物质的存在，将会降低岩石的弹性极限，提高韧性和延性，使岩石软化，易于变形。当岩石内含水量不同时，其变形与强度特征受到不同影响，见表 8-4。

表 8-4 水对矿床顶底板岩石力学性质影响实验结果

岩性	含水量(%)	单轴抗压强度(MPa)	泊松比 μ
石灰岩	0	110.52	0.032
	0.06	89.92	0.161
	0.11	58.08	0.189
泥质粉砂岩	0	119.4	—
	0.56	88.5	—
	0.78	51.6	—
	0.84	68.3	—

由表 8-4 可以看出,随着含水量的增加,岩石的单轴抗压强度急剧降低,但降低的速率则不完全相同,主要受岩性所控制,并取决于岩石的胶结状况、结晶程度和亲水性黏土矿物的含量等因素。前人研究结果表明,水对沉积岩石单轴抗压强度的影响存在如下关系:

$$\sigma_c = \sigma_0 - KW \tag{8-1}$$

式中 σ_c——不同含水量状态下岩石的单轴抗压强度,MPa;

σ_0——干燥状态下岩石的单轴抗压强度,MPa;

K——水对岩石强度的影响系数,见表 8-5;

W——含水量,%。

表 8-5 水对岩石强度的影响系数统计

岩性	系数 σ_0	系数 K	含水量(%)	回归方程相关系数 R
泥质粉砂岩	120.98	71.61	≤0.84	0.94
泥岩	30.36	4.93	≤5.13	0.95
石灰岩	112.94	472.33	≤0.11	0.98

除水对岩石的强度产生重要影响外,水对岩石的变形特征影响亦十分显著。

据周瑞光的研究结果,变形模量及泊松比与含水量之间具有如下的关系:

$$E = E_0 \exp(-bW) \tag{8-2}$$

$$\mu = \mu_0 \exp(cW) \tag{8-3}$$

式中 E_0——岩石干燥时的弹性模量,MPa;

μ_0——岩石干燥时的泊松比;

E——一定含水量 W 时的弹性模量,MPa;

μ——一定含水量 W 时的泊松比;

b、c——与岩性有关的实验常数;

W——岩石的含水量,%。

含水量不仅影响着变形参数的大小,而且影响到矿床顶底板岩石的变形破坏机制,图 8-1为不同含水状态下泥岩的全应力—应变曲线。从图中看出,各曲线在峰值强度之前,除低应力时略呈上凹外,基本上呈直线。峰值强度之后,随着应变值的增加,应力迅速降低,发生应变软化,曲线呈波状起伏。但是随着含水量的增加,泥岩的弹性模量及峰值强度均急剧降低,且峰值强度对应的应变值有随之增大的趋势。同时,在干燥或较少含水量情况下,应力—应变曲线在峰值强度后岩石表现为脆性和剪切破坏,具有明显的应变软化特征,且随着含水量的增加,峰值强度后岩石主要为塑性破坏,应变软化特征不明显。

水溶液对岩石变形与强度影响的原因除前述溶解作用外,另一原因是由于水的加入使分子活动能力增强,在岩石孔隙、裂隙中的液体(水)会产生孔隙压力,抵消一部分作用在岩石内部任意截面的总应力,即包括围岩应力和构造应力,使岩石的弹性屈服极限降低,易于塑性变形,同时还会降低岩石的抗剪强度,使岩石发生剪切破坏。

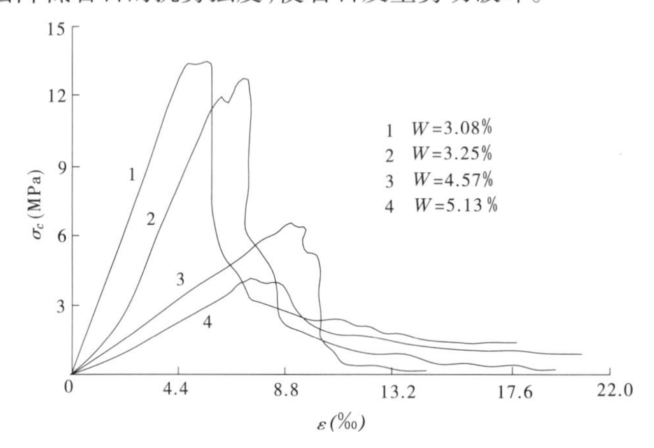

图 8-1 不同含水状态下泥岩全应力—应变曲线图

(据李成江资料,引自文献[2])

上述由于水的作用,从不同方向降低了矿床隔水底板的物理力学特征,消弱了隔水底板的阻隔功能,对抑制矿床突水具有不利影响。特别是对于夹沟矿床隔水顶底板多为黏土岩且含黏土矿物较多,又处于承压水强径流环境下,这种不利影响比较显著。

8.2.5.2 水压作用与承压水导高

一般情况下铝土矿床开采时,采掘工作面不会直接揭露其底板下伏灰岩强含水层,中间尚有黏土岩、铝土岩等不透水或弱透水岩层的阻隔。因此,下伏灰岩含水层承压水要进入采掘空间必须要有一种力突破隔水层或冲刷扩大其中弱透水裂隙,克服水在裂隙中的流动阻力。倘若下伏承压水的压力较小,完不成上述过程即不能形成矿床的突水;反之,倘若下伏承压水的压力较大,足以克服各类裂隙阻力,并对裂隙产生楔劈作用,使其逐渐形成强渗通道,便会导致矿床的突水。故可以看出,含水层高水头压力是引起矿床突水的一个重要因素,也是形成矿床底板下部承压水原始导高的根源。

承压水原始导高是指采动作用前矿床底板下伏含水层中的承压水沿着隔水底板中的原始裂隙或断裂破碎带上升的高度,即含水层顶面至承压水导升上限之间的部分。承压水原始导高的大小,对于矿床开采作用下是否引起突水以及难易程度和强度具有重要影响,是矿床突水预测预报工作需要考虑的一个重要因素。

由于影响承压水导高的因素较多,不同的影响因素,在同一矿床中的不同部位其导高发育程度将会不同。主要影响因素如下:

(1)底板中的原始裂隙。它们是导高发育的基础,特别是张性裂隙和张剪性裂隙,十分有利于导高的形成和发展。

(2)承压水水压。前已述及,水压力对底板中的原始裂隙具有楔劈及挤压破坏作用,而且随着水压的增加,这种作用程度亦跟着增强,承压水导高幅度随之增大。

(3)承压水水理性质及底板岩石矿物成分。由前面的分析可知,导高的发育可以看成是水—岩相互作用的结果。除上述水的楔劈及挤压破坏作用外,承压水的水理性质及岩石矿物成分对导高的发育影响亦较大。不同的pH值水、不同的岩石矿物成分则具有不同的溶蚀作用,因此也就具有不同的导高发育结果。通常在偏酸性环境中,以蒙脱石为主的黏土岩则容易溶解;而在偏碱性环境中,以高岭石为主的黏土岩则容易溶解。从夹沟矿床底板岩石水理性质和组成矿物成分来看,承压水pH值一般为7.2～7.8,主要组成矿物为水云母和高岭石。因此,具备较强的溶解环境,对导高的形成和发展具有重要的影响作用。

(4)含水层水流状态。导高一般在地下水的强径流带上发育,这是因为该带水流为紊流,而紊流不仅对底板及裂隙结构面具有良好的冲刷作用,而且还有利于将溶蚀产物及其冲刷下来的物质带走,有助于水对岩石的进一步溶蚀。故此,含水层水流状态对其导高的发育具有一定的影响。

(5)地下潮汐,即地下水水位的朝汐动态变幅。有研究结果表明,地下水和地表水一样亦具有潮汐现象。潮汐现象如同地下水紊流对裂隙有着冲刷作用,可促进导高的发育。

8.2.6 隔水底板厚度及埋深

8.2.6.1 隔水底板厚度

隔水底板厚度是矿床底板突水的一项重要制约因素。它依靠自身向下的重力影响和阻抗能力,对承压水的突出起到压盖隔挡的作用。水要突破隔水层或冲扩其弱透水的裂隙,必须要克服这种压盖隔挡的阻力。显然,隔水底板愈厚,阻力愈大,突水的可能性愈小。因此,隔水底板厚度越大,可承受的突水水压则越大,二者之间存在着一定的制约关系。

根据我国华北淄博、峰峰等地区煤矿床突水采区与安全采区的调查结果,若以突水时实际水压(P)为横坐标,以实际隔水底板厚度(h)为纵坐标,将凡是能够找到P、h两个可靠数据的突水点和地质条件类似、具有对比意义而没有出水的安全点标在图上,可以看到各个煤矿具有一个共同的规律,突水点均位于该图的右上方,安全点均位于左下方。如果将阻抗能力最低的各突水点连接起来,可以得到一条左下方明显凸出的弧形界线,见图8-2。这一界线表明,在一个或几个矿区,开采方法和地质条件相近时,一定的隔水底板厚度和一定的水压(包含矿压)之间具有一定的内在关系。因此,利用这种水压—隔水底板厚度曲线关系,对矿床突水的预测预报有着一定的指导作用和意义。

8.2.6.2 隔水底板埋藏深度

已有研究资料表明,同一隔水底板在不同的深度其隔水能力是有差异的,隔水底板埋深越大,则隔水能力越强;反之,隔水能力则弱。这是由于埋深愈大,底板承压压力愈大、裂隙宽度变小、密闭程度增加的缘故。

大量岩体结构面法向压缩实验资料显示,不同法向压力下裂隙宽度(t)服从下列规律:

$$t = t_0 - \Delta t = t_0 L^{-\frac{\sigma - P}{K_n}} \tag{8-4}$$

式中　t_0——法向压力$\sigma = 0$时的裂隙宽度;

L——裂隙扩展长度,m;

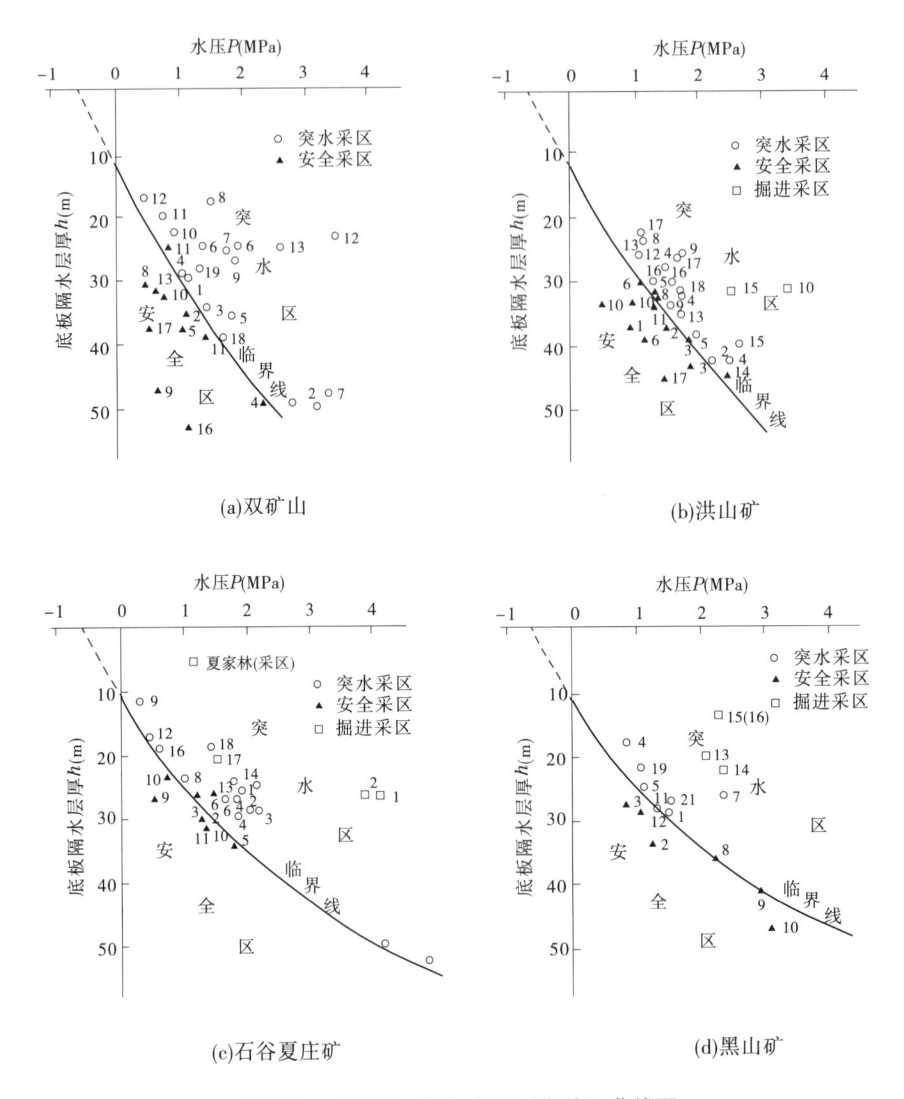

(a)双矿山 (b)洪山矿

(c)石谷夏庄矿 (d)黑山矿

图 8-2 水压与底板隔水层厚度关系曲线图

(据邵爱军等)

P——裂隙水静压力；

K_n——结构面法向压缩模量。

一般地讲，随着隔水底板岩体埋深的增加，则作用于结构面上的法向应力 σ 和水压力 P 都会增大。取铅直应力 $\sigma_{33}=PgH$，侧向水平压力 $\sigma_{11}=\sigma_{22}=\lambda\sigma_{33}$，$\lambda$ 为侧压系数，则作用于裂隙面上的法向有效压力为：

$$\sigma - P = \sigma_{ij}n_j n_i - P(\sigma_{11} - P)n_1^2 + (\sigma_{22} - P)n_2^2 + (\sigma_{33} - P)$$

$$= [(\lambda P - 1)(n_1^2 + n_2^2) + (P - 1)n_3^3]gh = ah \tag{8-5}$$

令 $\beta = a/K_n$，则变为：

$$t = t_0 L^{-\frac{ah}{K_n}} = t_0 L^{-\beta h} \tag{8-6}$$

由式 8-6 可见，隔水底板岩体的裂隙宽度（t）、埋深（h）之间存在负指数函数的关系。因此,隔水底板埋深越大,岩体的渗透性越差,阻隔水的性能则越好。

综合上述矿床顶底板隔水能力影响因素,可以得出如下结论:

(1)在影响矿床顶底板隔水能力的众多因素中隔水层的岩性及其物理力学性质、隔水层的厚度、隔水底板的原始导高及采动作用是主要因素,其次是隔水层的矿物成分、损伤状态及其埋藏深度。在影响导高及突水的诸多因素中,隔水底板中的原始裂隙及承压水水压是其主要影响因素。

(2)隔水层隔水能力是多种因素共同作用的结果,但在不同的矿床地质、水文地质环境下,各因素所起作用大小则不同。因此,具体工作时,要重视对主要影响因素的梳理和研究。同时,亦不能忽视对次要因素的考虑和分析。

(3)矿床隔水层隔水能力的综合分析与研究,是科学开展矿床突水预测预报的基础,它对于获取准确的突水预测预报结果具有重要的作用。

8.3　矿床(底板)突水的预测预报

8.3.1　矿床(底板)突水预测预报方法概述

鉴于我国华北地台区铝土矿床开采工作的实际需要,这里矿床突水预测预报主要针对底板突水进行。

矿床底板突水预测预报及其方法的选取有赖于对突水机理及其前述各种影响因素的研究。目前,从煤类矿床等来看,采用的主流预测预报方法有:突水系数法、“下三带”理论方法,之外,还有“下四带”理论、阻水系数法、突水指数法、经验公式法以及模糊数学法、神经网络法、地理信息系统(GIS)及多源信息复合方法等。上述一些方法在前面有关章节中已有介绍,下面仅就这些方法的主要内容概述如下。

8.3.1.1　**突水系数法**

该方法是根据矿床底板隔水层厚度与下伏承压水水压之间的关系,并通过与大量地区实测资料对比判断后进行突水预测预报的。公式如下。

$$T_s = \frac{P_w}{M} \tag{8-7}$$

式中　T_s——突水系数;

P_w——含水层水压,MPa;

M——隔水层厚度,m。

该式简便,物理意义表达明确。我国煤炭系统1984年颁布的《矿井水文地质规程》(试行)中将其作为一种主要的推荐方法。目前,在不少煤矿地区已取得众多的实际经验值可供参考。

8.3.1.2　**“下三带”理论**

该理论认为,像采动覆岩一样,矿床底板同样存在着三带,即底板采动破坏带、完整隔水岩层带和承压水导高带。各带的含义见前面章节,不再赘述,这里仅就我国煤矿系统总结运用的各带确定方法简述如下。

8.3.1.2.1　底板采动破坏带

(1)经验公式估算法。从我国煤矿床大量现场实测研究结果来看,底板隔水岩层采动破坏深度与工作面的宽度有下列关系:

$$h_1 = 0.7007 + 0.1079L \tag{8-8}$$

或

$$h_1 = 0.303\ L^{0.8} \tag{8-9}$$

式中　h_1——底板采动破坏带深度,m;

L——开采工作面斜长,m。

(2)理论计算法。根据不同理论假设与强度准则,底板采动破坏带深度有如下计算公式,可比较其结果,实际运用时取最大值。

①由断裂力学及 Mohr - CouLomb 破坏准则进行确定:

$$h_1 = \frac{1.57\gamma^2 H^2 L}{4\sigma_c^2} \tag{8-10}$$

②由弹性力学及 Mohr - CouLomb 破坏准则进行确定:

$$h_1 = \frac{(n+1)H}{2\pi}\left(\frac{2\sqrt{K}}{K-1} - \cos^{-1}\frac{K-1}{K+1}\right) - \frac{\sigma_c}{\gamma(K-1)} \tag{8-11}$$

③由塑性理论及 Mohr - CouLomb 破坏准则进行确定:

$$h_1 = \frac{0.015H\cos\varphi_0}{2\cos\left(\frac{\pi}{4}+\frac{\varphi_0}{2}\right)}\exp\left(\frac{\pi}{4}+\frac{\varphi_0}{2}\right)\tan\varphi_0 \tag{8-12}$$

式中　γ——底板岩体平均容重,kN/ m³;

H——采深,m;

h_1——底板采动破坏带深度,m;

L——工作面斜长,m;

σ_c——岩体单轴抗压强度,MPa;

φ_0——岩体内摩擦角,(°);

K——最大应力集中系数,$K = \frac{1+\sin\varphi_0}{1-\sin\varphi_0}$。

除上述方法外,尚有现场实测、经验估算、物探探测等方法。

8.3.1.2.2　承压水导高带

承压水原始导高带的确定一般采用现场探测的方法,如钻孔统计法和物探法等。其中,钻孔统计是一种简便易行的方法。在有较多钻孔资料的情况下,可获得导高带分布的整体图像。当缺少钻孔资料时,可采用井下物探,如电法、地质雷达等探测底板的含水性,从而确定出原始导高带的大致范围。

根据煤矿开采条件下的探测结果,承压水在采动作用下可以再进一步的导高。导升的高度可以通过钻探、物探、超声波等进行探测确定,即分别在采动前探测出原始的导高和在采动过程中及采后重复探测观察,比较前后的探测结果便可确定出承压水再导升的高度。承压水的再导升与底板隔水层厚度及其力学性质、工作面斜长,顶板管理方式及含水层水头压力等因素有关。理论分析结果表明,采动引起的承压水再导升高度与若干因素存在如下的关系:

$$h_3^1 = \frac{\sqrt{\gamma^2 + 2A(P_w - \gamma h_1)\sigma_T} - \gamma h}{A\sigma_T} \tag{8-13}$$

$$A = \frac{12L_x}{L_x^2\left(\sqrt{L + 3L_x^2} - L_y\right)^2}$$

式中 h_3^1——底板采动承压水导升高度,m;

h——底板岩层总厚度,m;

γ——底板岩层平均容重,kN/ m³;

P_w——作用于该区底部的水压,MPa;

σ_T——底板岩体抗拉强度,MPa;

L_x——工作面斜长,m;

L_y——沿推进方向采面至采空区压实区的距离,m。

总的承压水导高带是其原始导高带与采动导高带之和。

8.3.1.2.3 有效隔水层保护带

当矿床底板(h)采动破坏带(h_1)与承压水导升带高度(h_3)确定之后,其底板有效隔水层保护带的厚度(h_2)便可确定出,即:

$$h_2 = h - (h_1 + h_3) \tag{8-14}$$

上述三带确定后,当 $h > h_1 + h_3$ 时,则表明采动破坏与承压水水压破坏未能使底板隔水岩层形成贯通的破裂,这时底板隔水层保护带(h_2)仍然存在,底板不会发生突水。

当 $h \leqslant h_1 + h_3$ 时,则表明采动破坏与承压水水压破坏作用已使底板隔水岩层(h)形成贯通的破裂,即底板隔水层保护带(h_2)已不存在,这种情况下,底板则要发生突水。

8.3.1.3 “下四带“理论

施龙青等人认为,虽然上述“下三带“理论比较符合矿床采动条件下底板破坏和突水规律以及底板阻水性能的实际,在生产实践及科研中得到了较为广泛的应用,但在理论上尚有待于深入研究。应当在考虑矿床底板原始损伤的基础上,结合“以岩层运动为中心”的实用矿山压力控制理论,对 h_1 进行理论分析和计算,对保护层(h_2)阻力能力的评价需考虑损伤的影响。为此,他们从现代损伤力学及断裂力学理论出发,提出采场底板“下四带”的理论。其各带的基本含义、各带厚度的确定计算过程参见有关文献,这里不再详述。

根据采场底板组成的“四带“理论,无断裂构造影响时,底板突水与否的判断依据为:

(1)若 $h_3 \neq 0$,则不突水。

(2)若 $h_3 = 0, h_2 \neq 0$,且 $P < \sigma(1-D)$,则不突水。其中,P 为水压,σ 为损伤底板岩石抗压强度,D 为底板损伤变量。

(3)若 $h_3 = 0, h_2 \neq 0$,且 $P > \sigma(1-D)$,则突水。

(4)若 $h_3 = 0, h_2 = 0$,则突水。

8.3.1.4 阻水系数法

阻水系数法,即水岩应力关系法。它是通过现场底板钻孔水压致裂法测试底板岩层的平均阻水能力进行突水预测预报的,计算公式为:

$$Z = \frac{P_c}{R} \tag{8-15}$$

式中 Z——阻水系数；

R——裂缝扩展半径，由现场实测获得，也可取经验值，一般取 $R=40\sim50$m；

P_c——岩体破裂压力，MPa，与地应力和岩体抗拉强度有关，即：

$$P_c = 3\sigma_2 - \sigma_1 + \sigma_T - P_0 \tag{8-16}$$

式中 σ_1、σ_2——底板岩体中最大、最小水平主应力；

σ_T——岩体抗拉强度，MPa；

P_0——岩体孔隙水压力(值小时可忽略不计)。

利用阻水系数法预测预报底板突水性的原则是：

(1)若岩石破裂压力大于水压($P_c > P_w$)，则不发生突水；

(2)若 $P_c < P_w$，则用水压(P_w)与有效保护层总阻水能力($Z_{总} = Zh_2$)比较。如果 $Z_{总} > P_w$，则不突水；否则，有可能突水。

前人以实际突水统计资料为基础，用单位隔水层厚度所承受的临界水压值，作为底板含水层降压的安全水头值，指出：中、粗砂岩阻水能力为 0.3～0.5MPa/m，细砂岩为 0.3 MPa/m，粉砂岩为 0.2MPa/m，泥岩为 0.1～0.3MPa/m，石灰岩约 0.4MPa/m。对于断层带，因其中充填物性质与胶结密实程度不同，阻水能力变化很大，按弱强度充填物考虑，其阻水能力为 0.05～0.1MPa/m。

8.3.1.5 突水指数法及突水概率指数法

突水指数法是综合考虑影响保护层阻水能力的各种因素，如厚度、岩性、岩石物理力学性质、裂隙发育程度、承压水压力等，采取单因素分析、综合确定的原则，建立突水指数与各相关因素的关系式，进而开展突水预测预报工作。

施龙青等以肥城煤田为例，采用突水概率指数法对采场底板突水进行了预测预报的研究。该方法是基于大量的采场底板突水案例分析，找出导致矿床底板突水的主要因素；根据各种因素在底板突水中起的作用大小，利用概率统计法及专家经验法确定各种因素在底板突水中占的权重，建立计算突水概率指数的数学模型；将模型应用到已有的突水案例中，计算出各个突水案例的突水概率指数；再用概率统计的方法，预测某种突水概率指数下突水的可能性大小及突水程度的高低。具体步骤如下：

(1)通过对大量突水资料的分析，找出导致矿床底板突水的主要因素，如含水层的富水性、地质构造的发育情况等。

(2)找出主要因素的次级影响因素，如影响地质构造发育情况的次级影响因素有断层、褶皱等。

(3)找出次级影响因素的基本影响因素，如断层落差、倾角等。如果进一步细化，则依次类推。

(4)通过对突水资料的分类统计求出各种影响因素的概率指数。例如，以突水通道形式来划分，在 100 个突水案例中，有 60 个是由于断层引起的，有 40 个是由于裂隙引起的，则在计算构造概率指数时，如果是由断层和裂隙两大因素构成，则断层在概率指数计算中占的权重为 0.6(60%)，即断层指数为 0.6；裂隙在构造概率指数计算中占的权重为 0.4(40%)，即裂隙指数为 0.4。对于无法通过突水资料的分类统计求出概率指数的某种影响因素，其概率指数由专家打分给定。例如，含水层的富水性现场分为强、较强、较弱、弱，专家结合现场经验,给出对应的概率指数为 1、0.8、0.6、0.4。需要指出的是,这种方法应尽量通过突水资料的分类统计求取各种影响因素的概率指数。

(5)建立求取突水概率指数的数学模型,最简单的是用赋权求和模型。

(6)将所有的突水案例带入所建立的数学模型,求出各案例的突水概率指数,以案例最小的突水概率指数作为预测是否发生突水的标准。

(7)依据案例的突水概率指数的统计,求出各种情况下的某突水程度发生的概率。

施龙青等认为,利用突水概率指数法预测预报矿床底板突水的准确性及可靠性受到两个重要因素的影响:一是影响底板突水的各种因素;二是计算突水概率指数的数学模型。

不同地区,影响矿床突水的因素是不一样的,即使一样,各种因素在不同的矿区所占的权重也不会一样。例如,在构造简单的矿区,构造因素在底板突水中所起的作用有可能不如矿山压力因素所起的作用大,则前者在突水概率指数计算中所占的权重就不如后者。

另外,影响某一突水因素的次级参数的选择,亦必须具体问题具体分析。例如,肥城煤田考虑隔水层的厚度参数时,之所以取 18m 为厚度权重 1.0 和 0.4 的界线,是因为该煤田下组煤隔水底板的平均厚度为 18m,而该煤田的防治水工作主要是针对下组煤的开采进行的。

计算突水概率指数的数学模型在不同的矿区,其表达方式不一定相同,在同一个矿区不同的水文地质单元也不一样。一个计算突水概率数学模型的最终确定,必须经过多次调整和验证。所建立的计算突水概率指数的数学模型是否合理的判断方法是:将现有的突水案例带入数学模型,检查所得的结果与实际是否相符。例如,在肥城煤田,当突水概率指数大于 0.8 时,大、中型突水的概率为 75%,如果这一预报的准确率还不到 50%,则反映计算突水概率指数的数学模型不合理,需要修改。

8.3.1.6　模式识别法

该方法是首先利用大量已开采矿床的多种水文地质资料构成模式分类的训练样本集,对待定的判别函数进行训练,确定出对训练样本有最优分类结果的分类器。然后,对分类器进行准确性和可靠性的遍历检验。最后,将被检验有高准确性和稳定性的分类器作为预测器,对待开采矿床进行突水的预测预报。

陈秦生等利用此方法,采集了华北地区不同煤矿的 181 个矿坑的水文地质资料,构成训练样本集。经对贝叶斯分类法及指数函数分类法进行训练,确定出的预测器其准确率大于 90%,可靠性优于 89%。

模式识别方法是建立在有大量实际数据的统计基础上的,在缺乏矿床水文地质突水动力学的物理数学模型的情况下,不失为一种有希望的预测预报的方法。

8.3.1.7　地理信息系统及多元信息拟合法

地理信息系统(GeograPhic Information System,即 GIS)是管理和研究空间数据的技术系统。目前,国际上比较流行的地理信息系统软件有 PC-ARC/INFO,该软件由描述地图特征和拓扑关系的 ARC 系统及记录属性数据的关系数据库管理系统 INFO 有机结合而成。20 世纪 80 年代末、90 年代初,中国矿业大学张大顺、郑世书等受美国伊利诺斯州某公司利用地理信息系统预测煤矿采空区地面沉降和塌陷的启发,将地理信息系统引入煤矿突水的预测预报研究中,取得了较好的运用效果。之后,不少人进行了试用和研究。例如,孙苏南、曹中初等以峰峰第二煤矿小青采区为例,运用该法开展了煤床底板突水的预测预报工作。

其基本的方法和步骤为：

(1)矿区水文地质条件及突水因素的分析。

(2)数据的采集与处理。包括数据的采集与量化、专题图件如隔水层有效厚度等值线图等的生成、图件的编辑与配准及多因素复合的处理。

(3)突水模式的建立。多因素复合以后,即可根据突水机理构建初始数学模型。应用ARC/INFO的模型分析功能,通过反复拟合运算,不断调整参数,修改模型,逐渐逼近目标,最终建立起能反映矿床开采的底板突水的模式。

(4)突水的预测预报。运用PC－ARC/INFO地理信息系统对矿床底板突水进行预测预报。

王永红等利用遥感技术中的多源信息复合方法和地理信息系统技术对焦作煤矿底板突水开展了较为深入的研究。

所谓多源信息复合是指同一区域由多种信息之间的匹配处理。这包括空间配准和内容处理两个方面,从而在统一的地理坐标系统下构成一组新的空间信息、一种新的合成图像。信息复合的目的是为了突出有用的专题信息,消除或抑制无关的信息,以改善目标识别的图像环境。王永红等认为,多源信息复合并非几种信息的简单叠加,而往往可以得到原先几种信息所无法提供的新信息。正因为如此,有效的多源信息复合十分有助于提取各种有用的信息,有助于更可靠地阐述矿床地质、水文地质各要素之间的相互关系、赋存条件及演变规律等,能较好地满足地学分析及各种专题研究的需要,这也就是选用多源信息复合方法开展矿床底板突水预测预报研究的初衷与出发点。

多源信息复合的方法,就是在地理信息系统,如ARC/INFO的支持下,应用信息复合的方法构造一个包括多个变量的、具有实际物理意义的数学模型,即把多种因素以多个变量形式组合在一个模型里,以反映多因素对底板突水的综合作用,进而进行突水的预测预报工作。

ARC/INFO的分析功能是实现多源信息拟合的基础,矿山人员可根据需要构造各种初始模型,而后由系统进行拟合处理,根据拟合的情况对模型加以修改或调整,最后得到实用的数学模型。

应用多源信息复合的方法进行突水预测预报,必须以GIS的基本功能为基础,要首先在矿床突水的水文地质条件分析的基础上,提出影响突水的各个因素。每个因素编制出一幅专题图,形成一个信息存储层。经编辑后,先做单因素分析,选取影响突水的主要因素,然后再将主要因素配准复合,形成一个复合后的信息存储层。在此基础上构造数学模型进行拟合分析,建立突水模式,从而做出突水的预测预报。

8.3.1.8 经验公式法

该法是指一些矿区,主要是以往一些煤矿区根据开采过程中,底板承受的极限水压(P)与隔水层厚度(h)之间的关系,经统计归纳出的方程式,以此作为底板水预测预报的依据。例如我国煤矿地区总结的经验公式有：

(1)峰峰矿区　　$P=0.0006h^2+0.026h$

(2)淄博矿区：

①黑山矿　　$P=0.00177h^2+0.015h-0.43$

②洪山矿和寨里矿　　$P=0.001h^2+0.015h-0.158$

③石谷矿和夏庄矿　$P=0.0016h^2+0.015h-0.03$

④双山矿和阜村矿　$P=0.0008h^2+0.015h-0.168$

(3)焦作矿区　$P=0.0017h^2+0.025h+0.33$

除上述预测预报方法外,还有一些学者提出了具有一定应用价值的方法和公式。例如,长春地质学院胡宽瑢(1981)提出的利用能量平衡和曲线拟合的方法确定突水的临界水压方程,以及中国科学院地质研究所许学汉(1991)应用工程地质力学理论与方法研究煤矿突水预测预报问题等。近十多年来,更是有不少青年学者结合工作实际,分别采用模糊数学、灰色控制理论、神经网络、专家系统以及突变歧点等方法,开展了矿床突水预测预报的研究。做为一种方法和尝试,应该说其研究结果是有一定参考价值的。

8.3.2　矿床(底板)突水预测预报的初步研究

8.3.2.1　以往矿床(底板)突水预测预报方法的适宜性分析

上述矿床突水预测预报方法多是依据国内外煤矿床突水研究而建立起来的,它们中目前比较成熟的和实际应用较多的主要有"突水系数"法和"下三带"理论的方法,其次为"经验公式"法。而众多的其他预测预报的方法,目前尚处于探索和尝试阶段,多作为一种参考的方法,其预测预报结果通常需要同这几种方法得到的结果进行对比分析后而确定。因此看出,这几种方法是当今煤类矿床突水预测预报的主流方法,对于华北地台型铝土矿床突水的预测预报工作具有重要的借鉴和指导作用。

然而,同煤矿床相比,铝土矿床的赋存条件与之既有相似的一面,又有不同的一面。相似的是,煤系矿床和铝系矿床紧密相邻,且均位于奥陶—寒武系等灰岩强含水层(组)之上,它们具有一定类似的外部突水环境;而不同的是,铝系矿床距离奥陶—寒武系灰岩强含水层(组)更近,二者之间彼此直接接触,铝土矿床的直接底板,即黏土岩、铁质黏土岩、铝土岩层与其下伏奥陶—寒武系灰岩强含水层(组)直接接触。因此,铝土矿床发生突水的具体条件和机理同煤矿床相比,又会存在一定的差异和不同。总的来讲,铝土矿床发生突水的形势更加严峻。这也就意味着前人建立在煤矿床突水机理研究基础上的预测预报方法,尤其是定量评价公式及其相应的判别指标体系等,不适宜全盘直接移植应用到铝土矿床突水的预测预报工作中来。特别是迄今为止,面对国内仅有的一例铝土矿床突水而言,必要的判别指标体系无从谈起,诸如"突水系数"法、"经验公式"法等是无法使用的。

而且从目前国内仅有的一例铝土矿床突水状况来看,由于矿床底板有效隔水保护层已不存在,矿床底板上部采动破坏带与下部水压破坏带已沟通和交叉,导致各带厚度的确定存在困难,这也使得"下三带"理论方法的应用受到限制。同时,由于该理论或改进后的该理论方法尚不够完善,尤其是一些分带基本参数的测量十分复杂,费用比较昂贵,现场可操作性差,不便于一线工程技术人员的掌握与应用。

针对上述矿床(底板)突水预测预报存在的困难和问题,笔者总结提出一种较为实用的、过渡性方法——"视隔水层厚度"预测预报的方法,以解目前夹沟铝土矿区开采过程中突水预测预报工作的急需。随着铝土矿床突水实例的增加和对矿床突水机理研究的深入,我们在借鉴煤矿床预测预报方法和经验的基础上,逐步总结建立一套符合铝土矿床突水实际的预测预报的方法,包括突水判别评价指标体系等。

8.3.2.2　夹沟矿床底板突水的预测预报

综合分析夹沟矿床突水机理及其各种影响因素不难看出，影响夹沟矿床突水的作用因素复杂，作用方式和途径多种多样。如果在预测预报时把它们全都考虑进去，将会使得预测预报工作变得极其复杂，甚至是不可行的。为了简明扼要，突出主要因素，且方便现场人员的使用管理，我们需要将这些作用因素进行分类，从中筛选出关键性的、主要的作用因素，忽略一些次要的或派生导出性因素，只有这样才能寻求到较为准确的、符合客观实际的预测预报途径和方法。

上述各种作用因素，从作用性质而言，可分为两大类：一类为致突作用因素——致突作用力，包括矿床采动破坏作用、承压水水压作用，构造应力作用，溶蚀扩容（裂）作用等；另一类为约束作用因素——阻突约束力，包括隔水岩层岩性条件、物理力学强度、分布厚度及其埋藏状况等。前者致突作用力中，矿床采动破坏作用力与承压水水压作用力当是主要的、关键的致突作用因素。而构造应力作用虽然不可忽视，但它在致突时，一般是通过采动卸荷作用和水压作用对外表现出来的，而溶蚀扩容（裂）作用，通常也是在水压作用下进行的。因此，这里可以将构造应力作用因素、溶蚀扩容作用因素视为一些次要因素或派生导出性因素予以忽略处理；后者阻突约束力中，隔水岩层厚度与物理力学强度即隔水岩层重力及其抗张能力是其主要的、关键性的阻突作用因素。像隔水岩层岩性条件（包括岩性组合及岩石矿物成分）、分布厚度及其他物理力学强度等作用因素，均隐含或显示在隔水岩层重力及抗张能力之中。

由上看出，致突作用力中采动作用力和水头压力是破坏隔水底板完整性、产生导水裂隙或使原生裂隙活化的关键性因素；而阻突约束力中隔水岩层（底板）重力及强度则是维护隔水岩层（底板）的完整性、阻抗底板突水的关键性因素。当阻突约束力足以平衡致突作用力时，矿床底板保持稳定，不会发生突水；否则，当阻突约束力不足以平衡或抵抗致突作用力时，矿床底板就会发生破裂，导致底板突水。故此，夹沟矿床未来开采条件下底板突水预测预报将紧紧抓住这一对矛盾展开工作。具体方法和原理如下。

（1）将 2003 年，即丰水年期间，矿床开采至 266m 标高、采场底板始见突水前的实际隔水底板厚度 15.25m（参见夹沟铝土矿床代表地段地质柱状图）作为该矿区丰水年时预留临界安全隔水层厚度。本次研究将其称之为临界“视隔水层厚度”，它是致突作用力——矿床采动破坏作用力和矿床底板下伏奥陶—寒武系灰岩承压水水压作用力与阻突约束力——矿床底板黏土岩、铁质黏土岩及铝土岩等隔水岩层强度和重力作用临界平衡的结果，是各种致突作用因素和阻突约束因素作用的综合反映。

（2）由于不同气象年份，矿床底板下伏奥陶—寒武系灰岩承压水位及水压将发生变化。因此，这就需要矿床底板阻突约束重力及时作出响应和调整，方可平衡或补偿水压作用变化的影响，进而抑制矿床底板的突水。在这里，矿床底板采动破坏作用和底板隔水岩层强度二因素可视为恒定作用而不发生变化，只需考虑水压力作用变化与底板隔水岩层重力作用变化二因素。

根据力学平衡原理可知，矿床底板隔水岩层重力与底板下伏灰岩承压水水头压力之间需遵守下列平衡的关系：

$$H\gamma = h\gamma_0 \tag{8-17}$$

式中　H——C_2 矿床底板视隔水层厚度，m；

γ——矿床底板隔水岩层岩石重度,kN/m^3,计算时按黏土岩、铁质黏土岩、铝土岩等各岩性层厚度加权平均取值;

γ_0——矿床底板下伏奥陶、寒武系($O_2+\in_{2+3}$)承压含水层(组)水重度,kN/m^3,这里承压水的密度压缩因素影响忽略不计;

h——矿床底板下伏奥陶、寒武系($O_2+\in_{2+3}$)承压含水层(组)水头高于含水层(组)顶板的高度,m,参见图 8-3。

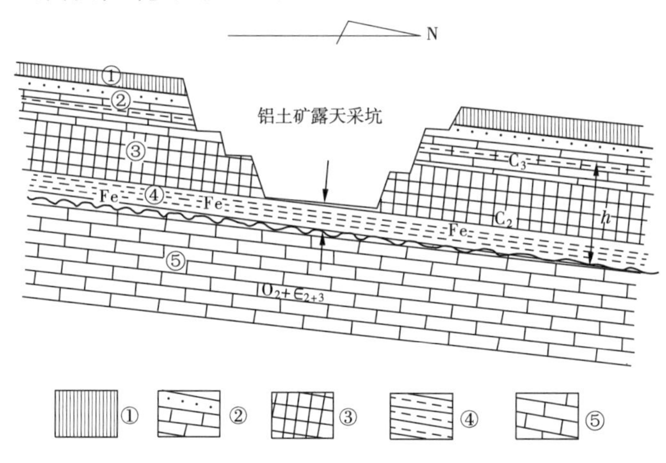

图 8-3　夹沟矿床采场底板预留隔水层厚度示意图

①第四系黄土、黄土状土;②石炭系上统灰岩、砂岩等;③石炭系中统铝土矿隔水层;
④石炭系中统底部铁质黏土岩隔水层;⑤矿床底板奥陶系、寒武系中、上统裂隙岩溶含水岩组

由式(8-17)可知,矿床开采过程中预留安全隔水层厚度应为:

$$H=\frac{\gamma_0}{\gamma}\cdot h \tag{8-18}$$

当:$H\geqslant\frac{\gamma_0}{\gamma}\cdot h$ 时,矿床底板保持稳定状态,不会发生破裂沟通和底板的突水;反之,矿床底板将遭到致裂破坏与沟通,发生底板的突水。

(3)利用式(8-18),取丰水年期间、矿床底板采场始见突水前下伏奥陶、寒武系($O_2+\in_{2+3}$)承压含水层(组)水头(高出该含水层顶板部分)的高度,即

$$h_{丰}=\frac{\gamma}{\gamma_0}\cdot H \tag{8-19}$$

代入数据后,得 $h_{丰}=42.69$m。该值同实测结果 39.96m 接近,表明计算结果比较可靠。

然后,再由矿区临近该岩溶地下水位动态监测资料可获得平水年及枯水年期间承压含水层(组)水头高度应分别为:

$$h_{平}=29.59\text{m}$$

$$h_{枯}=25.83\text{m}$$

据此,计算出未来夹沟矿区开采遇平、枯水年时,矿床底板预留安全隔水岩层厚度应分别≥10.57m 和 9.23m。

综上所述,矿床突水预测预报结果如下:未来夹沟矿区开采遭遇丰、平、枯气象年时,当矿床底板预留安全隔水岩层厚度分别为:

$$H_{丰} \geqslant 15.25\text{m}$$
$$H_{平} \geqslant 10.57\text{m}$$
$$H_{枯} \geqslant 9.23\text{m}$$

时,可保障矿床安全地开采,不会发生矿床底板的突水;反之,矿床底板有发生突水的危险。对此,未来矿区各地段开采过程中,应引起高度重视。要严格矿床底板的管理,加强采掘过程中超前探测工作,确保矿床底板预留安全隔水岩层厚度满足其要求。必要时,局部地段可牺牲部分隔水矿体,以补偿天然底板黏土岩、铁质黏土岩、铝土岩等隔水岩层厚度的不足。要树立"以防为主,防重于治"的安全开采理念,避免"亡羊补牢"和造成更大的损失、甚至不可挽回的局面。

需要强调指出的是,以上预测预报结果是以矿区正常地质、水文地质条件为前提的。由于矿区客观的地质、水文地质条件十分复杂,特别是隐伏断裂构造、岩溶陷落柱、岩溶凸起柱的存在,都可能成为潜在的极其重要的致突作用因素。这时,矿床底板预留安全隔水层厚度不再遵循上述预测预报的关系。对此,采掘现场应加强矿床底板及其下伏岩溶含水岩(组)地质、水文地质异常体的探查,以及采用针对性的监测手段进行实时的监控与预警。

参 考 文 献

[1] 温同想,王艺生,王富生,等 . 河南省偃师县夹沟铝土矿区详细勘探地质报告[R]. 郑州:河南省地质局地调二队,1983.
[2] 彭苏萍,孟召平 . 矿井工程地质理论与实践[M]. 北京:地质出版社, 2002.
[3] 王永红,沈文 . 中国煤矿水害预防及治理[M]. 北京:煤炭工业出版社, 1996.
[4] 邵爱军,刘唐生,邵太升,等 . 煤矿地下水与底板突水[M]. 北京:地震出版社, 2001.
[5] 施龙青,韩进,宋扬,等 . 用突水概率指数法预测采场底板突水[J]. 中国矿业大学学报, 1999,28(5).
[6] 施龙青,尹增德,刘永法 . 煤矿底板损伤突水模型[J]. 焦作工学院学报,1998,17(6).
[7] 施龙青,张东,尹增德 . 隔水底板应力溶蚀机理[J]. 焦作工学院学报,1999,18(1).
[8] 施龙青,宋振骐 . 采场底板"四带"划分理论研究[J]. 焦作工学院学报,2000,19(4).
[9] 陈秦生,蔡元龙 . 用模式识别方法预测煤矿突水[J]. 煤炭学报,15(4).
[10] 孙苏南,曹中初,郑世书 . 利用地理信息系统预测煤矿底板突水[J]. 煤田地质与勘探, 1996(6).
[11] 施龙青,娄华君 . 肥城煤田下组煤底板隔水能力影响因素分析[J]. 煤田地质与勘探,1998,26(2).
[12] 施龙青,韩进 . 底板突水机理及预测预报[M]. 江苏:中国矿业大学出版社, 2004.
[13] 武汉地质学院矿物教研室. 结晶学及矿物学[M](上、下册). 北京:地质出版社,1978.
[14] 孙维林,王铁景,刘庆旺 . 黏土理化性能[M]. 北京:地质出版社,1992.
[15] 张金才,刘天泉 . 论煤层底板采动裂隙带的深度及分布特征[J]. 煤炭学报,1990,15(2).

下篇　矿床突水防治方法与技术

第 9 章　矿床突水防治现状与策略

9.1　国内外矿床突水防治工作现状

矿床突水灾害是包括铝土矿山在内的各类矿山的主要灾害之一，长期以来，因矿山突水危害而给国家和人民带来的人员伤亡和经济损失极为惨重。据不完全统计，在过去的 20 多年里，仅我国煤矿就发生严重的突水事故 250 多起，死亡 1 700 多人，经济损失高达 350 多亿元。就煤矿突水情况而论，具有如下二方面的明显特点：①灾难性突水主要来源于煤田底板高承压岩溶含水岩组水，以及废弃小煤窑积水；②突水来源途径主要有三个，一是隐伏导水岩溶陷落柱，二是导水断层，三是导通老空水或地表水溃入。

同煤矿床情况相比，铝土矿床突水在许多方面具有相似性。而且，由于铝土矿床的空间分布位置，平面上多在背、向斜翼部地带，断层、裂隙较为发育；垂向上矿床距下伏寒武、奥陶系高承压岩溶强含水层（组）更近，中间仅有一层厚薄不均的黏土岩、铁质黏土岩、铝土岩等相隔，局部地带甚至受岩溶古侵蚀凹凸面的影响，铝土矿层直接与下伏岩溶强含水层接触。加之该岩溶强含水层岩溶、孔洞十分发育，岩溶陷落柱等不良地质体的存在，这就客观上决定了铝土矿床开采将会面临着更大的底板承压岩溶强含水层水的威胁和危害，是继煤矿之外的另一种主要的突水矿床。因此，以我国首例夹沟突水矿床为靶区，及时开展防治方法与技术的研究显得十分必要，它是我国各类矿山以往防治水工作的延伸和完善。

9.1.1　国外矿床突水防治工作现状

目前，国外矿床突水防治工作主要采用主动防护法，即多采用预先疏干的方法。为了适应各类矿山预先疏干工作的需求，一些厂家专门研究生产了扬程高达 1 000m、每小时排水量达 5 000m^3、功率 2 000kW 的潜水泵等排水设备，并逐渐采用了电脑控制的系统。

在强排的基础上，国外也加强了相关配套和辅助方法的应用研究。这方面的工作主要是堵水截流的方法，如一些国家利用挖沟机在松散层中修建隔水帷幕，配合疏干排水工作等。前苏联认为建造隔水帷幕是今后疏干研究工作的重要方向之一。但是，迄今为止国外还没有在岩溶突水含水层中建造大型帷幕的实例。

为充分利用隔水层的作用，最大限度减少排水量，国外也正在对矿床底板隔水层的防突机理进行综合研究，有关突水预测预报工作也得到了加强。目前，国外对于矿床顶底板突水预测预报的方法主要有统计学的方法、突变论的方法和现场试验，如水力压裂法等。

在矿床开采防治水探测方法方面，国外较为重视，探测方法研究主要以地球物理探测方法为主。例如德国、英国、美国等国利用槽波地震法对落差大于煤层厚度的断层进行探测研究，以及采用井下数字地震仪探测岩层中的应力分布等；日本利用瑞利波探测不同深度岩、矿层及其中的构造、洞穴地质体等；前苏联利用无线电波于钻孔中对矿床顶、底板岩溶发育层（带）进行超前探测研究等。

就总体而言,国外关于矿床突水防治方法方面的研究,多以超前探测方法,尤其是地球物理探测方法研究为主。在矿床突水机理研究和预测预报方面进展速度缓慢。有关矿床突水工程防治方法主要是以预先疏干排水法为主,辅以必要的堵水截流方法。除此之外,其他矿床防治方法研究和应用的不多,在该方面显得比较薄弱。

9.1.2　国内矿床突水防治工作现状

20世纪60年代以前,我国矿山突水防治方法主要沿用国外主动疏干的方法。在矿床突水机理及预测预报研究方面亦多采用前苏联的方法,有关矿床开采超前探水方法,大多是对国外成果的直接引进和利用,缺乏自主研发性工作。

20世纪70年代尤其是80年代后,随着我国经济建设的飞速发展,对能源、矿产开发提出了更高的要求,一大批规模大、埋藏深、水文地质条件复杂、安全开采技术难度高的矿山相继建成投产,遂引发了一系列严重的矿山突水事故。为了保障矿山安全的开采,有关产、学、研单位积极联合,组成科技攻关组,就矿床突水防治方法与技术展开了规模空前的研究,取得了一大批研究成果,收到了较好的防治效果,主要表现在下述三个方面:

(1)在矿床突水机理及预测预报研究方面,曾先后提出了“突水系数”、“等效隔水层”和底板隔水层中存在“原始导高”等概念。经过多年的试验、观测与研究,认为底板突水机理是含水层富水性、隔水层厚度及其存在的天然裂隙与水压、矿压等因素综合作用的结果。提出了厚层灰岩的富水性及水压是发生突水灾害的基础,顶底板隔水层的厚度及岩性特征在突水中起阻突制约作用,采动破坏是引起突水的致突诱导因素,断裂构造、包括岩溶陷落柱等是发生突水的关键因素。对矿床突水的预测分析采用了统计学的方法、力学平衡的方法、能量平衡的方法以及下三带理论计算的方法等,研究建立了一些预测数学模型,取得了较好的预防效果。

(2)在矿床开采探放水工作方面,通过引进、吸收国外探测技术和方法,开始着手自主研发矿床突水超前探测的技术,如坑道透视技术、井下物探技术、矿井地质雷达技术、高精度重磁探测技术和直流电场层析成像技术等。并广泛运用同位素技术、水化学方法等于矿床突水水源和突水通道的超前探测预报中,起到了良好的预防作用。

(3)在矿床突水防治工程技术方法方面,初步形成了一套以矿床突水机理预测研究和矿床开采超前探测预报为基础的、因地制宜优化运用疏干降压、注浆改造含水层的富水性、创建隔水帷幕、合理留设断层防水矿柱、注浆加固隔水底板、分区隔离开采、坑道隔离闸室控制以及合理增大矿床排水能力等综合防治的方法和体系。其中,疏干降压是我国各类矿山防治水工作的一项主要方法,除普遍采用经常性的疏干排水方法外,还先后进行了预先疏干降压方法的应用试验工作。除疏干降压方法外,注浆堵水截流方法亦是我国矿山防治工作另一项重要的方法。在注浆封堵矿床突水通道、矿区外围注浆帷幕截流、集中涌水巷道的注浆堵塞等方面逐渐拥有一些方法和经验。焦作、峰峰、开滦、肥城等煤类矿山进行了不少的试验和应用。张马屯铁矿、水口山铅锌矿等非煤矿山在灰岩地层中开始建造大型堵水截流帷幕。近年来,一些煤炭矿山,如峰峰煤矿等对煤层底板实施注浆工程的方法,用以截断岩溶含水层的垂向补给通道等。上述各种工程方法在矿山突水灾害防治方面取得了不同程度的效果。

综观我国矿山突水防治工作情况,可以看出,在矿山突水防治领域处于世界先进水平行列,特别是在矿床突水机理预测预报及工程方法防治水领域,则处于世界领先地位。

但是,由于我国矿种繁多,遍布全国各地,不同地区的自然地质、水文地质条件千差万别,其矿床充水水源、突水类型多样,因此其防治难度甚大,防治途径和防治方法也很不相同。尽管在矿床突水预测预报和防治工程方法方面取得一些进展,但与我国各类矿山、各地不同矿床水文地质条件下对矿床突水防治的要求还相差甚远。一些既有的方法和技术尚不稳定,防治工程造价昂贵,作为工程防治方法而推广应用尚有一段距离。特别是针对具有高突水风险的铝土矿床开采,如何科学应对突水的专门性防治方法与技术以及怎样借鉴现有其他矿山防治方法和经验等研究,几乎还是空白。

9.2　目前矿床突水主要防治方法与应用条件

矿床突水是指矿山采掘过程中,坑道、工作面与含水层、裂隙带、溶洞、洞穴、陷落柱、顶板冒落带、底板破坏带、构造断层带以及老空水、地表水等发生沟通而突然产生的出水事故。与正常矿床涌水相比,矿床突水一般具有水量大(超过矿山正常排水能力)、来势猛、危害性强等特点。轻则影响局部正常安全生产、增加吨矿成本,重则将整个矿山淹没,造成矿山停产或报废,属于非正常的、难以抗衡的灾害性事件。

从目前我国非铝矿山突水采取的各种各样防治方法来看,比较成熟的或有效的方法,归纳起来主要有:疏干降压、注浆堵水、超前探放水、坑道防排水、采掘工艺控制和突水前兆实时监测与预警预报等几大类。

9.2.1　疏干降压方法

疏干降压是指对矿床顶板上覆含水层的疏干和对矿床底板下伏含水层的降压,是预防矿山水患的主要技术方法。它是借用专门的工程,如抽水钻孔(井)、放水钻孔(井)、疏水巷道等及相应的排水设备,积极地、有计划地、有步骤地降低影响采掘安全的含水层水位或水压,或造成不同规模的降落漏斗,使之局部疏干或整体疏干的方法。该法适用于以静储量为主的含水层,对于动储量较大的含水层一般以适当降压为主。

按疏干降压进行的阶段,可分为预先疏降和平行疏降两种。前者是在坑道掘进开始前进行,待地下水水位或水压全部或部分降低至要求值时再开始采掘工作;后者与采掘工作同时进行,直至全部采完为止,通常在坑道下钻孔中进行。按疏干进行的方式,又可将其分为地表疏干、坑道下疏干和联合疏干等几种。

疏降方案的选择,主要取决于矿床地质、水文地质条件、采掘方法以及采掘工程对疏降的要求等,通过技术、经济等综合对比后确定。一般来说,疏降方案在技术上应满足以下的要求:

(1)拟用的疏降方法,需与矿床地质、水文地质条件相适应,能够有效地降低地下水水位或水压,形成较为稳定的降落漏斗。

(2)疏降后形成的地下水水位降落漏斗面应低于相应的采掘工作面标高或安全水头。

(3)疏降工程的实施进度和时间控制,应满足矿床开拓、开采预定计划的需求。

实际工作中,应根据矿床地质、水文地质具体条件灵活运用疏干降压方法。例如,对于具有矿床底板下伏承压含水层的铝土矿床,并非在任何情况下都需要开展疏干降压的方法。

倘若矿床底板隔水层厚度大于或稍大于临界安全隔水层厚度,或者承压水头值小于或稍小于临界安全水头值,就可不开展疏降工程而进行带压的开采。

夹沟矿床承压含水层上采矿底板突水机理研究结果表明:降低矿床底板下伏灰岩承压含水层水压及其采动影响的强度是抑制底板隔水岩层水压破坏、采动破坏,预防矿床底板突水的重要途径。

豫西夹沟矿床底板下伏高承压含水层水压是造成隔水底板水压破坏的重要力源,水压越高,破坏力越大;水压越低,破坏力越小。因此,我们若能够把高承压含水层的水压控制在一定值以下,其矿床隔水底板上部采动破坏裂隙与下部水压裂隙就不会沟通,底板突水灾害就可以避免。我国煤矿系统有关这方面的成功例子不少,例如淮北朱庄煤矿 3612 采掘工作面隔水层平均厚 55m,底板隔水层遭受水压 3.14MPa,突水系数 0.73~0.84,超出临界突水系数 0.65。为此,将石门联巷内的 3612 观测孔作为放水孔,把承压水头降低到安全水压值以下,回采期间突水系数为 0.6,安全完成了回采工作。再如淮北杨庄煤矿 6 煤底板充水含水层,由 13 层薄层灰岩组成,且各层之间具有一定的阻水能力,通过疏降其上部(1－4 灰)含水层,使其水压低于安全水头值,将其视为隔水层而加以利用,即等效隔水层。这时可将等效隔水层的厚度计入隔水层厚度内,计算突水系数。该法与全部充水含水层的水压疏降至安全水头值相比,可大幅度减少疏降水量,降低采矿成本,保护生态水资源,又能同时达到安全采矿的目的,值得铝土矿床开采工作中借鉴。

9.2.2 注浆堵水方法

注浆堵水防渗技术在各类矿山防治水中发展较快、应用较广,是目前各类矿山突水防治的有效措施之一,包括注浆堵水和构筑防渗帷幕(墙)。前者系指将各种材料制成的浆液压入地下突水点、溶洞洞穴、含水层一定部位等预定地点,使之扩散、凝固和硬化,从而起到堵塞水源、增大岩体强度或隔水性能的作用;后者是利用专门的施工机具,将防水材料浇灌到一定的面状、带状地带,形成一道地下帷幕或连续墙,以达到截流防渗的目的。

同疏降、排水方法相比,注浆堵水防渗方法可节约大量的电能和排水费用。同时,还可以有效防止地下水资源的破坏、岩溶地区大面积塌陷及其农田水利设施和地面建筑的毁坏等。因此,注浆堵水防渗是一种具有广阔前景的矿山防治水方法。其主要应用如下。

9.2.2.1 注浆堵水

主要是针对局部突水点、带等集中涌水部位开展此项工作,如岩溶陷落柱、断层、溶洞、洞穴等突水地带。以地下水流动条件的不同,可分为静水注浆和动水注浆两种。静水注浆是矿山淹没后,矿床水位上升到静止状态时的注浆;动水注浆是在矿床发生突水,而尚未将矿山淹没的动水条件下的注浆。二者相比,动水注浆技术难度较大,需要首先解决增大水流阻力,减缓水流流速,变集中管道流为管—孔流至渗流状态后,再实施注浆。

9.2.2.2 注浆加固与改造隔水岩层强度和结构

这是注浆方法除了“堵塞”性质作用外的另一重要作用,即通过对岩体内各种裂隙、孔隙、层隙等不良结构面的黏结作用,从而提高岩体的整体刚度和强度,达到增强阻抗渗水能力的目的。

前已述及,豫西夹沟矿床底板突水就是采动破坏裂隙和水压破坏裂隙等发生沟通作用的结果。因此,及时注浆黏结修补上述破坏裂隙,避免进一步扩展和相互的沟通显得十分重要。它是消除矿床隔水底板水压裂隙扩展效应、抑制采动破坏延伸、防止矿床底板发生突水的有效方法之一,已得到煤类矿山界的广泛运用。

9.2.2.3 帷幕截流

对具有充沛补给水源的大水铝土矿床,为减少矿床涌水量,可选择矿床主要进水边界或下部寒武-奥陶系含水层垂直补给带,通过钻孔注浆,形成一竖向或平面隔水帷幕,以阻止或减少地下水对矿床的补给影响,防止因大量疏降排水引起地面变形、开裂、塌陷等地质灾害的发生,保护地下水资源和生态地质环境。

从技术、经济角度出发,帷幕线的选定一般需考虑:

(1)线的走向应与地下水流向垂直,线址应选择在地下水主径流带上或地下水补给区的进水口上,且进水口宽度较狭窄、含水层结构较单一的地段。

(2)帷幕线应尽可能设置在含水层埋藏浅、厚度大及帷幕线两端隔水边界稳定的地段。

(3)矿床底板隔水帷幕注浆段为岩层的裂隙、岩溶发育且连通性好的地段,以利于注浆时具有较好的可灌性和浆液结石后能与底板围岩固结成为一整体。

(4)帷幕线应选定在矿床开采影响范围或露天采场最终边界线的以外处。

目前,帷幕注浆和截流技术与方法在我国煤类矿山和非煤矿山中都有成功的应用。例如焦作演马庄煤矿,为减少上覆冲积层对上石炭统灰岩(矿井主要充水岩层)的补给,在浅部冲积层与上石炭统露头相交处实施注浆帷幕截流,减少了井下涌水量,降低了排水费用,取得了较好的防治水效果。

运用该技术和方法在铝土矿床底板薄弱、裂隙发育易于产生突水的部位,预先实施帷幕注浆,于矿床隔水底板及下部含水层中建造水平隔水帷幕,与矿床隔水底板一起构筑一道水平隔水档板亦将具有显著的防治水效果。

9.2.2.4 防渗连续墙

该方法和技术多用于露天矿床的防水工作。它是利用特殊的施工机具,沿露天采场边线挖掘沟槽灌注防渗材料,逐渐浇注形成的连续挡墙。按墙体结构可分为桩柱式防渗墙、槽板式防渗墙、板桩式防渗墙、泥浆槽防渗墙、装配式预制板防渗墙和旋喷法防渗墙6种,其施工一般分为三步,即构筑导墙、挖沟和浇注。

除上述四种主要用途外,注浆技术和方法还可用于铝土矿床地下开采时的井筒注浆堵水、巷道注浆堵水以及利用注浆法调节矿床涌水量等方面。

9.2.3 超前探放水方法

该方法是在矿山采掘过程中,利用物探、化探和一些原位测试等手段,对开采工作面前方及周围一定范围内可能隐伏的断层、岩溶陷落柱、裂隙密集带、溶洞、洞穴等导水构造进行超前侦察、探测与放水试验的方法。

超前探放水方法是铝土矿床一种极其重要的预防性方法,在矿床突水防治工作方面有着十分重要的作用和地位。其探测结果将直接用于指导矿床突水的防治工作,是正确开展防治水工程设计与部署的第一手科学依据。

9.2.4 坑道排防水方法

该方法分坑道排水和坑道防控水两种,前者系指利用汲水设备,直接对准坑道突水进行抽排的方法;后者是指坑道设置防水闸门及防水闸墙等的方法。

从防治工作的性质上讲,该法属于被动治理的方法。其中坑道排水方法在煤类矿床运用较广,包括铝土矿床在内,在矿床充水水源较弱或矿床突水量不大的情况下一般有着较好的使用效果。

9.2.5 采掘工艺控制方法

采掘影响是采动破坏、加剧水压破坏的主要力源,采动影响越强烈,采动破坏深度越大,水压破坏高度也越大,底板隔水岩层的阻渗性能也就越差,矿床底板突水越易发生,而采掘影响主要与开采工艺、方法和工作面布置有关。

煤类矿山地下开采研究结果表明,矿床底板破坏角度与工作面开采宽度和斜长成正比,工作面开采暴露面积越大,采动破坏深度、水压破坏高度也越大。因此,采用小面积开采可以有效降低采动破坏深度与水压破坏高度。特别是当采用短壁开采、条带开采、充填开采等特采技术方法时,支承压力集中程度将大为降低,采动破坏深度与水压破坏高度可大幅度减小,矿床底板隔水质量相对增强,底板突水灾害则不易发生。例如山东淄博双沟煤矿 102 采区第一工作面,受煤层底部奥陶系灰岩含水层的严重威胁,原计划采用斜长 140m 的长壁工作面开采则存在底板突水的危险。为此,将原计划调整为 60m 和 80m 的短壁对拉工作面开采,取得了较好的防突效果。

不同的地质、水文地质条件下,矿床底板隔水岩层的阻渗能力不同,而地质、水文地质条件受采掘工程影响又是不断发生变化的。因此,如何控制采掘活动对地质、水文地质条件的不良“催化”影响,有效抑制矿床突水的发生显得十分重要。例如开采方向布设顺着隔水岩体节理倾向进行,则节理将会“活化”,裂隙沿走向、倾向方向扩张,有利于导水和矿床突水的发生。因此,铝土矿床开采布设时,应尽量避免开采方向同节理倾向一致。

此外,对于断层,陷落柱等导水构造及水下开采时,应注意留设安全防水矿(岩)柱,科学控制采高比,加强顶板管理等,对防治矿床突水都将具有十分重要的作用。

9.2.6 突水前兆实时监测与预警预报方法

从煤类矿山和铝土矿床突水情况来看,矿床突水水患在其孕育、发展和发生的过程中总是伴随着一系列相关因素的变化,这些相关因素的变化规律和变化特征就是突水事故是否发生的前兆信息。因此,加强对这些前兆信息的实时监测与预警预报是矿床突水防治工作的重要内容和组成部分,是有效预防突水灾害的主要方法之一。

突水前兆实时监测的内容应主要包括地应力监测、应变监测、水压监测、水温监测等项目。具体实施时,可根据水文地质条件分析结果,选择突水条件最危险的区段埋设应力、应变、水压及水温监测与信息采集传感器。在工作面采掘过程中实时地、动态地采集前兆相关信息,通过及时的分析处理,从而进行是否发生突水的实时性预警预报工作。

9.3 矿床突水防治的总体对策与原则

纵观国内外非铝矿山以往防治突水成功的实践和经验,未来铝土矿床突水防治工作应坚持“安全第一,预防为主”的方针。矿山突水防治的总体对策与原则应以提高经济效益为中心,强化防治监督管理;依靠科技进步,加强技术创新;加大工程投入,坚持“查明条件,查治结合,探监疏堵,综合治理”的思想,亦即“一靠管理,二靠工程(投入),三靠科技”。这里管理是核心,工程是基础,科技进步是关键。

矿山突水防治工作的监督、检查和管理是一项核心工作,要贯穿于整个采矿活动的各个时期、各个环节中。包括矿山突水防治工程科学规划与管理,加强防治工作宏观调控,克服盲目性,增加预见性,力争以最佳的防治方法、最少的工程投入获取最大的防治效益;工程投入是防治工作取得成效的基础,只有在严密的科学规划、论证的前提下,及时实施防治工程措施,开展“探、监、疏、堵”治理,强化抢险排水设施建设,提高排水水平,方能确保矿山免受突水的危害,保障矿区的稳定和发展;依靠科技进步,提高防治突水工作的科技含量,搞好防治突水技术攻关是矿山突水取得成功的关键性工作。要不断深化对铝土矿床突水理论的研究,重点进行铝土矿床底板下伏岩溶水的突水机理研究,以建立更加合乎实际的预测模式,提高矿床突水预测预报水平。积极开展矿床突水防治方法和技术的试验研究工作,及时引进吸收、自主开发和推广应用快速准确的超前探测方法与技术。不断加强快速低价注浆堵水材料和技术方法的研究、试验工作,总结经验,做好及时推广应用的工作。

9.4 不同充水水源类型的防治策略与方法

不同地质、地貌、水文地质条件下会形成不同类型的矿床充水模式,具有不同类型的矿床充水水源。由于不同类型的充水水源具有不同的发育特征,故给铝土矿山带来的突水模式和致灾强度不同。因此,相应的防治策略和方法亦不相同。

9.4.1 寒武、奥陶系厚层或巨厚层灰岩强含水层突水

这类灰岩含水层(组)岩溶十分发育,富水性、透水性极强,动、静储量巨大,且紧邻铝土矿床,是造成重大矿床底板型突水事故的主要充水水源。从豫西夹沟矿床突水机理和矿区未来开采地段地质、水文地质条件来看,当具备下述条件之一时,就会存在突水的危险:一是当采掘工作面位于它们的地下径流带及其附近岩溶裂隙比较发育的区域之上时;二是当采掘工作面与它们之间隔水岩层厚度小于一定值,如前述预测预报值或本矿山的经验值,特别是当隔水岩层的完整性遭受采动破坏时;三是虽预留安全隔水层厚度符合相关要求,但在采掘影响范围内隐伏有直达它们的导水断层、组合裂隙带或导水陷落柱(包括岩溶凸起柱)时。

对于该类充水水源的防治思路应以预先防范为主,加强采掘过程中的监测、探测工作。防治方法包括建立矿区岩溶地下水动态观测网,实时掌握和分析其动态变化状况,对于第一、二种情况应切实查明矿床隔水底板岩性的物理力学特征、结构组合及厚度变化等,依据前述预测预报值或矿区实际经验值,科学留设安全隔水层厚度。对不能满足隔水厚度要求的坚决不采,必要时可以铝土矿层为代价,留足留够天然隔水屏障;对于第三种情况应采用可靠有效的手段,及时进行矿床采掘过程中的超前探测工作,发现异常构造,立即暂停开采,开展注浆堵塞治理,或避让绕道开采工作。

9.4.2 石炭系薄层灰岩弱含水层突水

该类充水水源分布于铝土矿床的上部,常构成顶板型充水的水源。其含水层的富水性、

透水性相对较弱,动、静储量相对较小。当它不存在断层、陷落柱等构造与其他强含水层沟通,特别是与地表水发生沟通时,一般不会造成矿床严重的突水事件。不论是坑采还是巷采,均属于既难以避免又不至于形成严重危害的矿床充水水源。

对于这类充水水源的防治策略和方法,一般采用与矿床开采相平行的疏排水措施。由于该含水层分布面积较大,除非与其他强含水层或地表水体发生沟通,通常可不采取注浆截流堵水等方法。但应加强矿床采掘过程中的探防水工作,必要时还要对其动态变化实施监测,监测内容包括水位、水质、水温等,以及时防范可能潜在的大的突水隐患。

9.4.3 裂隙含水层突水

裂隙含水层多分布于矿床上部、二叠系砂岩里,距铝土矿床较远,其间有泥岩、页岩相隔,加之富水性、透水性中等偏弱,一般不会对矿床构成大的突水危险。

对于这类充水水源,通常可不采取专门性的措施,但必要的监测防范工作还是应该做的。

9.4.4 松散岩类孔隙含水层突水

该类含水层一般分布于铝土矿区的浅部至地表地段,对于夹沟矿区而言,主要涉及未来纵Ⅲ线以北地区。由于地下矿床开采后形成的采空区,在重力等作用下,于采空区的上部自下而上将导致冒落破坏带、采动裂隙带和采动下沉带(通常称之为“上三带”)的产生和发展。其中,冒落破坏带的导水能力最强,采动裂隙带次之,采动下沉带较弱。当上述冒落破坏带直达上覆松散岩类孔隙含水层时,就会产生大的矿床突水事故,大量的水甚至泥沙溃入采区或巷道。倘若采动裂隙带达至上覆孔隙含水层,就将发生矿床突水事故,只是在强度上与前者相比较弱罢了。只有当最上部采动下沉带达至或尚未达至上覆孔隙含水层时,才不会发生矿床的突水。当然上述分析不包括隐伏的直通式断层、原生裂隙密集沟通带的导通影响。

对于这类矿床充水水源的防治,除加强采掘过程中的探测工作外,正确留设防水铝土矿柱极为必要。我国煤炭系统《建筑物、水体、铁路及主要井巷煤柱留设与压煤开采规程》(简称“三下开采规程”)对此有明确规定,要求孔隙(冲积)含水层下采煤,必须按规程留设防水煤柱和合理控制开采强度。从我国煤矿近20年来的采矿实践看,此举在正常情况下是可以避免突水的。但由于铝土矿床埋藏条件同煤矿床不同,矿床上部覆岩的组成、岩性结构和物理力学特征同煤矿床存在较大的差异,因此铝土矿床巷采需要根据自身地质条件开展观测研究工作,以更加合理地留设其防水矿柱以及限定采高,科学控制开采的强度。

除此之外,做好孔隙(冲积)含水层的动态监测工作,并力争使矿山具有一定的应急排水能力。

关于孔隙含水层下开采预防突水问题在豫西夹沟矿区未来地下巷采地段不会十分严重。但对于华北陆壳其他铝土矿区,如豫西渑池段村—雷沟矿区地下开采时,此问题需引起高度的重视。

9.4.5 老空水

这类矿床充水水源,不论积水量大小,水源均高度集中,一旦突破,水流将以溃水的形式突出,异常迅猛,具有极大的杀伤力和破坏力。而且这类老空水大多与其他水源存在导通联系,因此其动水量较大、危害作用甚烈。

对于这类充水水源所致突水的防治,应重在加强采掘过程中的超前探测和监督、检查管理。采用绕道回避或留设足够的隔水岩墙(柱)极为必要,一般情况下不需要进行注浆堵(隔)水工作。

9.4.6 地表水

地表水充水水源包括河水、渠水、水库水和湖泊水。豫西夹沟矿区主要为季节性河水,其他矿区存在常年性河水及水库水等。

地表水充水水源对矿床突水的致灾作用方式和形式除兼具松散岩类孔隙(冲积)含水层水和老空水一些特征外,尚有地表水季节性变化和坑道口与地表水体相对标高位置等致灾影响的因素。

地表水充水水源高度集中,且服从明渠流的运动规则,其突水量的大小主要受地面进水口断面和过水通道长度所控制。从我国煤矿床情况看,多数情况下,随着水流的冲刷,过水断面迅速扩大,突水多为溃入式的。因此,一旦发生突水,则具有很大的破坏性和毁灭性。对于这类充水水源的防治策略和方法是以"探防为主",即加强采矿过程中的探测,主要是对"上三带"与地表水体的空间位置的探测,以及断层、岩溶塌落洞等异常地质体与地表水体的沟通状况的探测。同时,合理留设防水矿柱(墙)。坑、巷道口标高要高于地表水体水位,特别是汛期季节性变化的地表水体,其坑、巷口标高必须高于当地历年最高洪水水位。

9.5 不同突水通道类型的防治策略与方法

同一种突水水源,若突水通道类型不同,则致突方式和危害程度就很不相同。其防治的策略和方法,包括工程布设、技术工艺等亦不相同。

9.5.1 矿床底板采动破坏裂隙型

该类型突水通道是豫西夹沟矿床突水的主要通道,是矿床隔水底板受采动破坏致裂的结果,它包括受采动破坏作用、原生闭合裂隙被活化的部分。

本类型突水的防范,应重在加强采掘过程中矿床隔水底板岩性、结构、厚度变化状况的超前探测工作。之后,根据下伏岩溶强含水层的水头压力,依照前述预测预报结果或矿区经验,及时进行安全厚度区划和逐块逐段核实预留安全隔水层的厚度。找出和剔除不安全区,并在这些区段正确预留隔水矿柱。特别是对于采掘前方遭遇下伏岩溶凸起柱地段时,应十分注意留足留够隔(防)水矿柱(帽)工作。

本种类型通道的治理策略和方法是在查明突水点(区)的位置和可能发展变化的范围与方向,以及下伏岩溶强含水层的水头压力的基础上,采用堵塞和加固相结合的方法进行治理。"堵塞"主要针对下伏灰岩强含水层岩溶孔洞实施充填注浆工程,进行局部堵塞改造,降低含水层的富水性与导水性能;"加固"则是针对矿床隔水底板各类黏土岩、铝土岩裂隙通道实施加固注浆工程,实施"黏结缝合手术"处理,提高矿床底板的整体刚性和阻水能力。

对于夹沟矿区而言,注浆治理方法,主要运用于纵Ⅲ线以北地区。对于纵Ⅲ线以南地区,该法一般可作为辅助的方法。

9.5.2 采场直接揭露(天窗)型

受铝土矿床底板下伏岩溶古侵蚀凹凸面的影响,岩溶凸起柱分布较多。加之小幅度波浪式起伏面的广泛存在,矿床底板各类黏土岩、铝土岩分布极不稳定,厚者可达十几米至几十米,薄者只有几米至十几米,甚至缺失。因此,采场底板直接揭露,则天窗型突水通道很易于形成。且由于沟通的直接含水层为岩溶强含水层,富水性、导水性很强,水头压力也大,造成的突水危害极为严重,甚至整个矿山报废。虽目前尚未遭遇这类通道,但在未来铝土矿床的开采过程中将难以避免,对此应引起高度重视。

采场矿床顶板直接揭露型通道,在夹沟矿区乃至华北陆壳其他坑采矿区可广泛见到。但这类坑采矿床一般布置在近山前地带,矿坑位置较高,矿床上部石炭、二叠系等含水层富水性较弱(极端丰水年除外),甚至呈透水而不含水状态,属于一般的直接充水含水层。因此,其发生突水的水量及其危害通常不大,采用矿坑平行疏排水的方法即可满足矿山安全开采的要求。

对于前者矿床底板直接揭露型通道,其预防的策略和方法与底板采动破坏裂隙型类同,即加强采掘过程中的探测工作,坚持有疑必探,及时掌握矿床底板起伏变化等情况,实时采取避让或预先治理的措施,在多数情况下是可以防范的。

矿床底板直接揭露型通道的治理,一般采用注浆封堵突水天窗和注浆堵塞改造局部突水含水层,或直接封堵地下突水巷道的方法。

9.5.3 矿床顶板采动冒、裂带型

该种类型的突水通道,在未来豫西夹沟矿区乃至华北陆壳其他矿区地下巷采时将会遇到。这类通道引起的矿床突水通常发生在孔隙(冲积)含水层下开采和地表水下的开采。

从我国煤矿开采情况来看,造成此类突水的主要原因是防水煤柱留设不足。此外,尚有采高超过设计上限、开采强度过大以及上部覆岩中隐伏有能够导致冒落带超高发展的导水裂隙构造等因素。

因此,该类突水的防范就是要从上述几个方面入手,遵规守则,严格管理。同时,还要针对未来铝土矿床巷采工作实际,选择有代表性采面设站开展顶板覆岩采动破坏的全过程观测研究,以期掌握合乎当地实际的上三带采动破坏特点和规律,建立相应的防治工程设计指标和标准。

对于这类通道的治理,从我国煤类和非煤矿山的实践经验来看,一般仍是以注浆封堵、加固为主。如皖北祁东煤矿发生孔隙(冲积)含水层突水后,采用多种浆液、分层次、分阶段和有控制地开展了注浆封堵治理,取得了较好的效果。

9.5.4 断层型

该类通道型突水,将是未来华北陆壳铝土矿床开采遭遇几率较大的一种突水。

受背、向斜褶皱断裂作用的影响,夹沟矿区乃至华北陆壳其他矿区及其周侧一些地段各种各样的断层可能会较多,其性质、规模及导阻性亦各不相同。因此,关于断层型通道的防范重点,是那些导水的且将矿床与强含水层或充水水源沟通的“优势”断层。其预防的方法主要是加强采掘过程中的探水工作,严格按照要求留设防水矿柱等。

对于断层型通道的治理,一般是以注浆堵塞方法为主。主要堵塞部位为导水断层带,必要时也可对突水含水层实施局部注浆改造的治理。

9.5.5　陷落柱型

同煤类矿山相比,陷落柱型突水对铝土矿床开采有着更大的风险和威胁。

对于该型突水的防范应加强采掘过程中的探测工作,对于已经发现的导水陷落柱,要进一步探明其准确的边界范围。之后,或进行预注浆治理,或按要求留设永久性防水安全矿柱。在可疑点未确切排除之前,不得继续采掘。

关于陷落柱的治理,一般采用注浆的方法实施堵塞治理,即在陷落柱内注浆建造平面隔水帷幕(或称止水塞),进而截断导水流路。但这样的注浆通常是动水注浆,施工工艺和技术难度较大。为此,可以采用截、堵并举的方法,即设法先截断水流出路,或尽力降低水流流速,创建相对静止的水流环境,尔后实施静水注浆,建造柱内水平隔水帷幕,即止水栓塞。

参考文献

[1] 煤炭工业部综合勘察研究设计院．矿井水文地质规程(GB/50021—2001)[S]. 北京:中国建筑工业出版社,2002.

[2] 黄德发．地层注浆堵水与加固施工技术[M]. 徐州:中国矿业大学出版社,2003.

[3] 郭启文．煤矿重大水害快速治理技术——注浆堵水的实践与认识[M]. 北京:煤炭工业出版社,2005.

[4] 李德安,张勇．我国煤矿水害现状及防治技术[J]. 煤炭科学技术,1997,25(1).

第10章　疏水降压方法及其模拟研究

10.1　疏水降压的基本问题

疏水降压是铝土矿床安全开采的一种重要方法。所谓疏水降压,是指将可能导致工作面大量充水而造成危害的水压力降至安全合理的程度,以确保矿床开采的安全。

以下为矿区水文地质条件适宜采取疏水降压的方法:

(1)开采矿体与充水含水层直接接触。

(2)矿床开采活动处于充水含水层之中,或者开采运行将揭露直接充水含水层。

(3)矿层顶、底板存在高压含水层,而隔水层厚度较薄,不足以抵御高压水的侵入,或者隔水层存在导水断裂带。

常见的疏水降压方式有两种,预先(超前)疏降和并行(过程)疏降。预先疏降通常是疏降的第一阶段,由于矿区水文地质条件往往极为复杂,实施预先疏降不但可为随后的采矿创造安全的环境,也可为研究矿区水文地质条件提供试验与勘探资料,为进一步规划矿区疏降工程(并行疏降)设计提供更为合理的水文地质参数。并行疏降是与采矿同步进行的疏水降压方式,是在对水文地质条件有着较为清楚认识的基础上,结合采矿进度(日开采深度)制定出相应的疏水方案。其优点是可以减少疏降工程投入,降低疏降成本。

就目前国内外实践来看,疏水降压采取的技术措施主要有地表疏降、井下疏降以及联合疏降等。地表疏降水是指通过地面疏水设施,例如疏水沟、渠或井(孔),截排或抽排地表或地下水,达到疏干矿坑(井)或降低充水含水层地下水位的技术措施。地表疏降水工程对于水文地质条件复杂或不甚清楚矿区的预先疏降和露天采矿区降水是较好的方法。井下疏降是采用专门穿层石门或利用开拓井巷以及井下多方位钻孔直接揭露充水含水层,将含水层中的水有控制地导入矿井,再利用井下排水系统将水排至地面的技术方法。井下疏干对于各种赋存条件的含水层,以及不同渗透性的含水层都可使用。特别是埋藏较深的含水层或地下水位较深的矿井,采用地表疏干成本较高或无条件进行地表疏干时,采用井下疏水降压方式更为适宜。井下疏干具有疏干较为彻底的优点,尤其对松散细粒含水层或低渗透性承压含水层,疏干效果常比地表疏干更为突出。由于井下疏干是用巷道直接疏放水,对于具有侵蚀性的地下水,不存在因化学或生物化学作用发生堵塞井(孔)眼问题,同时管理也较为方便。联合疏降方法是指同时采用地表疏降和井下疏降两种方式疏降水,或者是在一个矿区或同一水文地质单元内采用两个以上矿井联合疏降水。这种方法对于水文地质条件复杂或者大水矿区较为适用,可以提高整体疏干效果和经济效益。此外,采用联合疏降水措施也可以有效利用水资源,实现疏水和供水的有机结合。

矿床疏降水问题就是如何控制地下水位,使其降到预定的高程,或使其压力降到安全水头以下。这就涉及到排水量的大小以及排水设施的建设问题,具体说来就是井的结构和布置问题。解决这类问题必然涉及到计算方法,尤其是群井抽水的计算方法。在地下水动力学中,涉及到群井流量计算的方法主要有解析法和数值法。解析法适用于水文地质条件较为简单,井(孔)群布置较为集中、规则的情况,而且更多地适用于均质、各向同性的含水层。但是,自然界中极少存在适合于解析法的理想含水层,工程实践中遇到的实际水文地质条件通常十分复杂,如含水层是非均质的、含水层的厚度是随坐标变化的、隔水底板起伏不平,边界条件复杂、形状不规则,含水层存在垂向补给等。凡此,都给使用解析法求解带来很大的困难。计算机的广泛应用和数值法理论在地下水计算中的不断深化,为解决上述问题提供了强有力的技术支持。尽管数值法是一种近似的计算方法,但其结果则能很好地满足实际工程的精度要求。而且,数值法所考虑的数值模型能更接近于实际的矿床水文地质条件,因此具有广泛的应用前景。

目前,数值法应用较为成熟的当属有限差分法和有限单元法。

10.2　疏水降压工程优化设计

由于铝土矿区水文地质条件的复杂性,不同矿区对含水层疏水降压要求各不相同,不同的疏水降压方案会有不同的疏水效果。因此,实施疏水降压工程之前进行疏水降压工程的优化设计工作十分重要。科学的、合理的优化方案,对于疏水降压工程具有事半功倍的效果。

此外,随着矿山开采对地下水排水、供水以及环境保护的要求越来越高,走排水、供水结合之路,合理利用地下水资源已成为当前的大趋势。因此,要很好地解决矿山地下水排、供结合管理问题,亦必须对矿山疏水降压工程采取优化的设计。

疏水降压工程的优化设计需要解决下述基本问题:

(1)根据水文地质条件和安全开采的具体疏水降压要求,提出较为合理的疏水井(孔)布置,既满足疏水降压要求,又使疏水成本最小。

(2)根据采掘工作安排及对疏水降压的时间要求,提出较为合理的疏水水量的时间与空间配置,使得既满足疏水降压要求,又使疏水成本最小。

(3)预测不同的疏水降压方案实施过程的疏水量及所需时间。

(4)预测不同疏水降压方案的疏水降压效果和疏水含水层的地下渗流场形态,以便对疏水降压效果进行分析评价。

(5)地下水疏排、利用分配方案及所希望的目标或限定条件。

10.2.1　优化设计的基本原理

疏水降压工程优化设计的基本原理乃是地下水管理模型的运用问题。它是运用系统分析原理构建一组数学模型,通过施加约束条件,寻求对地下水疏排利用的最优决策,或最佳分配方案。地下水管理模型通常由地下水状态模拟模型(如水流模拟模型、溶质运移模拟模型)和优化模型(运筹学模型)耦合而成。因此,地下水管理模型同时考虑了地下水的自身特性和管理决策者所希望的目标或限定条件,能够较好地调控地下水开采方案,取得最佳的效益。运用该方法于疏水降压工程优化设计中来,是理想的手段之一。

10.2.2 优化设计的基本方法

目前应用较多的地下水管理模型主要有“嵌入法”模型和“响应矩阵法”模型。“嵌入法”是把地下水系统模拟模型(水流或水质模型)用一个代数方程组(线性或非线性)表示,并将其作为规划管理模型的部分约束条件,而把其他条件作为附加约束条件加入管理模型。计算时模拟模型和管理模型同时求解,整个模拟区及各个模拟阶段所产生的所有节点水头均将作为约束条件。优点是可以获知含水层的大量信息,但相应的缺点必然是增大计算工作量,因而降低模型的效率。实际上,在一般的疏水降压工程优化计算中并不需要知道含水层的所有信息,也无需把无足轻重的决策变量和约束条件加入到地下水管理模型中去。从应用情况来看,“嵌入法”更适用于小范围的稳定流管理问题。因此,在处理疏水降压工程优化设计时,“响应矩阵法”应用更为广泛些。

10.3 豫西夹沟铝土矿床疏水降压方法模拟研究

10.3.1 地下水渗流系统数值模拟

豫西夹沟矿区主要充水含水层为奥陶系及中、上寒武系碳酸盐岩含水层(组)($O_2+\in_{2+3}$)。该含水层(组)在研究区内的分布可明显分为三个区域:由北往南分别为深埋带、覆盖带和裸露带。深埋带中,$O_2+\in_{2+3}$埋藏深度达百米以上;覆盖带中,$O_2+\in_{2+3}$数米到数十米不等;而大面积分布的是裸露带,出露标高 450～1 000m。山顶及山脊较为圆浑,山坡相对平缓,岩溶裂隙发育,构成极为有利的大气降水补给的下垫面。根据碳酸岩盐埋藏条件分析,研究区内岩溶水的主要补给区域为裸露区,部分覆盖区也具有一定的补给能力,岩溶深埋区由于埋藏深,很难接受大气降水或地表水体的直接补给。

影响区内地下水补给的地表水体主要有九龙角水库,由于坝址直接坐落在奥灰岩上,成为渗漏补给地下水的来源。

2005 年 6 月～2006 年 6 月地下水动态监测结果表明,区内地下水大致径流排泄方向为西偏北向,具有顺碳酸盐岩岩层走向径流的特点。岩溶水先由南向北流入覆盖区和深埋区,水力性质发生改变,由潜水过渡为承压水。由于深埋区岩溶不发育,阻挡了岩溶地下水向北的径流,继而顺岩层走向折向西偏北向,成为夹沟矿区地下水径流的主导方向。

研究区内地下水以开采、泉流、侧向径流及采矿降水的形式排泄。

10.3.1.1 水文地质条件的概化

10.3.1.1.1 模拟计算区域

模拟计算区位于嵩山背斜北翼。根据区内地质、构造及水文地质条件,确定计算区范围如图 10-1 所示。计算区东以嵩山隔水断层为界;南以寒武系毛庄组、馒头组页岩、泥岩隔水岩组为界;西部大体以马涧河为界;北部以马村—关帝庙一线(岩溶深埋区碳酸盐岩顶板埋深约 500m)为界,总面积约 48.49km^2。其中,南部裸露区面积约 27.68km^2,中部第四系覆盖区面积 9.21km^2,北部及西北部埋藏区面积 11.30km^2,见图 10-2。

10.3.1.1.2 含水层概化

(1)主要含水层(组)。中、上寒武系及奥陶系碳酸盐岩含水层(组):含徐庄组上部至马

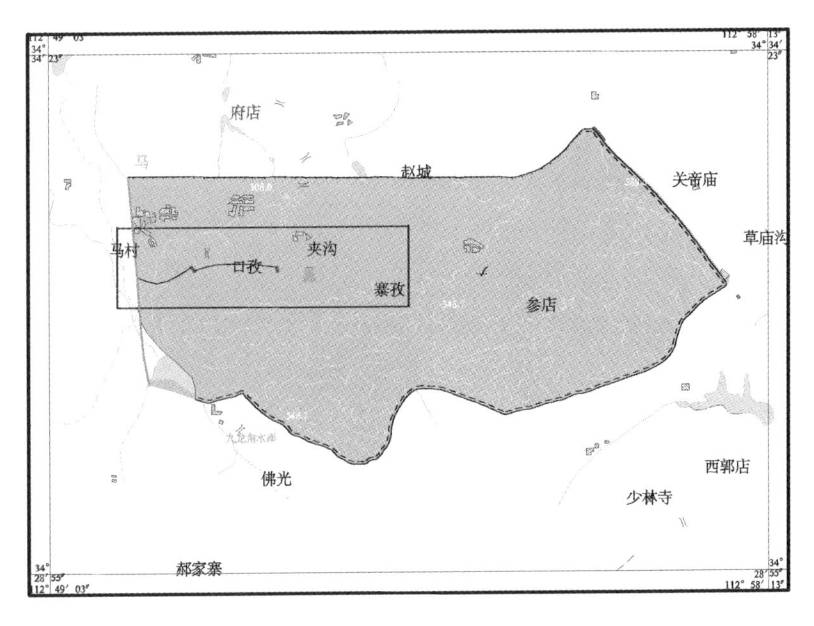

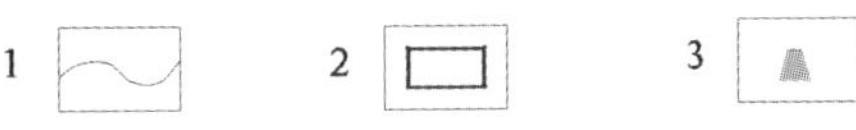

图 10-1 研究区范围图

1—研究范围;2—矿区范围;3—突水矿坑

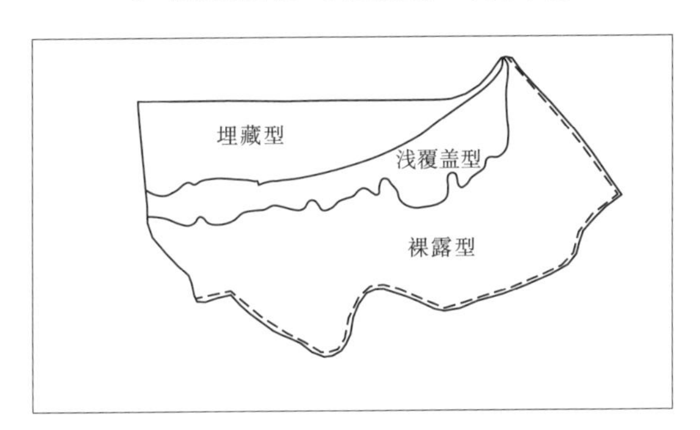

图 10-2 碳酸盐岩埋藏条件分布图

家沟组,主要岩性为中厚层状白云岩、白云质灰岩及鲕状灰岩等。该层(组)上部奥陶系马家沟组岩溶裂隙发育,地下水较丰富;下部各岩组岩溶发育相对较弱,富水性较弱。

石炭系太原组含水层(组):岩性主要为灰岩、生物碎屑灰岩,间夹砂岩等。岩溶较发育,富水性一般。

(2)隔水岩组。寒武系下部泥、页岩隔水岩段:包括馒头组、毛庄组和徐庄组下部,岩性主要为泥岩、页岩及薄层泥质条带灰岩。该岩组厚度大且发育稳定,构成岩溶水渗流系统的区域隔水层。

石炭系中统本溪组黏土岩隔水岩段:主要为黏土岩、铁质黏土岩、铝土岩、铝土矿及薄层铁矿层等。隔水性能较好,通常起到较好的隔水作用。但局部地段因断层构造及人为因素影响,可造成上下含水层(组)之间具有一定的水力联系,形成局部不同含水层之间有"线"、"点"状的水量交换。

二叠系下部页岩、泥岩隔水岩组：岩性主要为页岩、砂质页岩及泥岩，厚度大，透水性差，具有较好的隔水性能。

上述隔水、含水层(组)的空间组合，构成了研究区内地下水赋存的基本地质结构。

(3)计算含水岩组。根据各含水层(组)的富水和透水性能以及各含水层(组)对夹沟铝土矿床突水的影响，确定主要计算含水层(组)为奥陶系及中、上寒武系碳酸盐岩含水层(组)，其次为石炭系太原组含水层(组)。

各含水层(组)，由于埋藏条件和岩性的不同，地下水径流条件存在差异，岩溶发育程度各处不均，不同地段碳酸盐岩渗透性能不一。因此，含水层(组)是非均质的，由参数(T,μ)分区加以概化。

10.3.1.1.3　汇源项处理

(1)大气降水入渗补给量。计算区分为三个降水入渗补给带。大气降水主要对裸露型和少量覆盖型碳酸盐岩类岩溶水具有补给作用，总面积为36.89km^2。深埋区含水层(组)在计算区北部及西北部因埋藏深度达100～500m，大气降水的垂直补给影响甚微，计算时不予考虑。

大气降水入渗系数采用类比法取得。主要参考前人1:20万临汝幅区域水文地质调查、豫西大水矿床区岩溶水预测与管理研究报告等资料，结合本区地质、地貌、植被发育特点等给出。类比研究结果见表10-1。

表10-1　大气降水入渗系数研究结果

碳酸盐岩分区	地层时代	引用资料					综合取值
		1:20万临汝幅	豫西大水矿床岩溶水预测与管理	新密电厂供水	新密裂隙—岩溶水资源评价方法	渑池任村供水	
裸露型	C_3	0.2	0.3～0.4	0.31～0.4	0.24～0.28	0.31	0.20
	O_2、$\in_{2-3}$	0.26					0.30
覆盖型	C_3、O_2、$\in_{2-3}$	0.12	0.15		0.16～0.21		0.12

根据计算区地理位置及其小气候特点，大气降水计算中选用登封气象站降水观测资料。

(2)地下水开采量。计算区内人工开采岩溶水是地下水重要排泄的方式。据调查，计算区内现有各类岩溶地下水开采井6眼，井深60～341.7m，年开采量31.74万m^3，主要用于生活及工业生产。模拟过程中把这些井(点)放到相应的计算节点上，开采量按平均分配到各相应的节点。

(3)地表水体的处理。计算区内地表水系不发育，仅在西南部边界处有一九龙角水库，计算中将其视为一类边界。

10.3.1.1.4　边界条件的概化

根据地形、地貌、水文地质条件等特征，计算区边界条件概化如下。

南部边界：佛光—唐窑低山段。该段为寒武系毛庄组、馒头组泥岩直接出露。矿床降水试验观测表明，该段构成地下水南、西南部隔水边界。但南部边界东段从地质调查情况来看，部分泉水出露高程很高，例如，太子沟泉水即发育于840m高程。该地带较高的水头对计算区内地下水位变化具有重要影响。计算中为了保持一个合理的水力梯度，则按可变水头边界处理。

东部边界:计算区东部以嵩山断层为界。嵩山断层为一区域控水构造,对由东向西径流的地下水具有阻隔作用,构成计算区东部隔水边界。

北部边界:位于马村—关帝庙一带,地处洪积倾斜平原。该带碳酸盐岩深埋,岩溶不甚发育,南北向地下水径流滞缓。地下径流方向主要为由东至西向,基本不与北边发生水量交换或交换量甚微。因此,计算中将该边界视为零通量边界。

西部边界:位于口孜—九龙角水库北端一带。本边界仅是计算边界,并不是水文地质意义上的边界。从区域上看,计算区内岩溶水径流主要为东偏南—西偏北方向,因此边界作为计算区的排泄边界。但西边界南部九龙角水库一带按定水头边界处理。

10.3.1.1.5　水文地质概念模型

综上分析,可以把计算区域视为非均质各相异性、无越流的碳酸盐岩含水层(组)构成的、同时具有一类和二类边界条件的平面二维渗流潜水过渡到承压水的含水系统。

10.3.1.2　数学模型与数值模型

10.3.1.2.1　数学模型

对于上述水文地质模型,可用如下数学模型刻画:

$$\left.\begin{aligned}&\frac{\partial}{\partial x}\left(T\frac{\partial H}{\partial x}\right)+\frac{\partial}{\partial y}\left(T\frac{\partial H}{\partial y}\right)+\varepsilon+\sum_j Q_j\delta(x-x_{wj},y-y_{wj})\\&=\mu\frac{\partial H}{\partial t}\qquad (x,y)\in\Omega,t>0\\&H(x,y,t)\Big|_{\Gamma_1}=\varphi_0(x,y,t)\\&T\frac{\partial H}{\partial n}\Big|_{\Gamma_2}=q\\&H(x,y,t)\Big|_{t=0}=H_0(x,y)\end{aligned}\right\}\tag{10-1}$$

式中　H——含水层水位,m;

H_0——含水层初始水位,m;

T——含水层导水系数,m^2/d;

μ——潜水含水层给水度(承压水含水层为贮水系数);

Q——水井开采量,m^3/d;

ε——降雨入渗补给强度,m/d;

φ——Γ_1 边界上的已知函数;

q——Γ_2 边界上的单宽流量,m^2/d;

n——Γ_2 边界外法线方向;

Ω——计算区域;

Γ_1——第一类边界;

Γ_2——第二类边界。

以上抛物线方程及其初、边值条件构成夹沟研究区地下水运动的定解问题。

10.3.1.2.2　数值模型

采用 Galerkin 法为基础的有限单元法求解上述定解问题。

将模拟渗流区按三角形单元进行剖分,见图 10-3。共剖分 484 个单元,278 个节点。研

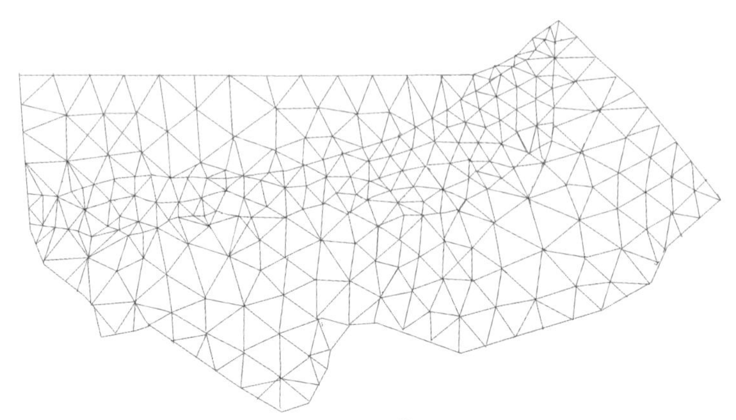

图 10-3　模拟计算区剖分图

究区域上的任意单元 e、T 和 S 均视为常数,可用如下方程刻画:

$$\frac{qL}{2}\begin{bmatrix}0\\1\\1\end{bmatrix}-\frac{T^e}{4\Delta}\begin{bmatrix}(b_ib_i+c_ic_i) & (b_ib_j+c_ic_j) & (b_ib_m+c_ic_m)\\(b_jb_i+c_jc_i) & (b_jb_j+c_jc_j) & (b_jb_m+c_jc_m)\\(b_mb_i+c_mc_i) & (b_mb_j+c_mc_j) & (b_mb_m+c_mc_m)\end{bmatrix}\begin{bmatrix}H_i\\H_j\\H_m\end{bmatrix}$$

$$+\frac{\varepsilon\Delta}{3}\begin{bmatrix}1\\1\\1\end{bmatrix}-\frac{S^e\Delta}{12\Delta t}\begin{bmatrix}2&1&1\\1&2&1\\1&1&2\end{bmatrix}\begin{bmatrix}H_i\\H_j\\H_m\end{bmatrix}+\frac{S^e\Delta}{12\Delta t}\begin{bmatrix}2&1&1\\1&2&1\\1&1&2\end{bmatrix}\begin{bmatrix}H_i^-\\H_j^-\\H_m^-\end{bmatrix}\tag{10-2}$$

或表示为

$$[T]^e[H]^e-[F]^e$$

式中:任意单元 e 的面积　$\Delta=\frac{1}{2}\begin{vmatrix}1 & x_i & y_i\\1 & x_j & y_j\\1 & x_m & y_m\end{vmatrix}$

i,j,m 为任意单元 e 的三个顶点,并按逆时针排序,相应坐标为:(x_i,y_i),(x_j,y_j),(x_m,y_m)。

几何参量:

$$a_i=x_jy_m-x_my_j,a_j=x_my_i-x_iy_m,a_m=x_iy_j-x_jy_i$$

$$b_i=y_i-y_m,b_j=y_m-y_i,b_m=y_i-y_j$$

$$c_i=x_m-x_j,c_j=x_i-x_m,c_m=x_j-x_i$$

对于整个地下水渗流域而言,显然应该是单元方程的叠加。因此,总体方程即为

$$\sum_{e=1}^{M}[T]^e[H]^e=\sum_{e=1}^{M}[F]^e$$

或表示为

$$[T][H]=[F]\tag{10-3}$$

如此,对于整个模拟区域,可以用矩阵表示的线性方程组来求解。

式中　$[T]$——导水矩阵；

$[F]$——已知常数向量；

$[H]$——水头列向量。

10.3.1.3　模型的识别与检验

模型的识别与检验过程是整个模拟中极为重要的环节，需要反复地修改参数或调节某些汇源项的拟合过程。

模拟过程中，对模型的识别与检验主要遵循以下几项原则：

(1)力求模拟的地下水流场能够与 2004 年水位统调分析的流场大体一致，渗流的途径与方向具有较高的一致性。

(2)模拟地下水的动态过程要与观测的地下水动态过程基本相似，即要求计算水位与观测水位绝对误差控制在允许的范围之内。

(3)从均衡角度出发，模拟的地下水均衡变化与实际应基本相符。

(4)水文地质参数识别结果要符合实际的矿区水文地质条件。

根据以上原则，对研究区充水岩溶地下水渗流系统进行识别与检验。通过反复调参识别，拟合确定了研究区地下水系统的模型结构、参数和均衡要素。

图 10-4～图 10-6 为监测井地下水位动态拟合结果。可以看出，模拟水位和实测水位误

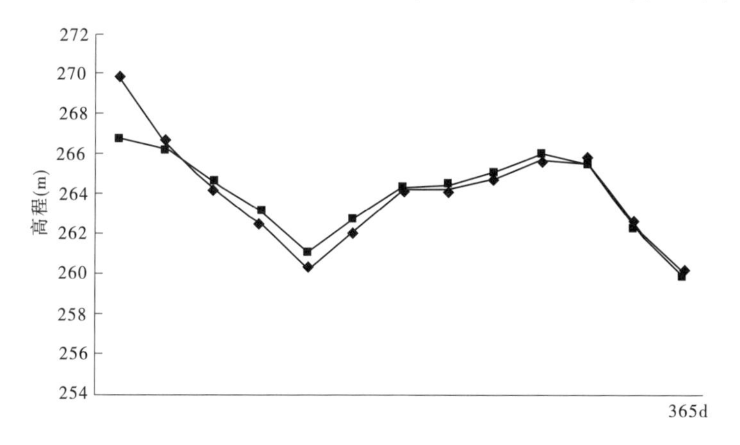

图 10-4　72 号井地下水动态拟合曲线图

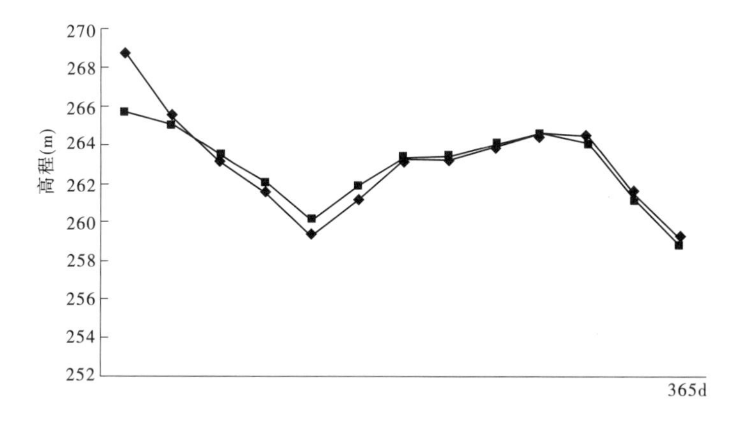

图 10-5　79 号井地下水动态拟合曲线图

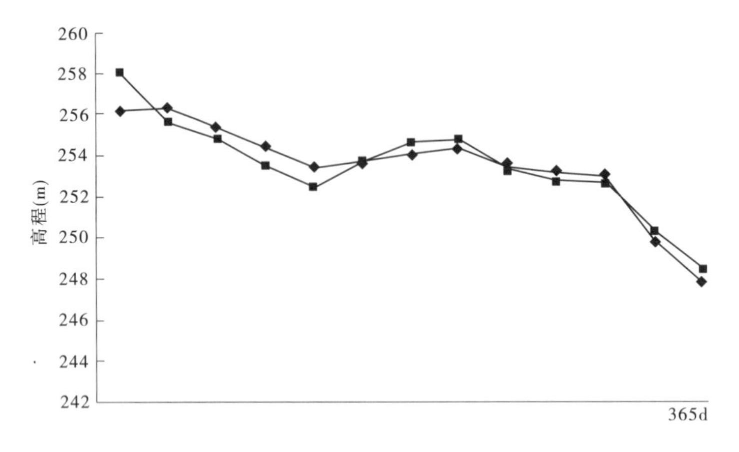

图 10-6　77 号井地下水动态拟合曲线图

差较小,符合研究区地下水动态变化的特征。说明构建的地下水流模型反映了本区地下水运动的基本规律。

10.3.1.4　模拟计算结果

10.3.1.4.1　模型参数识别结果

利用上述模拟模型,求得研究区矿床充水含水层(组)的导水系数 T 和给水度 μ(埋藏区为贮水系数)的分布特征,见图 10-7 和表 10-2。

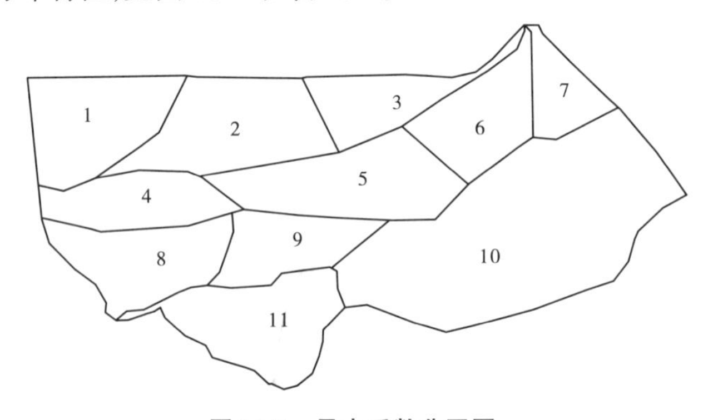

图 10-7　导水系数分区图

表 10-2　模拟识别参数分区一览表

分区号	导水系数 (m^2/d)	给水度 μ	分区号	导水系数 (m^2/d)	给水度 μ	分区号	导水系数 (m^2/d)	给水度 μ
1	17.36	0.003	5	5.79	0.009	9	11.57	0.018
2	11.57	0.002	6	5.79	0.01	10	23.15	0.02
3	8.68	0.002 5	7	8.68	0.015	11	40.51	0.025
4	17.36	0.008	8	17.36	0.016			

10.3.1.4.2　地下水渗流场变化特征

模拟时段为 2005 年 6 月 1 日至 2006 年 5 月 31 日。模拟期末刻地下水渗流场特征如

图 10-8。

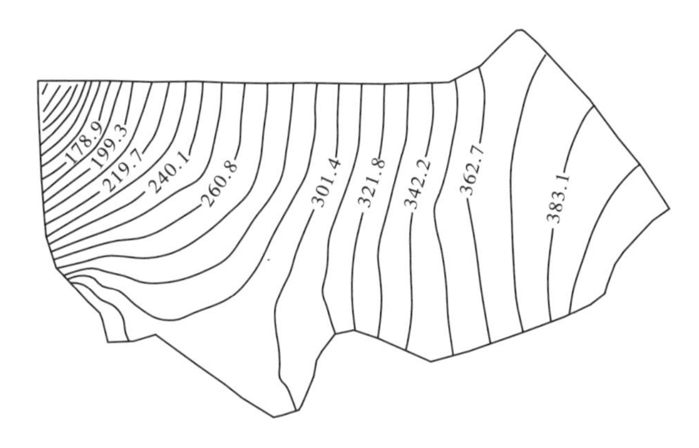

图 10-8　模拟末刻渗流场图(2006－05－31)

模拟识别结果,降水入渗系数:埋藏区 0;浅覆盖区 0.05;裸露区 0.3。

10.3.1.4.3　地下水系统均衡分析

研究区地下水系统均衡分析,采用降雨量频率分析法。分析资料采用登封市 1969～2004 年降雨量资料。降雨量频率计算采用理论频率图解适线法,计算出保证率为 80%的降雨量,扣除 9.13%的无效降雨量,代入模型计算降雨入渗补给量。现状开采条件下,研究区地下水系统均衡计算结果见表 10-3。

表 10-3　地下水均衡计算结果一览表(2005－06－01～2006－05－31)　(单位:万 m^3)

均衡项	降水入渗补给	边界流入量	边界流出量	地下水开采量	均衡差
计算结果	394.240 15	862.494 635	798.507 58	43.145 0	415.082 205

10.3.2　疏水降压方案研究

疏水降压即是将工作面存在隐患的地下水位降至安全的标高之下。对于夹沟矿区而言,由于铝土矿床下伏奥陶系及中、上寒武系碳酸盐岩含水层(组)($O_2+\in_{2-3}$)为主要充水含水层(组),水头压力高,向上顶托充水是导致该矿床突水的主要原因,因此降低 $O_2+\in_{2-3}$的水头压力是重要的措施。

模拟结果显示,2006 年 6 月末矿区采场一带地下水位标高 265.5m(监测结果 265m)。显然,要保证未来 245m 高程以上范围内的矿石实现安全开采,必须采取合理的疏水降压的措施。

10.3.2.1　疏水工程布置

夹沟矿区位于低山、低山丘陵向洪积倾斜平原过渡地带,露天采矿。目前开挖深度近百米,采场底部高程 266m 左右。矿床下伏奥陶系及寒武系中、上统碳酸盐岩含水层(组)厚度大、富水性强。这种地质、地貌、水文地质条件及开挖特点,使得疏水降压方案可能采取的方式较为单一,适宜于地表疏干,见图 10-9。这种方式经济、安全、施工方便、易于调控和管理,可以有效地控制地下水位下降的速度,避免诱发不良地质问题;所抽排的地下水不易污染,可作为工农业用水或生活用水,便于疏—供结合的管理。不利的是,地表取水可能需要增加井深和相应的费用。为此,建议在采场下部运矿车道的适当部位处凿井,以减少钻井深度，降低疏降的成本。

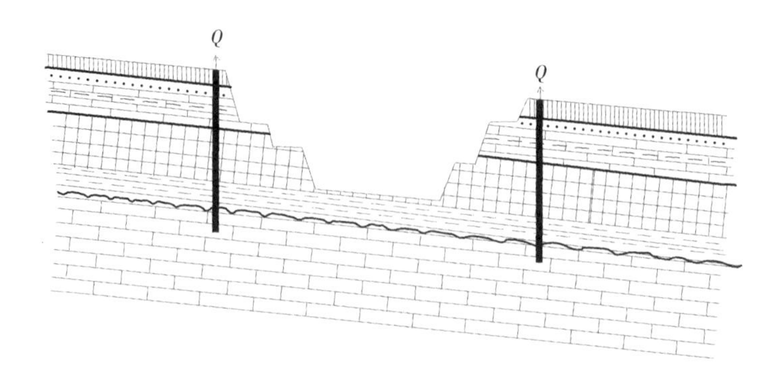

图 10-9　地表疏干降水模式示意图

根据采场特点，疏干井（孔）宜采用环形布置，如图 10-11 所示。井数根据抽水设备能力确定。在施工大孔径井（孔）之前，应先施工小口径试验孔，根据抽水试验资料，再具体设计大孔径井（孔）的直径和抽排水量。

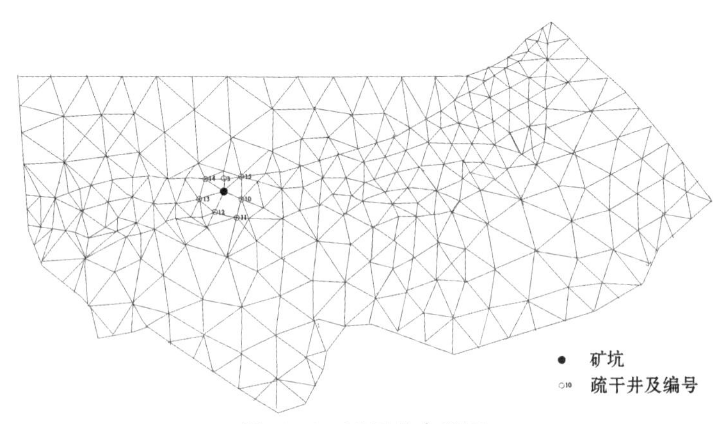

图 10-10　疏干井布置图

网格剖分时把矿坑作为一个节点。降水方案是围绕矿坑节点设置抽水井点 7 个，编号分别是 3 号、10 号、11 号、12 号、13 号、14 号、15 号。其中，3 号井系原 72 号观测井，为研究区内主要抽水井之一。

研究过程中，分别模拟了一次性降深预先疏降和并行疏水降压两种方案的可行性。

10.3.2.2　优化管理模型的构建

针对夹沟采场特点，优化管理方案拟定时主要考虑水动力和技术经济约束条件，保障矿床底板下伏灰岩含水层（组）水位降低至 245m 开采高程时，不发生矿床突水事故。

10.3.2.2.1　优化管理模型

根据夹沟矿床水文地质条件和要解决的问题，构建的基于响应矩阵法的地下水疏降最优决策模型如下：

$$\left.\begin{aligned}&\min Z=[C]\cdot[Q]\\&\text{st.}[A]\cdot[Q]\geqslant[S]\\&[Q]\geqslant 0\end{aligned}\right\}\tag{10-4}$$

式中　$[C]$——目标函数的价格系数向量，$[C]=[C_1,C_2,\cdots,C_n]^T$，计算中价格系数取 1；

$[A]$——约束条件的响应系数矩阵：

$$[A]=\begin{bmatrix}\beta_{11} & \beta_{12} & \cdots & \beta_{1n}\\ \vdots & \vdots & & \vdots\\ \beta_{m1} & \beta_{m2} & \cdots & \beta_{mn}\end{bmatrix}$$

$[Q]$——决策变量向量，$[Q]=[Q_1,Q_2,\cdots,Q_n]^T$，$n=6$；

$[S]$——采场水位降深约束条件向量，$[S]=[S_1,S_2,\cdots,S_n]^T$，$n=1$。

另外，考虑到抽水设备的限制，模型中限定单井最大抽水量为 $800\text{m}^3/\text{d}$。

10.3.2.2.2　地下水水位响应矩阵的建立

采用有限元法构建地下水水位响应矩阵。对于所研究的疏降问题，有如下定解问题：

$$\left.\begin{aligned}&\frac{\partial}{\partial x}\left(T\frac{\partial H}{\partial x}\right)+\frac{\partial}{\partial y}\left(T\frac{\partial H}{\partial y}\right)+\varepsilon-\sum_j Q_j\delta(x-x_{wj},y-y_{wj})-P=\mu\frac{\partial H}{\partial t}\\&\qquad\qquad\qquad\qquad\qquad\qquad (x,y)\in\Omega,\quad t>0\\&H(x,y,t)=\varphi_0(x,y,t)\qquad\qquad (x,y)\in\Gamma_1,\quad t>0\\&T\frac{\partial H}{\partial n}=q\qquad\qquad\qquad\qquad\quad (x,y)\in\Gamma_2,\quad t>0\\&H(x,y,t)=H_0(x,y)\qquad\qquad\quad (x,y)\in\Omega,\quad t=0\end{aligned}\right\}\tag{10-5}$$

式中　H——含水层水位，m；

H_0——含水层初始水位，m；

T——含水层导水系数，m^2/d；

μ——含水层给水度(或贮水系数)；

Q——水井开采量，m^3/d；

ε——降雨入渗补给强度，m/d；

φ_0——Γ_1 边界上的已知函数；

q——Γ_2 边界上的单宽流量，m^2/d；

n——Γ_2 边界外法线方向；

Ω——计算区域；

Γ_1——第一类边界；

Γ_2——第二类边界；

P——增加开采量，为系统可控输入量。

上述数学模型的边值条件为非齐次问题，且有不可控量。响应矩阵的建立，采用分解渗流场的方法，即把渗流场分解为由可控脉冲量形成的降深场和附加的有天然补、径、排和初边值条件作用下形成的降深场来模拟实际流场。因此，按叠加原理，把上述定解问题分解为下列两个定解问题：

$$\left.\begin{array}{ll}\dfrac{\partial}{\partial x}\left(T\dfrac{\partial h}{\partial x}\right)+\dfrac{\partial}{\partial y}\left(T\dfrac{\partial h}{\partial y}\right)+\varepsilon-\sum\limits_{j}Q_j\delta(x-x_{wj},y-y_{wj})=\mu\dfrac{\partial h}{\partial t} & \\ \qquad\qquad\qquad\qquad\qquad\qquad (x,y)\in\Omega,\quad t>0 & \\ h(x,y,t)=\varphi_1(x,y,t)\qquad\qquad (x,y)\in\Gamma_1,\quad t>0 & \\ K\dfrac{\partial h}{\partial n}=q\qquad\qquad\qquad\qquad (x,y)\in\Gamma_2,\quad t>0 & \\ h(x,y,t)=H_0(x,y)\qquad\qquad (x,y)\in\Omega,\quad t=0 & \end{array}\right\}\tag{10-6}$$

和

$$\left.\begin{array}{ll}\dfrac{\partial}{\partial x}\left(T\dfrac{\partial s}{\partial x}\right)+\dfrac{\partial}{\partial y}\left(T\dfrac{\partial s}{\partial y}\right)+P(x,y,t)=\mu\dfrac{\partial s}{\partial t} & \\ \qquad\qquad\qquad\qquad\qquad\qquad (x,y)\in\Omega,\quad t>0 & \\ s(x,y,t)=\varphi_2(x,y,t)\qquad\qquad (x,y)\in\Gamma_1,\quad t>0 & \\ K\dfrac{\partial s}{\partial n}=0\qquad\qquad\qquad\qquad (x,y)\in\Gamma_2,\quad t>0 & \\ s(x,y,t)=0\qquad\qquad\qquad (x,y)\in\Omega,\quad t=0 & \end{array}\right\}\tag{10-7}$$

可以看出,式(10-6)为维持现有开采水平下的水位预报模型。由该模型离散得到的数学模型计算的水位降深值乃是附加降深,可转化为水位 h。根据数理方程原理,其与模型式(10-7)计算的水位降深场有如下的关系:

$$h=H+s\tag{10-8}$$

式(10-6)~式(10-8)中:

h——没有可控制脉冲量下仅由初始流场、边界条件和天然补给排泄(含开采)量所形成的水头分布,即由定解问题式(10-6)确定的水头分布;

H——由定解问题式(10-6)所确定的实际水头值;

s——齐次边界条件下,无不可控制输入输出因素影响,仅由可控脉冲(抽水)形成的水头降深,即定解问题式(10-7)确定的水头降深;

φ_1、φ_2——Γ_1 边界上的已知函数。

模型式(10-7)中偏微分方程是线性的,初、边值条件均为齐次的,可用于响应矩阵的计算。在单位抽水量为 $650m^3/d$ 时,以上述设计的井(孔)作为激发点,矿坑为约束点,经连续多个时段抽水确定的单位脉冲响应函数见表 10-4。

表 10-4 单位脉冲响应函数

疏干井编号	3	10	11	12	13	14	15
响应值	4.5	3.95	3.5	3.66	3.41	3.57	3.77

10.3.2.3 疏水方案分析

10.3.2.3.1 一次性预降深方案

一次性预降深考虑将水位一次性降到 245m 高程下,优点是可以确保矿场生产不受突水的影响。

根据上述单位脉冲函数,计算得到的各设计井的疏水量见表 10-5。

表 10-5　一次性预降方案各疏干井的最优疏水量分配　　（单位：650m³/d）

疏干井编号	3	10	11	12	13	14	15
最优疏水量	1.23	1.23	0.47	1.23	0	1.23	1.23

为了验证表 10-5 所分配的输水量能否满足工程疏水降压（<245m）的要求，将表中的数据代入疏水模型进行预测，预测的疏水效果见图 10-11。

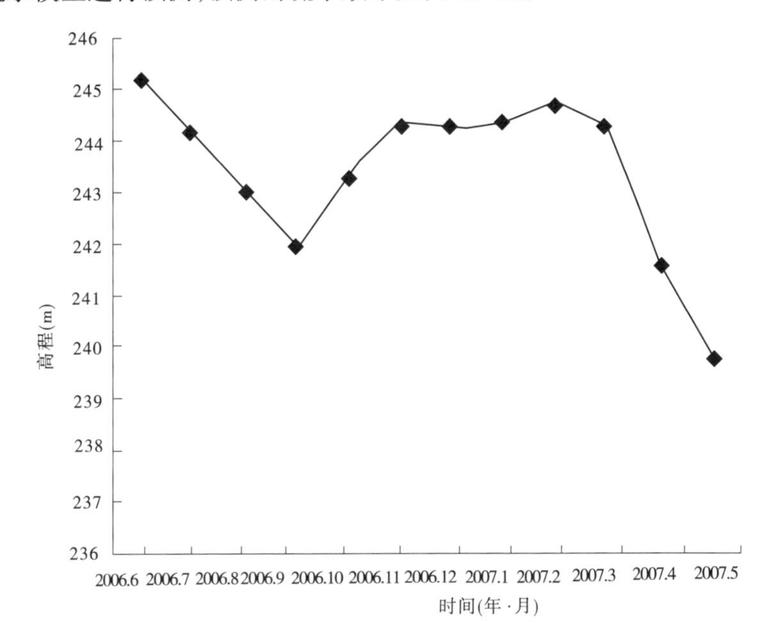

图 10-11　采场中心地下水位疏降变化曲线图

由图 10-11 可见，利用优化模型确定的疏水量及其分布可以满足工程疏水降压的要求。

从表 10-5 也可看出，所考虑的疏降水方案仍然可以进一步调整。例如，疏水井数可以减少，也可适当调整各井的抽水量，以便进行设备维修等工作。

一次性降深预先疏降方式具有简捷、省事、安全、一步到位等优点。尤其对水文地质条件复杂或水文地质条件不甚清楚的铝土矿区，采用一次性预先疏降是较为合适的。但无疑成本会相对高一些。对于类似夹沟露天采场，当水文地质条件较为清楚时采用并行疏降方式可能是更好的选择。

10.3.2.3.2　并行疏降方案

并行疏降可随着矿床开挖而适时调整疏干水量，减少疏降的成本。并行疏降方案按水位逐级下降进行控制，除第一级降深为 1.5m 外，其余每一级降深为 1.0m。不同控制高程下各疏干降水井水量分配见表 10-6。

表 10-6 说明，环采场布井方案能够满足水位控制的要求。由于不同控制水位对排水量要求的不同，设计的各个疏干井的疏水量分配发生相应的变化。为了使水位、水量处于最佳调控状态，实际工作过程中应注意各个疏干井的调控顺序和时间。

需要指出的是，由于地下水渗流模型是建立在多年平均降雨量基础上的，而疏干降水优化模型则是基于这种地下水渗流模型构建的。因此,不论是一次性预降深方案,还是并行疏降方案都是以上述条件为前提的,应用时需要注意。对偏离上述水文气象条件的情况应注意适当调整疏干的水量。出于这种考虑,上述疏干井布置方案留有一定的余地,即13号井作为备用井,一般不应轻易地精简。

表10-6　并行疏降方案各疏干井的最优疏水量分配　(单位:650m³/d)

高程(m)	3号井	10号井	11号井	12号井	13号井	14号井	15号井
264	1.23	0.27	0	0	0	0	0
263	1.23	0.52	0	0	0	0	0
262	1.23	0.78	0	0	0	0	0
261	1.23	1.03	0	0	0	0	0.05
260	1.23	1.23	0	0	0	0	0.32
259	1.23	1.23	0	0	0	0	0.58
258	1.23	1.23	0	0	0	0	0.85
257	1.23	1.23	0	0	0	0	1.11
256	1.23	1.23	0	0.15	0	0	1.23
255	1.23	1.23	0	0.42	0	0	1.23
254	1.23	1.23	0	0.70	0	0	1.23
253	1.23	1.23	0	0.97	0	0	1.23
252	1.23	1.23	0	1.23	0	0	1.23
251	1.23	1.23	0	1.23	0	0.01	1.23
250	1.23	1.23	0	1.23	0	0.29	1.23
249	1.23	1.23	0	1.23	0	0.57	1.23
248	1.23	1.23	0	1.23	0	0.85	1.23
247	1.23	1.23	0	1.23	0	1.13	1.23
246	1.23	1.23	0.18	1.23	0	1.23	1.23
245	1.23	1.23	0.47	1.23	0	1.23	1.23

参考文献

[1] 虎维岳．矿山水害防治理论与方法[M]. 北京:煤炭工业出版社,2005.
[2] 王永红,沈文．中国煤矿水害预防及治理[M]. 北京:煤炭工业出版社,1996.
[3] 林学钰,廖资生．地下水管理[M]. 北京:地质出版社,1995.
[4] 薛禹群,朱学愚．地下水动力学[M]. 北京:地质出版社,1978.
[5] 朱学愚,谢春红．地下水运移模型[M]. 北京:中国建筑工业出版社,1990.
[6] 李铎,等．华北煤田排水供水环保结合优化管理[M]. 北京:地质出版社,2005.
[7] Bear J. Hydraulics of Groundwater, McGraw－Hill, New York, 1979.

[8] 马仲蕃．线性整数规划的数学基础[M]．北京:科学出版社,1998.

[9] 许涓铭,邵景力．地下水的分类与单位脉冲相应函数[J]．工程勘察,1988(2).

[10] [奥]M. 万塞立克,等.萨尔察赫褐煤矿突水的预防准则及排水方案[C]//第三届国际矿山防治水会议论文集．1990.

[11] Todd D K.Ground Water Hydrology,John Wiley,New York and Sons,1980.

[12] 王大纯,张人权,史毅虹,等．水文地质学基础[M]．北京:地质出版社,1995.

[13] 王均连．工程地下水计算[M]．北京:中国水利水电出版社,2004.

[14] Q.C.Z,R.L.Taylor.The Finite Element Method.4th edifion,1989.

[15] Willis R.Optimal management of subsurfac eenvironment,Hydrol.Sci.Bull.1976,21(2):333－343.

[16] Futagami T.The finite element and linear programming method,Ph.D.Dissertation,Hiroshima Inst.Of Techhnl.,Hiroshima,Japan,1976.

第11章　注浆堵塞加固方法与技术

11.1　注浆技术发展概况与分类

11.1.1　注浆技术发展概况

1864年首创水泥注浆法迄今,注浆技术应用于采矿已有一个多世纪的历史。1885年铁琴斯(Tietjens)成功采用地面预注浆开凿井筒,此后注浆法在矿井建设中作为防治水和改善工程地质条件的重要方法,先后在英国、法国、南非和前苏联得到广泛的应用。

近几十年来,注浆技术在岩土工程实践中得到了更普遍的应用,已研制开发出多种注浆方法和上百种注浆材料,满足了很多复杂地质条件下工程的要求,并积累了丰富的经验,逐渐发展成为一个相对独立的研究方向。1989年国际岩石力学学会成立注浆委员会,1991年我国在广州举行全国灌浆会议,并成立了中国岩石力学与工程学会岩石锚固与注浆技术专业委员会,加强了理论研究和技术交流。但由于岩土介质的极端复杂性,裂隙岩体的渗流理论尚不够成熟,注浆工程常常依赖于经验,大型注浆工程技术参数只能依赖于反复的现场调试和监测,其中注浆固结体的力学性质、浆液流动时的力学过程以及注浆参数设计等理论问题,尤其缺乏系统完整的研究与论述。这些问题影响到注浆效果和技术经济指标的提高,甚至造成人力、物力的浪费,其总体研究水平与其他岩土工程技术相比尚处于初级阶段。

我国在煤矿井巷施工中,注浆技术早在20世纪50年代就有较多的应用,东北鹤岗矿区、鸡西矿区和山东淄博矿区首先采用井壁注浆封堵井筒漏水。随后,山东新汶矿区张庄立井采用工作面预注浆取得良好的堵水效果。20世纪60年代以后注浆法有了很大的发展,在矿井中已将注浆用于堵水、灭火、密封(瓦斯)、软土和构造破碎岩层加固以及对围岩冒落坍塌带进行处理等方面。20世纪80年代以来,随着现代支护理论和注浆技术的发展,以支护为目的的矿床顶底板注浆在前苏联、德国等地开始研究和推行,我国同期也在复杂和不良岩体的矿床工程中实施过注浆加固技术。如金川镍矿后注浆法加固矿床、山东龙口矿区注浆加固与锚喷支护治理软岩、徐州旗山矿锚注支护维护矿床、抚顺矿区卸压加固注浆、淮北朱仙庄煤矿和芦岭煤矿新掘岩巷滞后注浆加固控制围岩变形等,均取得明显的效果。

注浆材料也从单一水泥浆发展到多种化学浆、水泥－水玻璃浆等。

11.1.1.1　注浆理论和实验研究

11.1.1.1.1　注浆理论研究

近几十年来,普通岩土工程注浆理论研究进展较快,主要反映在岩土介质浆液流动规律及岩土体的可注性、裂隙及其充填物对渗透性的影响、岩体的裂隙渗流实验等方面。但目前应用较多的仍然是渗透注浆和劈裂注浆理论。

(1)渗透注浆理论。渗透注浆理论,包括马格(球形扩散)理论、柱形扩散理论、卡罗尔理论、拉夫莱理论和袖套管法理论等。其中,具有代表性的主要有马格理论、柱形扩散理论。

马格理论假设被注体为均质各向同性体,浆体在地层中呈球形扩散,并给出牛顿体注浆压力、注浆时间、扩散半径和注浆量等重要理论公式。该理论是以钻杆端点注浆为基础建立起来的,既有普遍的适用性,又有很大的局限性。柱形扩散理论是以注浆管体的一部分为注浆过滤段,它与马格理论有类似的假设,进而导出注浆时间、扩散半径和注浆量的公式。

(2)劈裂注浆理论。劈裂注浆理论认为在注浆压力的作用下,浆液可以克服地层的切应力和抗压强度,使其沿垂直于小主应力的平面发生劈裂,浆液便沿此劈裂面渗入和挤密地层体,并在其中产生化学加固作用。我国在这方面的研究较多,并对基岩、砂层和黏性土层劈裂注浆时的劈裂条件作了较深入的研究,认为在均质软弱地层中首先产生竖向裂隙,在层状软岩中首先产生水平裂隙。

这些成果具有较好的理论指导意义,但在定量应用上受到较大限制。由于注浆介质的复杂性和工程的隐蔽性,注浆理论研究严重滞后于注浆工程实践和注浆材料发展的要求。多数注浆工程只介绍注浆施工工艺过程及注浆效果,很少进行注浆理论分析研究,已有的结论也主要是基于宏观的和感性的认识,缺乏具体的、定量的测试分析,在微观层次上的研究明显不足(张农)。

11.1.1.1.2 注浆实验研究

注浆实验主要研究注浆参数及其影响因素之间的关系。国内外常用的研究手段有平板式、圆管式、槽式模拟实验台等,通过调节裂隙张开度、长度、粗糙度等参数研究渗流的规律,分析浆液扩散半径(R)、注浆压力(P)、注浆量(Q)和凝结时间(T)等注浆参数以及被注岩土渗透率(K)、浆液初始黏度(μ_0)、注浆时间(t)等影响因素。国内外较著名的注浆参数模拟实验有:苏联学者在实验室进行的砂质岩层中浆液扩散参数模拟实验研究,用以确定注浆参数与被加固的岩体性质、浆液特性之间的关系;奥地利学者模拟了不同开度的平面裂隙中的浆液流动规律;国内的注浆模拟实验装置有水利水电科学院的平板型、煤炭科学院的圆管型和东北大学的槽型及扁圆柱型实验台等。苏联和我国学者通过实验研究得出有关注浆参数经验公式。国内学者利用特制的实验装置和测试系统对浆液渗流压力分布情况进行了测试,并通过回归分析得出渗透压力按二次抛物线衰减的规律。

由于模拟条件与实际地层结构有较大的差距,裂隙、孔隙状态参数、介质粒度等模拟参数均与实际条件难以吻合,而且常常仅能模拟单一裂隙,因此模拟出的浆液流动特征及其规律与实际情况往往相差较大(张农)。

11.1.1.2 **注浆工艺和参数研究**

注浆工艺是研究在不同的工程地质和水文地质条件下,根据工作对象(如矿床)的技术特征、工程性质和施工要求等,所采取的不同注浆方案和施工方法,以及完成注浆工作全过程的作业程序和操作要领。注浆工艺复杂多变,针对性很强,而注浆参数是影响和确定注浆工艺的最重要因素之一,一直是注浆技术和注浆效果研究的一项主要内容。

当注浆用于矿床堵水和防渗时,其主要注浆参数包括以下几项。

11.1.1.2.1 注浆压力

注浆压力是浆液在岩土中扩散的动力,受矿床工程地质条件、注浆方法和注浆材料等因素的影响和制约。国内外对确定注浆压力值持两种截然相反的观点:一是尽可能提高注浆压力;二是尽可能用低压注浆。这两种观点各有利弊,对不同的工程有不同的指导意义。一般来说,化学注浆比水泥注浆时压力要小,浅部注浆比深部注浆压力要小,渗透系数大的地层比渗透系数小的地层注浆压力要小(张农)。堵水与防渗工程中水压的影响十分显著,如煤矿地面立井预注浆压力一般为静水压力的2.0～2.5倍,水坝注浆压力一般为1～3MPa,浅表地层注浆压力一般为0.2～0.3MPa,地下隧道和巷道围岩注浆压力最大可达6MPa等。因此,注浆压力的选定需依据具体的矿床工程地质条件、注浆方法和注浆材料等因素进行综合确定。

11.1.1.2.2 扩散半径

扩散半径的影响因素很多,它随着岩层渗透系数、裂隙开度、注浆压力、浆液流动特征、注入时间等因素的变化而不同,它决定着注浆工程量和工程进度,常用一些理论或经验公式估算,但最终往往仍需要通过实验而确定。

11.1.1.2.3 凝胶时间

凝胶时间是浆液本身的特征,不同的注浆工程可能要求浆液凝胶时间在几秒到几小时不等,并能准确地控制。如单液水泥浆从几十分钟到十几小时,水泥－水玻璃双液浆从几秒到几十分钟等。

11.1.1.3 **注浆材料研究**

注浆材料是注浆技术一个十分重要的组成部分,浆液性能是决定注浆加固效果的关键因素之一,浆液的消耗又影响到工程成本。因此,国内外都致力于新型注浆材料的研究。目前注浆材料品种已达上百种,性能各不相同,应用时须根据注浆工程的要求和目的选择不同性能的注浆材料。

对于铝土矿床而言,其采掘工程多是临时性或半永久性工程,成本受到限制。因此,注浆加固材料一般只考虑价格低廉的浆材,通过添加剂来调节抗渗透性能、黏结强度和抗变形性能等。

常用的水泥类材料可分为二类:一是以水泥或在水泥中加入一定量的附加剂为原料,用水配制成浆液,采用单液系统注入。试验表明,水泥浆液只能注入到比它本身粒度大3倍的孔隙中去,目前常用的水泥最大粒径为0.085mm,在一般的压力下只能注入最小宽度为0.255mm的孔隙中。虽然这种浆液存在颗粒粗、可注性差、凝结时间长且不易控制、浆液易沉淀析水和结石率低等缺点,但它来源广、价格低、结石体强度高,因而被广泛采用。二是以水泥和水玻璃为主剂,按一定比例,采用双液方式注入,其结石率较高,可注性比水泥好,凝结时间短且易控制。但结石体强度较低,如控制不好经过一段时间后结石体易松散,对工艺要求也较高。因此,如何研制一种新型水泥类注浆材料,它可以速凝成具有一定强度的固结体,水灰比调节范围大,可以在高的水灰比条件下固结而不析水,浆液流动性好,渗透性好,材料本身固结后塑性好,具有微膨胀性,且成本较低,是摆在我们面前的一项重要课题。夹沟矿床突水治理研究对此进行了试验、探索,取得了较好的应用效果。

11.1.2 注浆方法的分类

注浆法分类方法很多,通常有如下几种:

(1)按先后时间次序进行分类,可分为预注浆和后注浆。预注浆法是在采掘前或在采掘到含水层之前进行注浆工程,按其施工地点不同,预注浆法又可分为地面预注浆和工作面预注浆两种。后注浆法是在采掘之后所进行的注浆工作,它主要是为了治理或减少采掘工作面的突水、淋水等问题。

(2)按浆液的注入形态可分为:渗透注浆、劈裂注浆、压密注浆和充填注浆等。渗透注浆是将浆液均匀地注入岩石裂隙或砂土孔隙,形成近似球状或柱状注浆体。劈裂注浆是将浆液注入岩土裂隙,为增大扩散范围,获得较好堵水效果,可用高压加宽裂隙,促进浆液压入。压密注浆被用以压实松散土及砂,常用高压力注入高固体含量的浆液,具有低注入速度的特点。充填注浆主要用以充填并稳定自然空洞及废矿空间等。

(3)按注浆目的可分为防治水注浆、加固注浆。防治水注浆根据工作时间和工作地点不同,又可分为截流注浆、突水点注浆以及超前和壁后注浆。按水压和流速不同又可分为动水注浆和静水压注浆。加固注浆其工作方式大致与壁后注浆同,以防止围岩渗漏,增强岩、土的承载能力。

(4)按浆液可分为粒状浆液和化学浆液两大类。每类浆液按各自的特点和灌注对象不同又可分为若干种。粒状浆液分为不稳定粒状浆液,包括水泥、水泥砂浆等;另一种是稳定粒状浆液,包括黏土浆液和水泥黏土浆液。化学浆液又可分为无机浆液(主要指硅酸盐类)和有机浆液,如环氧树脂类、聚氨酯类、丙烯酰胺类、木质素类浆液等。

(5)按浆材的混合方式可分为单液单系统、双液单系统、同步注入双液双系统、交替注入双液双系统等四种。单液单系统法是将浆液的各组分按规定配比放在同一搅拌器中充分搅拌混合均匀后注入的方法。双液单系统法是将两种浆液,通过各自的注浆泵按一定的比例在注浆管口的Y形管中混合然后注入地层的方法。同步注入双液双系统是将两种浆液分别通过各自的注浆泵按一定的比例压入埋设在地下土层中两个注浆管(双层管),两种浆液在进入地层瞬间发生混合的方法。交替注入双液双系统是将两种浆液分别通过各自的注浆泵,按一定的比例交替压入地层的注入方法。

11.2　矿床底板破裂岩体注浆固结规律及其影响因素分析

11.2.1　破裂岩块注浆固结作用分析

由于化学和力学的原因,水泥类浆液与岩体裂隙面之间产生一定的黏结力,其大小通常取决于组成界面的实际接触面积及界面自由能的大小,且受许多因素的影响,包括:注浆材料品种、水灰比、颗粒形状尺寸、裂隙面粗糙起伏度及表面结构岩块强度等。一般界面的黏结强度小于浆液固结体的强度,也小于岩块的强度。

黏结力是浆液和岩块两面之间通过相互吸引与连接作用产生的力,可分为四种:化学键力、分子间作用力、界面静电引力和机械作用力。

破裂岩石注浆固结体的稳定性主要取决于固结强度。固结岩体强度是由结构体的强度及其形状、注浆胶结面力学性能、不可注浆的细小裂隙面等因素确定的。当岩体内存在弱面时,岩体的强度主要受弱面影响。由悬浮型浆液的颗粒效应可知,用水泥浆液注浆,必然留下大量的裂隙,只可能注入部分裂隙中;另外破裂面固结的直剪实验表明,水泥类浆液胶结岩块的黏结强度较低,不仅低于岩块强度,而且常常低于浆液凝胶体强度。

对于破裂岩体注浆而言,其中大裂隙的充填固结,将起到约束其中细小裂隙变形、提高岩体抗变形能力的作用。由于注浆材料黏结性能较差,在较小范围内仅有一到两个裂隙面时,注浆作用常常很小。大范围内破裂岩体注浆则主要靠对多个交叉裂隙的固结提高岩体抗变形强度，从而形成整体承载效应。

11.2.2　影响注浆固结效果的因素分析

实验表明，注浆固结效果的影响因素包括三个方面：岩石材料性能，如结构块体的力学性能、岩性状态、应力状态等；注浆材料性能，如浆液配比、凝胶体强度、渗透性能等；注浆参数，如注浆压力等。前人运用极差法对正交实验结果进行评定，如表 11-1 所示。由表 11-1 可见，在岩性、浆液性能和注浆参数中，岩性的极差最大，因而对注浆效果影响最大；浆液性能次之；注浆参数影响最小。岩性从根本上决定固结体的力学性能，它包括岩体的破裂程度和状态等。当块体裂隙较少时，注浆固结效果很不明显，随破坏程度增加 K 值提高，但绝对强度值有降低的趋势。几种常见近铝系地层岩石的 K 值范围为 5%～60%。而采用同一注浆材料时，不同岩体 K 值相差不大。因此，在研究破裂岩体注浆固结规律时，首先应把握住被注介质的特点，分析岩性条件及可注性。在选择施工方案和工艺时，应重视浆液配比，最后考虑注浆压力等参数。

表 11-1　正交实验结果一览表

序号	岩性	浆液配比	注浆压力(MPa)	强度恢复系数 K(%)
1	煤	1.8:1	0.8	37.98
2	煤	2.0:1	1.0	36.41
3	煤	2.25:1	1.2	20.67
4	泥岩	1.8:1	1.0	15.02
5	泥岩	2.0:1	1.2	29.24
6	泥岩	2.25:1	0.8	18.60
7	砂岩	1.8:1	1.2	8.85
8	砂岩	2.0:1	0.8	5.95
9	砂岩	2.25:1	1.0	7.92
平均	煤			31.69
	泥岩			20.95
	砂岩			7.57
极差				24.12

注：引自文献[1]，略有删减。

11.2.2.1　岩体状态与注浆固结效果的关系

对于特定的铝土矿床顶底板环境来说，岩体材料是不可选择的。但采掘后顶底板的破裂状态和程度是动态变化的，这就需要详细研究破裂状态与注浆固结效果之间的关系。

表 11-1 中，煤体 K 值 31.69%、泥岩 K 值 20.95%、砂岩 K 值 7.57%。可见煤体注浆的效果最明显，其次是泥岩，砂岩的注浆效果较差。从直观上看，岩体强度越低，材质越松软，K 值越大。其实每一种岩体 K 值波动也较大，如砂岩的 K 值为 5.35%～21.5%、泥岩的 K 值为 13.4%～29.2%、煤的 K 值为 20.7%～60.1%。因此，单从岩性上分析不尽合

理。更进一步观察发现，K 值对岩体的破裂程度和状态最敏感。

注入浆液的裂隙是开度较大的宏观裂隙，代表了岩块的结构特征，其个数基本反映了岩块的破裂程度和破裂后的赋存状态。前人研究结果有如下规律：

(1)一般随裂隙个数的增加，K 值增加；

(2)泥岩较砂岩软，微小和不规则裂隙多，它们常常不进浆，影响 K 值的增加幅度。

因此，岩块的破坏状态是决定注浆效果的关键因素。铝土矿床注浆应用中，应注意把握这一特点。

11.2.2.2　注浆材料对注浆效果的影响

由于水泥类材料相对较低的黏结力，注浆固结体仍为含弱面的岩体，其强度仍不同程度地低于完整岩石，一般仍沿原存在的某一破裂面发生剪切破坏。当一种注浆材料确定后，影响材料性能的主要参数是水灰比，它对注浆效果有两方面的影响(张农)：强度方面，随水灰比增加，浆液固结体的力学性能降低，从而影响到固结的性能；渗透性方面，随水灰比增加，浆液的渗透性能增强，颗粒效应减弱，浆液能够注入到更微小的裂隙中，显然有利于对岩体的固结。这两方面的影响是相互制约的，目前常用的普通水泥类材料很难两全其美。高水灰比时结石率较低，因而一般水灰比不能超过 1∶1。低水灰比时，浆液的流动和渗透性能常常不够理想。

11.2.2.3　注浆压力对注浆效果的影响

注浆压力是克服浆液流动阻力，并将之压入岩体裂隙中的动力。水泥类悬浮液的黏度相对于真溶液较大。当裂隙开度较小时，岩体渗透性能较低，因而只有较高的注浆压力才能保证一定的注浆效果。但注浆压力过高将会导致岩体破裂面的进一步发展，破坏岩体本身的强度和承载能力。因此，注浆压力和浆液水灰比一样，存在一个最佳值的问题，过大过小都不合适。

实际上，注浆效果是受若干因素共同制约的。不同岩性、不同的裂隙发育状态和破裂形式对注浆压力和浆液配比要求不同，需要具体问题具体分析。由近铝煤系地层正交实验结果可知：泥岩注浆压力为 1.2MPa、浆液水灰比为 2∶1 时效果最好；砂岩注浆压力为 1.2MPa、水灰比为 1.8∶1 时效果最好。这是由于泥岩破坏时裂隙较砂岩多，但裂隙尺寸相对较小，浆液稀一点有利于渗透，使更多的裂隙得到固结，强度提高较大；砂岩破坏时，裂隙较少，但尺寸较大，浆液本身的固结强度相应更加重要。

11.3　注浆技术应用条件分析及实施步骤

11.3.1　注浆技术运用应具备的基本条件

注浆技术作为矿床防治水方法之一有其特定的应用技术条件，运用时应考虑以下的条件。

(1)矿床主要充水含水层的动态补给量大且稳定，采用疏水方法难以使含水层水位大幅度降低或所需的疏水量太大以至于经济上很不合理。

(2)矿床水补给通道位置明确且相对集中，只要阻断局部导水通道就可使整个矿床的补给水量大幅度减少。

(3)矿床主要充水含水层为采掘工程的直接顶、底板,且含水层存在有较大的稳定补给水量,在矿床采掘过程中难以实现自然疏干或动态疏水量太大。

(4)矿床充水含水层为本区主要或唯一的供水水源含水层,而客观条件又不具备实现矿床排供结合技术方案,矿床开采过程中要求充分保护水源地和含水层。

(5)矿区生态环境脆弱,环境对矿床充水含水层的依赖性强,一旦含水层水位明显下降会诱发区域生态环境恶化或其他地质灾害。

(6)实施注浆的目标含水量或构造薄弱带具有良好的可注性条件,包括受注层的吸浆量、浆液在受注层内的运移与扩散性、浆液的凝结与稳定性等。

(7)受注层具有合适的水动力和水文地球化学环境条件,能够确保注浆固结体强度的稳定性和抗渗稳定性,可满足工程使用的寿命。

11.3.2 注浆方法的实施步骤

11.3.2.1 水文地质、工程地质条件勘探与分析

由于注浆技术有其特定的应用条件,所以在确定是否采用注浆技术之前必须进行铝土矿床水文地质条件和施工工程地质条件的勘探与分析。勘探与分析研究的主要内容包括突水形成的地质构造因素和人为工程活动因素、突水形成的层位、含水层岩性、突水水源、矿床充水补给通道的性质及其分布范围、最大突水量、稳定突水量、过水通道内或突水口处的地下水流速、静水压力等。只有弄清这些问题,才能制定切实可行的注浆堵水方案。

(1)查明矿床所在地区造成矿床充水的充水水源及其赋存条件、控制矿床突水的主要因素及其变化规律,用以进行综合防治水技术路线的分析与比较。

(2)查明矿床局部地区水文地质结构与矿床充水条件,以便进行工程的具体布设和经济可行性分析,避免工程宏观规划布设不当,影响防治水效果或造成工程的浪费。该阶段应重点查明矿区和采区主要构造单元的特征,陷落柱和断层显现规律及其断距、产状要素,小构造特征等;查明施工地段岩层的岩石成分,岩石可钻性等级,岩石的裂隙性特征、孔隙度或者裂隙张开性与切穿性;查明含水层特征、厚度和赋存深度,地下水的静水压力水头,含水层的渗透系数等;查明地下水的矿化类型和程度、硬度、酸度指标,对水泥和金属侵蚀的类型和程度,地下水化学成分随深度的变化规律等特性。

(3)查明工程施工条件,包括查明施工地段的工程地质条件、运输施工条件、材料供应条件、采掘工程条件等。确定防治水工程要求达到的精度,以便进行施工程序与施工工艺方法的设计,包括地形、水文、气候条件以及当地现有的适于制备止水浆液的材料等。

11.3.2.2 试验工程与注浆参数的确定

由于一般铝土矿床注浆防治水工程规模较大、施工周期长、工程一次性投资大,为了确保工程质量和工程达到预期的效果,一般在正式工程实施之前要进行试验工程。通过试验工程以确定工程施工的相关参数。试验工程应获取的主要信息如下:

(1)注浆钻孔的基本结构和成孔工艺方法。

(2)注浆浆液的扩散距离与注浆压力的关系,浆液配比、浆液浓度、浆液凝结性与注浆效果之间的关系,地下水流速,受注体岩溶裂隙发育程度与浆液扩散特性之间的关系等。

(3)注浆参数与地层吸浆量,受注体水文地质特性与耗浆量之间的关系,注浆材料配比与耗浆量之间的关系等。一般情况下,受注层的耗浆量根据受注体的岩溶裂隙率、注浆段厚

度、浆液扩散半径以及充填效果按下式估算：

$$V = AH\pi R^2 Nb \tag{11-1}$$

式中　V——设计段浆液预计注入量，m^3；

A——浆液消耗系数，一般取 1.2～1.3；

H——注浆段岩溶裂隙层厚度，m；

R——浆液的有效扩散半径，m；

N——岩溶裂隙率，%；

b——浆液充填系数，一般为 0.7～0.9。

实际工程中，由于地下水流速的影响、受注体岩溶裂隙的连通性和曲度以及注浆工艺与方法的影响，实际耗浆量会和式(11-1)预计的注入量有较大的差别，因此通过试验工程进一步实测耗浆量及其影响因素具有重要的意义。

(4)注浆体堵水效果检验与分析。

11.3.2.3　工程可行性分析与设计

根据注浆地段水文地质工程地质条件勘探和试验工程所获得的成果与参数，结合防治水工程的目的、任务及基本技术要求，进行注浆工程的可行性分析与工程设计。分析与设计应主要包括以下的内容：

(1)注浆工程的整体布置与规划。

(2)注浆钻孔的分布与结构，注浆钻孔成孔的技术要求。

(3)注浆钻孔施工工序。

(4)估算止水浆液从各个钻孔的扩散范围。

(5)确定注浆孔的最佳数量及深度。

(6)注浆材料的来源、加工与配比。

(7)注浆站结构及其造浆工艺流程。

(8)注浆参数及其注浆工艺流程。

(9)工程施工全过程质量监控与检测方法和要求。

(10)突发情况的应急预案。

(11)工期安排与经济分析。

(12)工程效果的预测与评价。

11.3.2.4　工程实施与质量动态监控

工程实施与质量动态监测监控是及时发现问题、解决问题、确保工程预期效果的重要环节，在工程实施过程中常见的动态监测监控要素如下：

(1)钻孔漏水漏浆特征。当钻孔施工过程中突然发生漏水漏浆现象时，应分析其原因，并采用注浆或其他处理方法及时予以处理。

(2)注浆压力变化特点。当注浆压力保持不变，吸浆量均匀且逐渐减少时，或当吸浆量不变，压力均匀升高时，注浆应持续下去，一般不改变水灰比。如果注浆压力突增或吸浆量突减，应查明原因进行处理。

(3)受注层或邻近层位地下水位变化规律。在注浆过程中，发现附近钻孔水位突然变化时，应认真分析其原因，明确水位变化与注浆工程之间的因果关系。特别是当发现含水层水位突然下降时，更应重视是否有裂隙断层活化或其他跑漏浆现象的发生，并应及时处理或调整施工的工艺。

(4)地层吸浆特征。注浆一般应连续进行,直至达到设计结束的标准。当注浆孔段已用到最大浓度的浆液,吸浆量仍很大且不见减少,孔口压力又不上升或无压力显示时,应改为间歇性注浆。当采用间歇性注浆仍无压力时,或单位吸水量很大时,可考虑先注骨料等。

11.3.2.5 工程质量检测

注浆工程的质量除了在施工过程中进行动态监测与检测外,工程完成后还应进行系统的工程质量检测,当确认工程达到设计指标要求后方可投入使用。工程完成后常用以下质量检测的方法:

(1)对施工过程中所有观测和记录资料进行系统分析与检查。根据注浆过程中的泵压、孔口压力、泵量、受注层吸浆量及浆液浓度等观测资料的分析,判断注浆过程是否正常,跑浆或堵塞管路现象是否存在,注浆是否正常达到结束标准等。

(2)压水试验对比分析。进行注浆段地层注浆前后压水试验的对比分析与研究,以检查注浆对地层渗透性改善的效果。

(3)放水试验、水量漏失试验及水位对比分析。进行注浆前后的含水层放水试验、水量漏失试验及相应的水位对比分析,以检查注浆体的阻水防渗效果。

(4)钻孔取心观测。通过钻孔取心观测受注层段岩心的胶结情况与裂隙溶孔注浆浆体充填情况,检测浆液对受注地层导水孔隙的充填固结效果。

(5)地下水流场分析。对注浆前后受注含水层地下水流场变化特征进行分析,以检测注浆工程对含水层水文地质条件的改变效果。

(6)综合勘探。应用地球物理勘探、孔间无线电波透视、钻孔超声波检测等技术,综合检查注浆的效果。

(7)为防止已封堵的突水点第二次突水,对关键部位应打检查孔进行注浆质量的检测。

11.4 注浆堵塞加固参数设计及施工控制技术

11.4.1 注浆堵塞加固参数设计

浆液开始注入岩层时为紊流状态,由于注浆浆液渗透断面的扩大,压力降低,流速减慢,特别是深入岩层深部,浆液逐渐发生沉积,浆液的流动由开始的紊流状态转变为层流和阻滞流,最后变为结构流而产生一定的抗压强度,阻住其涌水。前人对注浆浆液渗透机理建立了如下的概念:

一是机械充塞。浆液在一定注浆压力梯度下沿裂隙流动扩散,当其远离注浆孔,压力梯度降低到临界压力时,浆液流速减小,由紊流转为层流状态,水硬性材料将发生凝固,黏滞性增大,流速很低最后停止流动。而非水硬性材料的颗粒逐渐聚结沉析和黏附在裂隙上,这就更增加了浆液的流动阻力和静剪应力,最后堵塞裂隙。

二是水化作用充塞。浆液内的水硬性材料与水之间起化学变化,在层流到阻滞流时,水泥熟料随着时间而凝聚,产生强度,加快充塞堵水的过程。

三是机械充塞和水化作用充塞并存。其浆液扩散充塞状态,一般有四个过程:

(1)注浆压力克服静水压力和流动阻力,推进浆液进入裂隙。

(2)浆液在裂隙内流动扩散和沉析充塞,大裂隙逐渐缩小,小裂隙被充填,注浆压力逐渐上升。

(3)在注浆压力推动下,浆液冲开或部分冲开充塞体,再沉析充填,逐渐加厚充塞体。

(4)浆液在注浆终压下进行充塞、压实、脱水以致完全封闭裂隙,产生足够的强度。

注浆的实际渗透扩散状态复杂,由于岩土的不均匀性,施工中完全符合渗透理论的例子不多,特别是隐蔽性注浆工程,应加强施工前的现场调查、实验室工作以及施工过程效果的检查,以为注浆设计与施工提供较准确的数据。在注浆参数选择上,目前侧重实践经验数据的选取。大型注浆工程一般都开展现场注浆模拟试验或原位试注浆以确定注浆的参数。

11.4.1.1　注浆压力的确定

注浆压力主要取决于岩体的渗透性能和浆液性能,以及设计的渗透范围等。注浆压力高有利于浆液渗透,减少注浆孔等工程量,但有可能破坏矿床顶底板的整体结构。当岩体有明显的裂隙时,注浆压力一般不超过 2MPa,岩体裂隙发育严重破碎时一般不超过 1MPa,裂隙开度较小时可采用 1～2MPa。如果岩性软弱,应控制注浆压力不超过其抗压强度的 1/10,以防产生劈裂面。对于渗透性能较差的岩体,应采用加密注浆孔的办法解决,不能仅靠提高注浆压力来解决问题。豫西夹沟矿床注浆时确定的注浆压力为 1～2MPa,其中,在底板黏土岩、铝土岩中采用大值,在底板下伏灰岩中采用小值。

11.4.1.2　注浆加固深度和注浆孔深

注浆深度取决于如下因素:

(1)加固强度。加固深度越大,固结厚度越大,加固强度越大,防渗抗突能力越强。但固结厚度过大,并无必要,经济上也不够合理。

(2)破裂岩体的固结效果。根据矿床顶底板的破坏特点及应力状态依次可分为三个区:破碎区,此区可见宏观裂隙,相当于前述的采动破坏带;缝后强度区,岩体处于极限平衡状态,已发生不同程度的塑性变形,裂隙张开度较小,不甚发育;弹性区,相当于前述的完整隔水带。

前述破裂岩体注浆固结实验表明,注浆固结体强度主要取决于围岩的破裂程度,随破裂程度的增加,固结效果越发明显,而破裂面较少的岩体注浆固结作用甚微。由此可见破碎区注浆固结效果显著,容易实现注浆;缝后强度区裂隙小,应力水平较高,渗透性能差,且注浆效果不明显。因此,仅就铝土矿床顶底板采动破坏的注浆效果而言,注浆深度应深入采动破裂区达到缝后强度区边缘较合适,这样可以保证采动破裂区的岩体充分地固结。

(3)浆液径向扩散的性能。由于裂隙张开度在径向由表及里是逐渐减小的,而岩体应力由表及里是快速增加的,因而岩体在径向的渗透性能呈负指数规律快速衰减,即浆液向岩体内部渗透性能很弱。因此,为保证注浆效果,注浆孔深设计应基本与加固深度相同。

综上所述,注浆加固深度的确定主要由矿床顶、底板采动破坏范围及其他堵塞目的来确定。一般可用声波测试采动破坏范围或用多点位移计观测分析采动破坏范围。夹沟矿床依据超声波测试结果确定注浆孔深与加固深度一般为 18～25m,它包括矿床底板采动破坏加固范围及下伏灰岩岩溶裂隙堵塞充填范围两部分。

11.4.1.3　注浆孔间排距

矿床顶、底板裂隙渗流存在各向异性、不均匀性和方向性,用渗透半径或扩散半径来描述浆液的扩散范围常不能反映实际情况,也不能说明问题的本质,采用不同方向的扩散距离则更合适。裂隙岩体中节理和原生裂隙的方向性是十分明显的,因此注浆孔的间排距设计须考虑不同方向的扩散距离及浆液的偏流效应。一般可按如下原则进行:

(1)主要裂隙间网状结构发育良好的可以采用较大的间排距,反之则要加密孔间距。

(2)注浆孔对主要裂隙面的控制程度高,可以减少注浆孔,反之需要加密布孔。

(3)适当增大注浆压力,延长注浆时间,可以增加注浆量,减少注浆孔。

综上考虑,夹沟矿床注浆时采用的孔间排距为3~4m。

11.4.1.4 注浆加固部位的设计

注浆加固部位可根据不同的目的和需要选取。豫西夹沟矿床注浆加固部位有二:一是以水化胶结加固为目的的矿床底板采动破坏带部位;二是以机械充填堵塞为目的的矿床底板下伏灰岩岩溶洞穴、裂隙的部位。

11.4.2 注浆施工控制技术

注浆工程中,只有采取正确的施工控制技术,才可能对注浆的过程和作用进行有效的控制,取得预期的效果。由于注浆过程中浆液运动状态存在着复杂的展开方式,其影响因素和条件错综复杂,因此需要对注浆材料、注浆方法、注浆参数设计和施工工艺等因素进行优化选择与组合,以保证注浆加固的质量,使注浆工程效果和经济效益整体上最优。

11.4.2.1 施工控制的基本原则

11.4.2.1.1 限制压力的原则

注浆压力是克服浆液自身的流动阻力,并提供浆液在裂隙中扩散、充填和压实的动力。注浆压力对浆液扩散的影响最显著。理论研究表明,提高注浆压力可以较大幅度地扩大注浆范围,显著减少工程量。前人研究表明,限制注浆压力的原则如下:

$$p = p_0 + \min\{p_1, p_2, p_3\} \tag{11-2}$$

式中 p_0——浆液克服管路中的流动阻力所必需的压力,MPa;

p_1——浆液扩散要求的注浆压力,克服裂隙中的渗透阻力,并保证一个合理的渗透距离,MPa;

p_2——注浆垫层限制的压力,MPa;

p_3——控制漏浆要求的注浆压力,MPa。

11.4.2.1.2 浆液扩散的有效性原则

注浆过程主要是裂隙网络中浆液的渗透过程,而裂隙是有方向性的,因而渗透的各向异性十分明显,很可能在某个方向上浆液流动很远,而在另一方向上渗流很不充分。用扩散半径来描述常常不能说明浆液流动的实质,因而应区分不同方向扩散的距离,并指导注浆孔的布置,以便均匀地注浆。即使在渗流较充分的方向上,仍要分析偏流效应的影响,仅沿某个或某些贯通的主导大裂隙流动,是不能达到注浆固结效果的。只有查明裂隙分布特点,突出渗流主向和渗透性能对注浆效果的影响,把握有效注浆的范围,才能实现加固的目的(张农)。

11.4.2.2 施工控制技术

11.4.2.2.1 调压注浆控制

调压注浆技术,即浅部低压初注,首先固结矿床顶、底板表部破裂岩体。待浆液固结后,再于深部调高压力复注,这样可充分利用已固结区形成的注浆垫层的屏蔽围限作用。

11.4.2.2.2　优化注浆孔布置

根据裂隙的分布特征,沿主导裂隙面的延展方向浆液渗透距离远,注浆孔排距可适当加大,与主导裂隙面垂直的方向浆液渗透距离小,宜适当加密注浆孔。

11.4.2.2.3　选择合理的注浆顺序

浆液沿某方向渗透较远,并不一定能形成有效的注浆范围,由偏流效应知道,只有大裂隙注入浆液后,小的裂缝才可能得到较好的注入。前人注浆实践表明,沿主导裂隙间隔注浆,交替进行,可以保证浆液在整个顶底板内的充分加固。

11.4.2.2.4　采用复注浆技术

由于某种原因,一序列孔常常难以保证有效的全面加固,采用复注浆可以在主要裂隙加固后,再注浆固结一些死角处。

11.4.2.2.5　选择合理的注浆系统和注浆设备

注浆过程产生的浆液阻力是一个逐渐增加的过程,初期注浆量大、阻力小,后期注浆量小、阻力大,要求注浆泵的工作特性与之匹配,以保证浆液的顺利注入。

注浆系统一般应选择便于控制的双液注浆系统。

11.4.2.2.6　开展注浆监测与监控

注浆是一项隐蔽工程,必须进行必要的监测与监控。常规的检查手段是钻孔检查、声波等物探方法测试等。由于注浆过程的复杂性,目前还很难形成统一的注浆监测标准,施工时可根据堵塞加固要求和重要性确定具体的标准。

11.5　矿床突水常用注浆方法与用途

11.5.1　常用的注浆方法与工艺

注浆方法与工艺主要取决于防治突水工程的目的、任务和实施对象的地质、水文地质条件等。如受注层段的岩溶裂隙性质、过水断面及其地下水的流速、流量,突水口断面、突水量、突水口地下水流速等,都是研究确定注浆材料、注浆工艺流程、注浆设备的重要因素。

一般地说,受注层岩溶裂隙(过水通道或充水含水层)过水断面较大时,往往对注浆材料的消耗量很大。为了提高注浆效率,降低工程费用,注浆通常对大的过水断面或需充填改造的如陷落柱、溶洞或洞穴等采用先充填骨料如砂、碎石、石渣等再注入水泥浆的方法。当受注层岩溶裂隙以溶隙、溶孔或裂隙为主时,一般以注单液水泥浆为主。但是,当注浆区水流速度较大时(如注浆孔打在突水口近旁或坑道时),则应先注骨料减缓水的流速后再注水泥浆。从地下水动力学角度看,可将注浆工程分为静水条件和动水条件注浆两大类,不同的注浆条件有着完全不同的注浆方法与工艺。

11.5.1.1　**静水注浆**

静水注浆系指在受注层或坑道中地下水流速等于或接近其天然流速条件下的注浆工程。静水条件下的注浆工艺一般较简单。其注浆工艺的差异主要取决于受注层岩溶裂隙性质及其所处的地质条件。

11.5.1.1.1 充填加固注浆工艺

在实施充填加固注浆时，常见的情况及其注浆工艺如下：

(1)当受注层岩溶裂隙以裂隙、溶隙为主时，应采用单水泥浆。

(2)当受注层岩溶裂隙以溶洞为主时，应采用水泥砂浆。

(3)当受注层岩溶裂隙或过水通道为陷落柱时，一般先充填骨料再注水泥砂浆或水泥浆。

11.5.1.1.2 堵塞突水点注浆工艺

从我国煤矿床防治突水情况看，在实施封堵突水点注浆时，常见的情况和宜使用的注浆工艺如下：

(1)当突水口准确位置已知时，宜围绕突水口布置一圈钻孔，建成圆形或椭圆形封闭的隔水帷幕，各注浆孔距突水口距离等于或小于浆液扩散半径，或等距布孔。当封堵断层类突水通道时，常在断层带的下盘或上盘紧靠出水口打一个大口径钻孔注入骨料或砂浆，然后再适当布置几个注浆孔封堵和加固导水通道、断层破碎带等。有时可在紧靠导水断层带两盘的充水含水层中布孔注浆，以切断含水层对断层带的补给水源。

(2)当突水口的准确位置不清楚时，一般应经过分析判断，在认为最有可能的突水口位置范围内集中布置探注结合孔，一般应布置 3～5 孔。一旦揭露突水通道或突水点，则可直接进行注浆封堵。如果遇不到突水通道时，则利用这些孔进行孔间无线电波透视或其他物探技术，探测确定孔间裂隙含水带和突水通道，为进一步施工注浆孔提供依据。

11.5.1.2 **动水注浆**

动水注浆系指在受注层或坑道内地下水流速大于或远大于其天然流速条件下的注浆工程。广义地说，几乎所有的注浆施工都是在动水条件下进行的。因为绝对静止的地下水是很少存在的，只是说在不同的条件下地下水的流动速度差别很大而已。

一般地说，动水条件下注浆工艺的难度，主要取决于受注层岩溶裂隙大小、水源补给通道的断面面积及其导水通道内地下水的流速、流量、注浆孔段至突水口的距离等综合因素。这里，水的流速则是动水注浆成败的关键性因素。

动水注浆工艺较静水条件下的注浆工艺要复杂得多，动水条件不同和受注层岩溶裂隙性质不同，其注浆工艺也不尽相同。一般情况下，当受注层岩溶裂隙以裂隙、溶隙为主时，注浆工艺宜采用速凝早强水泥浆或双液浆，如水泥－水玻璃浆。当受注段裂隙溶隙中水的流速＜300m/h 时，在注浆孔距突水口较远(＞50m)的条件下，可采用浓度大的速凝早强水泥浆，并与间歇注浆法相配合封堵突水口，或者采用水泥砂浆(砂子粒径须＜1mm)注浆(虎维岳)。当受注层岩溶裂隙或突水口的通道为陷落柱或水流速度很大时，要先充填骨料，如砂子、碎石或石渣，后注早凝水泥浆或双液浆。对于强导水陷落柱，可先在陷落柱某一深度段内注入砂石形成砂石垫，然后再在其上注入早凝水泥浆或水泥砂浆。为堵塞和封闭陷落柱内大小不等的孔隙，注砂或注水泥浆都必须进行多次反复灌注。多次反复注浆，是通过不同位置的钻孔和同一钻孔的不同深度，或同一深度段的扫孔复注来实现的。

11.5.1.2.1 根据注浆的目的、任务不同常采用的注浆类型

(1)点状封堵注浆。如封堵集中分布的突水点。

(2)面状加固注浆。如改造含水层为隔水层或加固隔水层突水薄弱区。

(3)线状截流注浆。如封堵断层带或建造地下防渗帷幕墙。

11.5.1.2.2　根据注浆工程的工艺流程不同常采用的注浆类型

(1)下行注浆。当注浆含水层在垂向上存在有多个含水层时,由上而下按下行顺序依次注浆封堵每个含水层的注浆工艺。采用该工艺流程时,注浆通过密封的孔口进行。下行分段注浆工艺最适合于网状分布的裂隙含水层。下行分段注浆需要补充工程量扫掉孔内注浆材料,便于随后钻孔延伸。因此,该工艺往往需要的钻探工程量较大,较适用于浅埋含水层注浆工程。

(2)上行注浆。当注浆含水层在垂向上存在有多个含水层时,由下而上按上行顺序依次注浆封堵每个含水层的注浆工艺。采用该工艺流程时,先将注浆孔施工至设计的深度并揭穿所有欲注浆的含水层段。对钻孔进行综合性的流量测定和水动力学研究,在此基础上确定合理的注浆区段和分割方法。然后采用注浆管下入止浆塞装置,把止浆塞装置安放在从下部算起的第一个注浆层段顶部对最下部含水层实施注浆。最后依次向上移动止浆塞装置,以达到对所有含水层段的注浆施工。豫西夹沟矿床底板注浆即采用此工艺进行。

(3)选择固定层段注浆。在注浆钻孔施工结束后,根据所揭露的水文地质条件,选择其中某个层段进行注浆。这种注浆工艺一般要求对选择的层段顶、底部同时安放止浆塞装置。

(4)由孔底向孔口注浆。这种注浆工艺主要是指坑道下施工的水平或近水平孔注浆。采用该工艺流程时,先将注浆孔施工至设计的深度并揭穿所有欲注浆的含水层,对钻孔进行综合性的流量测定和水动力学研究,在此基础上确定合理的注浆区段和分割方法;然后采用注浆管下入止浆塞装置,把止浆塞装置安放在埋深最大的含水带的前端,对最深部含水层实施注浆;依次向外移动止浆塞装置以达到对所有含水层段的注浆。该工艺流程适用的条件是钻孔穿过含水层时地下水涌出量较小且水压不大,具备安装止浆塞装置的施工条件。

(5)由孔口向孔底注浆。当注浆钻孔的水平或近水平方向穿过多个含水层时,由孔口自外向里依次注浆封堵每个含水层的注浆工艺。采用该工艺流程时,注浆通过密封的孔口进行。该工艺流程适用的条件是钻孔穿过含水层时地下水涌出量大且水压也大,不具备在孔中安装止浆塞装置,但注浆深较小的施工条件。

11.5.2　铝土矿床注浆技术的应用

总结国内外非铝矿床突水注浆实践和成功经验,充分考虑铝土矿床地质、水文地质、工程地质实际条件,针对铝土矿床存在的充水水源类型和各种潜在的突水通道类型,注浆技术应用于铝土矿床突水防治工作主要表现在以下几个方面。

11.5.2.1　**堵塞导水通道**

堵塞导水通道就是利用注浆技术直接切断过水途径,即突水通道,达到预防或治理矿床突水的目的。可分为突水前预注浆封堵和突水后治理性封堵两大类。

对于已勘探查明的有可能发生突水事故并给矿山开采带来安全威胁的导水通道,应在采掘工程揭露或发生突水之前进行预注浆封堵或注浆改造,以期达到预防突水事故发生的目的(虎维岳)。该类应用主要有:

(1)掘进坑道前方或附近的导水断层及断裂破碎带。

(2)掘进坑道或采掘工作面附近区域的导水陷落柱。

(3)掘进坑道或采掘工作面附近的不良导水钻孔。

图11-1所示为注浆改造掘进坑道前方导水断层的典型工程示意图。

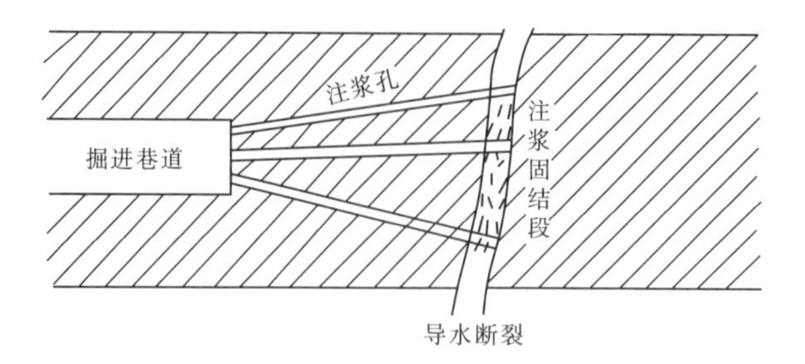

图 11-1 巷道前方导水断层注浆堵塞工程示意图

由于导水构造的复杂性和隐蔽性,很难预先查明矿区所有的导水通道,经常是采掘过程中在没有防护的条件下直接揭露导水地质构造而发生矿床的突水。这时就必须采用后注浆的方法,快速封堵突水通道,控制突水水量,避免造成不可挽回的局面。

断层突水的封堵方法大致有两种:一种封堵导水断裂构造,即打钻到断裂构造导水通道带,进行注浆封堵;二是当突水断裂构造发育地点和产状不明确,难以准确布置施工钻孔时,可采用封堵揭露断层坑道的方法,即在沟通突水点的过水巷道中大量充填砂石,然后注浆加以固结,起到隔离突水点与矿床采掘区的效果。前一种情况的布孔原则是在突水断裂构造和突水点清楚的条件下,直接针对突水点或导水通道的可能来水方向布孔进行注浆封堵。一般情况下,都可以通过少量的工程量取得较好的防治效果(虎维岳)。图 11-2 所示为通过坑道下注浆工程,封堵突水断层进水口的典型工程示意图。

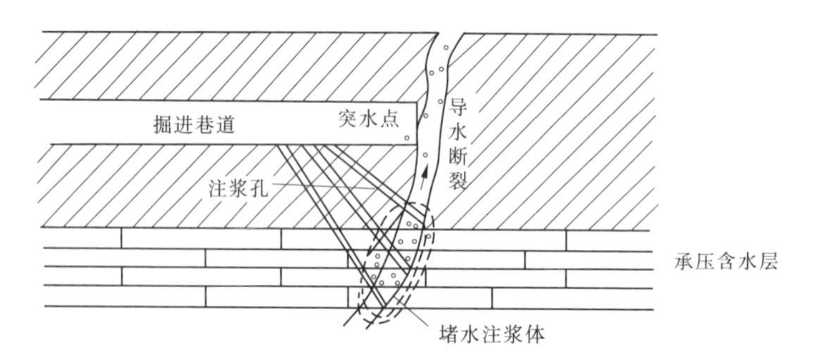

图 11-2 坑道下注浆封堵突水断层进水口工程示意图

当突水断裂构造的确切部位及其产状不很清楚时,就需要适当多布置一些注浆工程和探查钻孔。做到治理工程和突水探查相结合,在施工中进行突水条件的探查与分析研究,在分析研究中不断优化和调整治理技术的方案。这种注浆堵水工程一般需要时间较长,但治水效果会更好些,可以达到根治水害的目的。当为了实现快速治水恢复生产,亦可通过从地面直接施工注浆钻孔揭露过水巷道,以切断突水点与矿床采掘区的联系。这种注浆堵水方法一般所需工期较短,工程施工工艺简单明了,但会存在封堵不彻底或突水构造依然威胁邻区安全的弊端。图 11-3 所示为地面封堵过水巷道工程示意图。

从各类矿山突水情况来看,采空区突水特别是采空区底板突水,是非常常见的突水类型。这种突水类型,主要是因为采空区与下伏高水压强含水层距离较近,在采动破坏和水压作用下失稳所致。由于突水在采空区内发生,突水现象常发生于采空区内某一范围,因而较难确定其确切位置,这将给堵水工程设计带来一定的困难。根据我国煤矿对多年采空区底板突水资料的分析和工程实践,在无特殊构造且矿层为缓倾条件下,底板采空区突水位置大

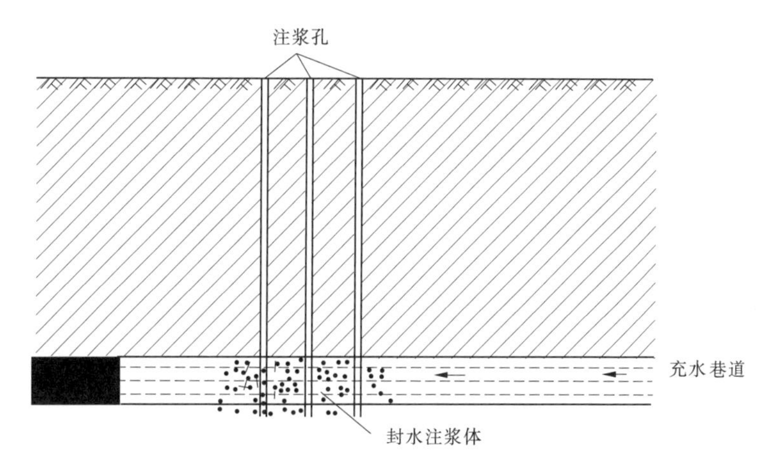

图 11-3　地面注浆封堵过水巷道工程示意图

致在工作面开采后首次来压线下的 1/3 处(虎维岳)。铝土矿床条件与之近似,据此,可较准确地用以指导铝土矿床注浆堵水工程的布置工作。

对于岩溶陷落柱型、岩溶凸起柱型突水,由于往往具有强导水能力和充沛的补给水量,是一种有较大断面的垂直导水通道,常与岩溶强充水含水层直接导通。治理它时需格外重视,要尽可能靠近其下部,在开采矿层以下进行注浆封堵,形成止水栓塞,切断其强导通道。但应注意,岩溶陷落柱内常为不规则、杂乱无章的破碎岩块,钻孔在破碎岩块中钻进困难,会发生边钻边塌、卡钻或钻孔分岔,不能按设计成孔等情况。此时,可考虑先沿陷落柱边缘钻进,再定深定向造斜进入陷落柱。然后,进行注浆封堵,在柱体内合适的位置形成止水栓塞,达到堵水的目的(虎维岳)。图 11-4 所示为地面导斜注浆封堵陷落柱型突水示意图。

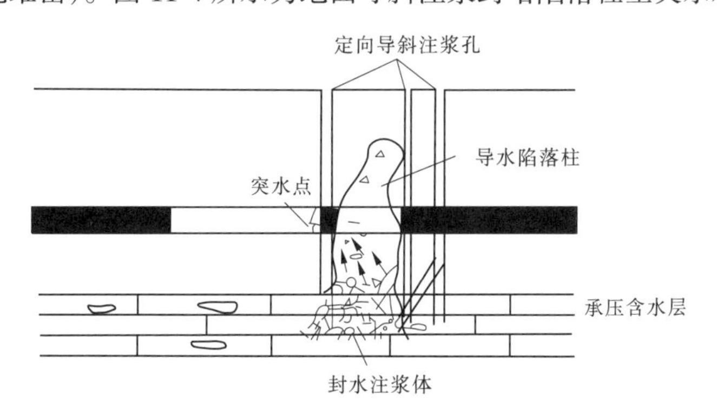

图 11-4　地面导斜注浆封堵陷落柱突水示意图

11.5.2.2　改造含水层为隔水层

由于铝土矿床底板之下发育有巨厚的灰岩强含水层,尽管该灰岩含水层一般与矿层之间有黏土岩等隔水介质分隔,但由于底板下伏灰岩含水层水压高,且该黏土岩等隔水介质厚度分布不均,总体上较薄,甚至于局部地段尖灭,难以起到安全隔水的作用,因此这就需要对采区下灰岩含水层实施注浆改造工程,变含水层为隔水层,与黏土岩等隔水介质层一起,共同组成矿床底板较厚的、连续的隔水障(层),从而提高对高压灰岩水的阻抗能力,达到带压安全开采的目的。

鉴于底板含水层注浆改造工程都具有面状注浆的性质,工程量一般都较大,为了减少钻探工程量,可采用采场或巷道下施工的方法,如图 11-5 如示。亦可采用地面上下联合注浆施工的方法,即在地面建立造浆系统,在坑道下施工注浆孔的方法。夹沟矿床注浆试验工程即是采取这种地面上下联合注浆施工的方法。

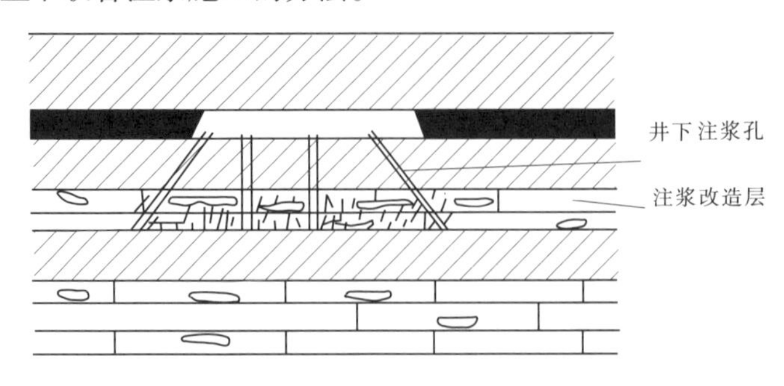

图 11-5　底板含水层注浆改造示意图

底板含水层注浆改造地段的圈定,主要取决于矿床底板安全隔水层厚度的要求。为了选择合理必要的含水层改造区段和层位,制定经济高效的含水层改造技术方案,一般需要对矿区地质及水文地质资料进行系统的分析研究,弄清矿层与底板下强含水层间的隔水层岩性、厚度和平面上分布特点以及水头分布状况等,这些是确定底板含水层注浆充填地段、注浆充填厚度的依据。

其中,底板含水层的水压分布情况可根据观测孔、放水孔等水位(压)资料,绘制矿区底板含水层等水压线图来确定。底板隔水层厚度分布情况可根据矿床勘探钻孔资料,绘制矿区隔水层厚度等值线图来确定。

11.5.2.3　提高隔水层的阻水能力

由于构造等原因,铝土矿层与下伏含水层之间的隔水层常存在区域性或局部性裂隙破碎带,减弱了隔水层的阻水性能或抗水压能力。当掘进或工作面回采遭遇这些薄弱区段时,常常会发生突水事故。为此,在工作面回采之前,应对已经探知或分析预测的隔水层破碎带进行注浆改造,以加固和增强隔水层的整体完整性,提高其防突性能和阻抗水压的能力,避免工作面回采过程中发生突水的事故。图 11-6 所示为坑道下矿床地板隔水层破碎带注浆加固示意图。

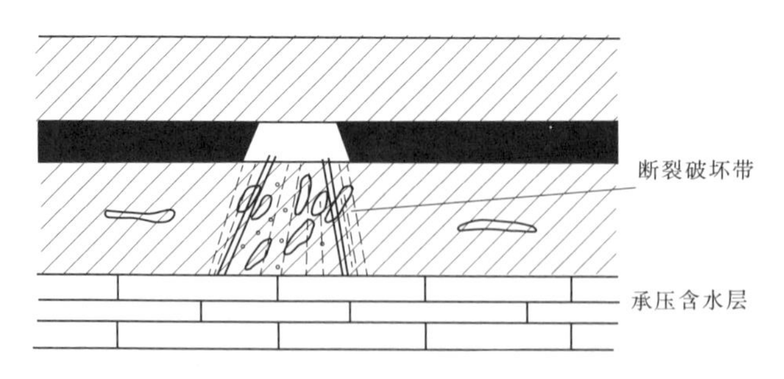

图 11-6　坑道下隔水层破碎带注浆加固示意图

底板隔水层注浆改造之前,需要进行详细的水文地质试验与分析工作。有时需要开展专门的水文地质勘探工作,以准确了解改造地段的空间位置和地层的可注性,为注浆工程设计提供基础技术资料。重点改造的区段一般应考虑在以下区段:

(1)断层带或小断层密集带及附近区域。

(2)地下水径流集中带及其附近地段。

(3)裂隙发育的褶皱构造转折区。

一般地说,在矿床勘探阶段进入或钻至底板强含水层的钻孔较少,即使进行过补充水文地质勘探的矿区,进入底板含水层的孔也不多。因此,对矿层至底板下伏含水层间的隔水层的研究和勘探工作常常控制不够,对隔水层在平面上的分布情况以及小断层、裂隙带、底板强含水层的岩性、岩溶和富水性等不清楚(虎维岳)。为此,在进行注浆工程之前宜对下列水文地质薄弱区段开展重点勘探与研究:

(1)物探资料反映的小断层、陷落柱分布的区域。

(2)已知的较大断层带附近、小断层密集带的区域。

(3)隔水层厚度显著变薄的区域。

(4)褶皱转折区及不同类型构造交汇的区域。

(5)底板水原始导高较大的区域。

11.5.2.4 建造地下截流帷幕墙

注浆帷幕截流技术是采用注浆的方法在含水介质层中尽量垂直地下水流方向建造地下水阻力墙以防治矿床水害的方法。它也是一种人工改造含水层水文地质条件或矿床充水条件的方法。其实质是把含水介质层的补给边界改造成为阻水边界,减少含水层的侧向动态补给水量,使得含水介质层在矿层开采时变得较易于疏干或大幅度减少矿床动态涌水量,这是一种从源头上消除矿床水害的防治水方法。因此,铝土矿床露天开采时,在剥离过程中为有效减少矿坑涌水量或保护浅部含水层水资源,可在剥离区外围对含水层实施帷幕截流,以确保矿坑在剥离排水过程中地下水位影响漏斗控制在要求的范围内,见图 11-7。

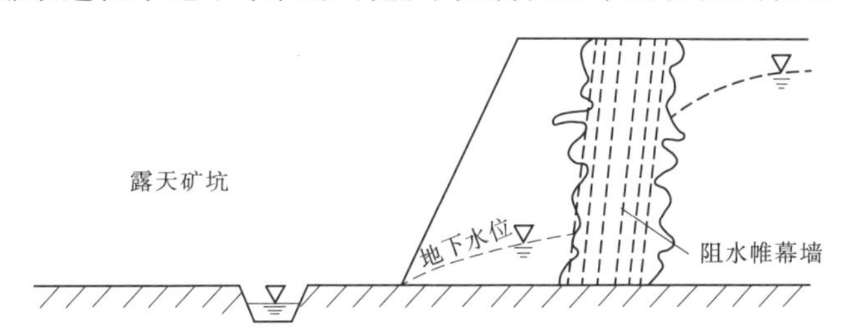

图 11-7 露天矿坑剥离含水层建造截流帷幕墙示意图

其次是当铝土矿层直接顶、底板为含水层时,一旦掘进或工作面回采,含水层中的水都不可避免地要涌入矿床,给安全采掘带来影响。这时,为了减少采掘过程中的涌水量或改善采掘条件,可以对充水含水层实施帷幕截流工程,以切断补给的水源,见图 11-8。

帷幕截流工程的规模和投资一般较大,因此在确定和设计工程方案之前,必须有针对性地加强水文地质、工程地质勘探,进行详细的可行性分析和研究论证工作,特别是对截流后含水层在矿床疏水条件下的流场形态、流场变化规律和趋势、帷幕工程前后矿床涌水量的变化情况等须进行详细的数值模拟和计算,对帷幕截流效果应进行预测评价。

注浆帷幕截流是一种对施工技术条件要求很严格的工程。施工前,必须沿帷幕线进行详细的控制勘探,查明帷幕沿线地质构造及含水介质层的导水性、帷幕基底岩层的渗透性及其地层的可注性条件。为此,需要配合勘探钻孔进行压水压浆试验、孔间无线电透视及水化学示踪剂联通试验等,以了解帷幕选线位置是否适宜,并作为施工设计的依据。

地下截流帷幕墙施工中,应采用施工与检查并行,边施工边检查,逐级加密、跟踪检查的

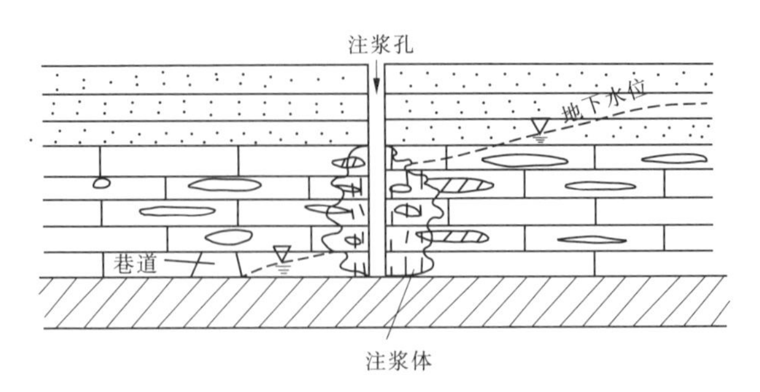

图 11-8　直接顶板含水层帷幕截流注浆示意图

方法进行设计和施工。一般要采用多个序次的施工方法,即第一序次注浆孔距较大,第二序次注浆孔应在第一序次孔施工的基础上进行加密施工,第三序次孔主要是检查与补强兼顾孔。当采用多排注浆孔形成帷幕时,为了提高注浆效率,一般在遵循孔距施工序次的原则下,按照先外排后内排的顺序进行施工。

为在施工中动态监测注浆截流效果,一般要在施工前于帷幕截流线两侧成对布设水文地质观测孔。成对观测孔的距离一般不宜太大,且应布置在含水层渗透性较好或主要过水通道的区域。

在未成岩的松散含水层中建造截流帷幕墙时,除了采用钻孔注浆技术外,还可根据帷幕地层的水文地质与工程地质性质、帷幕墙体的深度等条件选择成槽浇注工艺或高压旋喷注浆工艺。

综上所述,铝土矿床防治突水注浆多是一种隐蔽性工程,浆液扩散与固结状况难以直接观察,因而注浆的效果,往往与人们的技术熟练程度和正确的施工方法关系很大。非铝矿床许多事例证明,同样的岩土水文地质条件和采用相同的注浆方法,由于技术熟练程度和施工人员素质的差异,所取得的注浆堵水及加固效果往往会差异很大。因此,选择注浆方法不但要根据铝土矿床地质、水文地质、工程地质条件进行合理的技术经济论证和比较,更重要的是要提高人们的责任感,加强施工检查和施工过程的质量监督与管理,切实按设计要求做好每个环节的工作。

11.6　几种注浆配套技术

近些年来,我国煤矿及其他矿床在一些防治突水注浆实践中,创立了许多与注浆配套的技术和经验。鉴于这些配套的技术和经验对于铝土矿床防治突水工作亦具有重要的指导作用和意义,兹总结介绍于下。

11.6.1　岩溶陷落柱内建造止水塞技术

该项配套技术的适用条件和设计要点与前述动水条件下封堵陷落柱的注浆技术大致相同。由于岩溶陷落柱导水性强,向上可直通坑道、采空区,向下可直贯灰岩强含水层。在这种上无顶、下无底的导水通道内如何建造止水栓塞,是进行有效注浆、避免浆液向灰岩强含水层和坑道内大量扩散流失的关键。对此,郭启文等探索总结了一种专门的措施和技术。其要点如下:

(1)先以一定数量的透巷钻孔灌注骨料和水泥浆，阻塞由突水点流向其他坑道的过水通道，以尽可能地减少浆液向相邻采区或坑道的无效扩散。

(2)根据注前压(注)水试验测得的单位吸水量，按下述要求选定浆液类别和配方：

①单位吸水率＜1L/(min·m)的注浆段，一般可采用水灰重量比为 0.6:1～1:1 的单液水泥浆，其性能除了随配比发生有规律的变化外，还主要决定于水泥的标号和水泥自身的特性；

②单位吸水率为 1～3L/(min·m)的注浆段，一般可采用由不同配比的单液水泥浆，加适量三乙醇胺、食盐等附加剂配制的速凝早强水泥浆；

③单位吸水率为 3～10L/(min·m)的注浆段，一般应采用由不同配比的单液水泥浆为主，加一定量的水玻璃(36°～40°Be′)配制成的稠化水泥浆；

④单位吸水率为 10～15L/(min·m)的注浆段，一般应采用由不同配比的单液水泥浆与体积比为 3:1～15:1 的砂于孔口混合形成的水泥砂浆；

⑤单位吸水率＞16～20L/(min·m)的注浆段，普通的水泥砂浆很难收到成效，需要先注骨料(由小粒径逐渐到大粒径)，待单位吸水量降下来之后再行注浆。

(3)采用自上而下的分段下行注浆法。其中：对位于设计注浆段以上的注浆，主要是维护孔壁和形成上部阻力段，即形成注浆加固垫层，以有利于设计注浆段的加压注浆。前期应尽量采用孔口不加压的自流灌注，“少吃多餐、定量间歇，只吃好，不吃饱”；后期缓慢自然升压，不强求达到原设计的终压、终量标准。对于设计注浆段的注浆，要进一步采用分小段的下行注浆法，定量、间歇、多重复注、缓慢升压，既要“吃好”，还要“吃饱”，最终达到终压、终量等各项设计标准。亦即注浆前期主要是采取小段高、大泵量、孔口无压至低压间歇性注浆。注后及时扫孔复注，坚持注好一段，再向下钻注一段；中期主要是采用大泵量低压灌注，只要孔口不升压，就要反复、定量、间歇性灌注，让它“吃饱”；后期为了克服注浆孔周围因局部进浆阻力加大、不能均匀进浆和把整个止水栓塞连成一体的难题，可在工程总注入量达到设计注入量的 70％以上时，利用复矿排水进行引流注浆，从而把浆液更好地引向止水塞中尚未充填严实的残存通道处，确保止水栓塞的质量。

(4)限制和利用孔间窜浆。孔间窜浆既有严重影响其他浆孔正常施工的一面，又有及时反映柱内浆液充填程度、扩散方向和距离的一面，它对于正确指导注浆工作具有一定的作用。因此，除限制它外，还应及时掌握和利用它。限制的方法是对相邻钻孔的注浆段做到彼此上下错开，确实无法错开时，可采用双(多)路联合的注浆；或对可能窜浆的钻孔，在孔内水位(或浆液)升出地表前，进行孔口加盖密闭处理。利用的方法是注浆期间及时观测相邻钻孔孔内水位的变化，区别窜浆与窜水，鉴别窜出浆液的浓度；对已经孔口加盖的钻孔定时测取窜浆压力，借以掌握注入浆液的运移情况和注入体充填密度的程度。

11.6.2　四维注浆技术

四维注浆技术就是在郭启文等提出的立体注浆技术基础上形成的。所谓四维注浆技术就是一种基于时间、空间的全方位优势复合链接设计为轴线的、优化组合注浆方法和技巧。该法适用于突水通道比较分散、隐蔽，封堵条件比较复杂，受注体范围较大，堵水的关键性目标层(段)虽存在于其中，但又互相依存、互为条件，采用单一方式进行注浆封堵难以取得理想效果的注浆工程。对于同时满足多个治水目标要求的工程，例如既要封堵突水通道消除水害，又要保存水源和生态环境；或由于特定条件，为了尽快恢复采矿，需要分区、分阶段进行治理的工程等亦具有良好的应用效果。

四维注浆技术的要点，就是要从突水的充水含水层、突水通道、突水点、相邻采区及其与之连通的各个环节出发，从时间和空间上全方位地分析研究它们的状况、特点和相互之间互为条件、互相依存的关系，结合矿床的已知条件，找出它们中间的复合链接点，并以此为切入点，把一个复杂的突水链分解为若干个治理条件比较单一的有限区段，分清主次先后，统一部署、互为条件，各个进行击破。郭启文等创立并运用该技术在皖北祁东煤矿冲积层突水淹井治理中取得了较好的应用效果。

祁东煤矿当时是一个即将投产的在建矿井，其冲积层下的第一个试采工作面——3222采面，按规程留设防水煤柱后，于采面向前推进约 42m 时突然发生透水，最大突水量1 520 m^3/h，突水水源来自冲积层底部含水层。由于留设了 63～73m 垂高的防水煤柱，采动裂隙很难直接与冲积层水沟通，水是由采动裂隙向上贯通隐伏在浅部基岩中的导水构造而透入的。治理的目标是：尽快恢复生产，彻底封堵突水通道，消除隐患，力争将埋在水淹区的全套综采设备抢救出来。实现上述治理目标的主要技术难点是基岩原有导水构造是隐蔽的，其分布状况当时一无所知，很难以少量钻孔予以揭露，即使被钻孔穿透，若先注骨料，可能会因构造裂隙的局部阻塞而导致钻孔注不进去浆液；若不注骨料直接注浆，则注入的浆液将会先顺着众多的采动裂隙向下注入采空区和井巷，然后才能向上封堵突水通道，不仅需要较多钻孔、工期长，更主要的是浆液的扩散范围难以控制，水泥等注浆材料消耗量巨大，而且全套综采设备也会被水泥浆铸成一堆难以起拔的废铁。为此，特采用四维注浆技术的思路和方法，对上述各个重要环节及其相互之间互为条件、互相制约的关系进行了分析与分解，确定了以时间、空间和注浆工艺方法为轴线的立体注浆工程部署与方案，即：

(1)根据冲积层透水后突水量变化的特点，经井筒试验排水确认当时已具备强排复矿的基本条件，决定采用“先强排复矿，再边生产边注浆治理”的两步走总体方案，以实现尽快恢复生产的预定目标。

(2)采用总排量＞3 000m^3/h 的排水设备强排到底后，随即抢先恢复、增强矿井中央泵房的排水能力，并在突水区两侧抢建抗压能力不小于 5.0MPa 的封水闸墙，以确保安全生产，同时为注浆治理创造条件。

(3)对于注浆堵水全过程进行分析与分解，找出影响注浆成败的下述各个关键环节和因子，预设质量控制节点和措施，抢抓时机，分别予以处理和解决：

①创建注浆压力环境条件。封水闸墙是注入浆液得以有效控制和后期综合注浆压力得以上升至设计终压(8～10MPa)的前提条件及保障。但受现有技术水平的限制，该闸墙最大抗水压能力仅能达到 5MPa 上下。为此，在加压注浆前，采用孔口不加压的自流灌注方式，通过对闸内巷道、采空区进行充填注浆处理，从而提高整体抗水压能力。

②灌制采动冒裂带加固垫层。对采动冒裂带注浆，使其充填固结、灌制成为具有一定隔水能力的加固垫层。该加固垫层不仅可为逆向返流注浆自行封堵上部基岩隐伏突水通道创造必要的条件，同时也是保障注后重新进入水淹区起拔综采支架的需要。

③封堵浅部基岩原有导水构造。此次透水，隐伏在浅部基岩中的原有导水构造，很难用少量钻孔充分注浆封堵，这是该次堵水的一大难点。但可通过它与下伏采动裂隙带广泛的连通关系，依据浆液总是沿着最小阻力方向进注的原理，即便钻孔不能直接揭露这类突水通

道，仍可利用和抓住井巷、采空区和下部冒裂带充填注浆自动升压后的这一有利时机，通过对采动裂隙带压浆，让浆液自动寻找进浆阻力较低的来水通道，沿着来水方向，实现逆向返流注浆。

因此，上述工作中分析和利用好闸内巷道采空区、采动冒裂带、基岩原有导水构造三者间的相互联系，以及注浆全过程中各个环节在时间和空间上的相互依存、相互制约及互为条件的复合链接关系，即四维注浆的思路和技术，是此次治水取得良好效果的关键。

11.6.3　引流注浆技术

引流注浆技术，是指在矿床注浆堵水的后期，通过与矿床其他排水的有机结合，利用排水条件下水流驱动力挟带着浆液进行渗透灌注的一种技术。它是注浆堵水后期，有效提高注浆堵水工程质量的重要举措和方法，对于铝土矿床注浆堵水工作具有很好的借鉴作用。

注浆前期，在天然渗流条件下注浆，浆液是在浆柱压力的作用下随着水的自然流动注入受注体的。此时，不希望水的自然流速过大，以防止浆液随水而过多地流失。注浆后期则相反，由于历经多次注浆，多数渗流通道已被阻塞，加之充水含水层的水流已基本呈停滞状态，不能继续带动浆液流动，这时靠浆柱自身的压力，一些死角和较细小的残存过水通道难以进入浆液。非铝矿床注浆堵水工程实践表明，后期加固注浆时，即便适度增压，对一些前期留下的死角和较细小的残存过水通道也很难注进浆液。为此，就需要从井筒或采场抽(排)水，与包括试验性抽(排)水、复矿排水等有机结合，让井口区与原突水点之间形成一定的水压差，让水流恢复流动，变死水为活水，使浆液在较高的注浆压力和水的自行流动双重作用下，沿着残存过水通道进注，最终消除死角，形成一个统一的注浆实体，提高注浆堵水工程的质量。

引流注浆的最佳时机是当矿井积水的水位或由堵水段成功截流所形成的水位与突水点的水柱压力基本平衡，注入的浆液已不会再随水自然流动，且受注体已经具有一定的阻力强度、光靠注浆压力已难以进注时，才能实施引流注浆的技术。

引流注浆的水位压差多大才好，需要根据具体情况确定。基本的原则是要根据进浆量、孔内压力来定，由小到大、逐步升压，只要能正常进浆即可，而并非越大就越好。这点需要实际工作过程中不断摸索，正确地把握它。

参考文献

[1] 张农．巷道滞后注浆围岩控制理论与实践[M]．徐州：中国矿业大学出版社，2004.

[2] 虎维岳．矿山水害防治理论与方法[M]．北京：煤炭工业出版社，2005.

[3] 黄德发．地层注浆堵水与加固施工技术[M]．徐州：中国矿业大学出版社，2003.

[4] 郭启文．煤矿重大水害快速治理技术——注浆堵水的实践与认识[M]．北京：煤炭工业出版社，2005.

[5] 彭振斌，胡焕校，许宏武．注浆工程设计与施工[M]．武汉：中国地质大学出版社，1997.

[6] 余树春．薄层灰岩注浆改造技术及煤层底板岩溶水害防治的研究[J]．矿业世界，1998，65(2).

[7] 王友瑜，陈尚平，周维生．峰峰矿务局四矿太原组底部灰岩水补给通道的勘查和堵截[C]//第二十二届国际采矿安全会议论文集．北京：煤炭工业出版社，1987.

第 12 章　豫 Q－BR 复合注浆材料与夹沟矿床注浆试验

12.1　国内外注浆材料发展概况及性能分析

注浆材料是注浆技术中一项重要组成部分，从广义上说，凡能向地层岩土裂隙、溶洞中注进的浆液和物质并能起到充填作用，凝固后具有一定强度的材料都可作为注浆材料。

注浆材料的选择，关系到注浆工艺、工期、成本及注浆效果，因而直接影响注浆工程的技术经济指标。

选用注浆材料应根据矿床具体的地质、水文地质条件和注浆方式的要求，同时还应考虑造浆材料是否就近、经济与合理。

注浆的浆液是由原材料、水和溶剂经混合后的液体，分为真溶液、悬浊液和乳化液。溶剂有主剂和副剂，对某种材料而言，主剂可能有一种或几种，而副剂根据需要掺入，并按它在浆液中所起的作用分为固化剂、催化剂、速凝剂、分散剂、悬浮剂、缓凝剂等。

目前，注浆材料品种繁多，由材料配成的浆液则更多。其材料归结起来可分为两种，即粒状和溶液；三类，即惰性材料、无机化学材料和有机化学材料，见表 12-1。

表 12-1　注浆材料分类一览表

材料名称		浆液名称	应用范围
惰性材料	黏土类	黏土水泥浆	裂隙性岩土围岩
	粉煤灰	水泥粉煤灰浆	裂隙性岩土围岩
	砂子类	水、砂、水泥浆	裂隙、溶洞、陷落柱、断层
	石子类	水、石子充填水泥浆	溶洞、陷落柱、断层、巷道内充填
无机化学材料	水泥类	单一水泥浆及复合水泥浆	应用范围极广
	水玻璃类	水泥水玻璃双液浆	应用范围极广
	氯化钙类	水泥浆的外加剂	应用范围极广
	氯化钠	水泥浆的外加剂	应用范围极广
	铝酸钠	化学溶液	适用于砂土围岩
	五矾类	水泥－五矾类	适用于糊缝防水
有机化学材料	聚氨酯类	油溶性聚氨脂浆液、水溶性聚氨酯浆液	适用于水泥难注的细裂隙
	丙稀酰胺		适用于水泥难注的细裂隙
	铬木素类	纸浆废液－重铬酚钠浆液、过硫酸铵浆液	适用于水泥难注的细裂隙
	环氧树脂		适用于水泥难注的细裂隙
	尿醛树脂	尿醛树脂－硫酸浆液、尿素－甲醛－三氯化铁浆液	适用于水泥难注的细裂隙

注：引自文献[2]。

12.1.1　惰性材料及其浆液性能

所谓惰性材料就是该材料一般具有粒状或粉末状，遇水或与其他化学材料结合，其本身不产生化学反应的材料。

当今矿床注浆工程中，为降低生产、治理费用，在注堵巷道、陷落柱、溶洞、断层带及岩溶裂隙中，常用惰性材料进行充填和灌注，如黏土、粉煤灰、砂子、不等径的岩屑等。有的先用石子、砂子单独灌注，充填过水通道，缩小过水断面，后用水泥复合浆液进行灌注，以达到堵水加固目的。

粉煤灰是电厂燃煤过程中排出的一种飞灰。由于粉煤本身有一定活性，质轻量大，来源充分，价格低廉，在裂隙性岩土中注浆，掺用以代替部分水泥可取得较好的技术经济效果，目前已被较广泛地应用。粉煤灰的化学成分以 SiO_2 和 Al_2O_3 为主，并含有少量的 Fe_2O_3、CaO、Na_2O、K_2O 及 SO_3 等物质。

粉煤灰加水泥浆液是以粉煤灰为主剂加入一定量的水泥配制而成，水灰比一般为 1∶1 的浆液，容重为 1.6g/cm^3 左右，粉煤灰一般黏度 25～30cP。必要时加入速凝剂和缓凝剂，以调节浆液凝胶的时间。

粉煤灰加黏土浆液是按一定量的比例先将黏土倒入池内，搅拌均匀，然后加入一定量的粉煤灰，搅拌均匀后与水泥浆混合灌注。

此外，粉煤灰掺进水泥水玻璃浆液在注浆中也经常应用。

黏土是一种注浆较常使用的惰性材料。它具有就地取土、成本低、结石率高、不受地下水侵蚀等优点。但并非所有黏土都能配制合乎需要的注浆材料，因为瘦黏土注进裂缝后所得到的沉淀物是不够致密的，抗静水压力低；而肥黏土沉淀得很慢，黏结度很大，适宜于注浆。因此，实际工作中常为黏土的来源过远而影响其使用。河南平煤十三矿及梁北矿立井预注浆时就地选用红黏土、冷泉煤矿选用鹤壁市浚县红黏土（其性能和矿物成分见表 12-2），该两种红黏土在立井地面预注浆中获得了较好的堵水效果（黄德发等）。

表 12-2　河南部分红黏土性能和矿物成分

黏土名称	塑限(%)	塑性指数	自由膨胀(%)	比表面积(m^2/g)	蒙脱石(%)	伊利石(%)	pH 值
禹州红土	22.5	18.8	55	228.41	26.28	—	8.16
浚县红土	23.5	21.5	60	328.67	19.20	13.3	7.94

黏土作为浆液的主要成分，总的要求是：含砂量越少越好，颗粒越细越好，塑性指数较高为好，并具有一定的黏度。黏度太大，可注性较差，影响注浆泵吸浆和输送；黏度过小，浆液凝结后塑性强度低，容易影响堵水效果。

黏土及黏土复合浆液配合比及其稠度是根据裂隙和含水情况选择的，黏土水泥浆的主要成分是黏土、水泥、水玻璃和水。黏土是浆液的主要成分，一般占浆液干料的大半左右。水泥是浆液中仅次于黏土的主要成分，一般占干料的少半左右，在浆液中通过水化作用生成凝胶体，起结构成型作用。水玻璃是浆液中结构成型剂和速凝剂，其用量一般为浆液体积的 1%～2.5%。

黏土水泥浆是一种复杂的多相流体，其性能主要概括为塑性强度、析水率、黏度、抗渗性、耐久性等项指标。

12.1.1.1　塑性强度

塑性强度是衡量黏土水泥浆性能的重要指标，指黏土水泥浆结石体的极限抗剪强度，要求浆液注入岩土层裂隙中固化后呈强塑性体，能够堵水，而不被静水压力所挤出。

塑性强度与浆液中的黏土、水泥、水玻璃的用量密切相关，一般随黏土、水泥浆密度增加而增高；与黏土中矿物成分、水泥质量、水玻璃的模数和水的 pH 值有关；此外随注浆压力的增加而增高。如平煤十三矿主、副井筒地面预注浆所用黏土，当在 $1.25g/cm^3$ 黏土 $1m^3$ 原浆中，加入 425 号水泥 150kg 及 20L 水玻璃配制成的黏土水泥浆，塑性强度随时间变化规律见表 12-3(黄德发等)。

表 12-3　黏土塑性强度随时间变化的规律

0～8h	8～24h	24～48h	48～72h	3～8d
塑性强度小，变化不大	塑性强度变化较快，测得 798×10^2 Pa	塑性强度变化较快，测得 $2\ 024\times10^2$ Pa	塑性强度变化较快，测得 $7\ 751\times10^2$ Pa	塑性强度增加微弱，曲线平缓

12.1.1.2　黏度

黏度表示浆液内部分子之间、颗粒之间、分子团之间相互运动时产生摩擦力的大小。一般测定的黏度都是相对黏度，也就是一定体积的浆液，在漏斗式黏度计上流出的时间，以秒计量，单位为泊。

黏度标志着黏土水泥浆的可靠性和可注性，即浆液的黏度大小直接影响浆液的扩散半径，同时为确定注浆压力、流量等参数提供依据。由于黏度与黏土中的矿物成分密切相关，并随黏土用量以及水泥、水玻璃加入量的增加而增加，因而黏土水泥浆有良好的黏度可调性，可调范围大。如浆液消耗过大，可增加黏度，以控制浆液扩散半径；反之，可降低黏度。一般黏土水泥浆黏度宜控制在 30″左右。

12.1.1.3　细度

使用黏土或黏土水泥浆时，除了配合比以外，浆液的细度是一个很重要的问题，因为黏土粒度过大，会影响对细小裂隙的注浆效果。

前人实验表明，在黏滞性为 20″的黏土浆中，砂子并不下沉。当 $y_1 > y_2$ 时则砂粒在重力影响下将力图下沉。但此种下沉，只有在下列情况下才会发生，即砂粒表面上由于重力而引起的应力大于黏土浆的静剪应力。

黏土浆中砂子下落重力：

$$p = \frac{\pi d^3}{6}(y_1 - y_2) \tag{12-1}$$

浆液支承砂粒的力：

$$S = \pi d^2 Q \tag{12-2}$$

式中　d——砂颗粒直径；

y_1——砂子相对密度；

y_2——浆液相对密度；

Q——浆液静剪应力。

砂子如能呈悬浮状态,则

$$p \leqslant S \tag{12-3}$$

由此,可以得出悬浮在黏土浆中的砂粒极限直径 d:

$$d = \frac{6Q}{y_1 - y_2} \tag{12-4}$$

例如黏土浆的静剪应力等于4Pa,则为保证砂粒呈悬浮状态,砂粒临界直径为

$$d_{临界} = \frac{6 \times 0.04}{2.7 - 1.2} = 0.16(\mathrm{cm})$$

将水泥加入到黏土浆中可大大提高浆液静剪应力,因而也加大了浆液悬浮砂粒的能力。如在黏土水泥浆中含有60%的黏土浆,浆液静剪应力可达到21Pa,砂粒颗粒临界直径为:

$$d_{临界} = \frac{6 \times 0.21}{2.7 - 1.5} = 1.05(\mathrm{cm})$$

由此看出,颗粒小的黏土,悬浮性则好,它在水的作用下体积膨胀,是一种水化能力很强和分散度较高的活性黏土,具有显著触变性和吸附性。夹沟矿床注浆就地取用的红黏土,94.5%以上的颗粒粒径≤0.075mm,其中≤0.015mm的黏粒约占25%。因此,该红黏土具有很好的造浆性能。

12.1.1.4 析水率

析水率是影响注浆质量的因素之一,是反映浆液稳定性和充填密实饱满程度的重要指标。当析水率低时不易脱水,抗渗性能好,注浆堵水性能优。

实验表明,当黏土水泥浆的相对密度为1.24~1.33时,经测试其析水率为2%~3%,与单一水泥浆的析水率相比低10%左右。实践证明,黏土水泥浆析水率低,有的接近不析水,稳定性能好,浆液在裂隙中可沿整个裂隙断面推进而扩散。

12.1.1.5 密度

黏土水泥浆的密度与浆液的黏度密切相关,随着黏土、水泥、水玻璃掺入量增加而增大。

常用黏土原浆密度为1.2~1.3g/cm^3,有时为了更有效地封堵含水层涌水以及减少超扩散消耗,则采用较大的浆液密度。如夹沟矿床注浆浆液密度采用1.5~1.58g/cm^3,取得了较好的封堵效果。

12.1.1.6 抗渗性

浆液凝固体的抗渗性是评价注浆质量内容之一,对注后剩余涌水量有密切的关系。据前人室内模拟和抗渗实验结果,在裂隙宽度为0.5~8mm的条件下,黏土水泥浆浆液结石体最大抗渗能力达147×10^5Pa,满足注浆堵水的要求。

12.1.1.7 稳定性(耐久性)

黏土水泥浆注入裂隙后随着时间的延长,其塑性强度并不降低。注入裂隙的黏土水泥浆经取芯检查,并将其浸泡于水中,未发现松散、崩解、开裂和软化现象,说明压力作用下黏土水泥浆结石体固结完好,稳定可靠。

实践证明,黏土水泥浆具有可注性好、析水率低、稳定性高、凝胶时间和黏度可调等优点,是一种防水注浆较理想的材料。

12.1.2 无机化学浆材及性能

所谓无机化学注浆材料,一般为不含碳元素的化合物和含有简单碳元素化合物的总称,

例如水泥、水玻璃等均为无机化合物。

无机化学注浆材料目前应用最广，特别是水泥既可用作单液注浆也可与水玻璃等浆液用作双液注浆。水泥作为注浆材料使用历史悠久，是所有注浆材料中使用最广的一种。由于水泥是颗粒性材料，对微细裂隙及细砂层较难注入，为此我国注浆研究在改善水泥性能方面做了大量工作，采用以水玻璃等各种化学附加剂来提高水泥的可注性，缩短凝固时间，提高结石体早期强度和稳定性等，都取得很好的效果。

12.1.2.1 **水泥及其性能**

目前注浆常用的首先是普通硅酸盐水泥，其次为矿渣硅酸盐水泥、高铝水泥(早强)、耐酸水泥及超细水泥。

12.1.2.1.1 普通水泥

普通水泥即硅酸盐水泥，是水泥中产量最大、注浆用量最广的一种。它是由黏土和石灰石调匀后在转窑中经 1 500℃以上温度煅烧成熟料，然后掺入定量石膏磨粉而成。其成分及相对含量见表 12-4。

表 12-4 水泥化学成分与物理性质

水泥	化学成分(%)									相对密度	比表面积(cm^2/g)
普通水泥	CaO	SiO_2	Al_2O_3	Fe_2O_3	MgO	SO_3	K_2O	Na_2O			
	64.7	22	5.2	3.0	1.5	2.0	0.53	0.28		3.16	28.2
矿渣水泥	CaO	SiO_2	Al_2O_3	MgO	TiO_2	S	MnO	K_2O	Na_2O		
	42.9	33.9	13.1	6.5	0.75	0.9	0.67	0.34	0.45	2.9	7 000

12.1.2.1.2 矿渣水泥

矿渣水泥是将多孔轻质的炉渣粒状物与石灰石及石膏共磨制成。矿渣水泥与硅酸盐水泥的差别，主要是 CaO 含量比普通硅酸盐少。

12.1.2.1.3 高铝水泥

高铝水泥由磨细的矾土和石灰石的混合物共同熔融经下列反应生成：

$$CaCO_3 \rightarrow CaO + CO_2\uparrow$$

$$CaO + Al_2O_3 \rightarrow CaO\cdot Al_2O_3 \qquad \text{铝酸一钙}$$

$$CaO + 2Al_2O_3 \rightarrow CaO\cdot 2Al_2O_3 \qquad \text{二铝酸钙}$$

该种水泥的 CaO 含量较低，而 Al_2O_3 含量高。其特点是水硬速度快，是一种早强的水硬性胶凝材料。

12.1.2.1.4 耐酸水泥

耐酸水泥是磨细的石英砂与具有高度分散表面的活性硅土物质的混合物，该种水泥具有抗酸腐蚀的功能。

上述几种不同标号水泥的颗粒组成见表 12-5。

表 12-5　水泥颗粒的组成

水泥标号	各级粒径(mm)的含量(%)					
	0～0.01	0.01～0.02	0.02～0.04	0.04～0.06	0.06～0.10	0.10～0.20
500	33	23	22	12	7	3
300～400	29	18	20	16	14	3

12.1.2.1.5　*超细水泥*

一般水泥只能渗入渗透系数大于 5×10^{-2}cm/s 的粗砂层和宽度大于 0.2mm 的裂缝，对于渗透系数为 $10^{-3}\sim10^{-4}$cm/s 的细砂层及裂缝小于 0.2mm 的岩层则难以渗入。近年来研制出的超细水泥其 $D_{50}<5\mu m$，解决了该问题。

超细水泥(MC)是以极细的水泥颗粒组成的无机注浆材料，配成浆液有极好的渗入性和耐久性。与硅酸钠混合使用，可用于隧洞、巷道的防水。其化学组分、物理特性及力学性质见表 12-6、表 12-7。

表 12-6　超细水泥化学组分(重量百分比)与物理特性

化学组分	CaO	SiO_2	Al_2O_3	Fe_2O_3	MgO	SO_3	烧失量(%)
	49.2	29.0	13.2	1.2	5.6	1.2	0.3
物理特性	相对密度	容重(kg/L)	比表面积(cm^2/g)		D_{50}(μm)		D_{max}(μm)
	3.00±0.10	1.00±0.10	>8 000		3～4		15

表 12-7　超细水泥和其他水泥浆结石强度的对比

项　目	抗弯强度(MPa)				抗压强度(MPa)			
龄期(d)	3	7	29	91	3	7	28	91
超细水泥	5.1	6.4	8.3	8.8	25.6	39.8	54	62.3
高早强硅酸盐水泥	5.5	6.5	8.1	8.3	24.6	33.9	46.6	49.8
普通硅酸盐水泥	3.4	4.9	7.0	7.3	13.7	23.4	41.2	49.1

水泥的种类虽然很多，但就其性能而言，主要有如下几种：

(1)细度。水泥的标号一般是指细度而言，标号越高细度越细，颗粒水化作用越快，凝结硬化越快，早期强度越高。水泥的细度一般用筛分法确定，也可用比表面积表示，水泥颗粒越细，比表面积越大。目前市场上所产的超细水泥，适宜于微裂隙注浆防渗的工程。

(2)凝结时间。浆液逐渐由稀变稠、再到比较坚硬的过程叫凝结。水泥从加水起到维卡仪试针沉入浆液中距离板 0.5～1mm 时止所需时间为初凝时间。从加水起到维卡仪试针沉入净浆中不超过 1mm 时止所需时间为终凝时间。

浆液的凝结性受一系列因素影响，如浆液的水灰比越大，颗粒的比表面积越小，凝结时间则越长，见表 12-8。因此，浆液很难定出所谓标准凝固时间，应根据具体情况通过试验而确定。

表 12-8　比表面积对凝结时间的影响

比表面积(cm^2/g)	1 320	797	594	270
初凝时间(min)	36	63	180	315

(3)强度。水泥产生强度的硬化过程,是一个复杂的化学变化过程。水泥掺水后,在水泥颗粒表面上产生与水泥成分之间的化学反应,与此同时产生水解反应和水化反应。水泥遇水后,主要生成氢氧化钙(石灰)、水化硅酸钙、水化铝酸钙、水化铁钙四种化合物。

其中,氢氧化钙的溶解度较大,其他物质几乎不溶解于水,析出呈胶结状态。同时水泥颗粒周围溶液便很快地为氢氧化钙饱和后,氢氧化钙亦同样析出呈胶结状态,使水泥颗粒周围形成凝结体胶质薄膜逐渐脱水而紧密,析出的胶体状态转变为稳定的结晶状态,析出的结晶体嵌入凝胶体并相互交错结合,使水泥产生强度。

矿床的水文地质条件及围岩裂隙对水泥种类的要求也是多样的,在大裂隙的岩土中应使用标号较低的即粒度较大的矿渣水泥;在细裂隙的岩土中,应使用粒度较细的即标号较高的水泥。当地下水流速较慢,选择水泥浆液结硬时间不应过短,凝结期过短的水泥还可能堵塞注浆管路及设备,妨碍正常注浆工作。

地下水对水泥的破坏作用是由夺取水泥中自由的 $Ca(OH)_2$ 成分开始。因此,为了提高水泥结石抵抗酸性地下水侵蚀作用,首先应尽量减少水泥结石中自由的氢氧化钙含量。当在地下水酸性环境中注浆,应尽可能地选用矾土水泥,因它在酸性水中最为稳定。其次矿渣水泥及火山灰水泥亦有较好的抗硫酸盐侵蚀能力。实际注浆中也有把含有 SiO_2 及 Al_2O_3 的物质磨成细粉掺到水泥中去,提高水泥稳定性及抵抗腐蚀性水破坏作用的简单的方法。

(4)收缩性。浆液结石体的收缩性是影响注浆效果的重要因素,主要受环境条件的影响,潮湿养护环境下一般不会收缩,并随时间而略有膨胀。而干燥养护环境中,就可能发生收缩。一旦发生收缩,就会在注浆体中形成微细裂隙,使注浆效果降低,有时需要采取复注的措施。

(5)沉淀析水性。浆液搅拌过程中,水泥颗粒处于分散和悬浮状态,但当浆液制成或停止搅拌时,可致水泥颗粒在重力作用下沉淀,并使水上升至浆液顶部,这即是浆液的沉淀析水性。

沉淀析水性是影响注浆质量的一项不利因素,注浆过程中,颗粒的沉淀析水将引起机具管路的堵塞、垂直方向上密度发生变化,导致均匀性降低、结石率降低而形成空隙等。

(6)渗透性。和强度一样,结石的渗透性也与浆液起始水灰比、水泥含量及养护期等因素有关。一般水泥结石的渗透性很小,见表 12-9。

表 12-9　水泥结石的渗透性

龄期(d)	5	8	24
渗透系数(cm/s)	4×10^{-8}	4×10^{-9}	4×10^{-10}

12.1.2.2　水玻璃及其性能

水玻璃($Na_2O\cdot nSiO_2$,又称泡化碱)。在酸性固化剂作用下可以产生凝胶,注浆常用的水玻璃是将石英砂与碳酸钠(或硫酸钠)等在高温炉内烧溶而制得的。由于石英砂与碳酸钠

(或硫酸钠)的配比不同又分为中性水玻璃、碱性水玻璃。中性水玻璃较难溶解,注浆时常用碱性水玻璃。

水玻璃浓度(波美度——Be′),通常为 50°～56°Be′,使用时需加水,一般使用范围为 30°～45°Be′。过稀时强度低;过浓时,黏度大,材料消耗过多。

注浆材料所用的水玻璃,对模数和黏度有一定的要求。模数小时 SiO_2 含量低,结石强度低,甚至不凝固。SiO_2 含量越大,强度亦随之增高,但模数过大时,因水玻璃的黏度增大,流动性降低,不容易泵送,一般注浆时模数要求在 2.4～2.8 较为适宜。

水玻璃的黏度与模数、波美度、温度有密切的关系。一般黏度随温度的降低,模数、波美度的增加而加大,即 Be′越大,水玻璃的黏度也越高;反之则低。冬季施工时,当温度降至 －2℃以下时,水玻璃黏度不仅加大而且开始冻结,这对管路运输及泵送带来困难。当水玻璃的波美度超过 50°Be′时,黏度增加特别快,这对渗水糊缝十分有利。

12.1.2.3　附加剂及浆液的浓度

12.1.2.3.1　附加剂

水泥附加剂有分散剂、悬浮剂、速凝剂、早强剂、塑化剂等。为防止水泥凝结析水现象,一般使用分散剂进行处理。分散剂和悬浮剂的综合作用可以使水泥于初凝前缓慢下沉,减少析水作用的发生。

单一水泥浆作为注浆材料在细裂隙中有时可注性较差,且水泥浆的初凝、终凝时间长。常出现跑浆,并易沉淀析水,因此应用范围有一定的局限。我国在改善水泥浆性能方面做了大量工作。根据注浆目的和要求,于水泥浆中加入速凝剂、早强剂、塑化剂、悬浮剂及缓凝剂等来提高水泥浆的可注性,调节凝固时间,提高结石体强度、结石率和稳定性等。

常用的水泥附加剂有氯化钙($CaCl_2$)、氯化钠(NaCl)、碳酸钠($NaCO_3$)、水玻璃($Na_2O \cdot nSiO_2 \cdot mH_2O$,)、硫酸钠($Na_2SO_4$)、红星一号速凝剂、“711”速凝剂以及某些有机化合物等。但通常应用的多是氯化钙、氯化钠、三水石膏、水玻璃、碳酸钠及有机物三乙醇胺等,其基本性能见表 12-10。

氯化钙是最常用的一种,对于任何品种水泥均能起到速凝、早强的作用,它不仅可加速水泥的硬结,而且还可促进水泥中三钙硅酸盐($3CaO \cdot SiO_2$)水解后早期强度的增加。当氯化钙加至 1%～1.5%时,初凝期可缩短一半,当加至 1.6%～2.0%时,初凝期可缩短 2/3,同时提高初期的强度。但氯化钙不能加得太多,过量的氯化钙增加了酸性的成分,破坏了水泥结构,减慢了终凝时间。同时氯化钙使三钙铝酸盐水解后过早凝结,未进入岩土裂隙就于管中发生凝固,因而氯化钙加入量一般不超过 2%～3%。

水玻璃能强烈增强水泥浆静止剪力,对浆液初凝有急剧加速的作用,一般加入水玻璃数量应是水泥体积的 3%～5%。

由于氯化钠对水泥浆的初凝有加速作用,因而配制水泥浆用水的含盐量及环境水的含盐量对水泥浆凝结时间及强度具有影响。

一些附加剂的添加量具有一定范围的限制,如三乙醇胺或三异丙醇胺为 0.5%～0.1%、氯化钠为 0.5%～1.0%,小于这个量不起速凝作用,大于此量对初凝、终凝时间影响较小。

表 12-10 水泥速凝早强剂对初、终凝及抗压强度的影响

<table>
<tr><th rowspan="2">水灰比</th><th colspan="2">附加剂</th><th rowspan="2">初凝时间(h:min)</th><th rowspan="2">终凝时间(h:min)</th><th colspan="4">抗压强度(MPa)</th></tr>
<tr><th>名称</th><th>用量(%)</th><th>1d</th><th>2d</th><th>7d</th><th>28d</th></tr>
<tr><td>1:1</td><td></td><td>0</td><td>14:15</td><td>25:00</td><td>0.8</td><td>1.6</td><td>5.9</td><td>9.2</td></tr>
<tr><td>1:1</td><td>水玻璃</td><td>3</td><td>7:20</td><td>14:30</td><td>1.0</td><td>1.8</td><td>5.5</td><td>—</td></tr>
<tr><td>1:1</td><td>氯化钙</td><td>2</td><td>7:10</td><td>15:04</td><td>1.0</td><td>1.9</td><td>6.1</td><td>9.5</td></tr>
<tr><td>1:1</td><td>氯化钙</td><td>3</td><td>6:50</td><td>13:08</td><td>1.1</td><td>2.0</td><td>6.5</td><td>9.8</td></tr>
<tr><td rowspan="2">1:1</td><td>三乙醇胺</td><td>0.05</td><td rowspan="2">6:45</td><td rowspan="2">12:35</td><td rowspan="2">2.4</td><td rowspan="2">3.9</td><td rowspan="2">7.2</td><td rowspan="2">14.3</td></tr>
<tr><td>氯化钠</td><td>0.5</td></tr>
<tr><td rowspan="2">1:1</td><td>三乙醇胺</td><td>0.1</td><td rowspan="2">7:23</td><td rowspan="2">12:58</td><td rowspan="2">2.3</td><td rowspan="2">4.6</td><td rowspan="2">9.8</td><td rowspan="2">15.2</td></tr>
<tr><td>氯化钠</td><td>1.0</td></tr>
<tr><td rowspan="2">1:1</td><td>三水石膏</td><td>1.0</td><td rowspan="2">7:14</td><td rowspan="2">14:15</td><td rowspan="2">1.8</td><td rowspan="2">2.8</td><td rowspan="2">5.6</td><td rowspan="2">8.9</td></tr>
<tr><td>氯化钙</td><td>2.0</td></tr>
<tr><td rowspan="2">1:1</td><td>三异丙醇胺</td><td>0.05</td><td rowspan="2">11:03</td><td rowspan="2">18:22</td><td rowspan="2">1.4</td><td rowspan="2">2.7</td><td rowspan="2">7.4</td><td rowspan="2">12.0</td></tr>
<tr><td>氯化钠</td><td>0.5</td></tr>
<tr><td rowspan="2">1:1</td><td>三异丙醇胺</td><td>0.1</td><td rowspan="2">9:36</td><td rowspan="2">14:12</td><td rowspan="2">1.8</td><td rowspan="2">3.5</td><td rowspan="2">—</td><td rowspan="2">13.1</td></tr>
<tr><td>氯化钠</td><td>1.0</td></tr>
</table>

注:水泥为 425 号硅酸盐水泥。

充填注浆中为了节约水泥,同时能使水泥颗粒较长时间悬浮于水中,须加入悬浮剂,常用的悬浮剂有膨润土和高塑黏土等。为了降低水泥黏度,提高浆液的流动性、增加可注性,往往须加入塑化剂,常用的塑化剂有亚硫酸盐纸浆废液和硫化钠等。

有时为减慢浆液初凝速度,除降低浆液浓度外,可于浆液中加入适量生石膏($CaSO_4 \cdot H_2O$)、消石灰($Ca(OH)_2$)及磷酸氢二钠(Na_2HPO_4)等。

石膏的缓凝作用在于能使某种凝结加速的成分相结合,使其在一定浓度下缓凝,同时超过一定浓度后其作用减弱。一般石膏的用量可加入 1%～3%,以便控制铝离子浓度及减低铝离子对生成胶液的聚结过程的影响。水泥中加入部分石膏,还会使体积有所膨胀,从而可更好地堵塞岩土的裂隙,弥补水泥收缩渗水的不足。

对于水泥－水玻璃浆液,一般磷酸和磷酸盐皆可起到缓凝的作用。磷酸氢二钠缓凝效果较好,用量低于 1%时缓凝效果不显著,而大于 3%时,将显著降低结石体的强度。

12.1.2.3.2 浆液的浓度

浆液的浓度将影响其可注性和结石体的强度。水泥浆属颗粒性材料,最大粒径为 0.085mm,因此注浆中对裂隙的大小有一定的限制,前人试验结果见表 12-11。

表 12-11 浆液浓度与注浆裂隙大小的关系

水灰比	0.6	0.8	1.0	2.0	4.0	6.0	8.0	10.0	12.0
可注平均缝宽(mm)	0.53	0.47	0.48	0.43	0.39	0.39	0.38	0.33	0.28

注浆时水泥浆的浓度可根据注水试验的单位耗水量，确定灰浆初期的浓度，见表12-12。

表 12-12　注水试验确定初期灰浆的浓度

耗水量(L/cm)	0.05～0.09	0.09～0.2	0.2～0.6	0.6～1.0	1.0～2.0	2.0～5.0	>5.0
灰浆水泥:水	1:10～1:12	1:8	1:6	1:5～1:4	1:3～1:2	1:1	1:0.5
结石体(%)	8.8～11	13	16	22	27～35	60	97

不同浓度纯水泥浆的基本性能，见表 12-13。

表 12-13　不同浓度纯水浆的基本性能

水灰比	黏度(s)	密度(g/cm^3)	凝胶时间		结石率(%)	抗压强度(MPa)			
			初　凝(时:分)	终　凝(时:分)		3d	7d	14d	28d
0.5:1	139	1.86	7:41	12:36	99	4.14	6.46	15.30	22.00
0.75:1	33	1.62	10:47	20:33	97	2.43	2.6	5.54	11.27
1:1	18	1.49	14:56	24:27	85	2.00	2.4	2.42	8.90
1.5:1	17	1.37	16:52	34:47	67	2.04	2.33	1.78	2.22
2:1	16	1.30	17:7	48:15	56	1.66	2.56	2.10	2.80

注：采用 425 号硅酸盐水泥，并取测定数据平均值。

注浆时水泥浆浓度一般以水灰比(P)表示，水灰比最大浓度不超过 0.5:1，最小浓度根据试验确定，过小的灰浆容易堵塞管路并产生扩散距离过短的问题。1:1 或大于 1:1 浓度的灰浆，结石率较低，凝结时间缓慢，常在注浆开始和结束时应用。一般注浆多采用 0.8:1～1:1 的水灰比，小于 1:1 的灰浆常在堵塞大的裂隙及孔洞中应用。

12.1.2.4　水泥－水玻璃类浆液

水泥－水玻璃浆液是以水泥、水玻璃为主剂，两者按一定比例采用双液注浆方式的浆液，是一种用途较广、效果良好的注浆材料。它是当水泥遇水后，水解和水化生成新的活性很强的氢氧化钙，即

$$3CaO \cdot SiO_2 + nH_2O \rightarrow 2CaO \cdot SiO_2 \cdot (n-1)H_2O + Ca(OH)_2$$

$$2CaO \cdot SiO_2 + mH_2O \rightarrow 2CaO \cdot SiO_2 \cdot mH_2O$$

含水硅酸二钙，呈胶质状不溶于水，成为水硬性材料。而活性的氢氧化钙与水玻璃很快反应：

$$Ca(OH)_2 + Na_2O \cdot mSiO_2 + MH_2O \rightarrow CaO \cdot mSiO_2 \cdot MH_2O + 2NaOH$$

生成凝胶性硅酸钙——稳定的结晶状凝固体。

12.1.2.4.1　影响凝胶时间的因素

从水泥浆与水玻璃混合时间起，到混合浆液不能自流时止，称为浆液的凝胶时间或初凝时间。影响凝胶时间的因素很多，起显著作用的有以下几点。

(1)水泥浆浓度大，凝胶时间快；反之，则凝胶时间慢。水玻璃浓度大，凝胶时间慢；反之，则快。如用 425 号硅酸盐水泥，$S:C=1:1$ 的体积比时，测定结果见表 12-14。

表 12-14 水泥浆浓度与水玻璃对凝胶时间的影响

水灰比	凝胶时间			
	40°Be′	35°Be′	30°Be′	25°Be′
0.5∶1	37″	37″	35″	27″
0.8∶1	58″	50″	47″	45″
1∶1	1′30″	1′00″	49″	49″
1.2∶1	2′13″	1′13″	1′9″	59″
1.5∶1	2′19″	1′25″	1′24″	1′12″
2∶1	2′27″	1′31″	1′45″	1′53″

(2)水泥浆和水玻璃体积变化对凝胶时间的影响,见表 12-15。

表 12-15 水泥浆和水玻璃体积变化与凝胶时间的关系

灰水比	水 灰 比								
	0.6∶1			0.8∶1			1∶1		
	35°Be′	40°Be′	45°Be′	35°Be′	40°Be′	45°Be′	35°Be′	40°Be′	45°Be′
1∶0.3	20.5″	22.0″	25.5″	23.5″	29.0″	31.0″	28.5″	31.5″	34.0″
1∶0.35	21.0″	24.5″	28.3″	28″	31.0″	34.0″	31.0″	36.5″	41.5″
1∶0.4	24.5″	27.8″	31.6″	30″	35.0″	40.0″	34.8″	42.0″	50.5″
1∶0.45	27.5″	31.0″	34.5″	33.5″	39.0″	45.5″	41.0″	46.0″	56.5″
1∶0.50	29.2″	34.1″	42.2″	37.0″	42.5″	50.5″	47.0″	52.0″	1′2″
1∶0.55	32.0″	36.9″	45.0″	40.0″	45.0″	54.0″	51.0″	57.0″	1′7″
1∶0.6	37.5″	41.5″	48.4″	43.0″	52.0″	1′12″	56.5″	1′4″	1′13″
1∶0.7	41.2″	48.1″	56.7″	51.5″	1′12″	1′14″	1′14″	1′15″	1′26
1∶1	56.4″	1′8″	1′18″	1′12″	1′32″	1′52″	1′26″	1′51″	2′10″

注:425 号硅酸盐水泥室温(23~23.5℃)。

由表 12-15 看出,当水泥浆水灰比和水玻璃波美度一定时,水泥浆和水玻璃的体积比与凝胶时间变化在 30°Be′~45°Be′之间,并呈直线关系。

水玻璃与水泥浆液不等体积混合时,双液中水玻璃体积越大,凝结时间越长;反之,凝结时间则短。水玻璃体积增大,虽能延长凝结时间,但水玻璃体积不能超过水泥的体积。因为这样不仅结石体强度降低,且材料成本增高。而水玻璃体积减小虽然能缩短凝胶时间,但一般不应少于水泥体积的三分之一。

从强度角度考虑,选择一个比较合适的 C∶S 浆液进行注浆,可既能达到堵水加固的目的,又能降低水玻璃的用量。

12.1.2.4.2 影响强度的因素

(1)水灰比。当水玻璃的波美度和灰水比(C∶S)一定时,水泥浆液的浓度越大,结石体的强度越高,但流动性、可灌性越差,见表 12-16。

表 12-16　水灰比对强度的影响

水灰比		0.6∶1	0.7∶1	1∶1	1.25∶1	1.5∶1
抗压强度（MPa）	7d	1.16	0.94	0.89	0.68	0.70
	14d	2.45	1.18	1.02	0.90	0.86
	28d	8.6	6.4	2.5	0.95	0.90

注：325 号硅酸盐水泥。

（2）水玻璃浓度。双液中水玻璃浓度越大，结石体初期强度越高；反之，初期强度低。但水玻璃浓度对结石体的终压影响不显著，见表 12-17。由此可以看出，结石体初期强度是水玻璃起主要作用，终期强度起主要作用的是水泥。

表 12-17　水玻璃浓度对强度的影响

波美度（Be′）		25°	30°	35°	37.5°	40°
抗压强度（MPa）	7d	0.54	0.48	0.60	0.72	0.82
	14d	0.765	0.76	0.94	1.36	0.71
	28d	3.8	3.8	3.7	4.6	4.3

（3）水灰比（体积）。当波美度一定时，水与水泥以不等体积混合时，若水的体积比小，结石体强度高；反之，结石体强度低，见表 12-18。

表 12-18　浆液体积与结石体的强度

水灰比		0.6∶1	0.7∶1	0.8∶1	0.9∶1	1∶1
抗压强度（MPa）	7d	1.31	1.00	0.9	0.84	0.83
	14d	2.29	1.12	1.18	0.66	0.71
	28d	7.6	6.8	5.8	2.5	1.3

注：325 号水泥。

（4）压力作用。双液在压力作用下凝胶结石，结石体的强度随着压力的增高而增高。

12.1.2.4.3　水泥－水玻璃浆液材料评价

通过水泥－水玻璃浆液胶凝时间、抗压强度的试验，以及它与单液水泥浆等其他材料的比较，可知水泥－水玻璃浆液材料具有如下的优点：

（1）易于控制凝胶时间。可用多种办法调整和控制凝胶时间，使之由几十秒调节到数小时，初凝到终凝的时间间隔较短，有利于截堵具有一定流动速度的地下水流。

（2）结石率高。在水灰比 0.5～1.5、水玻璃浓度 30°～40°Be′时，其凝固体积均为 100%，几乎不析水、无收缩现象。

（3）可注性和流动性好。该双液浆细腻、润滑、悬浮性强，使水泥－水玻璃浆液能够进入单一水泥浆难以进入的较小裂隙中。但由于浆液中水泥的“颗粒性”，对于极细小的裂隙等注浆效果尚有待进一步研究。

（4）早期强度高。凝胶在几分钟内有明显的强度显示。

（5）透水性低。水泥－水玻璃浆液结石体致密，其本身不透水，又由于结石率高和黏结力较强，因此能获得较好的充填效果。

12.1.2.5　无机水玻璃类溶液

水泥浆、水泥－水玻璃浆液均为颗粒性浆材，不易通过细小裂隙及砂层，因此应用范围受到一定的局限。对此，无机水玻璃类溶液具有较好的弥补作用。该溶液就是将水玻璃溶液和胶凝剂同时注入，混合后生成固结体，以达到防渗堵漏或加固补强的目的。

水玻璃浆材的胶凝剂主要有金属离子类和酸类，主要胶凝剂种类见表12-19。

表12-19　水玻璃注浆材料胶凝剂种类

名　称		分子式
金属离子类	氯化钙	$CaCl_2$
	偏铝酸钠	$NaAlO_2$
	硫酸铝	$Al_2(SO_4)_3$
	钙铝酸盐	$CaOAl_2O_3$
	氯化镁	$MgCl_2$
	石膏	$CaSO_4$
	碳酸氢钠	$KHCO_3$
金属离子类	高锰酸钾	$KMnO_4$
	亚硫酸氢钠	$NaHSO_3$
	磷酸二氢钠	NaH_2PO_3
无机酸类	硫酸	H_2SO_4
	磷酸	H_3PO_4
	碳酸	H_2CO_3
	硫酸铵	$(NH_4)_2SO_4$
	氯化铵	NH_4Cl

例如当水玻璃溶液和氯化钙溶液混合时，硅酸凝胶在溶液的接触面上很快形成，并随着反应的进行凝胶不断产生，直至反应完毕。

水玻璃－氯化钙浆液的组成及性能见表12-20。

表12-20　水玻璃－氯化钙浆液组成及性能

原　料	规格要求	用　量（体积比）	凝胶时间	注入方式	抗压强度（MPa）
水玻璃	模数:2.5～3.0	45%	瞬间	单管或双管	<3.0
	浓度:43°～45°Be′				
氯化钙	密度:1.26～1.28	55%			
	浓度:30°～32°Be′				

由于水玻璃浆液凝胶反应复杂，凝胶时间较难控制，实际使用中有时将数种胶凝剂混合一起应用。其性能与影响因素主要有以下几种。

12.1.2.5.1　浆液起始黏度

影响浆液的黏度主要是水玻璃溶液的黏度和温度，因为水玻璃溶液是溶液的主要成分，而水玻璃溶液的黏度与模数、波美度及温度有关，见表12-21、表12-22。

表12-21　水玻璃溶液浓度与黏度的关系

波美度	6°Be′	13°Be′	20°Be′	25°Be′	30°Be′	35°Be′	40°Be′	45°Be′	50°Be′
密度(g/mL)	1.038	1.100	1.16	1.210	1.260	1.320	1.380	1.450	1.510
黏度(cP)	2.7	3.1	3.7	5.0	7.7	16.0	46.0	194.0	1 074

表 12-22　水玻璃溶液黏度与温度的关系

模数	密度(g/mL)	波美度(Be′)	黏　度　与　温　度						
			18℃	30℃	40℃	50℃	60℃	70℃	80℃
2.47	1.502	48.0°	828	495	244	159	97.5	70.9	53
2.64	1.458	45.7°	183	99	61	42	28	21	16

12.1.2.5.2　浆液的胶凝时间

浆液的胶凝时间主要受水玻璃溶液的浓度、胶凝剂的性能及用量和浆液的温度等影响。以铝酸钠为胶凝剂，水玻璃溶液浓度对浆液胶凝时间的影响见表 12-23。一般浆液的温度与胶凝时间的关系是温度越高，凝胶越快。

表 12-23　水玻璃溶液浓度对胶凝时间的影响

水玻璃溶液浓度(Be′)	混合浆液温度(℃)	胶凝时间	说明
45°	36	1′11″	①水玻璃模数为 2.44，温度为 27℃ ②铝酸钠溶液含 Al_2O_3 ③水玻璃与铝酸钠体积比为 1:1
40°	37	1′04″	
37°	36	1′03″	
35°	36	1′02″	
32°	36	1′11″	
30°	36	1′59″	

12.1.2.5.3　水玻璃浆液的固结体强度

影响固结体强度的因素主要有水玻璃的模数、胶凝剂的种类和用量等。用氯化钙作胶凝剂时，水玻璃模数与强度的关系见表 12-24。

表 12-24　水玻璃溶液模数对固结体强度的影响

水玻璃溶液	模数 M	2.06	2.5	2.75	3.06	3.43	3.66	3.9
	波美度(Be′)	36°	36°	36°	36°	36°	36°	36°
抗压强度(MPa)	24h	1.0	3.4	4.0	4.0	3.63	2.46	1.51
	15d	2.2	4.85	5.35	5.2	4.3	2.77	2.0
	30d	3.0	5.5	6.55	6.7	5.0	2.92	1.72

由表 12-24 看出，水玻璃溶液的模数在 2.75～3.06 范围内时，固结体的强度最高，超出这个范围，固结体的强度将降低。

胶凝剂的用量和种类是水玻璃凝胶体强度的重要因素，一般二价金属(Ca、Mg、Ba)盐类胶凝体的强度最高。不同胶凝剂的水玻璃浆材主要性能，见表 12-25。

表 12-25 不同胶凝剂的水玻璃浆材的主要性能

胶凝剂种类	分子式	浆液黏度(cP)	胶凝时间	固结体强度(MPa)
铝酸钠	$NaAl_2O_3$	4～10	数分到数十分	0.5～1.5
氯化钙	$CaCl_2$	～100	瞬时	3～6
氟硅酸	H_2SiF_6	3～5	30～60分	2～4
高锰酸钾	$KMnO_4$	2～2.5	数十秒到数十分	0.2～0.4
碳酸氢钠	$NaHCO_3$	5～10	数分到数十分	0.05～0.3
氯化铵	HNO_4Cl	3～5	瞬时到数分	0.5～1.0
磷酸	H_3PO_4	3～5	瞬时到数分	0.7～1.0
碳酸钠	Na_2CO_3	1.6～2.0	数分到数十分	0.3～0.5
氯化镁	$MgCl_2$	1.6～2.0	数分到数十分	0.3～0.5

12.1.3 高分子化学注浆材料及性能

高分子化学材料一般系指 10^4 以上的高分子化合物。高分子有机化学材料注浆，在我国始于20世纪70年代。由于高分子有机化学材料具有溶胶的特点，分散相颗粒直径 $1\times(10^{-5}\sim10^{-7})$cm，较之悬浮液易于注入细小裂隙，因此主要用于颗粒悬浊液材料难以注入的各类防渗堵漏和补强工程。

12.1.3.1 铬木素浆液

铬木素浆液是由亚硫酸盐纸浆废液为主剂，重铬酸盐为胶凝剂所配成的化学注浆材料。该材料的优点是黏度低(2～5cP)，渗透性好，凝胶时间可以控制，固结体有较高的抗压强度和抗渗性能。由于重铬酸盐含 Cr^{+6} 离子，属剧毒物质，常造成对地下水的污染，现已不用。

12.1.3.2 丙烯酰胺类注浆材料

丙烯酰胺(又称丙凝)在已研发出的各种注浆材料里，它是黏度最低、渗透性最好、凝胶时间能控制的材料，适用于水工建筑物裂缝堵漏、坝基帷幕注浆和矿床防水堵漏等。

该浆液是由主剂、交联剂、氧化剂、水(掺入剂)按一定比例配合成的混合液体。其主要原理是以有机化合物丙烯酰胺($CH_2-CH-CONH_2$)为主剂与 NH^- －亚甲基双丙烯酰胺[$(CH_2-CH-CONH_2)_2CH_2$]或配合(HCHO)为交联剂，将此按10%的浓度溶于水中。此溶液在氧化剂过硫酸铵[$(NH_4)_2S_2O_3$]与B－二甲氨基丙腈[$(CH_3)_2NCH_2CN$]或三乙醇胺[$N(CH_2CH_3OH)_3$]的引发和氧化作用下，发生交联聚合反应，形成一种类似胶状的具有弹性的、不溶于水的高分子聚合物，以此充填堵塞孔隙或裂隙，起到堵水与加固的作用。

12.1.3.3 脲醛树脂类注浆材料

脲醛树脂浆液是由甲醛和尿素缩合而成的一种高分子材料。脲醛树脂与酸性固化液混合后，树脂开始凝胶固化，浆液的凝胶时间取决于固化剂的品种、数量和温度。由于该浆液易溶于水，注浆时应根据需要将浆液稀释到几个cP，一般可注入粒径0.01～0.05mm细砂层中，固结体强度可达4～8MPa。

12.1.3.4　聚氯酯类注浆材料

聚氯酯类注浆材料(又名氰凝)有水溶性(SPM 型浆液)和非水溶性(PM 型浆液)两大类。它是以多异氰酸脂与氢氧基化合物(聚酯、聚醚)作用生成的聚氨基甲酸酯预聚体,与增塑剂、溶剂、催化剂、表面活性剂、泡沫稳定剂、填充剂等配制成的一种高分子注浆材料。其优点是凝胶时间能控制,固结体抗压强度高,一般可达 6～10MPa,特别是浆液遇水即刻反应,用单液注浆,在动水条件下进行堵漏而不会被流水冲走。

12.1.3.5　环氧树脂类注浆材料

环氧树脂浆液通常采用普通双酚 A 型环氧树脂和胺类固化剂组成。该类浆液的特点是常温固化,固化后抗压强度和抗拉强度高、黏力小、收缩率低,一般在补强注浆中用得最多。近年来发展到基岩断层破碎带及软弱基础的注浆处理,有着较广的应用。

此外,还有糠醛尿素注浆材料等。

12.1.4　浆材评述与展望

上述各类注浆浆材成分不同、性能不一、互有长短、适用条件各异,各种浆液材料均有其自身的特点和适用范围。就其材料来源难易性、适用性及成本效益来讲,还是水泥、水玻璃等无机硅酸盐材料较好,应该说它们是最基本的注浆材料。

有机系化学浆液材料虽有一些独特性能,如黏度低、可注性好、凝胶时间可以准确控制等,是一种良好的注浆材料。但它一般产量低、价格高,同时大多具有毒性、污染性较强,对地质环境及地下水污染比较严重。因而,许多条件下限制了它的使用和发展。

上述各类注浆浆材运用时,应结合它们各自的特性、特征,有的放矢、有针对性地选取。一般铝土矿床防治水注浆材料的选取需遵循“技术上可行、经济上合理”的原则,具体运用时应考虑以下几方面的因素。

12.1.4.1　矿床地质、水文地质条件以及注浆的目的与作用

(1)对于岩溶、断层、破碎带以及突水量较大等情况,宜采用先灌注惰性材料如石子、砂子、粉煤灰等充填过水通道,缩小过水断面,以增加浆液的流动阻力,减少浆液消耗,节约浆液材料。待惰性材料充填到一定程度后,再选取快凝水泥浆液、水泥－水玻璃浆液、水泥－黏土类浆液进行注浆,以达到堵塞通道、加固围岩双重作用和目的。

(2)对于基岩裂隙型突水,一般注浆量及规模均较大,注浆部位要求密封严实、强度高,目前多用黏土－水泥浆或黏土－水泥并掺有水玻璃的浆液。该种浆液既可节约水泥消耗,又可得到良好的堵水效果。

(3)当充填大孔隙时,一般采用水泥砂浆,也可采用水泥、黏土、砂浆或采用黏土浆。在突水较大部位,经上述注浆仍不能有效封堵渗漏水时,可采用较大注浆压力,以水泥浆或水泥－水玻璃双液浆等为宜,以固结围岩细小裂隙,减少渗漏水量。

(4)第三系、第四系冲积层注浆时,对于砾石、夹砂含水层,可采用水泥浆或水泥－水玻璃类双液浆;对于粉砂、细砂等细小裂隙,由于上述浆液为颗粒性材料,难以注入,一般宜采用可注性好的非颗粒性材料,如采用水玻璃－铝酸钠等化学浆液。

12.1.4.2　注浆材料的成本

注浆材料的成本价格是制约着该材料应用的一项十分重要的因素。上述不少材料倘若单从技术性能角度讲都是可行的,不失为一些良好的材料。但若同时考虑其成本价格因素

即经济效益因素时，它们之间又存在着贵贱、优劣等之分，因而又限制了一些浆材大量的使用，甚至成为不可运用的浆材。因此，铝土矿床防治水注浆材料的选取与应用时，除考虑各种浆液材料自身的特点和适用范围外，还必须从材料来源难易程度及成本效益角度出发，充分考虑矿床地质、水文地质条件、注浆的目的与作用、注浆材料的成本效益等因素进行综合性分析和确定，从而选择出最佳的浆材及工艺。

关于注浆材料的发展，目前的趋向表现在两方面：一方面是探讨新的注浆材料；另一方面是对现有注浆材料的改性和完善，使其成为一良好的复合浆液。

水泥用于注浆有着悠久的历史，现在和未来仍将是注浆主要的材料，因而大力开展研究和改善水泥浆材的性能具有重要的意义。

目前水泥用于注浆的主要缺点是颗粒效应的问题，难以注入细小裂隙和孔隙。当前我国研究的目标：一是研究生产超细水泥，减少水泥的颗粒度，如国外注浆水泥细度有的已达到 5 000～17 000cm^2/g；二是通过添加剂对水泥浆液进行改性，提高水泥的可注性。

水泥－水玻璃双液浆是注浆主要材料之一，它具有凝胶时间快等优点。但是，它仍有着胶凝时间不易控制、容易堵管和工艺复杂等缺陷。因此，需要改进现有单一水泥浆的性能，应致力于寻找新的水泥添加剂的研究，包括水玻璃浆液有效固化剂的研究，使其具有速凝、不沉淀、不收缩且强度高等良好的性能。

有些水溶性的带离子化基团的聚合物都能与水玻璃发生反应生成凝胶体。如聚丙烯酰胺－水玻璃类、聚丙烯酸－水玻璃类、酚醛树脂－水玻璃类、三聚氰胺树脂－水玻璃类等。聚合物水玻璃复合浆液，一般黏度增加，致使可注性下降，但复合后凝胶时间可以准确地控制，且成本可下降，值得研究。

有机系浆液大多具有毒性、环境污染严重。克服有机系浆液的这些缺点，改善其性能是一项重要的研究方向，如铬木素浆液中消铬的研究，寻找无毒的固化剂代替重铬酸钠或重铬酸钾，使之成为无毒浆液的研究等。

目前，我国常用浆液、成分、性能及适用范围，见表 12-26。

表 12-26　各种注浆材料基本成分、性能及适用范围

<table>
<tr><th colspan="2">类型</th><th>主要成分</th><th>超始液黏度(cp)</th><th>可灌入土层的粒径(mm)</th><th>可灌入部位的渗透系数(cm/s)</th><th>浆液胶凝时间</th><th>聚合体或固砂体的抗压强度(MPa)</th><th>聚合体或固砂体的渗透系数(cm/s)</th><th>注浆方式</th></tr>
<tr><td colspan="2">单液水泥浆</td><td>普通硅酸盐水泥</td><td>15～145s</td><td>1～0.6</td><td>10^{-1}</td><td>6～15min</td><td>5.0～25.00</td><td>10^{-2}～10^{-3}</td><td>单液</td></tr>
<tr><td colspan="2">水泥－水玻璃浆</td><td>水泥 水玻璃</td><td>15～145s</td><td>1～0.6</td><td>10^{-1}～10^{-2}</td><td>十几至几十秒</td><td>5.0～25.00</td><td>10^{-2}～10^{-3}</td><td>双液</td></tr>
<tr><td rowspan="5">水玻璃类</td><td>水玻璃－氯化钙</td><td>硅酸钠 氯化钙</td><td>100</td><td>0.2～0.5</td><td>10^{-1}～10^{-2}</td><td>瞬时</td><td>3.0～6.0</td><td>10^{-4}</td><td>双液</td></tr>
<tr><td>硅酸钠－铝酸钠</td><td>硅酸钠 铝酸钠</td><td>5～10</td><td>0.1～0.2</td><td>10^{-2}</td><td>几分至十分钟</td><td>0.5～1.5</td><td>10^{-1}～10^{-5}</td><td>双液</td></tr>
<tr><td>水玻璃－磷酸</td><td>硅酸钠 磷酸</td><td>3～5</td><td>0.1～0.2</td><td>10^{-2}</td><td>几分至十分钟</td><td>0.3～0.5</td><td></td><td>双液</td></tr>
<tr><td>水玻璃－二氧化碳</td><td>硅酸钠 二氧化碳</td><td></td><td>0.1～0.2</td><td>10^{-2}</td><td>几分至十分钟</td><td>1.0～3.0</td><td></td><td>双液</td></tr>
<tr><td>水玻璃－有机物</td><td>硅酸钠 乙二醛醋酸</td><td>1.8～3.5</td><td>0.1～0.2</td><td>10^{-2}</td><td>几分至十分钟</td><td>0.7～1.3</td><td></td><td>双液</td></tr>
<tr><td colspan="2">木质素类</td><td>纸浆废液 重铬酸钠</td><td>2～5</td><td>0.03</td><td>10^{-3}～10^{-4}</td><td>瞬时</td><td>3.0～6.0</td><td>10^{-4}</td><td>双液</td></tr>
<tr><td colspan="2">丙烯酰胺类</td><td>丙烯酰胺 甲撑双丙烯酰胺</td><td>1.2</td><td>0.01</td><td>10^{-4}</td><td>瞬时至十分钟</td><td>0.3～0.8</td><td>10^{-6}～10^{-8}</td><td>单双液</td></tr>
<tr><td rowspan="2">丙烯盐酸类</td><td>丙烯酸镁</td><td>丙烯酸镁 30%</td><td>6.2</td><td>0.08</td><td>10^{-3}</td><td>几秒至十分钟</td><td>0.33～0.43</td><td>10^{-6}～10^{-8}</td><td>单双液</td></tr>
<tr><td>丙烯酸钙</td><td>丙烯酸钙 20%</td><td>4.0</td><td>0.03</td><td>10^{-3}</td><td>几秒至十分钟</td><td>0.33～0.43</td><td>10^{-6}～10^{-8}</td><td>单双液</td></tr>
</table>

续表 12-26

类型		主要成分	超始液黏度（cp）	可灌入土层的粒径（mm）	可灌入部位的渗透系数（cm/s）	浆液胶凝时间	聚合体或固砂体的抗压强度（MPa）	聚合体或固砂体的渗透系数（cm/s）	注浆方式
丙烯酸盐	丙烯酸锌	丙烯酸钙 30%	3.7	0.08	10^{-3}	几秒至十分钟	0.33～0.43	10^{-6}～10^{-8}	单双液
聚氨脂类	非水溶性	异氰酸脂 聚醚树脂	10～200	0.015	10^{-3}～10^{-4}	几分至十分钟	3.0～25.0	10^{-5}～10^{-7}	单液
	水溶性	异氰酸脂 聚醚树脂	8～25	0.015	10^{-3}～10^{-4}	几分至十分钟	0.5～15.0	10^{-5}	单液
	弹性聚脂	异氰酸脂 蓖麻油	50～200			几分至十分钟			单液
脲醛类	脲醛树脂	尿素 甲醛	10	0.05	10^{-2}	几分至十分钟	2.0～10.0	10^{-4}～10^{-5}	单双液
	丙强	脲醛树脂 丙烯酰胺	10	0.05	10^{-3}	几分至十分钟	8.0～10.0	10^{-6}～10^{-8}	单双液
	木胺	纸浆废液 尿素 甲醛	2～5	0.04	10^{-3}	几分至十分钟	7.0～10.0	10^{-4}～10^{-5}	双液
环氧类	环氧树脂	环氧树脂 胺类 稀释剂	～10	0.2(裂缝)			40.0～80.0 1.2～2.2 (黏结强度)		单液
	中化 798 材	环氧树脂 糠醛 丙酮 胺类	7.2～47.7	0.001	10^{-5}	1～5 天	50.0～80.0		双液
甲基丙烯酸脂类		甲基丙烯酸甲脂 丁脂	0.7～1.0	0.05(裂缝)			60.0～80.0 1.2～2.2 (黏结强度)		单液
惰性冲填黏土类		黏土砾石砂粉煤等	可单独注入，也可掺水泥浆等材同时注入						单液

（据文献[2]）

12.2　豫 Q－BR 复合注浆材料研发目的与方案

12.2.1　豫 Q－BR 复合注浆材料研发目的与基本要求

矿床注浆加固堵塞工程一般是临时性或半永久性工程，注浆的目的主要是堵塞矿床顶、底板各类突水的通道，加固和提高矿床顶、底板围岩隔水的强度，在采矿期内能够满足防治水的要求即可。在某种意义上讲，不宜对致突含水层造成永久性的堵塞与破坏。因此，与其他大型岩土注浆加固工程相比，其要求的标准并不高，相应的施工工艺应简单实用，成本费用需低廉，并在降低注浆工程成本费用的同时起到因地制宜、综合利用的作用。鉴于此，在详细分析上述各类注浆材料性能及适用条件的基础上，结合豫西夹沟矿区乃至华北陆壳铝土矿区地质、水文地质条件以及注浆材料资源分布的实际情况，本着“技术上可行、经济上合理”的原则，因地制宜、就地取材、降低成本，开展新型复合注浆材料的研发具有重要的现实意义。其目的是在满足矿床突水防治技术需求的前提下，充分利用矿区剥离红土——铝土矿区普遍分布的第四系中更新统红色黏土注浆材料资源，并通过与适量的国家级防水新材料等相配合，最大限度地降低注浆材料的成本，有效提高防治水工程的经济效益和社会效益。

新型复合注浆材料的研发，主要考虑如下一些性能和要求：

(1)复合注浆材料的研发，应紧密结合豫西夹沟矿区乃至华北陆壳铝土矿区浆材资源的实际以及矿床防治水注浆的目的和用途。

(2)复合注浆材料的浆液应具有黏度低、流动性好、可注性强、稳定性高、易于泵送及压入围岩裂隙等性能。要求材料细度好、分散性高,并能较稳定地维持悬浮的状态,不至于在压注过程中沉析而堵塞管道,但又能在侵入围岩裂隙一定距离后发生沉析,充塞围岩所有的裂隙和孔洞。

(3)浆液注入围岩裂隙和孔洞后所形成的结石,应具有结石率高、强度大、透水性低,并具有抗蚀性和耐久性等特征。

(4)浆液的凝胶时间可以在数秒至几小时内随意地调节和准确地控制。

(5)浆液固化后无收缩现象,并与围岩有较好的黏结性。

(6)对注浆设备、管道、混凝土结构物无腐蚀性且容易清洗。

(7)材料来源丰富,价格便宜并尽可能就地取材,无毒、无污染。

(8)浆液配制方便,操作简单。

根据以上的要求,我们开展了复合注浆材料的研发和试验工作。

试验材料由主剂、副剂和结构剂三部分组成。

主剂:选取铝土矿区普遍分布的第四系中更新统(Q_2)红色黏土——豫Q黏土作为试验用主剂,用“a”表示。其主要矿物成分为蒙脱石25%~30%、伊利石20%~25%、石英25%~30%、长石10%~15%、氧化铁5%~6%。主要元素成分及含量为Si 31.36%、Fe 3.89%、Al 7.89%、Ca 0.66%、Mg 0.96%、K 2.46%、Na 0.49%。

该豫Q黏土质地很纯,颗粒很细,<0.005mm颗粒占到94.5%以上,属较高塑性的黏土,是一种水化能力很强和分散度较高的活性黏土,适合用做复合浆材的配制。

副剂:采用P.O42.5号普通硅酸盐水泥作为试验用副剂,用“b”表示。

结构剂:依据注浆工程目的和用途以及主、副剂性能等特征,试验时结构剂选择如下:

(1)结构剂1,用“c”表示;

(2)结构剂2,用“d”表示;

(3)结构剂3,用“e”表示;

(4)结构剂4,用“f”表示;

(5)结构剂5,用“g”表示。

由上述材料配制而成的复合体,命名为“豫Q-BR复合注浆材料”。其中,个别系列配比方案中添加部分结构剂(5)的,命名为“豫Q-NS复合注浆材料”。

12.2.2 豫Q-BR复合注浆材料试验方案设计

12.2.2.1 配比设计说明

(1)试验方案采用的水胶比分别按0.6:1、0.8:1和1:1考虑。在这里把传统的水灰比概念更新为水胶比,即水与所有胶凝材料之比。

(2)主剂(a)与副剂(b)总量设计为100,其他结构剂均按它们总重量的一定百分比掺入。

12.2.2.2 试验设计系列(组)

针对上述具体目的与任务,试验拟定7个系列进行,分别称为A组、B组、C组、D组、E组、F组、G组。

除E组、F组、G组只做“搅浆试验”外,其他各组分别做“搅浆试验”和“模件试验”。

12.2.2.3 试验设计方案

12.2.2.3.1 A组试验方案(水胶比为0.8:1)

编号 胶凝材料代码 所占重量百分比

$$A_0 \overset{W/G}{=\!=} \left\{\begin{array}{ll} A_{0-1} & (a+b):c:d:e:f \\ A_{0-2} & (a+b):c:d:e:f \\ A_{0-3} & (a+b):c:d:e:f \\ A_{0-4} & (a+b):c:d:e:f \end{array}\right\}_{\%} \overset{0.8:1}{=\!=} \left\{\begin{array}{l} (80+20):7:0:0:3 \\ (70+30):7:0:0:3 \\ (60+40):7:0:0:3 \\ (50+50):7:0:0:3 \end{array}\right\}_{\%}$$

$$A_1 \overset{W/G}{=\!=} \left\{\begin{array}{ll} A_{1-1} & (a+b):c:d:e:f \\ A_{1-2} & (a+b):c:d:e:f \\ A_{1-3} & (a+b):c:d:e:f \\ A_{1-4} & (a+b):c:d:e:f \end{array}\right\}_{\%} \overset{0.8:1}{=\!=} \left\{\begin{array}{l} (80+20):3:2:0:3 \\ (70+30):5:2:0:3 \\ (60+40):7:2:0:3 \\ (50+50):9:2:0:3 \end{array}\right\}_{\%}$$

$$A_2 \overset{W/G}{=\!=} \left\{\begin{array}{ll} A_{2-1} & (a+b):c:d:e:f \\ A_{2-2} & (a+b):c:d:e:f \\ A_{2-3} & (a+b):c:d:e:f \\ A_{2-4} & (a+b):c:d:e:f \end{array}\right\}_{\%} \overset{0.8:1}{=\!=} \left\{\begin{array}{l} (80+20):3:0:2:3 \\ (70+30):5:0:2:3 \\ (60+40):7:0:2:3 \\ (50+50):9:0:2:3 \end{array}\right\}_{\%}$$

12.2.2.3.2 B组试验方案(水胶比为0.8:1)

编号 胶凝材料代码 所占重量百分比

$$B_0 \overset{W/G}{=\!=} \left\{\begin{array}{ll} B_{0-1} & (a+b):c:d:e:f \\ B_{0-2} & (a+b):c:d:e:f \\ B_{0-3} & (a+b):c:d:e:f \\ B_{0-4} & (a+b):c:d:e:f \end{array}\right\}_{\%} \overset{0.8:1}{=\!=} \left\{\begin{array}{l} (40+60):7:0:0:2 \\ (30+70):7:0:0:2 \\ (20+80):7:0:0:2 \\ (10+90):7:0:0:2 \end{array}\right\}_{\%}$$

$$B_1 \overset{W/G}{=\!=} \left\{\begin{array}{ll} B_{1-1} & (a+b):c:d:e:f \\ B_{1-2} & (a+b):c:d:e:f \\ B_{1-3} & (a+b):c:d:e:f \\ B_{1-4} & (a+b):c:d:e:f \end{array}\right\}_{\%} \overset{0.8:1}{=\!=} \left\{\begin{array}{l} (40+60):3:2:0:2 \\ (30+70):5:2:0:2 \\ (20+80):7:2:0:2 \\ (10+90):9:2:0:2 \end{array}\right\}_{\%}$$

$$B_2 \overset{W/G}{=\!=} \left\{\begin{array}{ll} B_{2-1} & (a+b):c:d:e:f \\ B_{2-2} & (a+b):c:d:e:f \\ B_{2-3} & (a+b):c:d:e:f \\ B_{2-4} & (a+b):c:d:e:f \end{array}\right\}_{\%} \overset{0.8:1}{=\!=} \left\{\begin{array}{l} (40+60):3:0:2:2 \\ (30+70):5:0:2:2 \\ (20+80):7:0:2:2 \\ (10+90):9:0:2:2 \end{array}\right\}_{\%}$$

12.2.2.3.3 C组试验方案(水胶比为1:1)

编号 胶凝材料代码 所占重量百分比

$$C_0 \overset{W/G}{=\!=} \left\{\begin{array}{ll} C_{0-1} & (a+b):c:d:e:f \\ C_{0-2} & (a+b):c:d:e:f \\ C_{0-3} & (a+b):c:d:e:f \\ C_{0-4} & (a+b):c:d:e:f \end{array}\right\}_{\%} \overset{1:1}{=\!=} \left\{\begin{array}{l} (80+20):3:2:0:3 \\ (60+40):7:2:0:3 \\ (20+80):7:0:2:2 \\ (10+90):9:0:2:2 \end{array}\right\}_{\%}$$

12.2.2.3.4 D组试验方案(水胶比为1:1)

编号　　胶凝材料代码　　所占重量百分比

$$D_0 \overset{W/G}{==} \left\{\begin{matrix} D_{0-1} & (a+b):c:d:e:f:g \\ D_{0-2} & (a+b):c:d:e:f:g \\ D_{0-3} & (a+b):c:d:e:f:g \\ D_{0-4} & (a+b):c:d:e:f:g \end{matrix}\right\}_{\%} \overset{1:1}{==} \left\{\begin{matrix} (80+20):0:0:0:3:3 \\ (60+40):0:0:0:3:3 \\ (20+80):0:0:0:2:3 \\ (10+90):0:0:0:2:3 \end{matrix}\right\}_{\%}$$

$$D_1 \overset{W/G}{==} \left\{\begin{matrix} D_{1-1} & (a+b):c:d:e:f:g \\ D_{1-2} & (a+b):c:d:e:f:g \\ D_{1-3} & (a+b):c:d:e:f:g \\ D_{1-4} & (a+b):c:d:e:f:g \end{matrix}\right\}_{\%} \overset{1:1}{==} \left\{\begin{matrix} (80+20):0:0:0:3:5 \\ (60+40):0:0:0:3:10 \\ (20+80):0:0:0:2:15 \\ (10+90):0:0:0:2:20 \end{matrix}\right\}_{\%}$$

12.2.2.3.5 E组试验方案(水胶比为0.6:1)

编号　　胶凝材料代码　　所占重量百分比

$$E_0 \overset{W/G}{==} \left\{\begin{matrix} E_{0-1} & (a+b):c:d:e:f:g \\ E_{0-2} & (a+b):c:d:e:f:g \\ E_{0-3} & (a+b):c:d:e:f:g \\ E_{0-4} & (a+b):c:d:e:f:g \end{matrix}\right\}_{\%} \overset{0.6:1}{==} \left\{\begin{matrix} (100+0):0:5:0:3:0 \\ (100+0):0:9:0:3:0 \\ (100+0):0:0:5:3:0 \\ (100+0):0:0:9:3:0 \end{matrix}\right\}_{\%}$$

12.2.2.3.6 F组试验方案(水胶比为0.6:1)

编号　　胶凝材料代码　　所占重量百分比

$$F_0 \overset{W/G}{==} \left\{\begin{matrix} F_{0-1} & (a+b):c:d:e:f:g \\ F_{0-2} & (a+b):c:d:e:f:g \\ F_{0-3} & (a+b):c:d:e:f:g \\ F_{0-4} & (a+b):c:d:e:f:g \end{matrix}\right\}_{\%} \overset{0.6:1}{==} \left\{\begin{matrix} (100+0):0:0:0:3:0 \\ (100+0):0:0:0:5:0 \\ (100+0):0:0:0:7:0 \\ (100+0):0:0:0:9:0 \end{matrix}\right\}_{\%}$$

12.2.2.3.7 G组试验方案(水胶比为0.6:1)

编号　　胶凝材料代码　　所占重量百分比

$$G_0 \overset{W/G}{==} [G_{0-1} \quad (a+b):c:d:e:f:g]_{\%} \overset{0.6:1}{==} [(100+0):0:0:0:0:0]_{\%}$$

12.3 豫Q-BR复合注浆材料物理力学特征

12.3.1 搅浆试验观测结果

12.3.1.1 搅浆试验方案与方法

12.3.1.1.1 搅浆试验方案

搅浆试验方案依据上述“豫Q黏土-BR复合注浆材料试验方案设计”进行。

12.3.1.1.2 搅浆试验主要观测项目和内容

(1)复合材料浆液的悬浮性、均一性和流变性。

(2)复合材料浆液的初凝或凝胶时间。

(3)复合材料的析水性和结石率。

(4)复合材料的固结程度。

(5)复合材料的析出物情况。

12.3.1.2　搅浆试验观测结果

12.3.1.2.1　A 系列(A 组)试验观测结果

(1)“豫 Q 黏土”浆液,随着水泥掺入量的增加,其固结作用增强。如 A_{0-4} 比 A_{0-3} 固结程度较高,A_{0-3} 又比 A_{0-2} 固结程度好些,A_{0-1} 固结程度最低。

(2)“豫 Q 黏土－BR 复合注浆材料”中水泥掺量与结构剂 1、结构剂 2 和结构剂 3 之间存在一个最佳配比结构。观测结果显示:以 A_{1-2}、A_{2-2} 配比稍好,A_{1-1}、A_{2-1} 次之,A_{0-1} 效果最差。

(3)上述几组合适的配比结构,具有较低的析水率和较高的结石率水平。

(4)A_2 组结构剂 3 浆液比 A_1 组结构剂 2 浆液流变性好,可灌性佳。

12.3.1.2.2　B 系列(B 组)试验观测结果

(1)“豫 Q 黏土－BR 复合注浆材料”中随着水泥掺量的增加,其固结程度随之增强,如 $B_{0-4}>B_{0-3}>B_{0-2}>B_{0-1}$。

(2)同 B_0 组相比,“豫 Q 黏土－BR 复合注浆材料”中掺入结构剂 2 和结构剂 3 后,可见明显的速凝、早强作用。

(3)“豫 Q 黏土－BR 复合注浆材料”中结构剂 2 和结构剂 3 对水泥的依赖性较强,它们之间存在一个最佳配比结构,以 B_{1-3} 和 B_{2-3} 趋佳,B_{1-2}、B_{2-2} 次之。

(4)“豫 Q 黏土－BR 复合注浆材料”中,结构剂 2 比结构剂 3 速凝作用明显,如 B_1 组浆液比 B_2 浆液凝胶速度较快。

12.3.1.2.3　C 系列(C 组)试验观测结果

(1)相同的凝胶材料和配比结构,水胶比 0.8∶1 较水胶比 1∶1 趋佳。如 A_{1-3} 较 C_{0-2} 固结效果好,B_{2-3} 较 C_{0-3} 固结效果明显。

(2)相同的水胶比,水泥掺入量大的,其固结程度高,如 C_{0-3} 较 C_{0-2} 固结程度明显提高。

12.3.1.2.4　D 系列(D 组)试验观测结果

(1)“豫 Q 黏土－BR 复合注浆材料”浆液中,随着水泥掺入量的增加,其固结作用逐渐增强,如 $D_{0-4}>D_{0-3}>D_{0-2}>D_{0-1}$。

(2)相同的豫 Q 黏土、水泥量时,随着结构剂 5 掺入量的增加,浆液速凝、早强作用增强,如 $D_{1-4}>D_{1-3}>D_{1-2}>D_{1-1}$。

12.3.1.2.5　E 系列(E 组)试验观测结果

(1)100%的豫 Q 黏土掺入结构剂 2 或结构剂 3 后,具有一定程度的速凝、增强作用,且随着掺入量的增加,显示出有进一步提高的迹象。如 E_{0-2} 比 E_{0-1} 稍好,而 E_{0-4} 比 E_{0-3} 稍好。

(2)100%的豫 Q 黏土掺入结构剂 2 或结构剂 3 后,较有效地抑制了析水率的增加,提高了浆液的结石率。

(3)相对比较看出,结构剂 2 促凝效果较结构剂 3 略好,凝胶速度略快,如 E_{0-1}、E_{0-2} 比 E_{0-3}、E_{0-4} 稍好。

12.3.1.2.6　F 系列(F 组)试验观测结果

(1)100%豫 Q 黏土掺入结构剂 5 后,具有一定程度的速凝、增强作用,且随着添加量的增加,该作用越发明显。如F_{0-4}比F_{0-3}明显、F_{0-3}比F_{0-2}明显、F_{0-2}比F_{0-1}明显,其凝胶时间由十几秒至几分钟不等。

(2)100%豫Q黏土掺入结构剂5后,有效抑制了析水率的增加,对于浆液的结石率具有明显的提高作用,并随着结构剂5掺入量的增加,这种现象愈加显著。

(3)掺入结构剂5后的豫Q黏土,其浆液的流变性较差,并随着掺入量的增加而进一步显著。

12.3.1.2.7 G系列(G组)试验观测结果

(1)无任何结构剂的100%豫Q黏土浆液,其悬浮性、流变性较差,浆液沉淀、析水现象严重。

(2)浆液固结速度十分缓慢,1d的固结强度极低,几乎无固结,浆液随着量杯摇晃而飘动,似稀泥状,固结迹象极不明显。

12.3.1.3 **结论**

(1)"豫Q黏土"在无任何添加剂情况下,其浆液悬浮性、流变性较差。浆液沉淀、析水现象严重。固结速度十分缓慢,1d固结强度几乎为0。

(2)结构剂2和结构剂3对100%"豫Q黏土"具有一定的促凝、增强作用,能够有效降低浆液的析水率,提高浆液的结石水平,并随着掺入量的增加,显示出进一步增大的趋势。

(3)结构剂2和结构剂3对水泥具有更强的依赖性。即结构剂2和结构剂3需与水泥结合,方能取得更强的速凝效果,且结构剂2和结构剂3的添加量同水泥掺量之间存在一最佳配比结构。

(4)从凝胶速度来看,"豫Q-BR复合注浆材料"中结构剂2较结构剂3具有更强的促凝作用,凝胶速度前者比后者快。

(5)在合适的配比结构下,"豫Q-BR复合注浆材料"的析水率较低,固结体的结石率较高,一般达95%以上。

(6)"豫Q-BR复合注浆材料"具有较好的悬浮、分散效果,同100%"豫Q黏土浆液"相比,其浆液的均一性、流变性明显增强。

(7)结构剂5对于单纯"豫Q黏土"浆液具有明显的促凝、早强效果。浆液的析水率明显降低,对于浆液结石率具有提高的作用。

(8)相对于纯"豫Q黏土浆液",结构剂5对水泥具有明显的依赖、协同作用,随着水泥掺入量的增加,其凝胶速度显著加快。

(9)"豫Q黏土",掺入结构剂5后,浆液的流变性明显变差。

(10)相同配比结构下,0.6:1和0.8:1水胶比较1:1水胶比为好。

各种凝胶物质掺入量对"豫Q-BR复合注浆材料"的影响作用效果,见表12-27、表12-28。

表 12-27　各种胶凝物质掺量对“豫 Q－BR 复合注浆材料”影响作用分析

胶凝物质名称	影响作用分析						
	悬浮性	均一性	流变性	析水率	结石率	固结速度	固结强度
主剂——豫 Q 黏土				降低作用	提高作用	降低作用	
副剂——42.5 水泥			抑制作用	提高作用	降低作用	提高作用	提高作用
结构剂 1			提高作用	降低作用	提高作用		提高作用
结构剂 2				抑制作用		提高作用	减弱作用
结构剂 3				抑制作用		提高作用	减弱作用
结构剂 4	促进作用	促进作用	促进作用				降低作用
结构剂 5	促进作用	促进作用	促进作用				减弱作用

表 12-28　各种胶凝物质掺量对“豫 Q－N.S 复合注浆材料”影响作用分析

胶凝物质名称	影响作用分析						
	悬浮性	均一性	流变性	析水率	结石率	固结速度	固结强度
主剂——豫 Q 黏土				降低作用	提高作用	降低作用	
副剂——42.5 水泥			抑制作用	提高作用	降低作用	提高作用	提高作用
结构剂 5			抑制作用	降低作用	提高作用	提高作用	提高作用
结构剂 4	促进作用	促进作用	促进作用				降低作用

12.3.2　豫 Q－BR 复合注浆材料物理力学性质检测

12.3.2.1　检测项目

根据注浆工程实际需要,豫 Q－BR(含豫 Q－NS)复合注浆材料主要测试项目有:

(1)凝胶时间或初凝时间,s 或 min;

(2)抗压强度,MPa;

(3)抗折强度,MPa;

(4)结石率,%;

(5)容重,g/cm^3。

12.3.2.2　检测结果

豫 Q－BR(含豫 Q－NS)复合注浆材料室内物理力学性质检测结果,见表 12-29～表 12-31。

表 12-29　豫 Q－BR(含豫 Q－NS)复合注浆材料物理力学性质检测结果(一)

试样编号	水胶比	检测结果				
		凝胶或初凝时间(h:min)	抗压强度(MPa)	抗折强度(MPa)	结石率(%)	容重(g/cm^3)
A_{0-1}	0.8:1	45:15	0.2	0.45	98	1.49
A_{0-2}	0.8:1	38:30	0.9	0.55	93	1.52
A_{0-3}	0.8:1	33:20	1.6	0.85	88	1.54
A_{0-4}	0.8:1	22:15	2.1	1.20	84	1.56
A_{1-1}	0.8:1	28:05	0.2	0.48	99.1	1.48
A_{1-2}	0.8:1	32:05	0.6	0.47	98	1.49
A_{1-3}	0.8:1	29:15	0.8	0.87	94	1.51
A_{1-4}	0.8:1	22:40	1.5	1.03	89	1.52
A_{2-1}	0.8:1	28:05	0.2	0.30	99.8	1.46
A_{2-2}	0.8:1	29:35	0.6	0.65	98	1.48
A_{2-3}	0.8:1	29:20	1	0.90	93	1.50
A_{2-4}	0.8:1	28:00	1.25	—	90	1.51

表 12-30　豫 Q－BR(含豫 Q－NS)复合注浆材料物理力学性质检测结果(二)

试样编号	水胶比	检测结果				
		凝胶或初凝时间(h:min)	抗压强度(MPa)	抗折强度(MPa)	结石率(%)	容重(g/cm^3)
B_{0-1}	0.8:1	22:35	3.1	1.375	79.9	1.51
B_{0-2}	0.8:1	23:35	5	1.575	82.2	1.51
B_{0-3}	0.8:1	21:00	4	1.425	90	1.55
B_{0-4}	0.8:1	16:25	5	1.525	98.9	1.58
B_{1-1}	0.8:1	24:55	4.3	1.1	94	1.55
B_{1-2}	0.8:1	26:15	4.1	1.45	95	1.57
B_{1-3}	0.8:1	23:20	5.1	1.75	97.9	1.58
B_{1-4}	0.8:1	19:30	3.25	—	98.6	1.59
B_{2-1}	0.8:1	24:30	4.1	1.325	93	1.55
B_{2-2}	0.8:1	23:25	5.1	1.6	95	1.56
B_{2-3}	0.8:1	22:30	6.3	2.075	98.2	1.58
B_{2-4}	0.8:1	10:20		2.8	98.9	1.59

表12-31　豫Q－BR(含豫Q－NS)复合注浆材料物理力学性质检测结果(三)

试样编号	水胶比	检测结果				
		凝胶或初凝时间(h:min)	抗压强度(MPa)	抗折强度(MPa)	结石率(%)	容重(g/cm^3)
C_{0-1}	1:1	57:00	0.1	—	93	1.45
C_{0-2}	1:1	44:00	0.35	—	86	1.46
C_{0-3}	1:1	35:00	4.45	—	80	1.47
C_{0-4}	1:1	33:00	7.5	—	82	1.49
D_{0-1}	1:1	16:00	0.2	0.1	98	1.44
D_{0-2}	1:1	12:00	1.1	0.33	94	1.45
D_{0-3}	1:1	9:50	3.3	1.35	89	1.50
D_{0-4}	1:1	10:05	4	1.7	94	1.51
D_{1-1}	1:1	12:00	0.6	0.15	99.6	1.46
D_{1-2}	1:1	8:30	1.1	0.28	99.8	1.48
D_{1-3}	1:1	2:15	3.5	0.75	99.9	1.49
D_{1-4}	1:1	2:35	3.6	0.68	100	1.51

12.4　夹沟矿床现场豫Q－BR复合注浆材料的试验

12.4.1　试验方案的选取

夹沟矿床现场试验方案的选取，主要依据下述三方面的原则：

(1)根据上述豫Q－BR(含豫Q－NS)复合注浆材料室内试验物理力学性能的检测结果，结合夹沟采场乃至夹沟矿区充水水源水力特征、突水通道类型及其堵塞或加固的目的和用途。

(2)在满足原则(1)的前提下，再从经济角度出发，优先选取造价低廉的方案。

(3)考虑到不同水力特征和突水通道类型堵塞、加固效果优化对比的需要，现场试验方案选取时，尽量照顾到不同情况下、不同试验方案的选用，以为最终参数的比选提供实地试验的依据。

现场试验方案的选取结果及其豫Q－BR(含豫Q－NS)复合注浆材料的详细配比与说明，见表12-32。

表 12-32　注浆试验方案与豫 Q－BR(含豫 Q－NS)复合注浆材料的配比

注浆地段		注浆材料代号		主剂(kg)	副剂(kg)	结构剂				水胶比	注浆
分区代号	受注地层	现场试验代号	实验室代号			结构型 1	结构型 3	结构型 4	结构型 4		
Ⅰ	上段 C_{2b}	Ⅰ.C_{2b}—Q.BR—B_{2-3}	B_{2-3}	200	800	7%	2%	2%	—	0.8:1	单管
	下段 O_{2m}	Ⅰ.O_{2m}—Q.BR—A_{2-3}	A_{2-3}	600	400	6%	2%	3%	—	0.8:1	单管
Ⅱ	上段 C_{2b}	Ⅱ.C_{2b}—C	—	0	1 000	—	—	—	—	0.6:1	单管
	下段 O_{2m}	Ⅱ.O_{2m}—Q.BR—A_{2-4}	A_{2-4}	500	500	4%	1%	3%	—	0.8:1	单管
Ⅲ	上段 C_{2b}	Ⅲ.C_{2b}—C.BR	—	0	1 000	8%	2%	—	—	0.6:1～0.8:1	单管
	下段 O_{2m}	Ⅲ.O_{2m}—Q.BR—B_{2-2}	B_{2-2}	300	700	5%	1%	2%	—	0.8:1	单管
Ⅳ	上段 C_{2b}	Ⅳ.C_{2b}—C.NS	—	0	1 000	—	—	—	3%	1:1	双管
	下段 O_{2m}	Ⅳ.O_{2m}—Q.NS—D_{0-3}	D_{0-3}	200	800	—	—	2%	3%	1:1	双管

注:有关配比说明及注浆试验要求:

(1)“现场试验代号”含义为:“区号．地层—复合注浆材料名称缩写—实验室代号”。

(2)各种结构剂掺入量,均按“主剂与副剂”之和的百分比计算。水胶比是指“水与所有胶凝材料的比”。

12.4.2　试验工程设计

夹沟矿床现场豫 Q－BR 和豫 Q－NS 复合注浆材料试验工程设计,平面上大致按北、西、东、南划分为四个试验区,即Ⅰ区、Ⅱ区、Ⅲ区和Ⅳ区。每个试验区又分别按矿床直接底板和间接底板划分为两个试验段,即上段 C_{2b} 和下段 O_{2m}。其中,矿床直接底板试验段,其目的旨在对各类黏土岩、铝土岩等裂隙通道进行黏结加固试验;矿床间接底板试验段,其目的旨在对各类灰岩孔、洞等通道进行充填堵塞试验。不同试验区、段,豫 Q－BR(含豫 Q－NS)复合注浆材料试验工程设计见表 12-33 及图 12-1。

试验时,对注浆试验过程中出现的反常、异常情况及时进行了记录,分别做出了相应的处理。如发现吸浆量突然增大,同时压力下降,往往是裂隙扩张或溶洞冲开所致,这时及时降低了注浆压力;反之,如发现吸浆量突然减小,同时压力升高,这时及时调稀水胶比并增大压力,以冲开被堵塞的裂隙或溶洞充分地注浆。

同时,对地面裂隙或其他可能的漏浆处进行了检查记录,并加强对邻近钻孔水位的观测。发现漏浆,及时进行了调稠水胶比或降低注浆压力或间歇性再注等处理。

注浆试验结束条件是:在各项注浆工作正常情况下,当吸浆量＜0.1～0.2L/(min·m)后,再延续 30min,该段试验即告结束。

表 12-33　夹沟矿床底板注浆试验及检测工程设计一览表

钻孔编号	钻孔坐标			钻孔深度（m）	压水试验		注浆试验		豫Q－BR复合注浆材料类型	地应力测量	水压测试	物探检测	钻探检查	岩心试验	
	X	Y	Z		石炭系本溪组（C_{2b}）	奥陶系马家沟组（O_{2m}）	石炭系本溪组（m^3）	奥陶系马家沟组（m^3）						（C_{2b}）	（O_{2m}）
Z1－Ⅰ	3 823 928.344	396 540.008	265.351	30.0			9	20	Q.BR－B_{2-3}						
Z2－Ⅰ	3 823 919.447	396 536.183	267.366	30.0			11	36	Q.BR－B_{2-3}						
Z3－Ⅰ	3 823 922.193	396 542.935	266.650	30.0			20	38	Q.BR－B_{2-3}	√		√		2组	1组
Z4－Ⅰ	3 823 924.393	396 550.648	265.450	30.0			12	20	Q.BR－B_{2-3}						
Z5－Ⅱ	3 823 910.980	396 526.387	269.320	28.0			4	20	Q.BR－A_{2-4}						
Z6	3 823 917.447	396 536.587	266.766	28.0			15	31	Q.BR－A_{2-3}						
Z7－Ⅰ	3 823 914.963	396 544.796	265.343	30.0			8	22	Q.BR－B_{2-3}						
Z8	3 823 919.721	396 552.468	265.550	28.0			10	39	Q.BR－A_{2-3}						
Z9－Ⅲ	3 823 926.121	396 561.685	265.440	28.0			10	17	Q.BR－B_{2-2}						
Z10－Ⅱ	3 823 903.780	396 521.587	265.622	28.0			1.5	3	Q.BR－A_{2-4}						
Z11－Ⅱ	3 832 904.980	396 527.587	267.122	28.0			9	28.5	Q.BR－A_{2-4}	√		√		2组	1组
Z12－Ⅱ	3 823 905.447	396 536.183	266.166	28.0	1组		14	54	Q.BR－A_{2-4}						
Z13	3 823 909.193	396 544.868	266.950	28.0			44	39	Q.BR－A_{2-3}						
Z14－Ⅲ	3 823 915.400	396 553.248	265.140	28.0			8	29	Q.BR－B_{2-2}						
Z15－Ⅲ－1	3 823 918.121	396 561.685	265.596	28.0	1组	1组	34	49	Q.BR－B_{2-2}	√		√		2组	1组
Z16－Ⅲ	3 823 921.321	396 566.685	267.796	28.0			11	28	Q.BR－B_{2-2}						

续表 12-33

钻孔编号	钻孔坐标			钻孔深度(m)	压水试验		注浆试验		豫Q-BR复合注浆材料类型	地应力测量	水压测试	物探检测	钻探检查	岩心试验	
	X	Y	Z		石炭系本溪组(C_{2b})	奥陶系马家沟组(O_{2m})	石炭系本溪组(m^3)	奥陶系马家沟组(m^3)						(C_{2b})	(O_{2m})
Z17-Ⅱ	3 823 900.960	396 524.487	265.822	28.0			17	12	Q.BR-A_{2-4}						
Z18	3 823 900.880	396 533.328	264.113	25.0			21	32	Q.BR-A_{2-3}						
Z19-Ⅳ	3 823 904.731	396 548.648	263.113	25.0	1组	1组	43	21	Q.NS-D_{0-3}						
Z20	3 823 898.531	396 546.648	264.613	25.0			7	16	Q.BR-A_{2-3}						
Z21-Ⅲ	3 823 912.121	396 564.785	264.296	28.0	1组		36	29	Q.BR-B_{2-2}						
Z22-Ⅳ	3 823 896.331	396 592.648	264.213	25.0			30	34	Q.NS-D_{0-3}						
Z23-Ⅳ	3 823 896.931	396 550.648	264.913	25.0			38	29	Q.NS-D_{0-3}	√		√		2组	1组
Z24-Ⅳ	3 823 896.831	396 531.528	264.613	25.0			47	38	Q.NS-D_{0-3}						
Z25-Ⅳ	3 823 892.931	396 541.648	265.113	25.0			29	42	Q.NS-D_{0-3}						
Z3-Ⅰ-26	3 823 924.193	396 542.435	266.150	30.0	1组	1组						√	√	2组	1组
Z11-Ⅱ-27	3 823 903.580	396 541.183	266.366	28.0								√	√	2组	1组
Z15-Ⅲ-28	3 823 920.321	396 508.185	264.896	28.0								√	√	2组	1组
Z23-Ⅳ-29	3 823 903.131	396 526.387	269.320	25.0								√	√	2组	1组

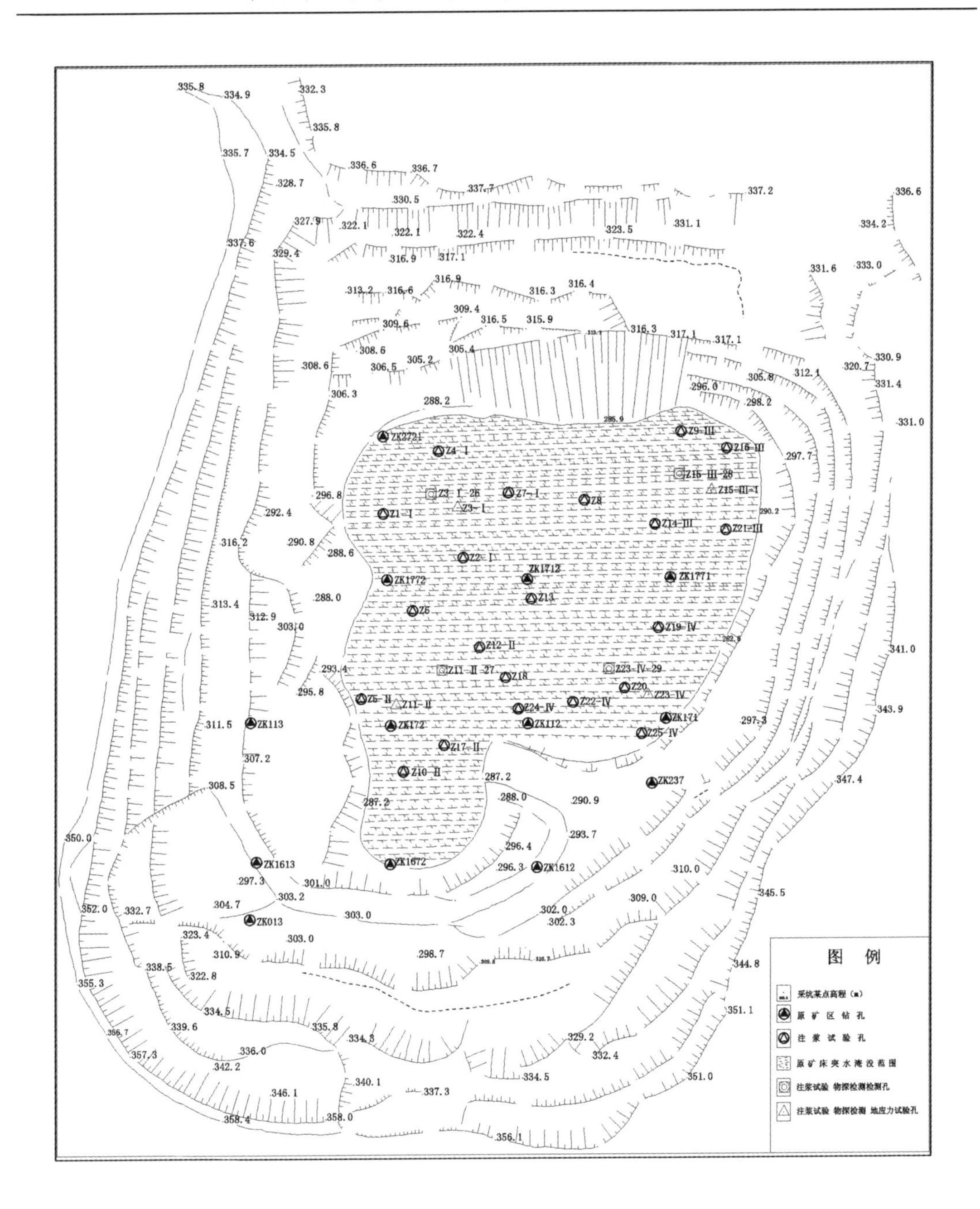

图 12-1　夹沟矿床底板注浆试验及检测工程布置图

12.5　夹沟矿床豫 Q－BR 复合注浆材料试验效果的检测

夹沟突水矿床豫 Q－BR(含豫 Q－NS)复合注浆材料现场堵水试验效果,采用钻探检查、压水试验检测及多种物探方法探查等手段进行。

12.5.1 钻探检查

夹沟矿床豫 Q－BR(含豫 Q－NS)复合注浆材料现场堵水试验的效果,采用钻探方法进行检查的主要依据是:注浆前后钻探岩心的完整性评价和裂隙、洞穴的充填与粘贴状况观察,其定量评价结果主要反映在注浆前后钻孔的采心率变化上。从 $Z_{3-Ⅰ-26}$、$Z_{11-Ⅱ-27}$、$Z_{15-Ⅲ-28}$、$Z_{23-Ⅳ-29}$ 四个检查孔的钻探岩心直接观察情况来看,与注浆前相同部位的注浆钻孔相比,注浆前后钻探岩心的完整性明显不同。注浆前矿床底板钻孔岩心普遍破碎,多呈碎块状,碎裂面一般为陈旧性裂隙面,一些灰岩碎块中洞、孔发育,单孔平均岩心采取率一般只有30%～40%;注浆后矿床底板钻孔岩心的完整性明显趋好,岩心破碎程度明显降低,不少缝隙、裂面可见明显的黏结作用,大部分灰岩岩心的洞、孔得到充分的充填,单孔平均岩心采取率普遍得到提高,一般达到 72%～78%。

图 12-2～图 12-5 为四个地质检查孔注浆前、后钻孔岩心采取率统计图,从图中可以直观地看到,矿床底板注浆前、后钻孔岩心采取率提高幅度近一倍,各组复合注浆材料均取得了不错的试验效果。其中,尤以 $Z_{23-Ⅳ-29}$、$Z_{15-Ⅲ-28}$ 两孔即二区试验效果最好,这表明在豫 Q－BR复合注浆材料中,B_{2-2}、D_{0-3} 两组复合注浆材料更佳,堵塞治水效果更好。

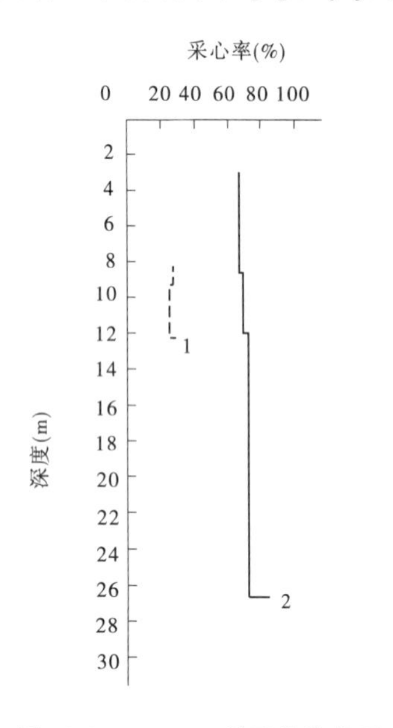

图 12-2 $Z_{23-Ⅳ-29}$ 钻孔注浆前后采心率变化曲线图

1—注浆前采心率;2—注浆后采心率

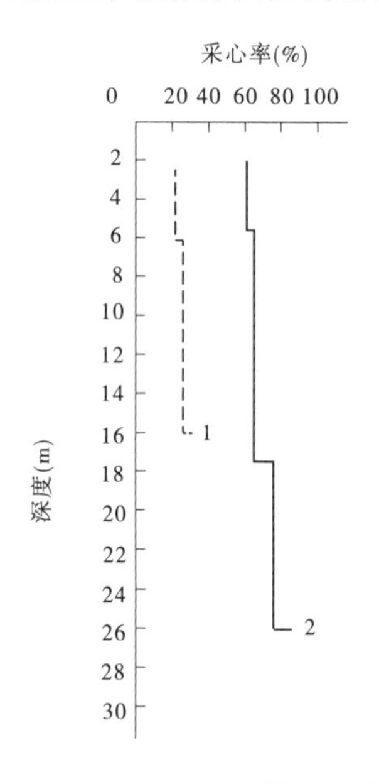

图 12-3 $Z_{11-Ⅱ-27}$ 钻注浆前后采心率变化曲线图

1—注浆前采心率;2—注浆后采心率

12.5.2 压水试验

压水试验分别于注浆前、后各进行一轮,目的旨在通过注浆前、后矿床底板不同区段岩性透水性变化的对比分析,对注浆堵塞加固效果做出判断和评价,并对不同浆液配方的堵水防渗效果进行比较分析。

注浆之前,先后在 3 个钻孔内进行了 4 个段次的压水试验。注浆之后,又分别在原压水试验钻孔一旁施工 2 个钻孔，进行了 4 个段次的压水试验。

注浆堵水试验效果采用透水率参数进行定量的评价。

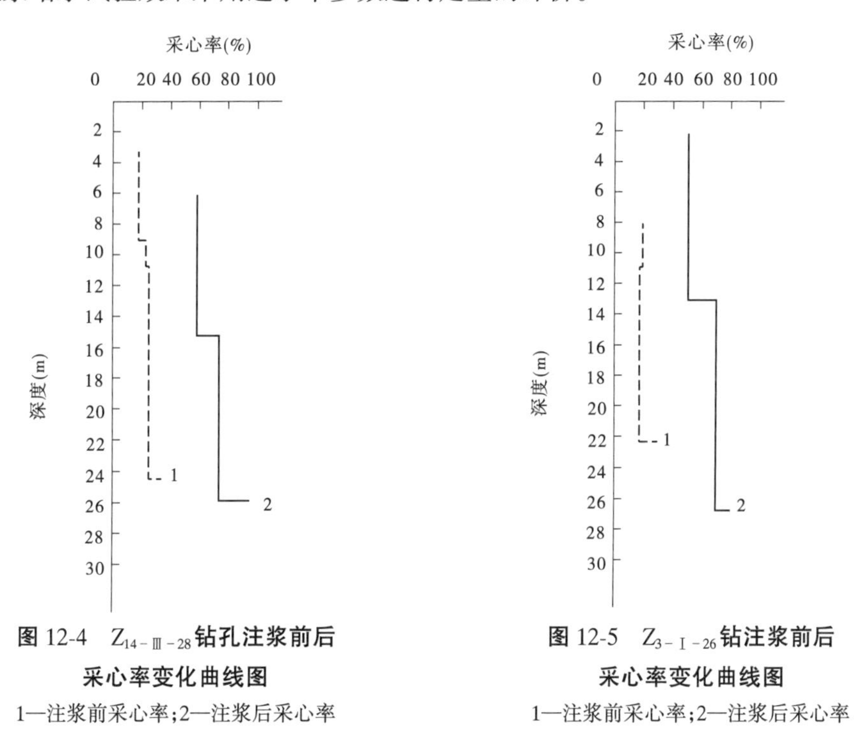

图 12-4 $Z_{14-Ⅲ-28}$钻孔注浆前后采心率变化曲线图

1—注浆前采心率；2—注浆后采心率

图 12-5 $Z_{3-Ⅰ-26}$钻注浆前后采心率变化曲线图

1—注浆前采心率；2—注浆后采心率

透水率参数的计算，依据《规范》采用第三阶段压力值（P_3）和流量值（Q_3）按照下式进行：

$$q = Q_3 / LP_3 \tag{12-8}$$

式中 q——试段的透水率，Lu；

L——试段长度，m；

Q_3——第三阶段的计算流量，L/min；

P_3——第三阶段的试段压力，MPa。

压水试验计算结果见表 12-34。

从试段透水率来看，注浆前矿床底板岩层中裂隙溶洞发育，透水率高，一般 10～15Lu；注浆后由于浆液充填了其中的裂隙和溶洞，岩层的透水率明显发生了降低，透水率一般 5～7.5Lu，最小只有 0.21Lu。因此看出，夹沟矿床豫 Q－BR（含豫 Q－NS）复合注浆材料现场堵塞加固效果较好。特别是 B_{2-3}复合注浆材料效果最佳，A_{2-3}等复合注浆材料效果亦可。注浆后，浆液填充了裂隙、溶洞，并与岩石胶粘成为一体，阻塞了突水通道，在矿床底板初步形成了隔水屏蔽层，取得了较好的试验效果，矿山成功恢复了开采工作。而且，随着浆液候凝时间的延长，待浆液充分凝固胶结后，防渗加固效果还会得到进一步的提高。

12.5.3 物探检测

物探检测采用瞬变电磁、地震 CT、超声波测试三种方法进行。共计完成：瞬变电磁 6 条（注浆前 3 条，注浆后 3 条），计 90 点；地震 CT 剖面 12 条（注浆前 6 条，注浆后 6 条），计

1200 点;超声波测试 8 个钻孔(注浆前 4 个孔,注浆后 4 个孔)计 890 点。

表 12-34 压水试验评价结果

孔 号		试段编号	试段长度(m)	试段透水率(Lu)	试段位置(m)
注浆前	$Z_{21-\mathrm{III}}$	$Z_{21-\mathrm{III}-1-1}$	5.6	15	13~18.6
	$Z_{19-\mathrm{IV}}$	$Z_{19-\mathrm{IV}-1-1}$	7.5	9.9	4.8~12.3
		$Z_{19-\mathrm{IV}-1-2}$	7.5	10	16.93~24.33
	$Z_{12-\mathrm{II}}$	$Z_{12-\mathrm{II}-1-1}$	6.36	13	5.3~11.66
注浆后	$Z_{3-\mathrm{I}-26}$	$Z_{3-\mathrm{I}-26-2-1}$	5.6	7.5	9.6~15.2
		$Z_{3-\mathrm{I}-26-2-2}$	5.6	0.21	18.5~24.1
	$Z_{15-\mathrm{III}}$	$Z_{15-\mathrm{III}-28-2-1}$	7.5	6.9	7.9~15.4
		$Z_{15-\mathrm{III}-28-2-2}$	7.5	5.4	18.26~25.76

12.5.3.1 **注浆前后的对比**

12.5.3.1.1 CT 剖面的平均旅行时间

从 CT 剖面的平均旅行时间来看,各剖面注浆后比注浆前都有所缩短,见表 12-35。

表 12-35 夹沟矿床注浆前后 CT 剖面旅行用时比较

剖面号	孔 号	测试时期	平均用时(ms)	注浆后用时减少(ms)	注浆后用时减少(%)
A	$Z_{15-\mathrm{III}}\sim Z_{23-\mathrm{IV}}$	注浆前	7.68	1.57	20
	$Z_{15-\mathrm{III}-28}\sim Z_{23-\mathrm{IV}-29}$	注浆后	6.11		
B	$Z_{23-\mathrm{IV}}\sim Z_{11-\mathrm{II}}$	注浆前	7.81	4.47	57
	$Z_{23-\mathrm{IV}-29}\sim Z_{11-\mathrm{II}-27}$	注浆后	3.34		
C	$Z_{11-\mathrm{II}}\sim Z_{2-\mathrm{I}}$	注浆前	5.67	0.66	11
	$Z_{11-\mathrm{II}-27}\sim Z_{3-\mathrm{I}-26}$	注浆后	5.01		
D	$Z_{2-\mathrm{I}}\sim Z_{15-\mathrm{III}}$	注浆前	6.48	2.38	36
	$Z_{3-\mathrm{I}-26}\sim Z_{15-\mathrm{III}-28}$	注浆后	4.1		
E	$Z_{11-\mathrm{II}}\sim Z_{15-\mathrm{III}}$	注浆前	11.26	4.8	42
	$Z_{11-\mathrm{II}-27}\sim Z_{15-\mathrm{III}-28}$	注浆后	6.45		
F	$Z_{23-\mathrm{IV}}\sim Z_{2-\mathrm{I}}$	注浆前	6.75	0.7	10
	$Z_{23-\mathrm{IV}-29}\sim Z_{3-\mathrm{I}-26}$	注浆后	6.05		

对比 CT 成像图,注浆后存在两点的变化:

(1)低速区域(破碎岩体)所占体积明显缩小。

(2)破碎岩体的速度明显提高,意味着岩体强度明显得到增强。这是注浆对破裂岩体、洞穴充填加固作用的结果。

12.5.3.1.2 超声波测试

超声波测试采用注浆前后单孔超声波平均速度的变化与对比分析进行。注浆前后单孔超声波平均速度测试结果,见表12-36。

表12-36 注浆前后单孔超声波平均速度对比

区 域	孔 号	测试时期	平均速度(m/s)	注浆后速度提高(m/s)	注浆后速度提高(%)
西南区(Ⅱ区)	$Z_{11-Ⅱ}$	注浆前	2 683	468	17
	$Z_{11-Ⅱ-27}$	注浆后	3 151		
东南区(Ⅳ区)	$Z_{23-Ⅳ}$	注浆前	2 208	875	39
	$Z_{23-Ⅳ-29}$	注浆后	3 083		
北东区(Ⅲ区)	$Z_{15-Ⅲ}$	注浆前	2 815	590	21
	$Z_{15-Ⅲ-28}$	注浆后	3 405		
北西区(Ⅰ区)	$Z_{3-Ⅰ}$	注浆前	3 227	278	8.6
	$Z_{3-Ⅰ-26}$	注浆后	3 505		

从表12-36看出,Ⅱ区$Z_{11-Ⅱ-27}$孔注浆后单孔超声波平均速度比注浆前$Z_{11-Ⅱ}$孔提高468m/s,相对提高幅度达17%;Ⅳ区$Z_{23-Ⅳ-29}$孔注浆后单孔超声波平均速度比注浆前$Z_{23-Ⅳ}$孔提高875m/s,相对提高幅度达39%;Ⅲ区$Z_{15-Ⅲ-28}$孔注浆后单孔超声波平均速度比注浆前$Z_{15-Ⅲ}$孔提高590m/s,相对提高幅度达21%;Ⅰ区$Z_{3-Ⅰ-26}$孔注浆后单孔超声波平均速度比注浆前$Z_{3-Ⅰ}$孔提高278m/s,相对提高幅度达8.6%。

为了便于直观对比分析,兹把相邻两个钻孔注浆前后的速度曲线放到一起,见图12-6~图12-9。从注浆前、后单孔超声波速度曲线可以明显看出,注浆后矿床底板岩体速度有了明显的提高。

倘若把注浆前四个钻孔的测试数据全部综合到一起,再把注浆后四个钻孔的测试数据综合到一起,我们再来作一下统计与分析。

图12-10为注浆前四个钻孔测试数据综合波速累计图。从图中可以看出:注浆前岩体速度<2 000m/s所占比例为2.696 1%,2 000~2 500m/s所占比例为43.872 6%,2 500~3 000m/s所占比例为27.451%,3 000~3 500m/s所占比例为10.539 2%,3 500~4 000m/s所占比例为7.598%,4 000~4500m/s所占比例为3.921 6%,>4 500m/s所占比例为2.451%。

图12-11为注浆后四个钻孔测试数据综合波速累计图。从图中可以看出:注浆后岩体速度2 000~2 500m/s所占比例为3.743 3%,2 500~3 000m/s所占比例为35.561 5%,3 000~3 500m/s所占比例为30.213 9%,3 500~4 000m/s所占比例为21.123%,4 000~4 500m/s所占比例为5.882 4%,>4 500m/s所占比例为1.6043%。因此看出,注浆后高速区段所占百分比例明显得到提高。

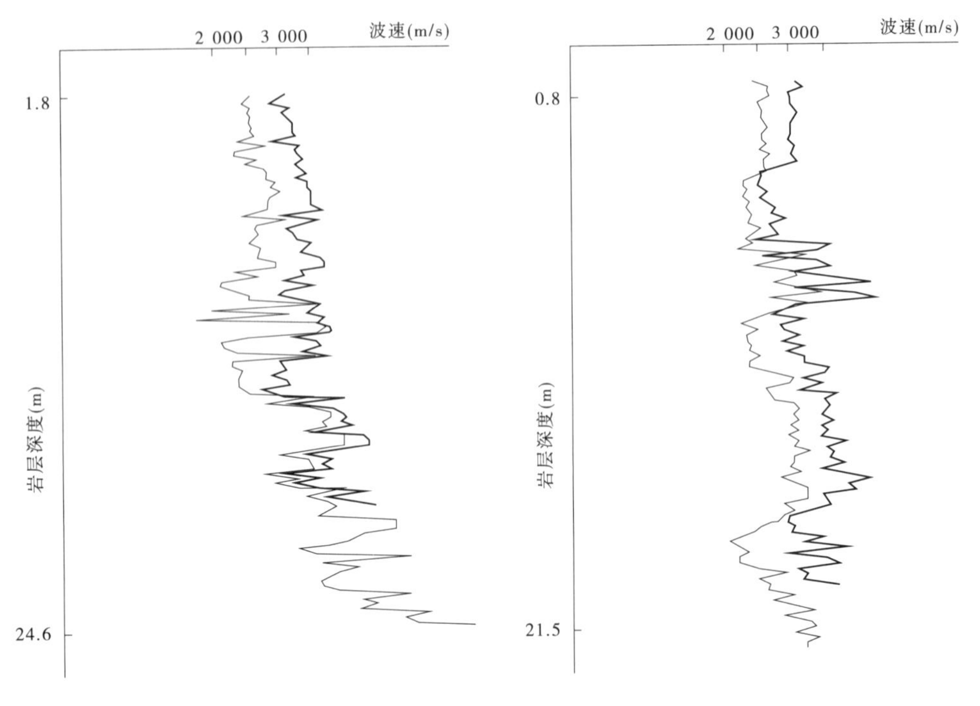

图 12-6　灌前 $Z_{2-Ⅰ}$(细线)和灌后 $Z_{3-Ⅰ-26}$(粗线)波速比较图

图 12-7　灌前 $Z_{11-Ⅱ}$(细线)和灌后 $Z_{11-Ⅱ-27}$(粗线)波速比较图

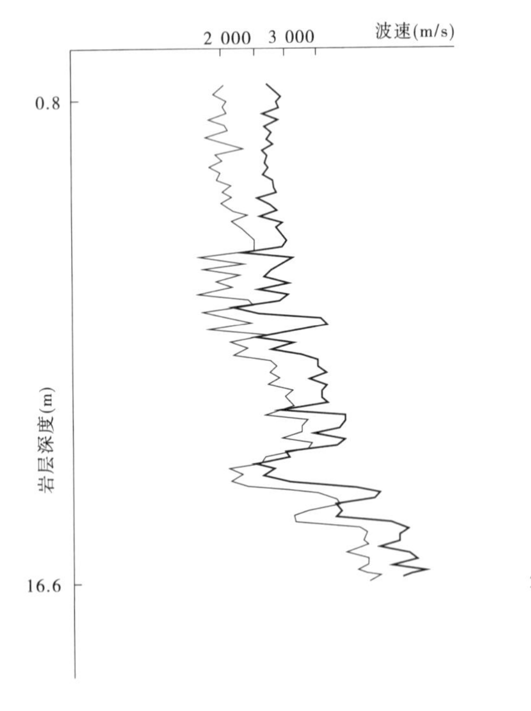

图 12-8　灌前 $Z_{15-Ⅲ}$(细线)和灌后 $Z_{15-Ⅲ-28}$(粗线)波速比较图

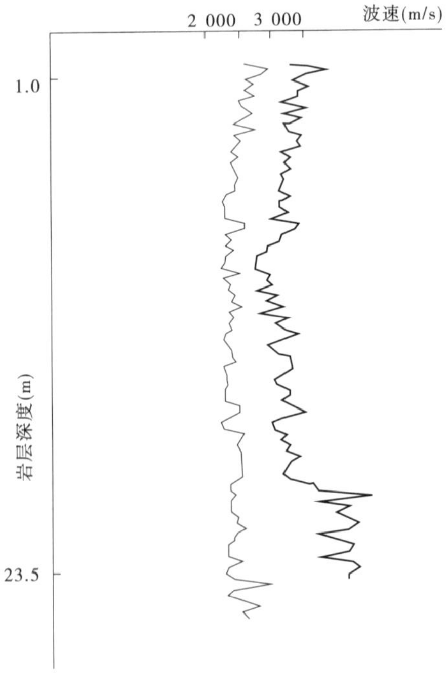

图 12-9　灌前 $Z_{23-Ⅳ}$(细线)和灌后 $Z_{23-Ⅳ-29}$(粗线)波速比较图

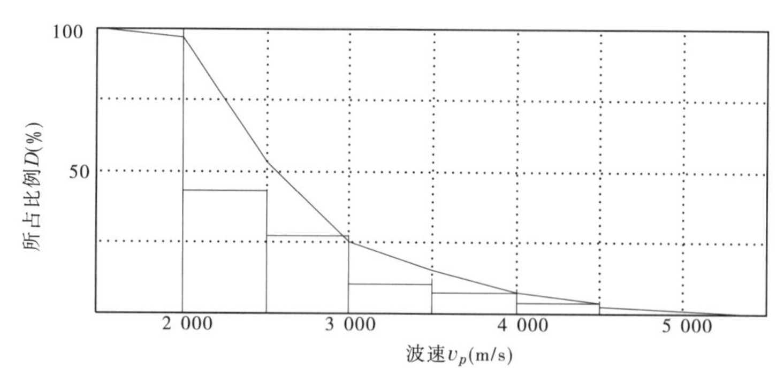

图 12-10　注浆前四个钻孔测试数据综合波速累计图

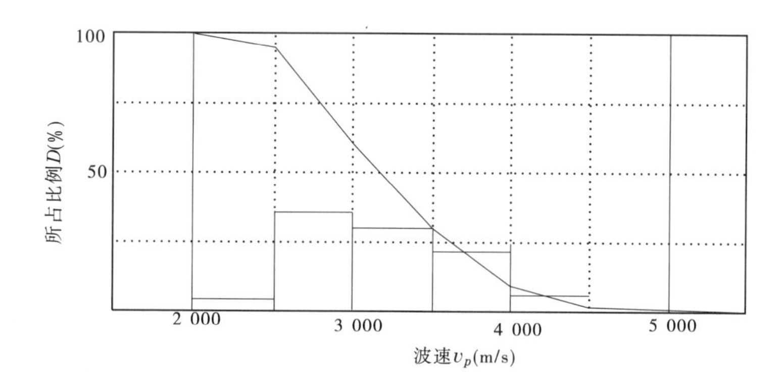

图 12-11　注浆后四个钻孔测试数据综合波速累计图

将图 12-10 和图 12-11 叠加放在一起，如图 12-12 可以直观地看出，注浆前 2 000～3 000m/s速度段所占比例最高，而注浆后 2 500～3500m/s 速度段所占比例最高。这就是说，注浆后矿床底板岩体超声波速度有了明显的提高，岩体完整性得到了加强，岩体变得相对密实，整体强度得到了提高。

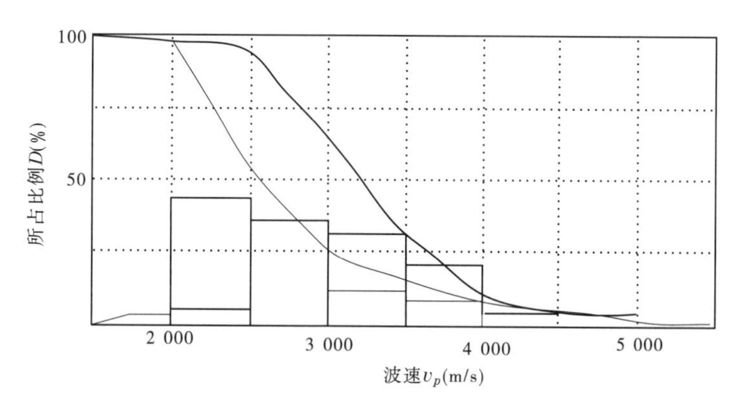

图 12-12　注浆前（细线）后（粗线）四个钻孔测试数据综合波速累计图

另据现场物探测试时的一些情况也反映出注浆防渗加固的效果。注浆前测试时，$Z_{11-Ⅱ}$、$Z_{23-Ⅳ}$两钻孔漏水严重。注浆后测试时，钻孔中注满水后却不见水位有明显的下降。因此，这也从另一侧面看出注浆防渗加固的效果，证实了豫 Q－BR 复合注浆材料防渗、加固作用比较显著。

12.5.4 关于“豫 Q－BR 复合注浆材料”试验的几点结论与认识

综合分析搅浆试验、室内物理力学试验及夹沟矿床现场注浆试验检测等结果，关于“豫 Q－BR(含豫 Q－NS)复合注浆材料”的性能可以得到如下几点结论与认识。

12.5.4.1 复合注浆材料选材与配比思路正确

采用铝土矿区普遍分布的第四系中更新统红色黏土——豫 Q 黏土为主材，辅以适当的水泥，并通过与适量的结构剂 1、结构剂 3 等相结合的选材思路进行复合注浆材料的研发，既可以就地取材、满足大幅降低注浆成本的要求，又可以充分调动和利用各个复合注浆材料的特性，并经过它们内部之间物理的和化学的作用，对外整体上显示出较好的注浆材料性能。

分析研究认为，该复合注浆材料中掺入结构剂 1、结构剂 3 等后，其防水增强的机理可以归结为两点，即早强作用和密实作用。

(1)早强作用。结构剂 1、结构剂 3 等的作用特点之一是早期强度很高，晚期强度略有提高。从该材料应用检测结果来看，7d 强度提高 30%～50%，28d 强度提高 4%～8%。初凝时间可小于 1min，终凝时间可小于 5min。因此，掺入结构剂 1、结构剂 3 等后，就可使得复合注浆材料凝结硬化的速度远远大于凝结体内水分蒸发排出的速度，从而大大减少了凝结体中各种孔隙的形成，降低了复合注浆材料结石体的孔隙率，使水无孔可渗。

(2)密实作用。结构剂 1、结构剂 3 等的主要成分与 $Ca(OH)_2$ 起化学反应可生成凝胶结晶型胶体。该胶体具有微膨胀、强度高、不溶于水、易浮于水等特征，能够充分地填塞裂隙和洞穴，从而起到密实作用的效应。这就可以有效地避免传统水泥、黏土等注浆材料中的 Ca 离子、$Ca(OH)_2$ 遇水溶解析出被排掉的不利作用的发生。反而，通过结构剂 1、结构剂 3 等的掺入，使得豫 Q 黏土和水泥中的 Ca 离子、$Ca(OH)_2$ 等物质得到充分的利用，从而生成更多的凝胶结晶型胶体，使得复合注浆材料所形成的结石体密实度进一步得到提高，结石体强度进一步得到增强，防水堵塞加固效果更加显著。

另外，掺入结构剂 1、结构剂 3 等后，由于大量凝胶结晶型胶体的形成，该胶体具有微膨胀、强度高、黏着力强等特征。因此，该复合注浆材料所形成的结石体与裂隙、孔洞围岩可以很好地结合成为一整体，从而可有效防止接触界面处的缝隙的形成，抑制了围岩壁水的流动，进而起到很好的防水抗渗的作用。

12.5.4.2 抗压、抗折强度满足矿区水压等需求

抗压、抗折强度是衡量注浆材料性能的一项重要指标，它要求浆液注入岩体裂隙、孔洞中固化后具有较高的抗压、抗折的强度，能够承受住相应的矿床顶、底板水压的作用，而不至于被静、动水压力所破坏。

从豫 Q－BR 复合注浆材料室内物理力学试验结果来看，该材料所形成的结石体强度较高，抗压强度一般达 0.6～5.1MPa，抗折强度一般达 0.4～1.8MPa。而夹沟矿床底板岩溶水压力一般小于 0.35MPa，因此完全可以满足矿区水压的需求。而且，该抗压、抗折强度能够随着复合注浆材料中各种成分的增减而调控。不同矿区、不同水压环境下，可以采用不同的复合材料进行注浆，具有较强的灵活性和适应性。

12.5.4.3 浆液的流变性能好、可注性强

浆液内部分子之间、颗粒之间、分子团之间相互运动时及浆液与孔壁之间产生的摩擦力的大小即浆液的黏度大小，是决定浆液流动规律的一个主要因素，控制着浆液的流变性能与可注性能，直接影响浆液的扩散半径。一般浆液的黏度与黏土中的矿物成分密切相关，并随黏土用量以及水泥、结构剂1、结构剂3材料、结构5材料等加入量的增加而增加。因而，这就使得复合浆材有着良好的黏度可调性，可调范围大。当浆液消耗过大时，则增大浆液的黏度，以控制浆液扩散的半径。

颗粒类浆液从流变学观点看属于宾汉姆流体(Bingham)，具有初始的剪切强度或屈服强度，可用屈服强度(τ)和黏度(η)描述，而大多数浆液的黏度和屈服强度都会随水胶比的降低而增加，并使浆液的流动性变差。

同其他颗粒类浆液一样，豫Q-BR复合注浆材料浆液的流变性在很大程度上取决于水胶比的大小。随水胶比的增大，其屈服程度(τ)和黏度(η)呈负指数规律的衰减。但水胶比一般不应过大。当水胶比过大时，不仅不能提高浆液的渗透性能，相反将导致浆液沉淀物急剧沉降，使浆液结石率大为降低，结石体的孔隙增多，同时强度发生降低。由此可见，低水胶比时浆液流动性能差，高水胶比时浆液结石率低。

由于结构剂1、结构剂3等的主要成分与浆材中Ca离子、$Ca(OH)_2$起反应，可生成大量凝胶结晶型的胶体，该胶体具有微膨胀、易浮于水等特征，这就使得豫Q-BR复合材料浆液的流动性变好。加之，该豫Q-BR复合注浆材料水胶比可调节范围较大，因此可较好地解决此矛盾。与同种颗粒类浆液相比，豫Q-BR复合浆液的流变性能较好、可注性较强。

12.5.4.4 浆材细度较佳、悬浮性较好

浆材细度和悬浮性状况将直接影响到复合注浆材料的注浆效果。由于铝土矿区普遍分布的第四系中更新统红色黏土——豫Q黏土，质地很纯，颗粒很细，<0.005mm颗粒占到94.5%以上，属较高塑性黏土，是一种水化能力很强和分散度较高的活性黏土，成为复合注浆材料中水泥等很好的悬浮剂。因此，豫Q-BR复合浆材的细度较佳、悬浮性很好，可注性较强。关于这点，从搅浆试验结果可以得到明证。

12.5.4.5 浆液析水率低、结石率高

析水率是影响注浆质量的因素之一，同时也是反映浆液稳定性和充填密实饱满程度的重要指标，当析水率低时不易脱水，结石率高，抗渗性能好，注浆堵塞性能优。

搅浆试验及夹沟矿床现场注浆试验等表明，豫Q-BR复合注浆材料浆液析水率很低，有的接近不析水，稳定性能好，结石率高，一般达95.0%~98.0%，高者达99.8%。因此，可使得复合浆液在裂隙、孔洞中充分扩散与充填密实，从而收到较好的堵塞加固的效果。

12.5.4.6 浆材稳定性好、耐久性强

豫Q-BR复合注浆材料结石体固结完好，稳定可靠。浆液注入裂隙、孔洞后随着时间的延长，其强度并不降低。夹沟矿床现场钻探取芯检查结果表明，浸泡于水中的结石体，未发现任何松散、崩解、开裂和软化现象，说明浆材稳定性好、耐久性强。

而且，结构剂1、结构剂3等与各种不同标号的硅酸盐水泥或普通硅酸盐水泥掺配使用，可防止Cl^-和SO_4^{2-}酸性离子的生成，避免了该注浆材料对钢筋等金属的腐蚀。

综上所述，夹沟矿床注浆实践应用表明，豫Q-BR复合注浆材料可注性好、析水率低、结石率高、稳定性强、凝胶时间和黏度可调，是一种矿床防水注浆较为理想的材料。

表 12-37　豫 Q－BR(含豫 Q－NS)复合注浆材料价格计算结果

复合注浆材料名称	试验方案代号		复合材料配比								各种材料单位用量(每 t)							各种材料单位价格(元/t)		复合料单位价格(元/t)
			a (kg)	b (kg)	c (%)	d (%)	e (%)	f (%)	g (%)	h (%)	a (kg)	b (kg)	c (kg)	d (kg)	e (kg)	f (kg)	g (kg)	a	10.0	
豫 Q－BR	A_{2-3}	600	400	0	0	0	3	2	0.5	596.72	397.81	0	0	0	2.98	1.99	0.497	b	325.0	139.469
	A_{2-4}	500	500	2	0	1	3	0	0.5	496.77	496.77	1.99	0	0.99	2.98	0	0.497	c	3 000.0	178.577
	B_{2-2}	300	700	3	0	1	2	0	0.5	298.06	695.48	2.98	0	0.99	1.99	0	0.497	d	3 000.0	243.671
	B_{2-3}	200	800	4	0	1	2	0	0.5	198.51	794.04	3.97	0	0.99	1.99	0	0.496	e	3 000.0	277.674
豫 Q－NS	D_{1-1}	800	200	0	0	0	3	3	0.5	794.83	198.71	0	0	0	2.98	2.98	0.497	f	480.0	77.238
	D_{0-3}	200	800	0	0	0	2	3	0.5	198.91	795.62	0	0	0	1.99	2.98	0.497	g	500.0	264.800
单液水泥浆材		0	1 000	0	0	0	0	0	0	0	1 000	0	0	0	0	0	0	h	3 600.0	325.000

说明：

(1)豫 Q－BR 复合注浆材料水胶比为 0.8∶1;豫 Q－NS 复合注浆材料水胶比为 1∶1;单液水泥浆材水灰比为 0.8∶1。表中计算结果只考虑所有胶凝材料的费用,有关水的费用均未考虑。

(2)复合材料配比中,c、d、e、f、g、h 材料用量,按 a、b 材料之和的重量百分比配入。

关于豫 Q－NS 复合注浆材料亦有较好的性能，但与豫 Q－BR 复合注浆材料相比，在其浆液流变性、固结体后期强度等方面不如豫 Q－BR 复合注浆材料好。而且，豫 Q－NS 复合注浆材料施工工艺也比较复杂，需要双管灌注，这里就不再分析讨论了。

12.6　豫 Q－BR 复合注浆材料经济指标分析

除上述材料性能外，豫 Q－BR(含豫 Q－NS)复合注浆材料造价的高低，是研发时考虑的另外一项重要因素，它是决定着性价比的一项重要的指标，亦是制约着该种新型复合注浆材料推广应用的一项极为重要的因素。

为了便于分析豫 Q－BR(含豫 Q－NS)复合材料的经济指标特征，这里将该复合材料的造价同传统的水泥单液浆材的造价进行经济对比，以此对豫 Q－BR(含豫 Q－NS)复合注浆材料的经济特征做出定量性评价。各种材料造价计算结果，详见表 12-37(见前页)。造价计算中，所有胶凝材料的价格均按现场施工时的市场价格进行。

由表 12-37 看出，A_{2-3}型豫 Q－BR 复合材料价格为 139.47 元/t，同传统单液水泥浆材造价相比，仅为其 42.91%；A_{2-4}型豫 Q－BR 复合材料价格为 178.58 元/t，是其传统水泥浆材价格的 54.95%；B_{2-2}型豫 Q－BR 复合材料价格为 243.67 元/t，是其传统水泥浆材价格的 74.98%；B_{2-3}型豫 Q－BR 复合材料价格为 277.67 元/t，是其传统水泥浆材价格的 85.4%；D_{1-1}型豫 Q－NS 复合材料价格为 77.24 元/t，是其传统水泥浆材价格的 23.77%；D_{0-3}型豫 Q－NS 复合材料价格为 264.80 元/t，是其传统水泥浆材价格的 81.47%。

因此，豫 Q－BR 复合注浆材料造价十分低廉。特别是用于矿床底板下伏奥陶系灰岩岩溶洞、孔充填堵塞为目的的 A_{2-3}型及 D_{1-1}型复合材料价格很低，仅为传统单一水泥浆材造价的 23.77%～42.91%。即便是用于矿床底板各类裂隙加固为目的的 A_{2-4}型复合材料造价，也不过是传统单一水泥浆材的一半左右。

上述对比分析表明，豫 Q－BR 复合注浆材料“性价比”较好，具有较高的使用价值。加之该复合注浆材料来源广、无污染、现场配制使用方法简便等，推广应用前景十分广阔。

参 考 文 献

[1] 彭振斌，胡焕校，许宏武．注浆工程设计与施工[M]．武汉：中国地质大学出版社，1997.
[2] 黄德发．地层注浆堵水与加固施工技术[M]．徐州：中国矿业大学出版社，2003.
[3] 张农．巷道滞后注浆围岩控制理论与实践[M]．徐州：中国矿业大学出版社，2004.
[4] 中国建筑科学研究院．普通混凝土配合比设计规程(JGJ55—2000)[S]．北京：中国建筑工业出版社，2001.
[5] 中国建筑科学研究院．混凝土外加剂应用技术规范(GB50119—2003)[S]．北京：中国建筑工业出版社，2003.
[6] 中国建筑科学研究院．普通混凝土拌合物性能试验方法标准(GB/T50080—2002)[S]．北京：中国建筑工业出版社，2003.
[7] 中国建筑科学研究院．混凝土拌合用水标准(JGJ63—89)[S]．北京：中国建筑工业出版社，1989.
[8] 中国建筑科学研究院．普通混凝土力学性能试验方法标准(GB/T50081—2002)[S]．北京：中国建筑工业出版社，2003.
[9] 中国建筑科学研究院．混凝土质量控制标准(GB50164—92)[S]．北京：中国建筑工业出版社，1993.

第 13 章　矿床防水开采控制方法与技术

13.1　防水矿柱留设方法和技术

13.1.1　防水矿柱留设依据

合理留设防水矿柱是夹沟矿区以及华北地台铝土矿区未来地下带压开采预防突水的一项重要方法，是防止断层、陷落柱、凸起柱等形式突水的一种重要措施。但是，防水矿柱合理留设尺寸的确定又是一个十分复杂的问题。从我国煤矿床等来看，迄今还没有一个合理的计算设计办法。其原因是多方面的，例如断层、陷落柱、凸起柱等的几何形状参数一般是事先难以准确地界定出来的，尤其是它们的水理、力学特征等更是我们事先不易客观地识别判断清楚的。上述计算设计方面的困难归根结底关键是如何以最小规模的预留矿柱，获取最大的防水安全效益和资源采出效益。

我国煤类矿山大量采矿工程实践和理论研究成果表明，断层、陷落柱矿柱预留及尺寸设计，须遵循下列两条基本原则：一是矿柱的尺寸必须能够抵御断层、陷落柱等高压水的突出；二是矿柱的尺寸设计，必须保证开采不会导致断层、陷落柱的活动。

从防水安全角度来讲，在带压开采尤其是高水压开采条件下，凡水理、力学性质不清楚的断层、陷落柱，进行预留矿柱设计时，均应按导水构造来对待。

参考我国煤类矿山的经验，给出铝土矿床开采预留防水矿柱的依据和计算方法：

(1)经验类比法。即参照与煤类矿床水文地质工程地质条件相似的安全防水煤柱的尺寸，作为铝土矿床相似条件下防水矿柱的留设依据。

(2)参照煤类矿床理论公式进行计算确定。例如匈牙利的埃斯茨托公式、查姆保公式等。

(3)在充分分析掌握铝土矿床地质、水文地质条件的基础上，正确选用《煤矿安全规程》规定的计算公式进行近似计算。

(4)采用数值模拟的方法，针对铝土矿床的地质、水文地质条件的实际，开展相似模拟试验或数值计算的方法进行计算设计。

我国煤类矿床开采从安全可靠角度考虑，通常是采用《矿井水文地质规程》中规定的计算公式，并与相似地区经验类比法相结合的方法综合确定合理的防水煤柱的尺寸。该工作方法在未来铝土矿床开采预留防水矿柱的设计计算中，亦值得借鉴和使用。

13.1.2　不同性质断层防水矿柱的留设

13.1.2.1　含水或导水断层防水矿柱的留设

如图 13-1 所示断层，可采用下列公式计算和设计：

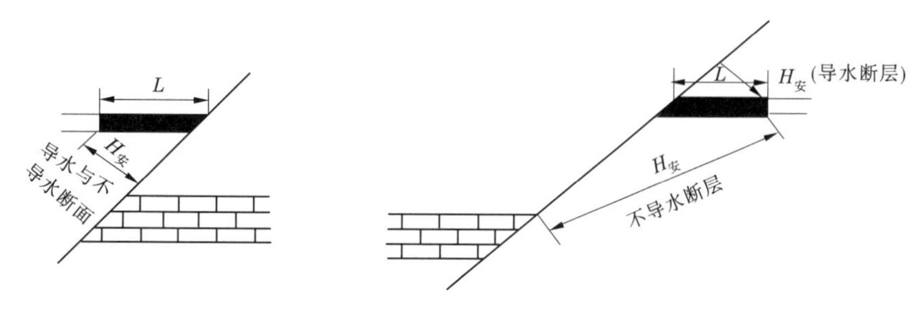

图 13-1　导水断层与不导水断层矿柱留设示意图

（据赵阳升、胡耀青资料）

$$L = 0.5KM\sqrt{\frac{3P}{\sigma_t}} \geqslant 20 \tag{13-1}$$

式中　L——矿柱留设的宽度，m；

K——安全系数，一般取 2～5；

M——矿层厚度或采高，m；

P——水体水头压力，MPa；

σ_t——矿石的抗拉强度，MPa。

13.1.2.2　不导水断层防水矿柱的留设

利用突水系数确定，在垂直于断层走向的剖面上，使含水层顶面与断层交点至矿层底板间的最小距离大于安全矿柱的高度（$H_安$）即可（见图 13-1），但不得小于 20m。

依据上述方法设计的防水矿柱尺寸，再根据断层上下盘的相对关系分析矿层开采引起的顶底板活动是否会波及断层，经校核与修正后，即可以作为防水矿柱的最终尺寸。

13.1.2.3　断层下盘矿柱的留设

如图 13-2 所示，断层下盘矿层的开采将会波及该断层，从而极有可能使断层活化及导水。

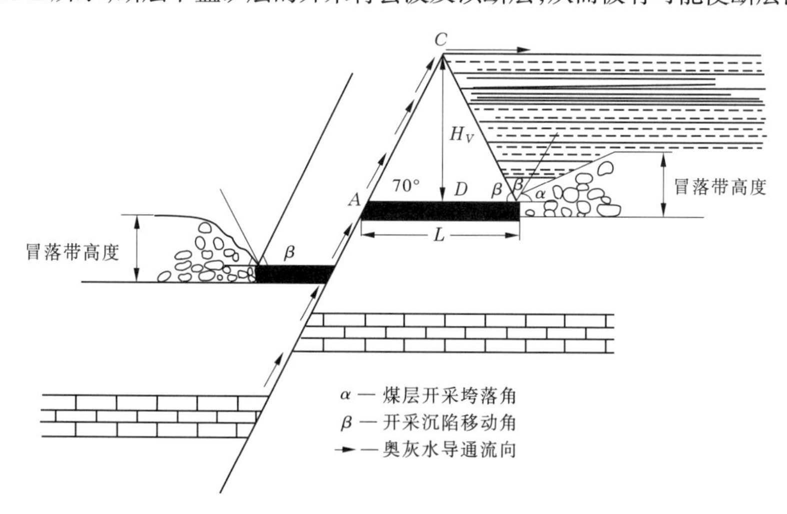

图 13-2　考虑断层受采动影响的防水矿柱留设示意图

（据赵阳升、胡耀青资料）

因此,当对断层下盘矿层开采时,矿柱的留设须考虑矿层开采垮落角和开采沉陷移动角,判断开采影响是否能波及到该断层。矿柱留设尺寸必须保证采动滑移线与断层交汇点距矿层的垂高大于2.5倍的采动冒落带高度。只有这样,即使发生断层导水,也不会经过上覆岩层水平导通而进入采掘区(赵阳升等)。

分析图13-2可知,由断层、矿柱和采动滑移线组成的三角形 ABC 为一等腰三角形,垂高 CD 称为"断层采动滑移安全高度",用 H_V 表示。据此,可获得矿柱尺寸 L_1。再根据突水系数法计算出不同开采水平的矿柱尺寸 L_2,则断层下盘矿柱的合理留设尺寸可按下式确定:

$$L = \max(L_1, L_2) \tag{13-2}$$

式中 L——矿柱留设的宽度,m。

13.1.2.4 陷落柱、凸起柱防水矿柱的留设

由于陷落柱、凸起柱一般都与矿层正交,因此留设防水矿柱时,无需考虑开采对它们的活动影响。

陷落柱、凸起柱防水矿柱留设时,无论陷落柱、凸起柱是否导水,均统一按导水陷落柱、凸起柱考虑,可采用下式进行计算:

$$L = H_\alpha / \sin\alpha \qquad H_\alpha = P/T_S + M_0 \tag{13-3}$$

式中 L——矿柱留设的宽度,m;

α——断层倾角,(°);

H_α——安全矿柱高度,m;

P——水压,MPa;

T_S——临界突水系数;

M_0——采矿对矿柱或底板的破坏深度,m。

13.1.2.5 矿床顶板防水防砂矿柱的留设

从我国煤类矿床的成功实践来看,铝土矿床顶板防水防砂矿柱的留设可分三步进行:

(1)首先确定矿床顶板冒落带和导水裂隙带的最大高度。铝土矿床直接顶板一般为铁质黏土岩、铝土岩等中硬型岩类,可参考使用北京煤炭科学研究总院试验提出的如下计算公式:

$$H_1 = \frac{100M}{4.7M + 19} \pm 2.2 \tag{13-4}$$

$$H_2 = \frac{100M}{1.6M + 3.6} \pm 5.6 \tag{13-5}$$

$$\text{或 } H_2 = \frac{100M}{3.3n + 3.8} \pm 5.1$$

式中 H_1——冒落带最大高度,m;

H_2——导水裂隙带最大高度,m;

M——矿层厚度,m;

n——分层开采的层数。

鉴于夹沟乃至华北地台铝土矿床顶板岩性的构成具有一定的类似性,故此目前可以暂借用该式对铝土矿床顶板冒落带和导水裂隙带最大高度进行近似的计算。

(2)防水防砂矿柱的留设。为防止铝系地层露头部位地表水或地下水及其泥砂等溃入矿道,需进行防水防砂矿柱的留设,其留设尺寸可采用下式确定:

$$H_W = H_2 + H_{保} \tag{13-6}$$

式中　H_W——防水矿柱的留设高度,m;

$H_{保}$——保护层厚度,m,一般可取 6～10m。

(3)单一防砂矿柱的留设。它主要用来防止铝系地层地表露头部位流砂(泥)层溃入矿道,其单一防砂矿柱的留设可采用下式确定:

$$H_W = H_1 + H_{保} \tag{13-7}$$

式中各符号意义同前。

上述公式中,当地表无大的水体或流砂(泥)层时,保护层厚度($H_{保}$)可取下限;反之,应取上限。

【例】 夹沟铝土矿床代表性地段地下开采时预留防水防砂矿柱的设计。

夹沟铝土矿床代表性地段地层结构见图 13-3。

从图 13-3 可以看出,铝土矿层的直接顶板为本溪组铁质黏土岩和铝土岩(层序号为 6 和 7),间接顶板为太原组灰岩(层序号为 5)。据岩石力学测试结果,顶板铁质黏土岩单轴抗压强度为 30.7～58.9MPa,铝土岩单轴抗压强度为 33.8～39.3MPa,属于中硬型矿床顶板。

矿区内代表性矿层厚 25.67m,一般分 1 层开采。依据公式(13-4)、式(13-5)求得:

$$H_1 = 16.18 \sim 20.58\text{m}$$

$$H_2 = 51.87 \sim 63.07\text{m}$$

由此看出,矿层地下开采时,其顶板产生的最小破坏带高度约为 52m,即已达至地表。为了防止地表水体或太原组含水层水及泥砂溃入矿道,须留设防水防砂矿柱。防水防砂矿柱留设高度为:

$$H_W = H_2 + H_{保} = 57.87 \sim 69.07\text{m}$$

这里,考虑到夹沟矿区纵Ⅲ勘探线以北地区地表水体不十分发育,且矿层埋藏深度大幅度增加,采用 60m 矿柱高度作为未来地下开采时防水防砂矿柱的留设高度上限参考值是较为合适的。

当仅考虑防砂(泥)时,则预留矿柱高度可按下式确定:

$$H_W = H_1 + H_{保} = 22.18 \sim 26.58\text{m}$$

为提高矿层回采上限,其矿柱最小留设高度约为 22m。

13.2　防水开采方法与技术

铝土矿床防水开采方法与技术主要是借鉴煤类矿床及其他非煤矿床的成熟开采经验而提出的,一般有条带式开采、充填式开采、短壁式开采及其采区内分段后退式开采等几种。

13.2.1　条带式开采

该方法是把铝土矿层划分为比较规矩的条带状进行开采,采一条,留一条。其特点是回采率低,工作面搬迁频繁,不利于机械化采掘。但由于条带法开采能够大幅度降低覆岩移动的强度,稳定矿床顶、底板,特别是当矿层上覆岩层中存在厚层状坚硬岩层、矿层底板岩层也较坚硬时,其效果更为显著,因此条带法开采应是铝土矿床“三下——地表水下、建筑物下和铁路下”、“一上——承压水上”开采的主要防水开采方法之一。

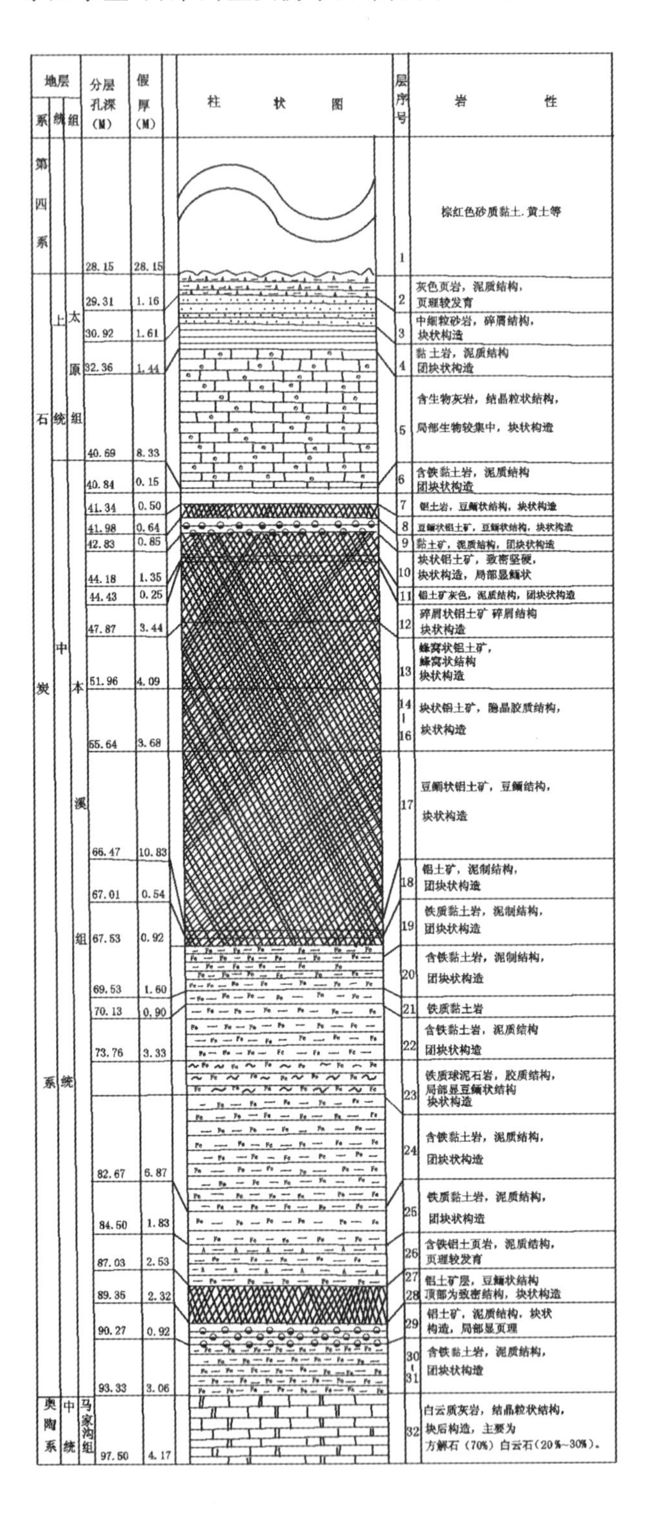

图 13-3　豫西夹沟铝土矿床代表地段地质柱状图

13.2.1.1　条带开采法分类

从煤类矿床开采实践来看，铝土矿床条带法开采大概可分为以下三类：

(1)冒落和充填条带开采。当矿床顶板管理采用全部垮落的方法时称为冒落条带法，它具有工艺简单等优点。当矿床顶板管理采用充填的方法时称为充填条带法，充填物一则起到支承顶板的作用，二则更主要的是对前述保留矿柱的维护，使其由单向受力状态转变为三向受力状态，提高矿柱的承载能力，从而有助于顶板的长期稳定。

(2)定采留比和变采留比条带开采。当在一个工作面内保持采留比不变的，称为定采留比条带法开采。该法对条带布置要求严格，适用于采区地质及构造条件比较简单的地段。当在一个工作面内采留比不是固定不变时，称之为变采留比条带法开采。变采留比条带布置比较灵活，在采区地质及构造条件变化较大的地段具有一定的优越性。

(3)倾斜条带开采和走向条带开采。倾斜条带开采是指开采的长轴方向顺着铝土矿层倾向布置。该法适应性较强，缺点是工作面搬家次数频繁。走向条带法开采是指开采的长轴方向顺着铝土矿层走向布置。该方法适宜于倾角较缓的矿层，可有效解决工作面频繁搬迁的问题，但将增加巷道掘进量。

13.2.1.2　条带矿柱的留设原则

参照我国煤类矿床开采的成功经验和做法，铝土矿床实施条带开采时，其条带矿柱的留设宜遵循下列三条原则：

(1)能使矿柱起到长期支撑覆岩的作用，即不被压跨或破坏。

(2)当采用冒落条带法时，条带矿柱留设的宽高比宜大于 5。当采用充填条带法时，条带矿柱留设的宽高比宜大于 2。

(3)条带矿柱的留设应能满足矿床底板只发生轻微的、均匀的移动和变形，不产生较大的破坏等要求，保障矿床底板仍能够起到阻隔下伏灰岩承压水向上运移的作用。

13.2.1.3　条带矿柱的留设计算

正确确定条带矿柱的留设尺寸，是取得条带法开采良好效果的决定性因素。我国煤类矿床生产实践与理论研究表明，矿柱尺寸的正确留设取决于采深、采厚、采宽、覆岩容重、矿体抗拉强度、底板水压值等因素。采宽则取决于矿柱尺寸、顶底板岩体的力学特性及底板水压值等。

计算条带尺寸时需考虑以下两种情况：

(1)若矿层顶板为坚硬岩层，开采后采空区不能被冒落岩石充填或仅少量充填，矿柱单向受力，矿柱尺寸应按单向受力状态计算。

(2)若矿层顶板为中硬或软弱岩层，开采后能被冒落岩石全部充填密实，或采用充填法管理顶板，则矿柱可呈现出较理想的三向受力状态时，矿柱尺寸应按三向受力状态计算。

条带开采时，矿柱边缘应力一般比较集中，易形成极限应力，使矿柱边缘处产生塑性变形，造成塑性区。参照我国煤类矿床的经验，塑性区宽度可采用下式进行计算：

$$\gamma_p = \frac{a}{2}\left[\frac{1}{\sqrt{1-\left(\dfrac{Fq}{\sigma_{zo}+q}\right)^2}} - 1\right] \tag{13-8}$$

式中　γ_p——塑性区宽度，m；

a——条带宽度，m；

q——覆岩平均容重与埋深乘积，kg/cm^2；

F——应力增大系数，其值按图 13-4 选取；

σ_{zo}——矿柱的极限应力，MPa，可根据矿石的硬度取值。

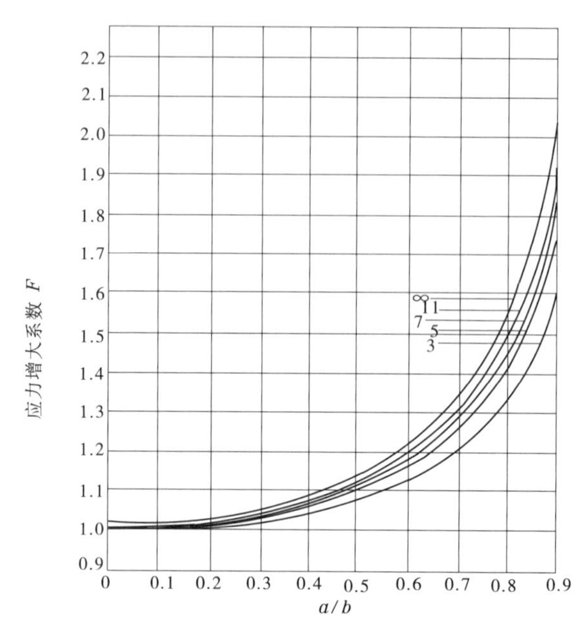

图 13-4　F—a/b 关系曲线图(据文献[1])

a/b—采宽与留宽之比；n—条带个数

若保持矿柱稳定，其核区与整个矿柱的比率不能低于某一限度，否则将无法长期稳定支撑其围岩。稳定的核区比率可按下式计算：

$$\rho = \frac{B - 2\gamma_p}{B} \tag{13-9}$$

式中　B——矿柱稳定核区宽度，m；

ρ——矿柱稳定核区比率。

13.2.1.4　矿床底板最大破坏深度的确定

条带开采法所致矿床底板最大破坏深度可用下式计算：

矿柱单向受力时

$$h_1 = mK'\frac{a+b}{\pi b} - \frac{c}{\gamma}\cot\varphi \tag{13-10}$$

矿柱三向受力时

$$h_1 = mK'\left[\frac{H}{\pi b} - \frac{1}{\pi b}\left(H - \frac{a}{1.2}\right)\right] - \frac{c}{\gamma}\cot\varphi \tag{13-11}$$

式中　c、φ——底板岩层的平均内摩擦力和内摩擦角；

K'——顶板应力平均系数；

m——底板应力协调系数；

H——开采深度，m；

b——开采留宽，m；

a——矿层开采宽度，m；

γ——岩层的容重，kg/cm^3。

13.2.1.5　极限抗水压能力的确定

基于承压水上开采安全的要求，矿层开采后，必须保证底板岩层能够承受住矿压及底板承压水力的破坏作用。根据弹塑性理论，底板承受的极限水压力可用下式计算：

底板为坚硬岩层时

$$P_{板} = \frac{\pi^2[3(L_x^4 + a^4) + 2L_x^2a^2]h_2^2\sigma_0}{12L_x^2a^2(L_x^2 + \gamma a^2)} + \gamma h \tag{13-12}$$

底板为软弱、塑性岩层时

$$P_{板} = \frac{12L_x^2h_2^2\sigma_0}{a^2\left(\sqrt{a^2 + 3L_x^2} - a\right)^2} + \gamma h \tag{13-13}$$

式中　$P_{板}$——极限水压力，MPa；

σ_0——底板岩层平均抗拉强度，MPa；

h——底板隔水层厚度，m；

h_2——底板隔水层完整岩体厚度，m；

a——矿层开采宽度，m；

L_x——矿层沿推进方向的长度，m；

γ——岩层的容重，g/cm^3。

当底板承受水压力为 P，若 $P_{板} \geqslant P$ 时，表示底板无突水危险，选取的矿层开采宽度（a）是合适的。

13.2.1.6　影响条带开采的其他因素分析

从煤类矿床条带开采情况来看，条带开采除受尺寸因素影响外，还受以下几方面因素的影响。

（1）采宽和留宽尺寸。留宽是保证矿柱的稳定，具有足够支撑覆岩及阻抗承压水突出的能力，而采宽则是在保证采矿安全前提下，最大限度获取矿石的采出量，二者之间存在一定的最佳配比关系。因此，选择合理的采留比是条带开采方法成败的关键。煤类矿床现场应用经验表明，采宽的最大值以不引起第一次周期来压步距为前提，留宽要保证开采过程中不被覆岩压垮为条件。这个矿柱留设原则可适用于铝土矿床的条带法开采设计工作。

（2）开采深度（H）对条带尺寸的影响。煤类矿床开采试验结果表明，在保证矿柱核区比率基本不变的情况下，条带尺寸 b/a 随 H 的增加而迅速增长，如图 13-5 所示。同时，随 H 的增加，回采率 η 的值急剧下降，如图 13-6 所示，故条采法不宜在采深较大条件下运用。

（3）采出率和矿柱面积的大小。合理的采出率取决于采、留条带宽度及其采深、采厚、矿层和顶、底板岩层的力学特性等因素。采出率太大，条带矿柱会被压垮，引起底板透水；采出率过小，则经济上不合理，造成资源浪费。从煤矿床开采情况来看，采出率不宜大于 70%，尚可使煤柱起到支撑顶板的作用。针对铝土矿床开采而言，鉴于铝土矿层力学强度较高，同煤矿床相比，其采出率可取上限试用，待总结多例经验后再做明确的规定。

（4）矿柱的宽高比。从其他矿山的实验室实验结果与现场实践情况来看，当其他条件相同时，岩块的抗压强度随其高度的增加而减小。并通过初应力有限单元增量法计算，在单向压缩条件下，稳定性较好的矿柱宽高比应大于 2，稳定矿柱的中心单向压缩带应大于矿柱宽度的 0.65 倍。随着宽高比的减小，单向压缩带（即核区）也逐渐减小，当宽高比等于或小于 1.55 时，矿柱中无明显的单向压缩带。当矿柱宽高比大于 5 时具有较好的稳定性（赵阳升

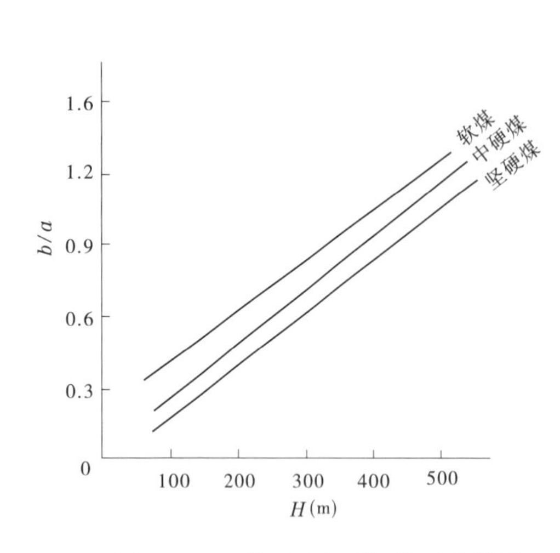

图 13-5 采带尺寸与采深关系曲线图

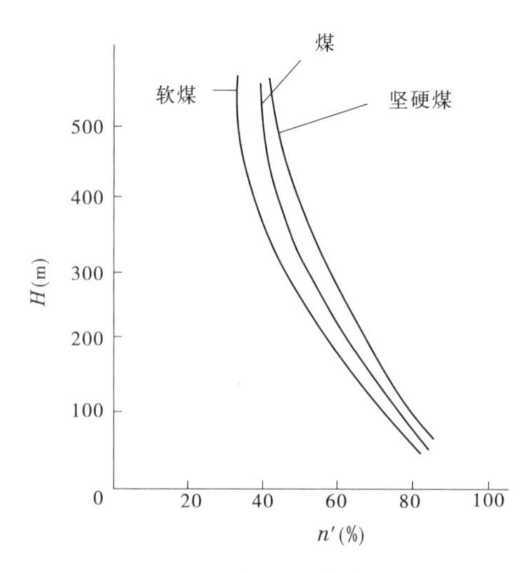

图 13-6 采深与回采率关系曲线图

等)。因此,强调设计条带开采矿柱时应考虑其宽高比,并引入矿层的力学强度因素。关于这点,在铝土矿床实施地下条带开采时亦应引起重视,可参考上述试验成果进行试采,待取得成功经验后再逐步推开。

围绕条带开采矿柱设计,国外亦进行了大量实践与探索,并提出了相关的设计思想和理论,如有效区域理论(Duvall,1948;Rowlands,1969;Richards,1978)、压力拱理论(北英格兰开采支护委员会,1930～1954)、威尔逊理论、极限平衡理论(Bieniaw - ski,1968;Parissia,1977;Hustrulid,1976)等。给出了多种煤柱强度计算公式,如最常用的有欧伯特—德沃尔/王(Obert—Duvall/wang)公式、浩兰德(Holland)公式、沙拉蒙—穆努罗(Salamon—Mnuro)公式、比涅乌斯基(Bieniawski)公式等。上述设计思想和理论虽有些仍不够完善和成熟,但它在稳定矿床顶底板、遏制矿床顶底板突水的条带设计中具有重要的指导和借鉴作用,值得我们在铝土矿床开采工作中认真研究,并逐步总结与完善。

13.2.2 短壁式开采

从煤矿床开采经验来看,工作面长度是影响底板破坏深度的主要因素之一,缩短工作面长度是有效控制底板采动破坏型突水的主要开采措施。

在正常的地质、水文地质条件下,只有当采空区达到一定范围后,所产生的采动破坏效应才能使矿床隔水底板失去或降低阻抗水压的能力而发生突水。开采面积的扩大,周期来压次数必然增加,对隔水底板势必产生多次反复的叠加破坏作用,致使底板采动裂隙越来越发育,阻抗水压能力越来越低,极易诱发矿床底板的突水;反之,若缩短采掘工作面长度或对矿层进行串、穿采,可大幅度降低采动和矿压对矿床底板的影响和破坏深度,明显起到遏制底板突水的作用。因此,对于水文地质条件比较复杂的铝土矿床,可优先考虑采用短壁式开采的方法,以有效减弱矿床底板的破坏强度,减小破坏深度,保持较大的矿床底板有效隔水层厚度,阻止或减轻底板下伏灰岩承压水的侵入,降低矿床突水的几率。

我国煤类矿床开采试验结果表明,在相同工艺和水文地质条件下,走向长壁工作面的走向长度改变后不会导致矿压的改变,这是因为采后 60～70m 以外的压力恢复区可表现为采后压力常态区,基本接近采前状态。对矿压大小起作用的是采后 0～60m 的老顶悬顶距及垮落情况。但是,当工作面长度变大时,底板抗水压力的能力逐渐降低,如图 13-7 所示。

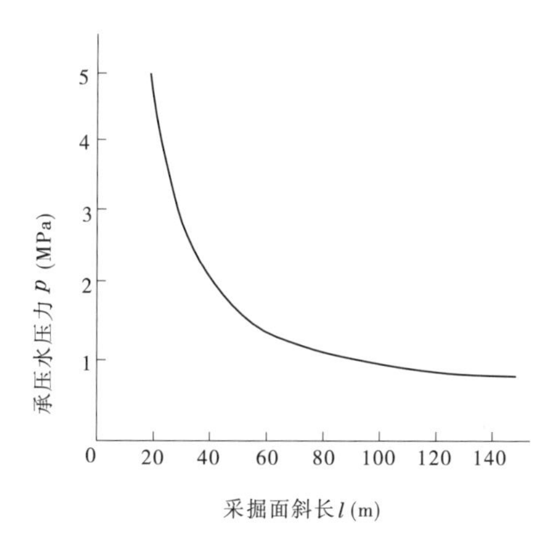

图 13-7　工作面斜长与底板水压力的关系曲线图(引自文献[1])

从煤矿床底板破坏带实测资料分析可以看出,当工作面条件基本相似的情况下,工作面长度增加 3.3 倍,则底板破坏深度增加 4 倍,见表 13-1。在底板隔水层厚度不变的前提下,

表 13-1　工作面不同斜长采动底板破坏深度对比

项别		峰峰二矿 2701 小青工作面	井陉三矿较场斜井 5701 五层工作面	淮南新庄孜 4303 工作面
开采地质条件	煤层	太原组小青煤厚 1.5m	太原组五层煤厚 3.5m	山西组煤厚 3.5m
	埋深	167～123m	227m	310m
	顶板	直接顶灰岩 1.2m、老顶砂岩	直接顶砂页岩 2.0m、老顶砂岩	砂页岩
	底板	砂质泥岩、夹薄层灰层	铝土页岩、砂质泥岩及薄层灰岩	砂质泥岩页岩
	倾角	10°～21°	5°～18°	25°～27°
	底板含水情况	大青灰岩已疏干,不含水	底板以下 8m,普遍含有压力为 1.0～1.1MPa 的承压水	不含水层距一层灰岩 29m
	周围开采情况	实煤	实煤	
开采工艺条件	采面尺寸	走向长度 350m,倾斜投影长度 90m	走向长度 146m,倾斜投影长度 27m	走向长度 130m,倾斜投影长度 115m
	开采面积	31 500m^2	3 942m^2	16 640m^2
	采煤方法	走向长壁,机采,采高 1.5m	炮采,走向短壁,一次采全高 3.5m	倾斜分层,走向长壁,采高 1.8m
	顶板管理	全部垮落法	全部垮落法	全部垮落法
	支护	金属支柱	金属支柱绞接顶梁	金属支柱绞接顶梁
	控顶距		3～4m	4～5m
	推速	2.3～2.5m/d	1～1.4m/d	
	流程	日两采一准	日两采一准	日两采一准
测试结果	最大支柱压力	16t	6.8t	
	破坏底板深度	正常底板 14m 断层带＞17m	正常底板 3.5m	正常底板 16.8m 断层带 29.6m
	影响带深度	＞24m	正常底板＞8.1m	正常底板＞20m

(引自文献[1])

减小工作面长度,可减小底板破坏深度,增大底板有效隔水层厚度,提高底板阻抗承压水压力的能力。因此,短壁法开采在防止底板突水方面具有重要作用,值得铝土矿床开采工作中借鉴和运用。

13.2.3　带压分段后退式开采

13.2.3.1　**带压分段后退式开采布局法**

从国内外煤类矿床开采来看,目前广泛采用的开采顺序在倾斜方向上有前进式和后退式两种。但在承压水上采煤中,大都采用前进式。这种方法具有先易后难,先浅后深,逐步实现安全带压的开采,且初期投资小、见效快等优点。缺点是由于每个工作面总是处于采空区的最低位置,其下仅有容量有限的水仓,一旦发生突水,首先淹没工作面。亦即始终处于危险状态下开采,每个工作面总是在顶、底板充分扰动情况下回采的,其突水的可能性最大。同时,一个工作面一旦发生突水,只好关闭采区,其余区段也将无法开采。

基于以上缺点,赵阳升、胡耀青结合太原东山煤矿开采工作研究提出了“煤矿带压分段后退式开采布局法”。该法是首先根据承压水上采煤理论和实践及矿区水文地质与工程地质条件,做出正确的带压开采分区,即按突水系数和煤层标高划分为安全区、较安全区和危险区等。如太原东山煤矿 + 650m 水平以上,突水系数＜0.4,为安全区(Ⅰ);+ 550～+ 650m 水平,突水系数 0.4～0.5,为安全区(Ⅱ);+ 450～ + 550m 水平,突水系数 0.5～0.6,为较安全区(Ⅲ);+ 450 水平以下,突水系数＞0.6,为危险区(Ⅳ),如图 13-8 所示。根据目前矿井开采技术和管理水平,+ 450m 水平以上为可采区,其下为暂不可开采区。然后,考虑采区的顶、底板岩性和赋存特征,依据工作面长度与底板承受的水压关系,确定每个区的安全开采工作面长度和首采工作面长度,确保首采工作面安全地开采。

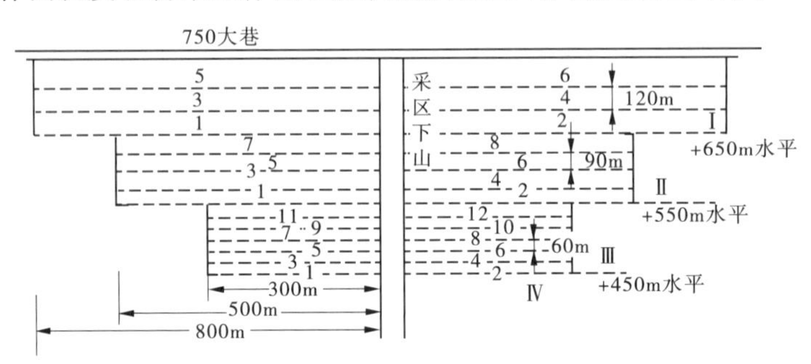

图 13-8　分段后退式开采方法工作原理图

(据赵阳升、胡耀青资料)

例如东山矿底板隔水层厚度平均 79m,依据我国煤矿带压开采突水的实践,参考表 13-2 及图 13-9,分析确定第 1 安全区的工作面长度为 120m,推进长度为 800～1 000m;第 2 安全区工作面长度为 90m,推进长度为 500～800m;较安全区的工作面长度为 60m,推进长度为 300～500m,在这样的采空面积条件下,除断层构造区外可确保首采区工作面的安全回采。最后,在每个分区内,每个采区的区段实行由下而上的上行后退式回采,也就是说,每个分区的每个采区的首采工作面是在最危险区,但恰在最安全的状态下回采。其基本原则是在监测、排水、堵水、未扰动的最安全状态下,用小面快速开采本分区最深处的一个工作面,从而解放其他工作面。

表 13-2　不同采煤方法的底板破坏深度

开采方法	长壁开采 80～100m	短壁开采 50m	条带开采 20m
破坏深度(m)	10～17	3.5～7.0	2.5～3.0

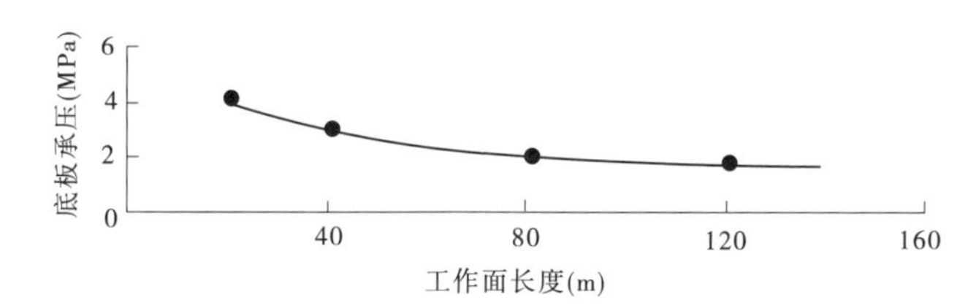

图 13-9　30m 底板隔水层时的底板承压和工作面长度曲线图
(引自文献[1])

赵阳升、胡耀青就该法的优缺点进行了分析,他们认为,分段后退式开采具有如下的优点:

(1)每个分区的首采工作面周围地层均未采动,因而对矿层及其顶底板扰动破坏程度最小,可有效遏制由于开采破坏而诱发的底板突水事故的发生。

(2)阶段首采工作面及其后续回采面形成的采空区可以作为后续工作面回采的水仓,确保其他工作面安全地回采。一旦某个工作面发生突水,可利用前段采空区储水,这样一则可赢得若干宝贵的救灾时间;二则可及时开展注浆堵水,或封闭巷道,将这个突水区域封闭起来,以利于其他后续工作面的开采。

缺点是带压分段后退式开采方法的准备过程较长,占用时间稍多一些。

从铝土矿床的地质、水文地质条件看,上述这种带压后退式开采方法具有一定的适应性,值得进一步研究和借鉴。

13.2.3.2　"三下一上"膏体充填绿色开采技术

所谓膏体充填绿色开采技术是指利用矿产开采过程中产生的固体废料与特殊的胶结材料拌和成牙膏状浆体,通过充填泵加压,沿管道输送到采空区,从而进行适时充填的一种开采技术。该技术可有效控制矿床顶底板采动变形与破坏,遏制或消除顶底板采动破坏而引发的突水灾害以及地表大幅度沉陷的危害,是"三下一上"地区一种具有发展前景的开采技术,对于防止采动破坏型突水等有着十分重要的作用和意义。

13.2.3.2.1　国内外膏体充填技术发展简介

1979 年,膏体充填技术首先在德国格伦德铅锌矿开采中发展起来。试验成功后,相继在加拿大、澳大利亚、美国、南非等国家得到推广应用,如澳大利亚的恩特普赖斯矿、坎宁顿矿,南非的库克 3 号矿,美国幸运星期五矿、格切尔矿,加拿大国际镍公司(INCO)等许多金属矿山采用了该技术。1991 年德国矿冶技术公司与鲁尔煤炭公司合作,将膏体充填技术应用到沃尔萨姆(Walsum)煤矿,实施了长壁工作面的充填开采。充填工艺上使用普茨迈斯特公司生产的液压双活塞泵,工作压力 25MPa,最大输送距离达到 7km,主充填管道沿工作面煤壁方向布置在输送机与液压支架之间,充填管路紧随着工作面设备前移,每隔 12～15m 的距离接一布料管伸入到采空区内进行充填,如图 13-10 所示。

我国开展膏体充填开采,始于 20 世纪 80 年代后期,当时由甘肃金川有色金属公司与北

图 13-10　德国沃尔萨姆煤矿回采面膏体充填管路图

京有色冶金设计研究总院合作，利用国家重点科技攻关项目“全尾砂膏体泵送充填工艺及其设备研究”，在金川二矿区开展了国内首次膏体充填技术研究，其充填工艺系统如图 13-11 所示。充填材料主要为洗选尾砂、棒磨砂、粉煤灰和水泥，膏体质量浓度可达到 82%，水泥用量平均 280kg/m³，充填体最终抗压强度大于 4MPa。该系统采用了德国施维因公司生产的 KSP－140HDR 矿用充填泵、自制双轴连续搅拌机以及美国霍尼韦尔公司生产的 TDC－3000 型工业集散控制系统，整个充填系统实现了计算机控制，充填泵的泵送压力 13MPa，充填能力 100m³/h。

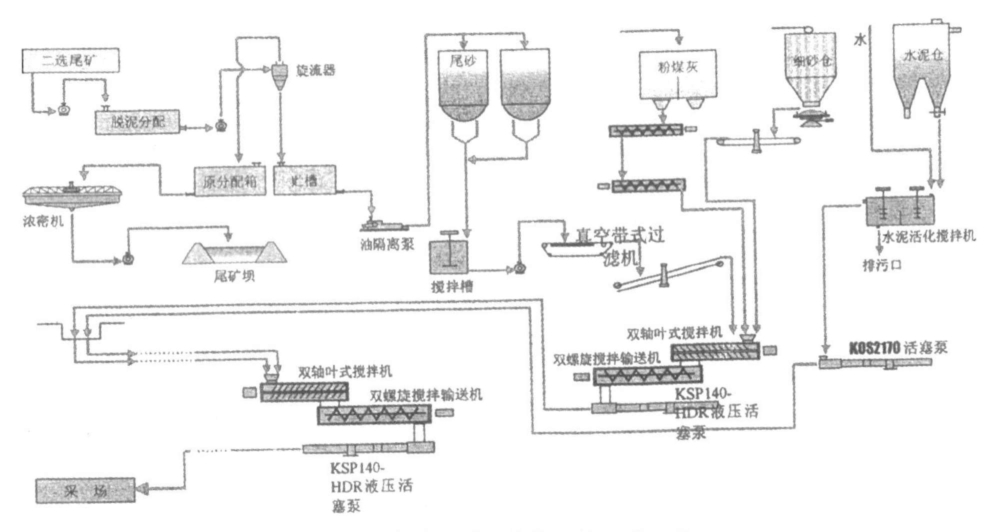

图 13-11　金川二矿区膏体充填工艺系统图

13.2.3.2.2　膏体充填材料特性及防治水优势分析

与传统普通水砂充填材料、风力充填材料与技术等相比，膏体充填材料与技术具有如下特性和防治水优势。

(1)浓度高。加拿大矿产与能源科学技术中心对膏体浓度进行了界定，按重量计，膏体状充填料的固体含量应达 76%以上。目前，膏体充填材料最高浓度已达 88%，而一般水砂充填料的固体含量上限只有 65%，其他高浓度充填物的固体含量最多也就是达 66%～75%。充填材料浓度越高，其接顶充填效果越好，矿床顶底板越稳定，对于减轻顶底板变形破坏强度、有效遏制顶底板突水的作用性越强。

(2)呈柱塞结构流状。普通水砂充填,料浆管道输送过程中呈典型的两相紊流特征,存在着管道输送的不淤临界流速,低于该流速料浆容易沉积堵塞管路,而流速过高又导致管道磨损严重。膏体充填,料浆在管道中基本是整体平推运动,无临界流速,最大颗粒粒径达到25～35mm,流速＜1m/s 时仍然能够正常输送,管路磨损相对较小,膏体的这种流动状态称之为柱塞结构流,具有良好的输送优势。

(3)基本不沉淀、不泌水、不离析。膏体充填材料这种特性十分重要,可以降低凝结前的隔离要求,使充填工作面不需要复杂的过滤排水设施,也避免或减少了充填水对工作面的影响,充填密实程度高,有效减少了顶、底板的可变形空间。而传统水砂充填,除大量充填水需要过滤排走外,常常还在排水的同时带出大量的固体颗粒,其量高者达 40%,只在少数情况下低于 15%。这不仅产生了繁重的沉淀清理负担,而且致使接顶充填效果不佳,顶、底板变形破坏程度仍较大,以至于顶、底板防突水作用因此而减弱许多。

综上可以看出,同其他开采方法相比,膏体充填开采技术具有良好的发展应用前景。除可减轻采矿废料堆放对环境的污染影响、减少尾矿堆放大量占压土地而走向绿色开采时代外,而且随着该技术的不断发展和完善,对于“三下一上”地区开发呆滞资源,防止矿床顶底板突水灾害,实现高效、安全开采工作具有十分重要的作用。特别是同煤矿床乃至其他金属矿床相比,铝土矿床底板紧邻奥陶、寒武系岩溶强含水岩组,采矿周期性来压对矿床底板的破坏极易诱发底板的突水。而从目前尚不普遍的膏体充填技术开采情况来看,采用该技术有望使铝土矿床采掘工作面的采动影响得到减弱,周期性矿压显现可变得不明显,矿床顶底板变形破坏可望得到较大程度的抑制,进而可有效遏制矿床顶底板的突水尤其是底板突水的发生。因此,未来铝土矿床地下开采可开展此项技术的论证和试用工作。

13.3　矿区地应力分布与防水开采的布局

13.3.1　矿床中地应力的形成

存在于矿床地层中的未受工程扰动的天然应力,称为岩体的原始应力,也称地应力。原岩中地应力产生的原因是十分复杂的,也是至今尚不十分清楚的问题。30 多年来的实测和理论分析结果表明,原岩应力是一个具有相对稳定性的非稳定应力场,它是空间和时间的函数。原岩应力的形成主要与地球的各种动力作用过程有关,其中包括板块边界受压、地幔热对流、地球内应力、地心引力、地球旋转、岩浆侵入和地壳非均匀扩容等。另外,温度不均、水压梯度、地表剥蚀或其他物理、化学变化等也可引起相应的应力场。现在人们认为,上述地应力的形成原因主要是岩体重力和地质构造运动综合作用的结果。地壳应力状态是岩石圈动力学最重要的研究内容之一,研究地壳应力特征及分布规律,查明应力的方向和量值,对于铝土矿床开采设计中如何开展巷道布置、采场布置等,以增强开采工程的稳定性,有效遏制矿床顶、底板变形与突水具有重要的作用和意义。

地应力是在漫长的地质历史时期中逐渐形成的。在工程岩体中地应力主要来源于地质构造运动和岩体的自重。它们主要以两种形式存在于岩石中,一部分是弹性能形式,其余则由于种种原因在矿床岩石中处于自我平衡而以“冻结”的形式保存着。

13.3.1.1　自重应力

即由岩体自重产生的应力。重力应力场是各种应力场中唯一能够计算的应力场,应力特征可用海姆(Heim)和金尼克定理来描述。矿床岩体中任一点的自重应力等于单位面积上的上覆岩层的重量,即:

$$\sigma_z = \gamma h \tag{13-14}$$

重力应力为垂直方向应力,其垂直应力 σ_z 与水平应力 σ_x 和 σ_y 的关系分别为:

$$\sigma_x = \sigma_y = \frac{\mu}{1-\mu}\sigma_z = \lambda\sigma_z \tag{13-15}$$

式中　γ——矿床岩石容重,g/cm^3;

h——矿床岩石中某点处上覆岩体的厚度或埋深,m;

μ——泊松比;

λ——侧压力系数。

但是垂直应力一般并不完全等于自重应力,因为板块移动、岩体非均匀扩容、岩浆对流和侵入等均会引起垂直方向上的应力变化。

13.3.1.2　构造应力

构造应力是指由地质构造运动而引起的地应力。构造应力的起源说主要有二:一是李四光的地质力学观点,即认为是由于地球自转速度的变化产生了离心惯性力和纬向惯性力而引起的;二是板块运动的观点,即认为是由地幔物质的热对流使板块之间相互碰撞、挤压而引起的。构造应力又分活动的和残余的两类。前者是指近期和现代地壳运动正在积累的应力,也是地应力中最活跃、最重要的一种,常导致矿床岩体的变形与破坏;后者是指由古地质构造运动残留下来的应力。对残余构造应力的重要性存在着不同的认识。有人根据应力松弛的观点,认为在一次地质构造运动的数万年后,该期构造应力就会全部松弛而无存。现在岩体中的应力只能与现代地质构造运动有关,但是这种观点并未被人普遍接受(彭苏萍等)。

13.3.1.3　附加应力及残余应力

(1)附加应力。矿床岩体天然应力场内,因开挖或增加结构物等人类工程活动而引起的应力称为附加应力,也称感生应力。

(2)残余应力。当承载岩体遭受卸荷或部分卸荷时,岩体中某些组分的膨胀回弹趋势部分地受到其他组分的约束,于是在岩体结构内形成残余的拉、压应力自相平衡的应力系统,此即为残余应力。

13.3.2　原岩地应力场的宏观类型

矿床岩体中的原始地应力为三向不等压的空间应力场,三个主应力的大小和方向随空间和时间而变化。根据三个主应力的空间关系,原岩应力场可划分为三种宏观的类型。

13.3.2.1　大地静力场型

大地静力场型是指组成地应力的三个主应力中最大主应力为自重应力的地区。这些地区一般多位于运动地块的后方,处于拉张应力场中,在拉张应力作用下,全区不断下沉,呈现大地静力场型特点。具有这种应力状态区域的构造活动性往往是不明显或很微弱的。

13.3.2.2　大地动力场型

大地动力场型是指组成地应力的三个主应力中最大主应力为水平方向，且处于构造挤压应力场中，构造应力大，并且具有十分明显的各向异性，其水平应力值往往比垂直自重应力值大许多，同时与现代构造活动有关。具有这种应力状态区域的构造运动性往往是明显的，较大的水平应力常是造成采场和坑道岩体变形破坏的主要原因。

13.3.2.3　准静水压力场型

准静水压力场型是指组成地应力的三个主应力大小大致相等。如在地壳深部或软弱破碎岩体地段原岩地应力场常表现为静水压力状态。

13.3.3　夹沟矿区地应力场特征及其数值模拟研究

夹沟矿区地应力场有限元数值模拟研究采用 ANSYS 软件完成。

13.3.3.1　ANSYS 软件介绍

ANSYS 软件是融结构、流体、电场、磁场、声场分析于一体的大型通用有限元分析软件，由世界最大的有限元分析软件公司之一的美国 ANSYS 开发。

软件主要包括前、后处理模块和分析计算模块三部分。前处理模块提供实体建模及网格划分工具，以便用户构造有限元模型；分析计算模块包括结构分析、流体动力学分析、电磁场分析、声场分析、压电分析以及多物理场的耦合分析，可模拟多种物理介质的相互作用，具有灵敏度分析及优化分析能力；后处理模块可将计算结果以彩色等值线等图形方式显示出来，也可将计算结果以图表、曲线形式显示或输出。软件提供了 100 种以上的单元类型，用来模拟工程中的各种结构和材料。

ANSYS Structure 是 ANSYS 软件的结构分析模块，除提供常规结构分析功能外，还能进行动力学分析、非线性分析等，能较好地满足夹沟采场计算分析的要求。

13.3.3.2　有限元分析理论

结构问题的有限元分析涉及到力学原理、数学方法和计算机程序设计等几个方面，诸方面互相结合才能形成这一完整的分析方法。多年的工程实践证明，有限元法适应性强、程序通用性高、使用灵活方便、易于掌握，丰富的单元库能精确模拟结构的几何形状，适应复杂的边界条件。一般工程上的大型结构都是三维的，因此三维有限单元符合实际情况，可以计算出各截面之间的相互影响、相互作用关系以及各个截面上的应力分布情况；可用于计算分析结构的应力集中及三维效应等问题。目前，三维有限元正以其独特的优势广泛应用于解决结构的静动力、非线性、断裂和温度应力等问题。

在有限元分析过程中，根据最小势能原理，可建立整个结构的平衡方程：

$$[M]\{\ddot{\delta}\} + [C]\{\dot{\delta}\} + [K]\{\delta\} = \{F(t)\} \tag{13-16}$$

式中　$[M]$——结构的质量刚度矩阵；

$[C]$——结构的阻尼矩阵；

$[K]$——结构的整体刚度矩阵；

$\{\delta\}$——结构的节点位移列阵；

$\{\ddot{\delta}\}$——结构的节点加速度列阵；

$[\dot{\delta}\}$——结构的节点速度列阵；

$\{F(t)\}$——结构的荷载列阵。

对于静力问题$\{\ddot{\delta}\}=\{\dot{\delta}\}=\{0\}$,可得整个结构结点力和结点位移之间的平衡方程:

$$[K]\{\delta\}=\{F\} \tag{13-17}$$

对式(13-17)引入结构边界条件即可求出位移,进而求出各单元的内力和应力。

13.3.3.3 计算假定及说明

(1)岩石是线弹性和各向同性的。

(2)岩石是完整的,压裂液体对岩石来说是非渗透的。

(3)岩层中有一个主应力的方向和孔轴平行。

(4)计算模型范围:选取 60m×60m×60m 范围内立方体作为计算模型,钻孔处于立方体中间,钻孔半径为 0.075m,钻孔深 32m。

(5)计算模型垂直于地面方向,上层 14m 材料为黏土岩,以下部分为灰岩。其中,黏土岩取浮容重,灰岩取饱和容重。

(6)在竖直方向 20.55~21.15m 钻井内壁施加 9.88MPa 的静水压力。

(7)模型边界采用刚性链杆约束。

13.3.3.4 计算模型

13.3.3.4.1 计算荷载

模型自重、水压力荷载具体值见表 13-3。

表 13-3 模型物理力学参数一览表

材料	密度(g/cm^3)	弹性模量(GPa)	泊松比
黏土岩	2.74	26.61	0.232 5
灰岩	2.58	19.03	0.229 0

13.3.3.4.2 物理模型

物理模型见图 13-12。模型中,z 方向为垂直于地面方向,x 和 y 方向为水平方向。

13.3.3.4.3 结构有限元模型

在物理模型基础上,采用 ANSYS 空间六面体和四面体单元对整体结构进行网格剖分。剖分原则如下:

(1)在计算机内存和硬盘等条件许可下,尽可能多地增加单元和节点数量。

(2)有限元模型尽可能多地剖成六面体单元。

(3)单元剖分能反映构筑物的轮廓形状、材料分区、荷载分布等情况。

按照上述剖分原则,夹沟采场地应力计算模型共剖分单元数为 92 421 个,节点数为 96 844 个,见图 13-13、图 13-14。

13.3.3.5 地应力计算结果及分析

静力部分主要给出如下计算结果:关键结构的位移结果、整体结构的应力结果和关键部位的应力结果。这里,拉应力表示为正,压应力表示为负。

13.3.3.5.1 整体位移结果

整体位移结果见图 13-15。

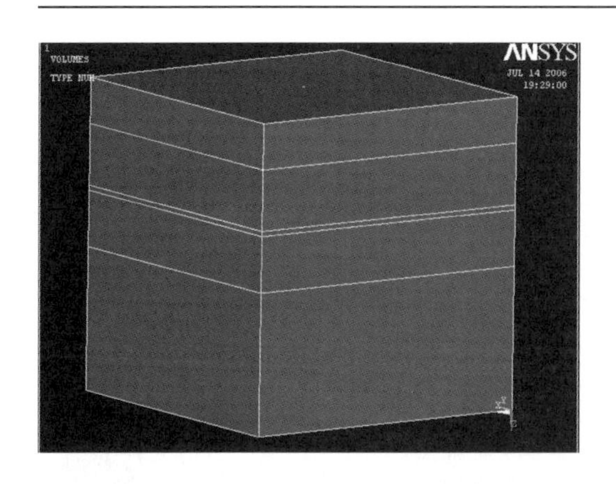

图 13-12　地应力计算物理模型

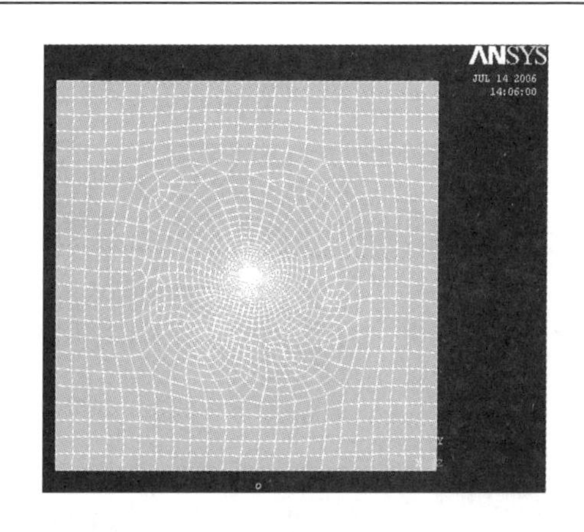

图 13-13　有限元计算模型网格俯视图

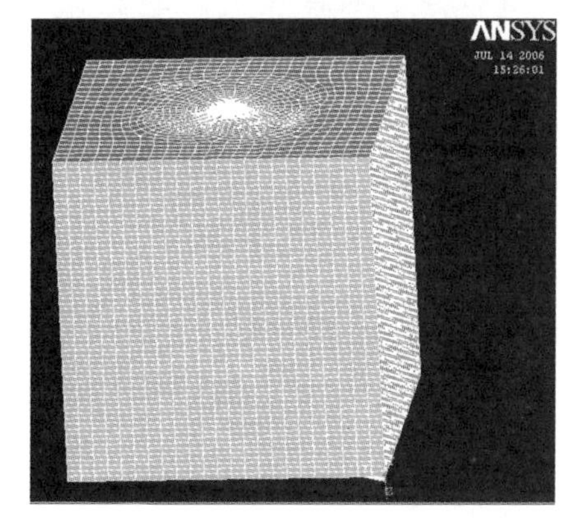

图 13-14　有限元计算模型网格结构图

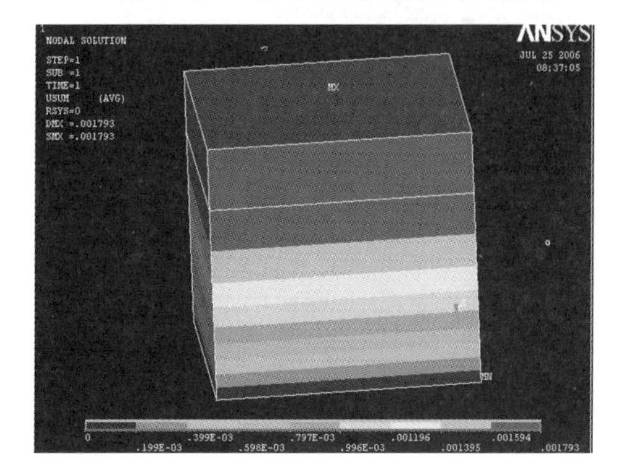

图 13-15　整体位移云图

位移云图表明整个矿床底板岩体位移量很小，最大值出现在底板岩体的最上部，为 1.6mm 左右。

13.3.3.5.2　第一、第三主应力

图 13-16 为钻孔附近第一主应力云图，图 13-17 为整体第一主应力云图。图中可见，最大值出现在钻孔内壁，整体值保持在 4.13MPa 以内。

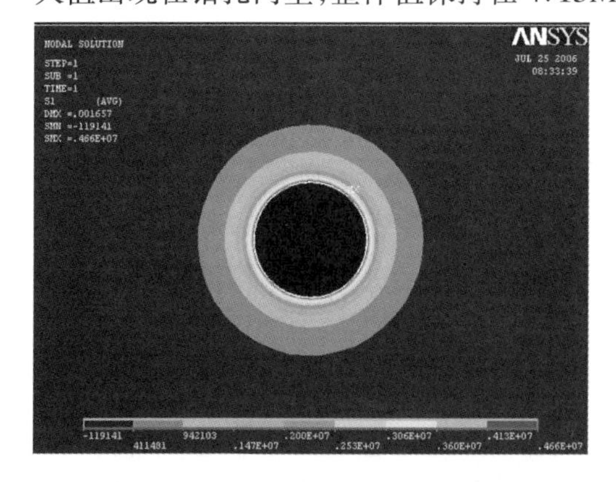

图 13-16　钻孔附近第一主应力云图

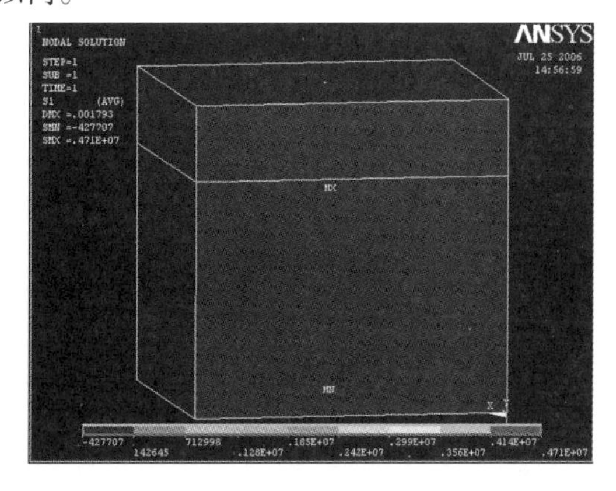

图 13-17　整体第一主应力云图

图 13-18 为钻孔附近第三主应力云图，图 13-19 为整体第三主应力云图。图中可见，最大值出现在钻孔内壁，整体值保持在 -4.86MPa 以内。

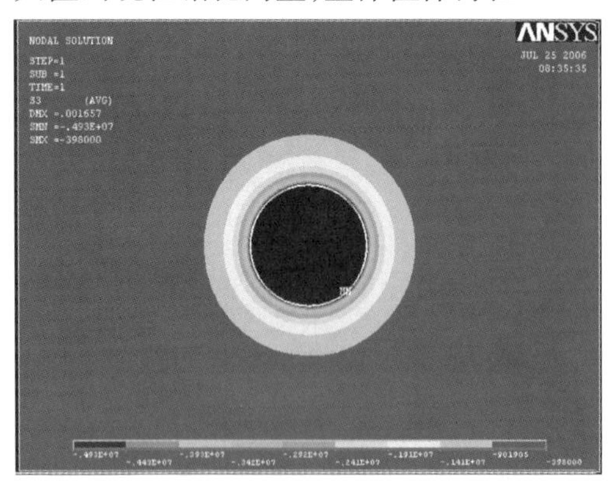

图 13-18　钻孔附近第三主应力云图

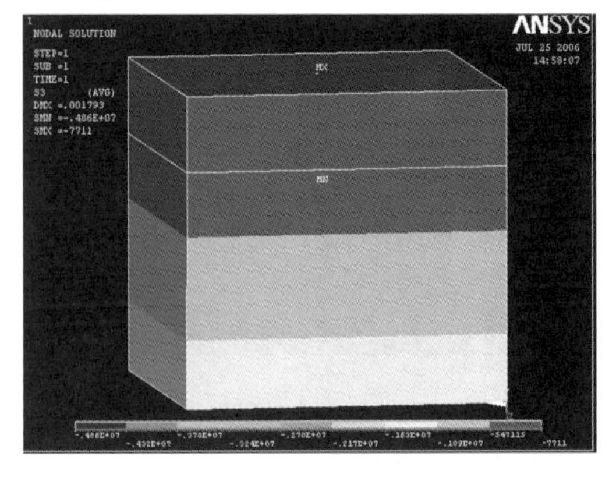

图 13-19　整体第三主应力云图

13.3.3.5.3　各应力值最大值及出现坐标

为进一步说明问题，给出各应力值最大值及出现坐标，见表 13-4。表中可见，最大值均出现在钻孔内壁附近。

表 13-4　夹沟采场最大应力位置一览表

应力值			出现坐标		
			X	Y	Z
σ_1	最大值	4.71MPa	229.93	30.09	-36.68
	最小值	-4.28MPa	0	0	0
σ_3	最大值	-7.71kPa	30.07	30.01	-57
	最小值	-4.86kPa	29.90	30.06	-36.68
σ_x	最大值	4.61MPa	30.00	30.12	-36.68
	最小值	-4.69MPa	30.15	30.00	-36.68
σ_y	最大值	4.60MPa	30.16	30.00	-36.68
	最小值	-4.96MPa	30.00	30.12	-36.68
σ_z	最大值	-7.71kPa	30.07	30.01	-57
	最小值	-1.44MPa	0	0	0

13.3.4　地应力场特征与防水开采的布局

地应力是直接作用在矿床顶底板及其围岩上的载荷，是影响矿床顶底板及其围岩稳定性的主要因素之一，是引起矿床顶、底板及其周侧变形和破坏、产生矿床突水乃至矿山动力现象的重要原因。因此，准确把握并主动适应或利用它十分重要。它对于正确确定岩体力学属性，合理进行防水开采工程部署、优化开展矿床顶、底板管理，以及从战略角度提出科学实施矿床顶、底板突水防治对策和措施等具有重要的指导作用和意义。

随着铝土矿床开采规模的不断扩大和向深部的发展,矿区地应力的影响会越发严重。目前,国际上许多国家都非常重视矿床地应力的测量研究工作。如澳大利亚、美国、加拿大等国都开展了大量的矿床地应力现场实测工作,有时在一个矿山进行的地应力测量就达80个点之多。近几年来,我国对矿床地应力测量工作也给予了高度重视,以煤矿床为主,开展了这方面的实测研究工作。

就矿床采掘巷道来说,作用于巷道围岩上的原岩应力及其采动附加应力的状态及大小对采掘工作面,特别是对顶、底板的稳定性影响十分明显。例如,长壁开采时,原应力状态发生调整,在采动作用下,工作面前方支承压力峰值可达原岩垂直应力的2～5倍,水平应力也会明显增大。从煤矿床已观测到的结果看,长壁面回采时,水平应力可增大150%。

这里水平应力增大的机理是:当垂直应力增大后,岩层由于泊松效应产生侧向变形,造成岩层之间沿摩擦力很低的层面出现相对滑动而形成附加水平应力作用于顶板岩层,见图13-20。因此,开挖巷道引起应力重新分布时,垂直应力向两帮转移,水平应力向顶、底板中转移,所以垂直压力的影响主要显现于两帮,而水平应力的影响则主要显现于顶、底板岩层(彭苏萍等)。

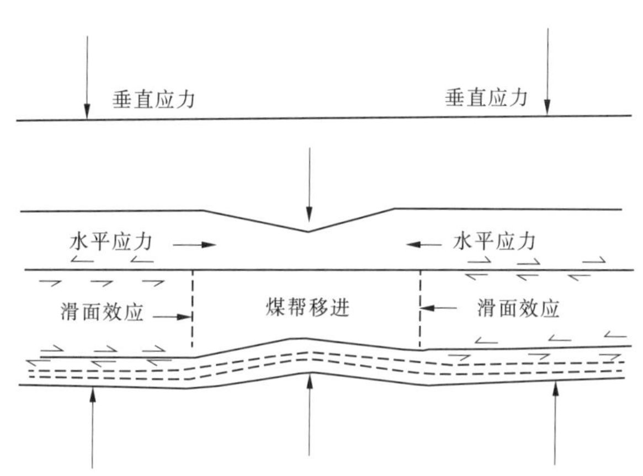

图13-20 采动影响时水平应力增大机理示意图

(据彭苏萍、孟召平)

地下岩体内掘进和采掘后,由于原岩应力和附加应力的作用,会使巷道或采场围岩发生变形和破坏,尤其是巷道或采场的顶、底板岩体产生变形与破坏会很严重,进而引起矿床顶、底板的突水事故。

针对矿床采掘巷道及采场的稳定性而言,为使巷道周边的应力集中程度减到最小,避免巷道及采场顶、底板遭到严重变形和破坏,在选择巷道的位置、方向以及断面形状时,矿区岩体中的应力状态是一个决定性因素。

已有观测研究结果表明,在水平应力为主的情况下,巷道轴线与最大主应力方向夹角小时,巷道周边受力较小且比较均匀。随着夹角的增大,巷道受力也逐渐增大,且受力的不均匀性也逐渐显示出来。因此,根据最大主应力方向,并考虑工程地质条件和现场施工环境,选择最佳巷道轴线方向,是减少巷道及其采场变形破坏的有效措施之一。例如甘肃某矿西风井1 300m、1 250m和1 200m高程三个中段的巷道,通过大致相同的岩组,它们距地表分别为400m、450m和500m左右,1 300m和1 250m中段的巷道走向为N30°W左右,与NE

向的矿区最大主应力方面近于垂直。其结果是巷道变形、破坏严重,特别是断层破碎带通过地段破坏更加厉害。虽几经翻修,仍不能保持稳定,以致不能使用。而下部的 1 200m 中段的巷道,因埋深比前述大,通常稳定性应更差,但由于考虑到构造应力的影响,把巷道走向改为 N23°E,与矿区最大主应力方向近于一致。结果巷道稳定性大为改善,即使通过断层破碎带,巷道也基本稳定,没有发现明显的变形现象。

另一方面,巷道围岩的稳定性还取决于所受的三向应力状态,一般岩体内的三个主应力全部是压应力。但是在不同的巷道断面形状和原岩应力状态下也可以发生拉应力。由岩石力学可知,圆形巷道周边切向应力为:

$$\sigma_0 = \gamma h[(1+\lambda)+2(1-\lambda)]\cos 2\theta \tag{13-18}$$

式中　σ_0——切向应力;

γ——岩石容重;

h——巷道垂直深度;

λ——侧压系数;

θ——考查点与水平轴夹角。

计算得出,巷道周边不出现拉应力的条件是:$1/3 \leqslant \lambda \leqslant 3$,当 $\lambda = 1$ 时,巷道受力状态最好,亦即巷道受均匀地压时较易维护,反之则难以维护(彭苏萍等)。众所周知,岩石的抗拉强度一般远远小于抗压强度,故在巷道周边出现拉应力时巷道就易于破坏,产生拱顶裂缝掉块等。因此,根据原岩应力状态选择合适的巷道形状,以使围岩发生拉应力降至最低程度是十分重要的。

由于水平应力具有明显的方向性,因而对巷道的影响也不同,如图 13-21 所示。当水平应力大于垂直应力时,巷道的轴向应选择在最大水平主应力方向上;当垂直应力大于水平应力时,巷道的轴向则应选择在最小水平主应力方向上。前人观测结果表明,与最大水平主应力以一定角度斜交的巷道,巷道一侧出现应力集中而另一侧应力释放,因而顶、底板的变形破坏会偏向巷道的某一侧。

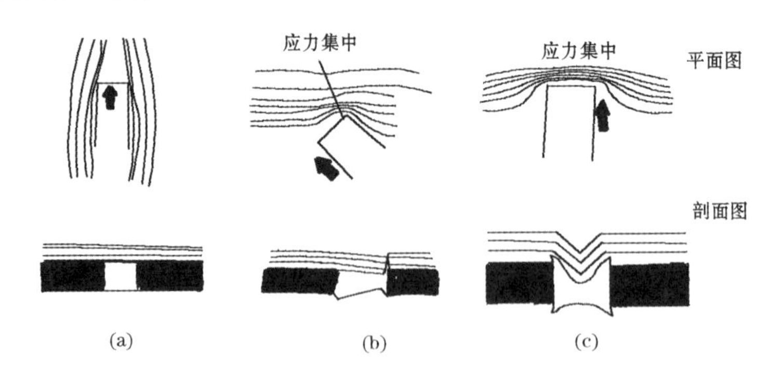

图 13-21　水平应力对巷道的影响示意图(引自彭苏萍、孟台平资料)

(a)巷道轴向与最大水平主应力方向一致;(b)巷道轴向与最大水平主应力方向斜交;
(c)巷道轴向与最大水平主应力方向垂直

从上面的分析可知,矿床采掘巷道及其采场围岩的稳定性,特别是矿床采掘顶、底板的稳定性除与组成岩石的力学强度有关外,还较大程度上受岩体中应力分布规律及其开采引起的应力变化状况所决定。其应力状态对开采方式、掘面走向乃至矿床底板预留安全隔水层厚度等至关重要。

豫西夹沟矿床地应力测量及模拟结果显示,平均最大水平主应力为 4.16MPa,优势方向为 N70°E;最大垂直主应力从地面算起约 2.38MPa,若用采场下考查点(测量处)上覆岩石平均容量估算,其垂直主应力仅约 0.53MPa。矿区水平构造应力明显高于垂直应力,矿区应力场类型为大地动力场型。因此,建议夹沟矿区下步开采,采场长轴方向或地下巷道走向应与区内最大水平主应力方向近于一致,即沿着 N70°E 方向布设为最佳。它有利于采场及巷道顶、底板围岩的受力均匀与稳定,减少矿床顶、底板的变形与破坏程度,避免或抑制矿床顶、底板,特别是底板突水事故的发生。

参 考 文 献

[1] 赵阳生.承压水上采煤理论与技术[M].北京:煤炭工业出版社, 2004.

[2] 彭苏萍,孟召平.矿井工程地质理论与实践[M].北京:地质出版社, 2002.

[3] 中国地震局地壳应力研究所.中铝河南偃师夹沟铝土矿床地应力测量及分析报告[R].内部出版, 2005.

[4] 李满洲,余强,郭启良,等.地应力测量在矿床突水防治中的应用[J].地球学报,2006(9).

[5] 邵爱军,刘唐生,邵太升,等.煤矿地下水与底板突水[M]. 北京:地震出版社, 2001.

[6] 王永红,沈文.中国煤矿水害预防及治理[M].北京:煤炭工业出版社,1996.

[7] 于双忠,彭向峰,李文平,等.煤矿工程地质学[M].北京:煤炭工业出版社,1994.

[8] 彭向峰,于双忠,淮南矿区原岩应力场宏观类型工程地质研究[J].中国矿业大学学报,1998,27(1)

[9] S. M. Marrhews, J. A. Nemcik, W. J. Gale. Herigo - ntal stress control in underground coal mines, 11th Internationd conference on Ground Control in Mining, The Vniversitg of wollongong, N. S. W, July 1992.

[10] 谢富仁,等. 中国大陆地壳应力环境研究[M]. 北京: 地质出版社, 2003.

[11] 李攀峰, 张倬元. 某水电工程地应力场数值模拟[J]. 地质灾害与环境保护, 2001(2).

[12] 蔡美峰,等. 地应力场三维有限元拟和研究[J]. 中国矿业,1997(1).

[13] 郝文化,等. ANSYS 土木工程应用实例[M]. 北京: 中国水利水电出版社, 2005.

[14] [苏]B.Д.ПаЛИЙ,等.水体下安全采煤的条件[C]//国外矿山防治水技术的发展与实践.冶金工业部鞍山黑色冶金矿山设计院,1983.

[15] 李玉山,张健元.国外矿山防治水技术的发展[C]//国外矿山防治水技术的发展与实践.冶金工业部鞍山黑色冶金矿山设计院,1983.

[16] 武强,董书宁,刘其声.带(水)压开采安全评价技术及其发展方向[J]. 煤田地质与勘探, 2005,33(21).

[17] 王梦玉.国外煤矿防治水技术的发展[J].煤炭科学技术,1983(7).

[18] 王作宇,张建华,刘鸿泉.承压水上近距煤层重复采动的底板岩移规律[J].煤炭科学技术, 1995,23(2).

[19] 李抗抗,王成绪.用于煤层底板突水机理研究的岩体原位测试技术[J].煤田地质与勘探, 25(3).

[20] 李加祥.通过测量底板最大附加剪应力探求底板突水机理[J].煤田地质与勘探, 1988(4).

[21] 煤炭工业部综合勘察研究设计院. 矿井水文地质规程(GB/50021—2001) [S]. 北京:中国建筑工业出版社, 2002.

第 14 章　矿床开采探放水技术

矿床开采探水系指采矿过程中用超前勘探的方法,查明采掘工作面顶、底板、侧帮和前方一定范围内的断裂、岩溶陷落柱等导水构造和积水老空及含水层分布等的空间位置、产状、储蓄水规模、涌(突)水能力等,以为矿床开采防治突水做好必要的先期准备工作。因此可以看出,它是预防矿床突水和有的放矢、有针对性地开展突水治理或避让的一项极其重要的技术。

14.1　探放水原则与基本要求

14.1.1　探放水原则

同其他矿床一样,铝土矿床采掘工作必须执行“有疑必探,先探后掘”的原则,遇到下列情况之一时必须实施超前探水工程。

14.1.1.1　接近导水断层、含水裂隙密集带时,或通过它们之前时

(1)采掘工作面前方或附近有导(含)水断层或含水裂隙密集带存在,但具体位置不清或控制不够时。

(2)采掘工作面前方和附近预测有断层或含水裂隙密集带存在,但其位置和导(含)水性不清,可能引起突水时。

(3)采掘工作面底板隔水层厚度与实际承受的水压二者处于临界状态,即等于安全隔水层厚度和安全水压的临界值时。

(4)掘进工作面影响范围内,是否有断裂不清,且一旦遭遇很可能发生突水时;或断层已被揭露或穿过,暂没有出水迹象,但由于矿床隔水层厚度和实际水压值接近临界状态,在采动影响下有可能引起突水,需要探明其下部是否已和强含水层沟通,或有底板水的导升作用时。

(5)采掘工作面接近或计划穿过的断层或裂隙密集带浅部不导(含)水,但至深部有可能突水时。

(6)采场内小断层使矿层与灰岩等强含水层的距离缩短时。

(7)采场内构造不明,且含水层水压又较大,一般≥1MPa 时。

14.1.1.2　临近底板含水层、岩溶发育带、岩溶陷落柱和岩溶凸起柱时,或通过岩溶陷落柱和岩溶凸起柱之前时

(1)矿床开采,接近矿床底板下伏古岩溶侵蚀凹凸面,尤其是凸起柱时。

(2)由于古岩溶侵蚀面(带)常存在岩溶塌陷作用影响,采掘工作面接近或通过岩溶塌陷、陷落柱时。

(3)矿床底板下伏含水层水压较大,采动破坏裂隙带与导升带可能发生沟通,或直接达至含水层顶板时。

14.1.1.3　接近淹没的废弃铝土矿坑、煤窑或其他矿山积水老空时

(1)积极主动探放。当老空区不在河道或重要建(构)筑物下面、排放老空区内积水不会造成矿山排水负担加重,且积水区之下或附近又有大量的富铝矿石亟待开采时,这部分积水应尽量地放出来,以消除对下步开采的隐患。

(2)先隔离后探放。对与地表水有密切水力联系且雨季可能接受大量补充的老空水的水量往往较大,水质多呈酸性,为避免负担长期排水费用,应先想法隔断或减少其补给量,然后再进行探放。若隔断水源暂有困难而无法开展有效的探放水,可先留设岩障与采区隔开,待开采后期再伺机进行处理。

(3)先堵塞后探放。当老空区为强含水层或有其他水源水补给所淹没,出水点清楚且较易堵塞时,一般应先封堵出水点,而后再探放水。

(4)濒临可能与河流、湖泊、水库、蓄水池等相通的断层破碎带或裂隙发育带时。

(5)遇到可能涌(突)水的钻孔、凿井时。

(6)接近矿床水文地质条件复杂的地段,采掘工作有涌(突)征兆或情况不明的渗出水点(面)时。

(7)采掘工程接近其他可能涌(突)水地段时。

14.1.2　探放水工作布署基本要求

铝土矿床探放水工作可参照我国煤矿床有关规程执行,在工作布署上应遵循以下几项基本原则与要求。

(1)从矿区着眼,立足采场,把矿区水文地质条件同采场具体水文地质问题与可能的突水类型有机地结合起来,从而进行统一的、系统的探测部署与研究。要特别注意到地下水具有系统性和动态性等特征,要树立系统的、动态的探测思想和分析理念。

(2)探测工程的布署要做到有的放矢,以采场具体水文地质问题与可能的突水类型为主,适量考虑地面配合工作。应注意把探测工程的短期试验同长期动态监测有机地结合起来,实现采掘期内长期的、整体性的探测和控制。

(3)探测方法的选择,要结合采场具体的水文地质问题与可能的突水类型,充分考虑方法选用的针对性和有效性,注意区分定性分析与定量探测评价问题。通过认真筛选及优化分析,力争以最少的经济投入获取最大的探测效益。

14.2　探水内容与探测重点

对于铝土矿床采场可能遭遇的不同充水水源和突水类型,开展的探水内容与任务不同,需要的探测重点亦各异。

14.2.1　导水断层

铝土矿床一般分布于背斜和向斜翼部地带,受褶皱构造运动作用,矿区断裂构造较为发育。其中一些断距较大的张性断裂常常起到导水通道的作用,是造成矿床突水的主要原因。从我国各类矿山突水情况来看,大半突水是由矿床导水断裂或断层而引起。尤其是那些隐伏的导水断层在前期矿区勘探工作中常缺乏对其有足够的认识,甚至未被发现或漏查。因

此，对于这类断层往往需要随着采掘工作的推进，适时地进行探测工作。

导水断层探测内容和探测重点包括：断层破碎带的位置、规模、性质、产状、充填与胶结程度、风化及溶蚀状况、导水性和富水性特征以及沟通各含水层或地表水、老空水情况等。分析评价断层可能引起的突水地段和强度，优化提出矿床采掘过程中防治断层突水的方案与措施。

14.2.2 导水裂隙带

受构造应力、风化应力等作用，在矿床顶、底板一些部位，部分刚性隔水岩体裂隙发育，富水性及其导水性较强。当其与主要含水层沟通时，常常造成严重的突水后果。

这类裂隙发育一般具有条带性、不均匀性等特征，不少常与矿区断裂、断层相伴生。因此，探水工作应着重查明裂隙发育的部位、规模和分布规律，并对裂隙的性质、成因、发育连通程度、充填状况、导水性和富水性以及与其他含水层或地表水的沟通情况等进行详细的探测研究。对其可能的突水强度做出预测评价，提出防治裂隙突水的措施和方案。

14.2.3 岩溶陷落柱与岩溶凸起柱

14.2.3.1 岩溶陷落柱

华北地台铝土矿床赋存于寒武、奥陶纪灰岩古老侵蚀面上。由于长期受到强烈的侵蚀作用，矿床底板下伏巨厚的可溶性碳酸盐岩建造岩溶洞穴极其发育，如豫西夹沟矿区钻孔见洞率分别达 25.93% 和 23.59%，客观上为岩溶陷落柱的发育创造了有利的条件。

岩溶陷落柱直径小者数米、数十米，大者数百米。它的出现，除对矿床分布的连续性造成破坏外，更重要的是使矿床水文地质条件变得异常复杂化。在陷落柱密集的矿区，甚至将丧失开发价值。

14.2.3.1.1 岩溶陷落柱特征

从其他矿山实际揭露的资料来看，岩溶陷落柱具有如下一些特征：

(1)隐蔽性强，难以防范。岩溶陷落柱形状很不规则，大小不一，与围岩接触界线多呈锯齿状折线。陷落柱的成因决定了其具有点状构造的特点，尽管有些陷落柱的直径可达数百米，但和矿区地质结构体相比，仍具有很强的局部性，特别是在陷落柱的外围区域，地层层序及结构仍保持着正常状态，这就使得通过地层层序和构造形态去超前分析预测陷落柱的存在变得十分困难，甚至不可能。陷落柱的这些特征决定了陷落柱突水将具有很强的突发性和难以防范性，必须在采掘过程中，随时加强探测活动，及时侦察，防患于未然。

(2)导水能力强，水源充沛。由陷落柱的成因条件可知，只要有陷落柱的存在，其根部必然存在有厚层的碳酸盐岩类可溶岩，而这类厚层的可溶岩溶洞、溶孔十分发育，又往往形成强富水和导水的含水层(组)，它不仅有着丰富的静储量，也往往具有较大的补给量，因此一旦发生陷落柱型突水，其突水强度往往较大，见图 14-1。

(3)导水压力高，流速大。铝土矿床一般分布在背、向斜翼部地带，矿床下伏寒武、奥陶系灰岩类含水层(组)，在平面上延伸范围较大，在地势较高的裸露区接受大气降水或地表水的补给，向下游径流于二叠、石炭系等煤系地层和铝系地层之下，由于煤系地层、铝系地层同下伏灰岩含水层(组)之间存在一定厚度的隔水岩组，含水层(组)往往处于高承压状态，一旦发生突水，其突水点水压力高，流速大。如肥城国庄煤矿 −210m 采面奥陶系中统灰岩含水

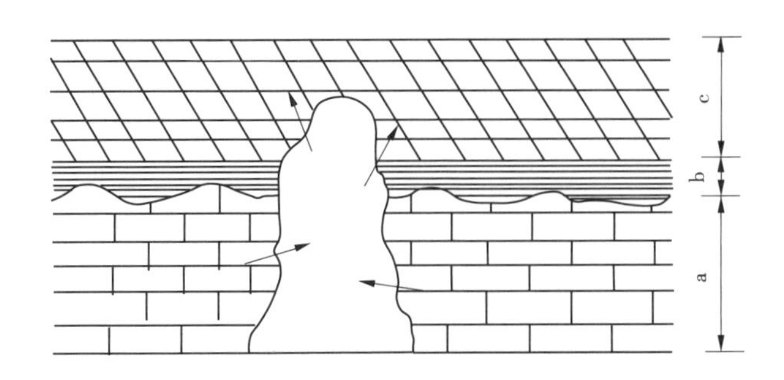

图 14-1　岩溶陷落柱垂向导水示意图

a—奥陶(或寒武)系灰岩;b—石灰系中统本溪组黏土岩,铝土岩;c—石灰系中统本溪组铝土矿

层发生突水,水量 32 970m^3/h,水力冲出 10 000m^3 的岩屑和岩块。

14.2.3.1.2　岩溶陷落柱导水类型

上述岩溶陷落柱以其特殊的成因和特征,成为导致灾难性突水的最危险导水通道。但是,对于导水陷落柱,其导水特点也不完全一样,垂向和平面上的导水性能与导水特征不同。甚至部分陷落柱因在长期的地质作用过程中被压实和胶结,其本身并不具备导水的能力。

(1)垂向导水型。主要有以下几种:

①全通式导水陷落柱。陷落柱整体从下至上都具有导水的能力,只要是陷落柱穿过或接触含水层,其水流都可通过其柱体发生垂向上的导通运动,如图 14-2 所示 a 段。

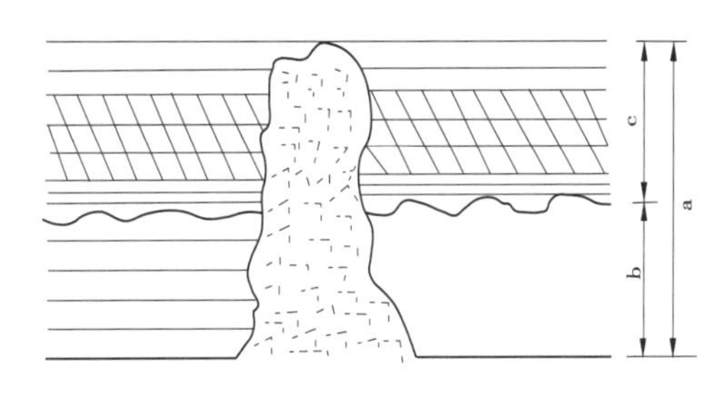

图 14-2　岩溶陷落柱垂向导水性示意图

a—全通式;b—下通式;c—上通式

②下通式导水陷落柱。陷落柱体的下半部具有导水能力,而上半部则不导水,如图 14-2 所示的 b 段。这种情况下,若陷落柱下半部导水段位于铝土矿床内,当矿石挖掘后,即发生突水;反之,若陷落柱下半部位于矿床隔水底板之下含水层中,则不易形成矿床的突水。

③上通式导水陷落柱。陷落柱的上半部具有导水能力,下半部则不导水,如图 14-2 所示 c 段。这种情况下,若陷落柱上半部导水段位于铝土矿床隔水底板和下伏灰岩含水层(组)接触带附近,或铝土矿床隔水顶板带附近,陷落柱即可能沟通矿床下伏含水层(组),或矿床上部地表水、潜水等发生矿床的突水;反之,若陷落柱整体隐伏于矿床隔水底板下伏灰岩含水层(组)中,或陷落柱上半部位于矿床内,下半部不导水段与矿床隔水底板接触,此种情形则不易发生矿床的突水。

④不导水陷落柱。即整个陷落柱全段均不具有导水性。这种情况下,陷落柱的存在对矿床突水不会造成太大的影响。

(2)平面导水型。主要有以下几种:

①全断面导水陷落柱。整个陷落柱水平断面及其周边围岩影响带都具有导水性，如图 14-3所示 a+b+c 断面。这种陷落柱突水，其强度和危害往往很大。

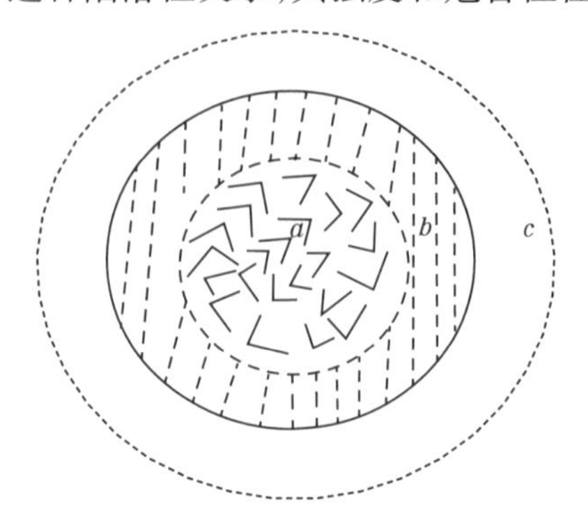

图 14-3　岩溶陷落柱横断面导水示意图

a—核部；b—接触带；c—影响带

②核心导水陷落柱。陷落柱只在其核心断面具有导水能力，如图 14-3 所示 a 断面。该类陷落柱突水断面相对较小，透水能力受核部岩体碎裂导通程度而变化。

③接触带导水陷落柱。陷落柱只在其核部与围岩的接触带环状区内具有导水能力，如图 14-3 所示 b 断面。该种类型陷落柱导水能力的强弱取决于接触带的规模、连通性和单体过水断面的大小。

④影响裂隙带导水陷落柱。由于压密固结作用，陷落柱本身不具备导水性，但陷落柱外围形成的环状张性裂隙带具有导水性，如图 14-3 所示 c 断面。这种形式突水强度的大小视张性裂隙带发育程度的高低而变化，裂隙带规模大，口宽缝长，连通性好时，则突水能力就强，突水强度就大；反之，突水能力就弱，突水强度就小。

14.2.3.1.3　*岩溶陷落柱探测内容与探测重点*

从我国其他矿山突水情况来看，由岩溶陷落柱导通突水的事例不少，最典型的当属开滦范各庄煤矿 2171 工作面突水事故。1984 年 6 月 2 日，该矿采掘工作面遭遇导水陷落柱，致使下伏奥陶系灰岩强含水层高承压水导入矿井，峰值水量达 1 021m^3/min，20h 内被淹没，系特大型突水事故，成为世界采煤史上最大的一次突水，直接和间接经济损失数亿元。

分析铝土矿床地质、水文地质条件容易看出，发生在我国煤矿床等的岩溶陷落柱型突水在铝土矿床深部开采中同样会存在。而且同石炭系上统、二叠系等煤系地层相比，由于石炭系中统本溪组铝土矿床距离下伏寒武、奥陶系灰岩含水层(组)更近，可以预见，未来深部铝土矿床开采遭受岩溶陷落柱型突水的几率将会更大，其危害将会更烈。因此，加强铝土矿床开采过程中岩溶陷落柱的探测工作则十分重要。主要探测内容和重点为：岩溶陷落柱的空间位置、规模、可能的导水类型、压实充填胶结状况和陷落柱的展布以及同矿床和下伏含水层(组)的接触关系等。对其可能的突水强度做出预测评价，并提出合理的防治对策和方案。

需要指出的是，在应用地震等探测方法进行探测和圈定可疑区时，应结合地质综合分析的方法开展一些相关调查研究工作。如陷落柱可疑区是否位于近代岩溶径流带附近或地下水比较活跃的地方；是否是构造单一、简单的地区，因为后期构造变迁越小，古岩溶径流带越易于保存、延续与发展等。这样做可以更好地提高我们的探测准确度。

14.2.3.2　岩溶凸起柱(包)

“岩溶凸起柱(包)”是指寒武、奥陶系岩溶灰岩体呈柱、丘状“嵌入”上覆石炭系中统本溪组铝土矿床中的凸起体,见图 14-4。它是寒武、奥陶系灰岩古侵蚀作用所致凹凸状产物,亦是豫西及其华北地台区铝土矿床突水一种特有的形式。在该凸起柱(包)的上部一般分布有或厚或薄的黏土岩、铁质黏土岩等隔水岩体。当矿床开采至该柱(包)体时,倘若不慎,就会揭露下伏灰岩含水层,像上述陷落柱似的导致矿床的突水。

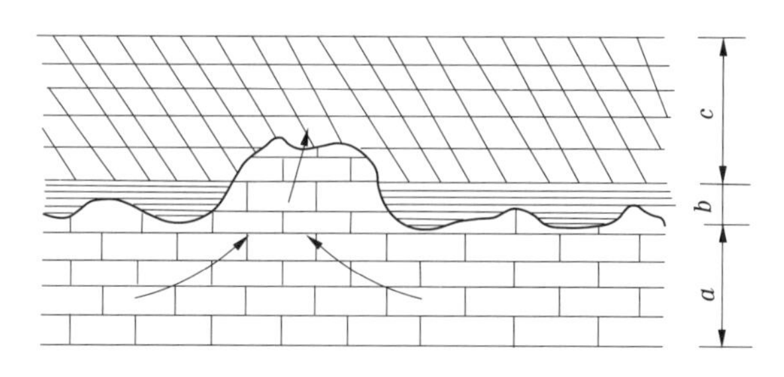

图 14-4　岩溶凸起柱(包)垂向导水示意图

a—奥陶(或寒武)系灰岩;b—石灰系中统本溪黏土岩,铝土岩;c—石灰系中统本溪组铝土矿

这种岩溶凸起柱(包)式突水,由于直接沟通下伏灰岩强含水层,故此往往会很大,来势亦会很凶猛,对此需引起高度的重视。

岩溶凸起柱(包)的探测内容和重点是:结合矿床勘探资料,着重探测矿床底板下伏寒武、奥陶系灰岩古侵蚀面的凸起形态、凸起规模以及“嵌入”矿床中的凸起面展布状况等,对可能的突水强度做出预测评价,并给出合理的防治对策和措施。

14.2.4　老空(窿)水

由于历史采矿的原因,铝土矿区往往分布有许多古代各类采矿小窑和坑道以及现在已停止使用的旧巷道,如夹沟采场东、西两侧分别有废弃铝土矿坑和采煤小窑各一个。这些废旧老窑和坑道大多存在着的积水,俗称“老空(窿)水”。它们中不少即是当时受矿床突水危害而被迫停采的,换句话说,这些老空水大多与各类矿床充水水源之间具有密切的连通关系。当我们采掘工作面接近它们时,便有可能成为矿床突水的水源或导火索。煤类矿山这类突水的例子并不少见,例如 2006 年 5 月 18 日,山西大同左云新井煤矿发生重大突水,造成 56 人失踪,经济损失巨大,其突水的原因就是由于矿道掘进时与废弃老窑采空积水沟通。据统计,在我国煤矿各类突水事故中,老空水占 30%,其中地方国有煤矿和乡镇煤矿更为严重,高达 60%以上。

14.2.4.1　老空(窿)水特征

古窑、坑道老空水一般具有下述几方面的特征和特点:

(1)古窑、坑道一般埋藏较浅,开采掘进走向混乱,采富弃贫,开采情况难以掌握。

(2)积水量不清,积水范围不易确定。

(3)一旦与之沟通发生突水,其来势凶猛,具有很大的破坏性。

(4)老空水中常含有大量的硫酸根离子,水的酸性大,具有腐蚀性,容易造成矿山设备的损坏。

(5)当其与其他水源无水力联系时,则易于疏干;倘若与其他水源存在水力联系,则可造成大而稳定的突水,其危害往往很大。

14.2.4.2 老空(窿)水探测内容和重点

对于老空(窿)水应重点探测采区周围,特别是掘进走向前方一定范围内的古窑、坑道与废弃老窿的分布位置、空间范围、积水状况等;探测其与地表、地下各类充水水源之间的水力联系情况;大致圈定采空区的范围,估算积水总量,并论证提出开采过程中有效防治老空(窿)水的对策和措施。

14.2.5 地表水

14.2.5.1 地表水渗(溃)入矿床坑道的途径

铝土矿床一般分布于背斜翼部和向斜翼部地带,这些地带常常是地表水汇聚或径流的地区。例如豫西夹沟矿床即位于嵩山背斜北翼的山前地带,地表南北向冲沟发育,汛期洪水多发。再如豫西渑池段村—雷沟矿区位于段雷向斜,矿区分布有北涧河、石河及仁村水库等地表水体。这些地表水多处于渗透良好的砂卵石层上,当其位于矿床开采影响范围内时,在一定条件下便会进入坑道成为矿床突水的水源。

据我国煤田水文地质勘探资料,分布在煤田地区的多数季节性河流,旱季时地表虽然断流,但河道冲洪积层中地下潜流却依然存在,仍能起到补给基岩含水层的作用。例如山东淄张煤田有淄河流过,其最大流量为 3 200m^3/min,最小流量 27m^3/min。勘探结果表明,有47%的流量转为地下径流,成为该煤田的主要补给水源。这种问题在铝土矿区亦有存在。

地表水渗入或溃入矿床采掘坑道,通常会有下列几条途径:

(1)通过第四系松散砂、卵石层及基岩露头,先是渗入补给地下水,尔后在适当条件下进入坑道。

(2)通过构造破碎带或古窑、坑道直接溃入开采矿床。

(3)露天开采或地势低洼处的矿山,雨汛洪水期间,冲破围堤直接灌入。

(4)水体下采矿时,由于矿石采出,顶板岩层冒落和产生破坏裂隙,导致地表水进入坑道,引发矿床突水。

上述突水途径,对铝土矿床水下开采,或近水开采存在严重威胁,如上述渑池段村—雷沟矿区,未来地下开采即面临这类重大突水隐患。

14.2.5.2 地表水探测内容和重点

地表水探测应详细查明开采影响范围内的地表水体的大小、汇水面积、分布范围、水位、流量、流速、季节性动态变化规律及其历史最高洪水位、洪峰流量和淹没范围。特别应详细探测查清地表水体距坑道的垂直和水平距离,以及坑道可能的充水方式、充水地段和充水强度,分析论证其对矿床开采的影响。提出开采过程中防治地表水危害的方法和建议及其必要的防灾应急的预案,及时为矿山应急防排水系统及排水能力设计提供基础探测资料。

14.2.6 充水含水层

14.2.6.1 含水层充水类型及其危害概况

矿床充水含水层包括松散岩类孔隙含水层、碎屑岩类裂隙含水层和碳酸盐类岩溶裂隙含水层等。

依含水层充水方式的不同,其充水类型可分为含水层直接充水型、含水层顶板间接充水型和含水层底板间接充水型三种。上述各类型含水层水是造成各类矿山突水最严重的一种充水水源，其危害范围遍及我国大部分矿山地区。豫西夹沟铝土矿床突水，其充水水源即主要是来自矿床底板下伏奥陶系中统马家沟组灰岩岩溶裂隙含水层(组)。从河南郑州、焦作、鹤壁地区和河北开滦、峰峰、邯郸、邢台、井陉地区以及山东肥城、淄博、临沂等地区的煤矿突水事例来看，含水层充水亦是矿床突水的主要水源。据资料，仅1984年至1985年的一年多时间里，全国煤矿就发生这类突水淹井事故22起，经济损失逾50亿元。1995年第四季度到1996年第一季度，先后又发生义马新安、峰峰梧桐庄、井陉、临城、皖北任楼等多起这类煤矿突水淹井重大事故。因此，加强铝土矿床采掘过程中针对充水含水层的适时探测研究工作则十分重要。其探测结果是调整疏排降压方案及进行截源、堵漏防治工作的重要依据。

14.2.6.2　不同充水类型含水层的探测内容和重点

14.2.6.1.1　直接充水型含水层

该类型应着重探测查明含水层的富水性、渗透性；含水层的补给来源、补给边界、补给途径和地段；该含水层与其他含水层、地表水、老空水、导水断裂等的关系。当铝土矿区直接充水型含水层裸露时，还应在前期勘察工作的基础上进一步查明地表汇水的面积及大气降水入渗补给的强度等。

14.2.6.1.2　顶板间接式充水型含水层

该类型应随着采掘工作的推进，及时探测查明直接顶板隔水层或弱透水层的分布、厚度变化、稳定性状况、岩石的水理性质、裂隙发育特征、受断裂构造的破坏程度等；探测计算不同采高和采矿方式下矿床顶板导水裂隙带发育高度以及导水裂隙带与顶板间接充水含水层之间的距离、连通关系和矿床通过顶板裂隙后可能的充水水量；探测查明顶板隔水层中存在的导水断层、破碎带及其空间分布等情况，分析评价主要充水含水层水通过构造进入坑道的地段及其可能的充水水量；研究提出切实有效的防治对策和措施。

14.2.6.1.3　底板间接式充水型含水层

该类型探测工作应在铝土矿床前期勘探结果的基础上，随着采掘面的推进进一步详细查明矿床底板下伏承压水的渗流场特征、岩溶发育程度和空间变化状况；探测查明采掘矿床与含水层之间的距离、隔水层的岩体厚度和空间凹凸变化情况，隔水岩体的物理力学性质、水理性质和阻抗底板下伏高压水流侵入的能力以及构造裂隙、断层等对底板岩层完整性的破坏程度等；分析论证矿床采掘后可能对底板隔水岩层的破坏和扰动程度及其可能诱发突水的条件；指出可能诱发突水的地段，预测评价突水发生的强度，论证提出科学的防治策略和措施。

14.3　主要探测方法与技术

矿床水文地质条件探测工作是围绕采掘过程中可能存在的各种水文地质问题而开展的，是前期矿区区域水文地质勘探工作的深入和具体化，多带有补充勘探和量化的性质。它一方面验证和深化对矿区区域水文地质条件的认识；另一方面利用地下坑道工程的有利条件，结合采掘工作可能遇到的矿床水文地质问题进行有针对性的探测，从而及时为矿床开采延伸以及某些特殊采掘“靶区”地段制定有针对性的防治水技术方案和措施提供科学依据。由此可见，矿床采区水文地质探测工作是前期矿区各阶段水文地质勘探所不能取代的。

14.3.1 主要探测方法与技术

随着科学技术的进步和矿床采掘发展的需要,自20世纪80年代中期以来,以煤矿床为主,矿床水文地质探测工作和技术出现三个较大的转变:一是探测研究对象平面上从大到小,即从区域、矿区到矿床采区的转变;二是探测研究对象垂向上从上到下,即从以往的多围绕矿山地面做工作到矿山坑道下采掘面的转变,使得探测工作更具有目的性、针对性和实用性,直接服务于采掘工作;三是"宏观"粗略地定性探查技术和方法到"微观"精确地定量评价技术和方法的转变,使人们能够从更高的层次上、更精确地定量分析和认识水文地质问题。从某种意义上讲,上述三大转变和变化是一次"质"的飞跃。伴随着这种变化和飞跃,一大批先进的、成熟的探测方法和技术则应运而生,在各类矿山采区水文地质探测工作中发挥出重大的作用,取得了显著的安全效益和经济效益。针对铝土矿床而言,归纳起来,这些探测方法和技术主要有以下几类。

14.3.1.1 采场地质、水文地质条件分析方法和技术

该方法主要是通过对矿床采区已经揭露的地质与水文地质现象的观察、测量、统计计算等去分析研究采区可能出现的水文地质问题,从而达到了解和预测采掘面前方矿床水文地质条件的目的。应用于坑道地质、水文地质条件分析方法和技术有:

(1)采场地质、水文地质现象观察和素描记录。

(2)采场地质、水文地质现象简易监测和数字连续摄像分析。

(3)采场断层和裂隙测量、统计与做图分析。

(4)采场周侧渗水点位置、水量、水压、水温、水质及其动态变化规律的观测与分析。

(5)矿压及其他动力地质现象,如底鼓、片帮、冒顶等的观测和分析。

14.3.1.2 采场化学探测方法与技术

采场化学探测方法和技术主要是通过采场已经揭露的渗(出)水点水的化学组分、化学性质的基本特点和随时间的变化规律,以及利用人工化学物质的投放和监测等手段去分析研究铝土矿床采区水文地质问题,达到识别渗(出)水来源、补给途径、主要充水含水层之间的水力联系条件和主要导水通道的位置等目的,为正确评价预测矿床涌水量和变化趋势以及合理选择防治技术和方法提供重要依据。采场主要的化学探测方法与技术有:

(1)采场渗(出)水化学指标监测方法与技术。

(2)采场水化学快速检测方法与技术。

(3)渗(出)水水源示踪试验方法与技术。

(4)氧化还原电位方法与技术。

(5)环境同位素方法与技术。

(6)水化学类型宏量及微量组分分析方法与技术。

(7)溶解氧分析方法与技术。

(8)水文地球化学数值模拟方法与技术。

14.3.1.3 采场地球物理探测方法与技术

该种方法与技术主要是利用采场工程更加靠近地质、水文地质体的特点,通过对采场内岩体组分的物性差异、电性差异、磁性差异、传波性差异等特征的探测,达到识别和预测矿床采掘带地质结构、含水岩组特征、构造断裂的分布及其导富性状况等目的。目前,主要的探

测方法与技术有：

(1)弹性波 CT(层析成像)方法与技术。

(2)采场坑道无线电波透视方法与技术。

(3)采场坑道地质雷达超前探测方法与技术。

(4)采掘面坑透方法与技术。

(5)瑞利波超前探测方法与技术。

(6)槽波地震探测方法与技术。

(7)超声波测试方法与技术。

(8)坑道直流电方法与技术。

(9)矿床钻孔照相与窥视技术。

(10)瞬变电磁方法与技术。

(11)核磁共振找水方法与技术。

14.3.1.4　采场专门水文地质试验方法与技术

采场专门水文地质试验方法与技术主要是利用采场坑道内揭露的地质和水文地质环境，通过采场坑道内的专门工程人为地激发和扰动地下水流系统，并利用坑道上下水文地质观测系统监测地下水流在不同激发和扰动条件下的响应与变化，进而达到分析研究采掘地带含水层(组)的富水性、导水能力、补给条件、不同含水层之间的水力联系、构造断裂的导水和阻抗状况等目的。主要的探测方法与技术有：

(1)采场内单孔或群孔抽水试验方法与技术。

(2)采场内单孔或群孔放水试验方法与技术。

(3)顶、底板主要充水含水层预疏水降压可行性试验方法与技术。

(4)采场内钻孔压水试验方法与技术。

(5)采场内钻孔压浆试验方法与技术。

(6)矿床原位应力和采动应力测试方法与技术。

(7)地下水位动态和水压动态监测方法与技术。

上述采场探测方法与技术，具体运用时应根据矿床采区实际的水文地质条件、可能存在的水文地质问题和防治水工作的要求等，有针对性地选择一种或几种经济上合理、技术上先进、操作上便捷的方法进行探测。各方法之间应注意做到相互补充、相互验证、取长补短的考虑，以达到以最少的经济投入获得最大探测效益的目的。

14.3.2　常用探测技术方法的原理与适用条件

14.3.2.1　弹性波 CT(层析成像)测试方法与技术

弹性波 CT(Computeriyed Tomography)技术，又称层析成像技术，是医学计算机层析扫描技术在地球物理领域的应用和发展，是一项新兴技术。跨孔 CT 技术，是借鉴医学 CT、通过人为设置的某种射线(弹性波、电磁波等)穿过工程探测对象(矿床地质体)，从而达到探测其内部异常(物理异常)的一种地球物理反演技术。由于所用射线不同，又可分为弹性波 CT、电磁波 CT 及电阻率 CT 等。目前应用于工程探测的弹性波 CT 就是利用弹性波信息重建被检测体内部构造的成像技术。

弹性波在岩体中的传播速度与岩性、岩体的完整性密切相关。不同的岩体具有不同的传播速度;相同的岩体,传播速度与岩体完整性密切相关。波速高的区域,岩体完整性好、密度大、强度高;波速低的区域,岩体破碎,密度小、强度低,甚至可能为孔洞等。这就是利用弹性波检测的基本原理,夹沟矿床据此进行注浆试验效果的检测与评价。

如图 14-5 所示,A 和 B 为两个钻孔。先在 A 孔中某一位置处激发弹性波,在 B 孔中 n 个等间隔位置处接收,可测得 n 个弹性波小组旅行时;然后,按一定规律移动激发点或接收点的位置,直到完成预先设计好的“观测系统”。若整个观测系统共激发 m 次,则可测得 $m\times n$个弹性波旅行时,据此信息,利用计算机作反演计算,即可得到被检测地层的波速图像。夹沟铝土矿床底板裂隙通道查找及注浆加固效果检测,运用该法取得了较好的效果。

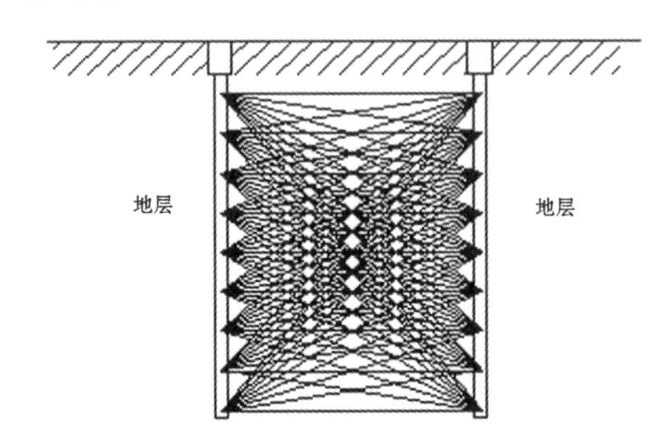

图 14-5 弹性波 CT 成像检测原理图

14.3.2.2 超声波测试方法与技术

物理学中将声波频率 $f>20$kHz 的声波称为超声波。其测试原理就是利用超声波换能器,由发射换能器将电信号转换为振动信号,振动信号在介质中传播产生超声波,超声波经接收换能器接收并转换为电信号输出,再由超声波测试仪器放大显示并记录,形成一个“电—声—介质—声—电”的全过程。介质的超声波传播速度与介质的自身属性、介质的完整性及介质所处的环境有关。超声波在岩体中的传播速度主要与岩性、岩体完整性、水饱和度有关。当岩性及水饱和度一定时,岩体完整性好,超声波在岩体中的传播速度高;岩体破碎,超声波在岩体中的传播速度低。

夹沟矿床超声波测试工作采用单发双收装置,测试系统见图 14-6。

图 14-6 中经 S_1、S_2 接收到的振动信号,是由 F 发射的振动信号经孔壁、钻孔中的水介质传播至 S_1、S_2 点的振动信号。由于超声波在水中的传播速度较低,为 1 500m/s,因而首先到达 S_1、S_2 点的振动信号(即首波)一定是通过孔壁传播到的,其传播路径见图 14-7。超声波测试就是测试记录由发射换能器 F 发射的振动信号,经孔壁传播到接收换能器 S_1、S_2 点的振动信号图谱,即在接收点处质点振幅随时间的变化。速度为距离与其走时的比值,S_1、S_2 点之间的间距由超声波换能器所确定,只要测量出超声波到达 S_1、S_2 点的时间差,即可求出岩体的超声波传播速度。依据岩性及岩体速度判定岩体是否完整,破碎岩体一般是透水通道;依据注浆前、后岩体超声波速度的变化判断注浆的效果,夹沟铝土矿床底板裂隙通道查找及注浆加固效果检测,运用该法取得了较好的效果。

14.3.2.3 瞬变电磁探测方法与技术

该技术是基于地下低电性地质体对高频电磁场有二次散射的物理现象,当地面发射的

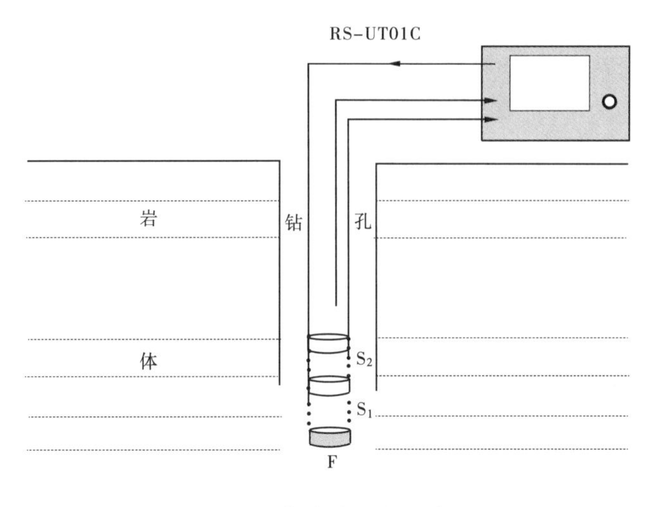

图 14-6　超声波测试系统图

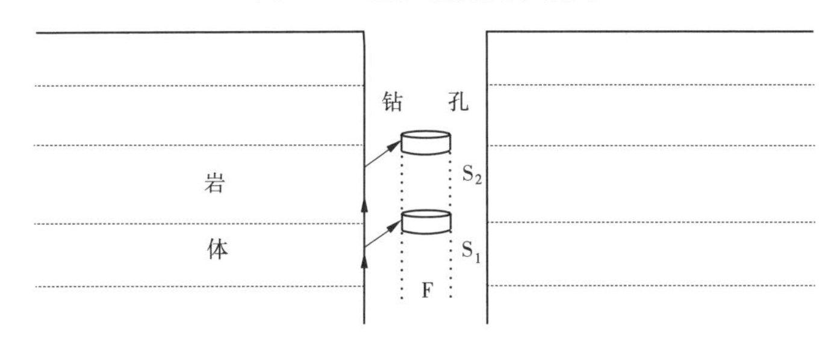

图 14-7　超声波传播路径示意图

电磁波场瞬间消失时,测量不同深度低阻体的二次场发射信号,通过对接收到的二次场信号的时间分析,达到认识低阻体的地下空间位置的目的。它对于孤立低电性地质体垂向分辨能力较强,适用于埋深较大且间距较近的多个不同含水岩体间导水通道的探测。

与地震探测技术等相比,瞬变电磁探测法对地面条件要求较低,地形起伏较大的山区、丘陵等地区适宜使用该法。夹沟采场底板下伏灰岩含水层展布情况检测,运用该法取得了较好的效果。

14.3.2.4　坑道无线电波透视方法与技术

坑道无线电波透视技术是近 20 年来推广应用效果比较好的一种高精度测试技术,对采掘带附近地质构造等探测效果尤其显著,适宜于铝土矿床超前探水的工作。该仪器轻便,发射机、接收机重约 5kg,透视距离一般可达 150～220m,抗干扰性大的仪器可达 320m。

该技术探测原理主要是利用坑道内不同岩性对电磁波的吸收能力不同进行探测的,如铝土矿、黏土岩、灰岩等不同的岩性层,由于它们的电性不同,因此对电磁波的吸收程度,即吸收系数就不会相同。通常介质(岩性层)的吸收系数越大,透视的距离越小,适用条件越差。当透视距离不能满足一般采掘工作面对透视的需要时,无线电波透视方法就失去其使用的价值。

据煤矿床 372 个采掘工作面探测结果,运用坑道无线电波透视技术测量圈出的地质异常区 544 个,其中断层 388 个,陷落柱 44 个,煤层冲刷、变薄带和夹石层 76 个,其他 36 个。经过采掘工程和其他地质工程验证的异常区有 353 个,其中与预测结果相符合的 265 个,占

75.1%(虎维岳)。由此可见,该技术探测采掘工作带内地质构造效果是明显的。

需要注意的是,坑道无线电透视技术只能做透射测量,不能做反射测量,其主要工作条件是必须在两条巷道内进行,探测两条巷道之间同一岩性层内的地质异常体,当只有一条巷道时开展坑透工作的作用不大。另外,测量时受干扰因素较多,金属支架、接地铁轨、水管、风管,特别是电缆及其他金属导体、动力设备都可能造成干扰作用,故坑透工作时,必须采取有效的抗干扰措施,方可收到比较好的探测效果。

鉴于此,1981年我国煤炭系统科研院所针对上述不足之处,开始研究射频透视的方法。该方法是向岩体中辐射一个高速射频脉冲,然后检测这个脉冲的幅频特征。通过几个地面的试验结果来看,探测信息丰富,探测程度较无线电波透视法提高20%,尤其是对破碎带的探测效果更好。

14.3.2.5　槽波地震探测方法与技术

槽波地震探测技术是由德国首先试验完成的。它是利用一种在矿层中激发,又在矿层中传播与接收的地震波——槽波来探测矿层中存在的地质异常体的。目前,槽波地震探测技术已经十分成熟,成为一种预测成功率很高的矿山坑道下探测技术。其主要特点是:

(1)该技术全部使用数字化仪器,计算机自动数据处理,是地球物理探测方法中精度较高与分辨能力较强的一种技术。在条件适宜的采区,具有探测精度高、成功率高、可靠性强等特点。

(2)测量方法多,既可以在两条巷道间进行透射测量,也可以在只有一条巷道的情况下进行反射测量,还可以在露头与巷道、钻孔与巷道之间进行测量。

(3)探测的距离大,槽波透射法可以探测1 000m左右,槽波反射法可以探测400m左右的范围,这是现在坑道下其他物探方法所不及的。

煤类矿床采掘实践证明,该方法在探测小构造、陷落柱、岩浆岩体等方面具有较好的应用效果。不尽人意的是槽波地震方法探测仪器体积与重量较大,施工比较复杂,操作用人亦比较多。

14.3.2.6　坑道地质雷达探测方法与技术

地质雷达是集地质、多频电子、计算机、电磁场理论、信息处理为一体的地球物理探测技术,是美国地球物理勘探公司(GSI)于1970年首先研制成功的,称之为SIR型地质雷达仪。随后,受到加拿大、日本、瑞典等国的广泛关注。经过不断地改进与革新,20世纪80年代后,开始用于矿山坑道下的超前探测工作。

坑道地质雷达是在坑道下利用地层对电磁波的散射、吸收和反射能量及频率的差异特点进行探测的,对于岩溶洞穴、陷落柱、断层等地质小构造具有较好的探测效果,是坑道下采掘工作面超前探测的有效方法之一。

我国重庆煤矿设计研究分院于1988年研制成功KDL-2型矿山地质雷达仪,并在开滦、焦作、邯郸等煤矿地区试验获得了较好的效果。其探距一般达30～40m,具有施工占地面积小,既可以垂向探测,又可以水平方向探测等优势,对于铝土矿床采掘带超前探测工作具有重要的推广使用价值。

14.3.2.7　瑞利波探测方法与技术

瑞利波探测技术是20世纪80年代发展起来的一种新的浅层探测手段,它是地震勘探方法中的一个分支。该方法最早是由日本VIC公司于1981年开发成功的,称之为GR-

810 型瑞利波仪，当时主要用于建筑地基、桥基、坝基、滑坡界面等的探测。其原理是基于不同振动频率的瑞利波沿深度方向衰减的差异，通过测量不同频率成分（反映不同深度）瑞利波的传播速度来探测不同深度岩、矿层及其中的构造、洞穴等地质体。由于各种岩、矿层及地质体的密度和弹性参数不同，使得瑞利波的传播速度有明显的差别，利用此特性即可作为区分它们的重要标志。

1988 年，煤炭科学研究总院西安分院引进了 GR－810 型瑞利波探测仪，在煤矿系统开展了大量的探测试验，取得了较好的运用效果。该技术是一种能够真正实现从地面开始到地下几十米深或从采掘面开始向前几十米远的范围内的浅层弹性波无损伤的探测，适用于铝土矿床坑道采掘的超前探测工作。深度探测误差一般在 5% 以内，并具有抗干扰能力强，不受坑道内各种交流电的干扰等优势。不足之处是，该技术的理论研究尚不够透彻，对于复杂多变的地质现象缺乏足够的解释经验。

14.3.2.8　直流电阻率探测方法与技术

该方法是基于电极间距增加稳定扩散电场范围作为物理基础，通过相距变化从而测量不同深度、不同电性地质体的分布。直流电阻率法对中浅埋含水体的探测精度较高，适宜于植被发育的矿山地区和地形变化较大的矿区使用。特别是高密度直流电法是一种高效、稳定性很好的直流电阻率探测技术，它通过一次测量多个电测点和自动变换发射电极的方法，实现在相同接地和发射条件下高精度地分辨地质体的电性差异，从而保证有较高解释精度的方法。该法最适合于 200m 以上浅地层的导水性、含水性和 100m 以浅的地下洞穴、采空区的探测。在矿床采掘过程中，作为一种超前探测方法具有良好的运用效果。如果再辅以瑞利波探测技术，可使地下洞穴及采空区的水平和垂直定位更加准确。例如黄陵矿业集团一号井 3 条主大巷道发生突水后，采用高分辨自动电阻率技术和瑞利波探测技术，对埋深 30～90m 深的导水通道进行了地面探测。结果发现 5 个积水小窑穿采空洞接近大巷，其中有 3 个穿采空洞后将一较大采空区与主出水点连通。经过地面钻探验证后，较为准确地查明了透水小煤窑的采空边界范围，并实施了注浆堵水工程，把突水量从 $800m^3/h$ 降到了 $50m^3/h$。

14.3.2.9　地震和电磁法结合探测方法与技术

地震等弹性波探测技术对矿床采空区等具有较好的探测效果，而瞬变电磁场等电磁探测技术方法对矿山地层及构造的导含水性条件探测效果较好。倘若将这两种方法结合起来，取长补短，进行综合探测和解译，对于解决水文地质、构造地质复杂的矿床采掘带超前探测问题有着很好的使用效果。该技术已成为许多国家矿山初建阶段进行地质、水文地质探测的主要手段，国内煤类矿山防探水工作经常使用，对于铝土矿床采掘带超前探测工作亦具有重要的借鉴价值。

14.3.2.10　坑道岩体原位应力测试技术

前已述及，矿床开采必然引起采掘工作面周围岩层一定范围内发生应力调整和重布，导致围岩发生应力—应变的变化。而矿床及周围原岩地应力的大小、方向、分布状态将直接影响着矿床采掘区围岩应力重新分布的规律，也将控制着围岩发生破坏、位移和导致地下水侵入突出的位置与强度。

矿床底板及围岩的稳定性除与岩石的力学强度有关外，较大程度上受岩体中应力分布规律及其开采引起的应力变化所决定。其应力状态对开采方式、掘面走向及其矿床底板预留安全隔水层厚度等至关重要。

岩体的透水性能与其结构面及其力学性质密切相关，而岩体结构面的力学性质又受地应力的大小和方向所控制，在不利的采掘应力场状态下，其中存在着的层理、节理和采动裂隙等多种结构面就将复活。一般在高地应力作用下，与最大水平主应力平行的结构面将会不同程度地张开甚至破裂，从而使透水性增强，引发矿床的突水。因此，开展矿床地应力测量工作十分重要。夹沟矿床地应力测量结果在分析矿床突水的机理、科学进行开采工作的布设等方面收到了较好的运用效果。

有关地应力测量原理和过程详见本书前面有关章节。

14.3.2.11　钻孔压水试验方法与技术

钻孔压水试验是在钻孔中，用栓塞将某一长度的孔段与其余孔段隔离开，用不同的压力向试验段内送水，通过测定其相应的流量值，进行岩体的透水率等导水性评价。它是矿床采掘过程中用以探测底板或前方一定范围内的岩体中断层破碎带、裂隙发育带、岩溶洞穴导透水能力、裂隙性质等的一种重要手段，也是矿床注浆堵塞加固效果检验的一种重要方法。

试验一般按三级压力、五个阶段进行，即 0.3MPa、0.6MPa、1.0MPa、0.6MPa、0.3MPa。依据压力(P)—流量(Q)变化关系，进行透水率计算，并利用 $P—Q$ 曲线类型，对各类导水裂隙通道的性质、水流状态以及随压力的变化状况等做出分析评价。它可以帮助我们判断矿床采掘过程中，矿压、水压变化对裂隙等导水通道的作用影响，以及对岩体的透水、突水能力和强度做出准确的评价。夹沟矿床底板透水性评价及注浆堵塞加固效果检测，采用钻孔压水试验的方法取得了很好的运用效果。

14.3.2.12　示踪方法与技术

地下水示踪方法与技术主要用来查明矿床地下水的来龙去脉、动态变化、相互补给关系以及计算地下水的流速等。常用的同位素示踪剂有^{131}I、^{51}Cr、^{3}H 等，离子示踪剂有 NH_4^+、NO_3^-、NO_2^-、I^-、Br^-、Li^+ 等以及有机示踪剂乙醇等。

矿床采掘过程中，运用这些示踪剂可以对不同含水层之间的水力联系状况，地下水补给源追索，地表水对坑道水的渗漏补给，断层、裂隙导阻水以及矿床注浆效果等进行检测与综合分析研究，是矿床开采防探水工作的一种重要手段。

上述各类探测探水方法与技术各有千秋、互有长短、适用条件各异，具体应用时注意有选择性地使用。

值得指出的是，从煤类各种探测探水对象来看，断层、裂隙带及陷落柱导水体最难探测，它们俗称特殊水文地质“异常体”。其隐蔽性、局部性与分布的随机性等很强，很难通过正常的地质、水文地质条件分析和变化规律研究进行预测预报。因此，铝土矿床开采对于这种复杂的水文地质“异常体”必须利用上述针对性的探测方法与技术，随采随探，实时地、及时地进行探测与预报，才能防患于未然，实现安全的开采。关于这类特殊的水文地质“异常体”，在铝土矿床采掘过程中必须给以格外的关注。在探测方法与技术的选择运用上，除要遵循前述的原则外，还要注意有足够的控制工作量，并注意构成坑道上下立体探测的网络。甚至依据矿床水文地质复杂情况，分矿床异常区探测、小异常区探测和异常体具体空间位置及形态探测三步进行工作，逐步缩小靶区，由定性探测分析逐步走向定量探测评价阶段。同时，还要重视对各类探测方法获得的多元信息的去伪存真、集成提炼和综合分析研究工作，以便客观地、准确地把握特殊水文地质“异常体”的情况，正确指导矿床开采过程中的防治水工作。

参考文献

[1] 虎维岳.矿山水害防治理论与方法[M].北京:煤炭工业出版社, 2005.
[2] 彭苏萍,孟召平.矿井工程地质理论与实践[M].北京:地质出版社, 2002.
[3] 李德安,张勇.我国煤矿水害现状及防治技术[J].煤炭科学技术, 1997,25(1).
[4] 李满洲,余强,郭启良,等.地应力测量在矿床突水防治中的应用[J].地球学报,2006(9).
[5] 中国地震局地壳应力研究所.中铝河南夹沟铝土矿床地应力测量及分析报告[R].内部出版,2005.
[6] 黄河勘测规划设计有限公司工程物探研究院.中铝河南夹沟铝土矿床物探工作报告[R].内部出版, 2006-02.
[7] 河南有色岩土工程公司.中铝河南夹沟铝土矿床压水试验报告[R].内部出版, 2006-01.
[8] 王梦玉.国外煤矿防治水技术的发展[J].煤炭科学技术,1983(7).
[9] 张希诚,施龙青,等.曹庄井田深部防治水工作研究[J].焦作工学院学报,1998,17(6).
[10] 靳德武,董书宁,刘其声.带(水)压开采安全评价技术及其发展方向[J].煤田地质与勘探,2005,33(21).

第15章　矿床突水前兆实时监测与预测预警技术

矿床突水的发生有其特定的地质、水文地质条件和特定的开采条件及其相应的控制与影响因素，其形成和发生有一个从孕育、发展到发生的变化过程。在这一变化过程的不同阶段都有其对应的各种突水前兆，如果我们能够瞄准、抓住这些关键的前兆因素进行实时的监测和分析，就可以对突水发生与否进行超前的预测和预警。并在实时监测和分析结果的基础上，加强成灾过程的控制，正确开展防治工程的部署，从而避免突水事故的发生，或有效减轻突水造成的危害。

15.1　主要突水前兆因素与实时监测的原理

从我国非铝矿床突水前兆因素研究情况来看，突水在其孕育、发展和发生的过程中伴随着的前兆因素主要有顶、底板隔水岩层应力场的变化、应变场的变化及含水层(组)水温度场的变化和水压力场等水力特征的变化等，这些因素同样也是铝土矿床突水的前兆因素。

15.1.1　隔水顶、底板岩层应力场的变化和监测

应力特征是反映矿床顶、底板隔水岩层是否发生破坏的重要指标。矿床顶、底板岩层中任意一点的应力状态和大小会随着采掘面的推进不断地发生着变化，而应力的变化规律和变化幅度又决定着顶、底板隔水岩层是否会发生变形和破裂。当岩层中的应力条件发生较大变化时，往往预示着岩层可能发生位移和破坏，从而形成顶、底板突水的通道。因此，通过对采掘工作面顶、底板不同深度岩层中应力状态的实时监测，可以反映采动作用下矿床顶、底板隔水岩层发生破坏、进而诱发突水的条件，具备良好的预警功效。

15.1.2　顶底板隔水岩层应变场的变化和监测

应变特征是用来度量岩体变形程度的量，其值的大小反映了岩体破坏的可能性、程度和变形的强弱。在采动破坏作用、卸荷作用及其构造应力等作用下，矿床隔水顶、底板各类原生裂隙将沿其结构面产生位移，这就可以通过埋设在顶、底板不同深度的应变传感器对其变化进行实时的监测，从而达到分析预测突水状况的目的。

15.1.3　含水层(组)水温场的变化和监测

由于不同季节地表水和埋藏于地表以下不同深度的地下水往往具有不同的温度，它们随着季节和埋深的改变呈有规律的变化。当地表水或异位地下水通过裂隙通道进入矿床顶、底板隔水岩层内部时，过水通道附近岩体温度及水温度将会出现某种规律的异常。故据此，可通过对采掘面顶、底板岩层中裂隙水的水温度变化规律的监测，及时了解和掌握矿床顶、底板是否发生突水前期的演变，进而实现预测预警的目的。

15.1.4　含水层(组)水压力场等水力特征的变化和监测

带压开采最关键的是要查清矿床底板下伏承压含水层(组)的水压力场特征、水量和渗透能力等水力学特性。

在采动的影响下,隔水底板岩体中的各类裂隙会不会开裂、扩张和相互沟通,底板下伏承压水是否在沿裂隙带侵入上升,并与底板破坏带逐渐沟通而进入采掘面是分析和预测采掘面底板能否发生突水的重要前兆信息。因此,通过在采掘面矿床底板不同深度预埋专门的水压监测器件,就可以实时监测和掌握底板下伏承压水是否向上导升和导升的部位及其导升的渗透能力与量值的大小。据此,对采掘面底板突水的可能性大小应进行实时的超前预测和预警。

赵阳升等结合太原市东山煤矿带压开采研究(1998～1999),开展了煤层底板至奥灰承压含水层(组)水力学特性的原位测试和预测预警研究。

该项研究工作是在东山煤矿一采区下山处施工一口水文钻孔,于钻孔中开展各层水力学特性的动态跟踪测试,通过该动态跟踪监测数据及其相应的数值模拟计算,从而实现突水前兆预测预警的目的。其监测系统如图 15-1 所示,具体测试方法如下:

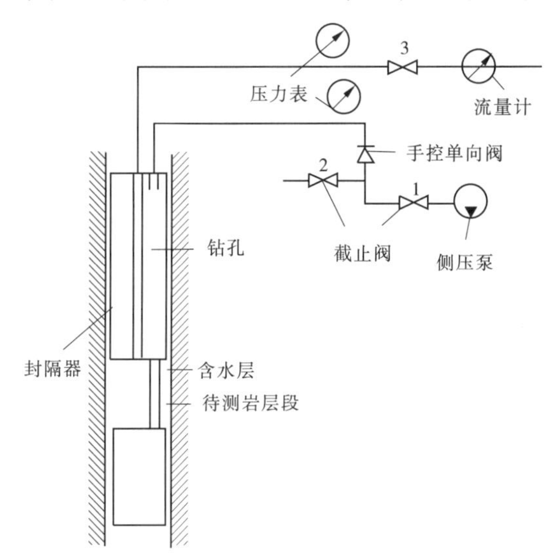

图 15-1　钻孔水力学特性原位测试系统示意图

(据赵阳升、胡耀青)

(1)首先将封隔器下入设计岩层,用侧压泵注水,打开截止阀 1,关闭截止阀 2,水经手控单向阀进入封隔器侧腔,靠变压使橡胶囊膨胀,将孔壁的出水通道封死,封隔压力由压力表读出。

(2)含水层流量测定。待侧向封闭稳定 10min 后,记录中心管排水压力、流量—时间数据,连续观测 3 次以上,累计时间 20min 以上,所测水量用粗细管路损失折减,即可以获得孔内实际流量。成孔口直接用大量筒测试,记录时间—流量数据,亦可获得涌水量结果。

(3)含水层水压测定。同上,侧向封闭后,稳定 10min,关闭截止阀 3,测定其水压。

(4)含水层渗透系数的测定。记录压力—时间关系数据,直到压力上升基本稳定为止。按照变水头试验方法,采用水压—时间变化曲线,即可反求获得岩层渗透系数。

赵阳升等认为,该动态监测方法有着较好的区域性及实时性监测的效果。对于铝土矿床底板及其下伏奥灰承压含水层(组)水力特性监测与预测预警工作具有借鉴作用。

15.2 监测预警系统的布设及原则

由于铝土矿床临突(水)前兆过程往往很短,这就给临突预测预警及其避灾工作带来很大的困难,因此也就要求监测系统必须具备很强的实时性、动态性监测的功能。同时,还要求所布设的监测设备及其监测系统应具有足够的灵敏性和精确度。

15.2.1 监测预警系统的布设原则

15.2.1.1 监测层位(处)的确定原则

监测层位(处)的确定应遵循下述原则:

(1)监测(层位)处与矿床突水之间必须具有内在联系,该层位的某种因素变化必须能够反映矿床突水的前兆变化状况。

(2)监测层位(处)的某种突水前兆因素变化对矿床突水的响应须具有足够的敏感性和速度。

(3)监测层位(处)的选择应结合可能的突水通道类型和充水水源类型等因素,尽量靠近它们进行选择。

15.2.1.2 监测网络的设计原则

监测层位(处)确定之后,重点就是监测网络的设计和布置了。监测网络的设计和布置一般应考虑以下几项原则:

(1)以最少的监测层位(处)的布设量,达到最大限度准确、快速反映突水前兆的目的。

(2)监测层位(处)的布设,应考虑到上下或远近系列的布设,以抢抓时间提高超前的可预报性。

(3)监测层位(处)的布设,应尽量利用已有的采掘工作面或未来地下开采巷道进行,以减少钻凿施工等费用。

(4)监测层位(处)在整个采掘监测期内,要能够保存完好,避免因开采活动而损坏。

(5)条件允许时,监测层(处)的布设,应考虑避开化学腐蚀环境,以避免对监测仪器等设备的腐蚀和毁坏。

15.2.2 监测预警系统的组成

矿床突水监测预警系统一般可由地面中心站、坑道下分站、原位突水信号采集与传输子系统、信息分析与处理子系统以及突水危险性预报预警子系统等组成。近几年来,该系统已在我国一些煤矿实现了远程可视化的监测与监控。上述系统中,突水因素和突水信号原位监测与采集技术是其关键性技术。要从具体的前兆因素类型出发,有针对性地选择监测采集设备,有关应力、应变、水温及水压等信息采集传感器配置应适当,确保敏感地、精确地和实时地采集捕捉到前兆微细突水的信息。同时,还应具备较强的防震、抗干扰特性和能力。

15.3　矿床突水前兆实时监测与过程控制

同前述矿床突水机理与预测预报工作不同,矿床突水前兆实时监测与预警工作,其性质是临突(短时)预报和预警,目的是为临突现场紧急避灾、应急抢险以及监测过程防灾控制服务的。

15.3.1　过程控制与临突过程模拟预报

15.3.1.1　过程控制的概念

"控制"一词源自维纳的控制论(Cybernetics)。按照维纳的定义,控制是指在获取、加工和使用信息的基础上,控制主体使被控客体进行合乎目的的行为。这里,行为、目的和信息是控制论中三个重要的概念。对于矿床突水而言,如果我们把可能发生突水矿床地质体及其采掘作用作为被控系统,则控制的目的主要表现在两个方面:一方面,当被控系统已处于所期望的(安全)状态时,就力图使该系统保持这种稳定状态运行下去;另一方面,当被控系统不是处于所期望的(安全)状态,即有招致失稳突水时,则引导系统从现有状态向稳定的期望状态发展。换言之,过程控制的目的,就是使被监测的矿床地质体及其采掘工程作用的演化行为时刻朝着有利于安全采矿工程活动的方向发展。

而信息在过程控制中的作用十分重要,是控制行为达到期望目的的重要依据。它包括两方面的内容:一方面是过程控制所必需的突水前兆实时监测信息,如应力状态信息、应变变形信息、水温变化信息、水压变化信息等;另一方面是过程控制的调控信息,亦即系统偏离目标的信息。上述两类信息以矿床原位突水前兆实时监测信息最为重要,它是系统调控的第一手基础信息。

15.3.1.2　矿床临突过程模拟及预报预警

矿床临突过程模拟及预报是突水前兆实时监测和防灾过程控制的一项重要工作,从非铝矿床和各类矿山地质灾害临突(灾)过程模拟及预报研究成果来看,其基本的方法和步骤如下:

(1)临突概念模型的建立。该模型是建立在现场调查、勘察、监测以及对矿床临突机理研究基础上的概念模型,它是通过对突水现象综合分析研究后,获得的对矿床突水成因机制的认识。临突概念模型必须具有坚实的现场观察研究基础和一定的试验测试依据,在一定的阶段里,它代表了人们对客观规律的理解水平。

(2)临突数学模型的建立及临突过程的模拟。这是建立在临突概念模型认识的基础上,采用一定的数学理论和方法对临突概念模型进行数学描述的模型。利用它一方面可模拟矿床突水内部结构和不同边界条件下突水的全过程,进一步验证临突概念模型的正确性和合理性,从理论上、整体上和内部作用过程上获得对矿床突水演化机理更加深入的认识;另一方面可使临突预报工作实现定量的计算和评价,通过对数学模型时间上的延拓,获得对矿床突水演化趋势的认识,从而达到临突预报预警的目的。以上的过程统称为"临突过程的模拟"。

就矿床临突变形破坏机理及预报研究而言,目前常用的全过程模拟手段有相似材料物理力学模拟和数值模拟。前者是采用与矿床地质原型介质符合一定相似比例的材料——相似材料,塑造出与矿床地质原形相似、满足相似理论的模型,然后模拟矿床地质原型的实际突水边界条件,再现矿床地质体的临突演化过程,进而指导开展临突预报预警的工作;后者是指通过建立的临突数学模型,采用数值分析的方法,求解矿床地质体(如隔水底板)应力、应变(位移)及其破裂突水随时间的变化过程,从而实现对矿床地质体变形破坏乃至全过程变化状态的描述,达到临突预报预警的目的。相对而言,数值模拟具有使用方便、模型相似性强、可操作性大、费用低廉等特点而备受青睐。

建立在矿床突水前兆实时监测基础上的矿床顶底板变形破坏及突水过程的模拟是一个全过程的动态数值模拟问题,而矿床顶底板从变形演化发展到破坏和突水是一个复杂的动态力学过程,是一个变(化)量从量变的积累到质变的过程。量变的积累是一个小变形的过程,而质变发生后的破坏和突水则是一个大变形的过程,这两个过程目前还不能用统一的数学模型来表达。因此,对小变形的描述等采用基于弹塑性和黏弹塑性理论的方程,并用有限单元法等数值分析方法来求解。对于大变形的描述目前尚无完善的方法,20 世纪 80 年代发展起来的不连续变形模型的离散单元法(DEM,DDA)被证明是解决这类问题较为有效的手段。将这两种手段结合应用,是目前实现矿床突水全过程模拟的基本途径。

需要指出的是,上述数值模拟不是单纯的数值计算问题,它是以原型矿床地质、水文地质条件及概念模型研究等工作为基础的。通过这些工作抽象出合理的计算模型(数学模型)才能用于具体的分析。因此,正确理解原形研究的结果,从而抽象出合理、正确的计算模型是数值模拟的关键环节之一。

其一般原则是以概念模型所确定的主导因素为指导,通过原形调研,对其模型进行合理的抽象、简化和高度的概括,突出与概念模型相关的控制性因素,使之既能代表矿床地质、水文地质体的客观实际,同时又具有数学分析的可能性及其计算机硬件设备保障的可能性。

只有这样,所建立的计算模型,其计算预测结果才能符合或接近客观实际,才能收到较好临突预报预警的效果。

15.3.2 过程控制与应急抢险预案

15.3.2.1 过程控制与实时调整采掘策略

当过程控制即实时监测和模拟预测预报结果发现被控系统已经偏离了目标(期望)状态,有可能导致矿床突水时,就必须根据预测(调控)信息,实时地调整采掘工作布局或采掘方式,以便使得被控系统及时转向期望的安全状态,达到防患于未然的目的,这是矿床突水前兆实时监测及其过程控制工作的一项极其重要的任务。

15.3.2.2 过程控制与应急抢险预案

当实时监测或模拟预测预报即过程控制出现严重偏差或失控,矿床突水不可避免时,就必须采取紧急的抢险措施,或迅速避让,或应急治理,以期把灾害损失降到最低程度。因此,及时编制矿床突水应急抢险预案,做到未雨绸缪、有备无患是十分必要的。

从非铝矿床开采实践来看,该应急抢险预案的编制应紧密结合以往矿区采掘工作防治水经验及其临突前兆实时监测与模拟预测控制可能结果,本着及时性、针对性、有效性的原则进行。应急抢险预案的运用,依赖于临突前兆实时监测与过程控制的结果。同时,应急抢险预案还要不断地根据临突前兆实时监测与过程控制结果及其已有抢险工作的经验教训及时地修正和完善原拟预案的不足,进一步增强应急抢险预案的可操作性和预见性,避免盲目行动,使得抢险工作反应更加迅速和真正富有救灾的实效。

参考文献

[1] 赵阳升.承压水上采煤理论与技术[M].北京:煤炭工业出版社,2004.
[2] 廖育民,等.地质实害预报预警与应急指挥及综合防治实务全书[M].哈尔滨:哈尔滨地图出版社,2003.
[3] 虎维岳.矿山水害防治理论与方法[M].北京:煤炭工业出版社,2005.
[4] 李加祥.通过测量底板最大附加剪应力探求底板突水机理[J].煤田地质与勘探,1988(4).
[5] 高延法,于永辛,牛学良,等.水压在底板突水中的力学作用[J].煤田地质与勘探,24(6).
[6] 卜昌森.矿压作用下地质构造对底板突水的影响[J].山东煤炭科技,1996(1).

第 16 章　防治方法和技术综合分析与优化运用

16.1　防治方法综合分析与优化运用

16.1.1　防治方法分类与优化运用的原则

迄今为止，国内外关于矿床突水的主要防治方法有：疏干降压、注浆堵塞加固、超前探放水、坑道防排水、采掘方法控制以及突水前兆实时监测与预警等几大类。就防治方法性质而言，可分为三种：一是主动预防性的方法；二是被动治理性的方法；三是二者兼具性的方法。主动预防性方法有超前探放水方法、采掘控制方法及突水前兆实时监测与预警方法等；被动治理方法有疏干排水、注浆堵水等；二者兼具性的方法有疏水降压方法、注浆堵塞加固方法及坑道防排水方法等。其防治方法分类、具体方法内容及成功应用矿例等，详见表 16-1。

上述各种防治方法，各有千秋、互有利弊，运用时需根据铝土矿床具体的地质、水文地质条件选择性使用。选择时，一般应遵循以下几项原则：

(1)有效性原则。即针对具体的矿床地质、水文地质条件，所选择的方法本身应具有最好的防治效果。

(2)最大效益的原则。即防治方法的选择应以最小的经济投入，获取最大的采矿经济效益和生态环境效益。

(3)方法简单实用和因地制宜的原则。即选择防治方法时，应尽可能地因地制宜、充分利用现场条件和当地资源，采用比较简单、实用的方法，以便于现场施工和管理。

依照上述原则，通常情况下，当矿床主要充水含水层(组)水量不大、补给条件较差，且具有较好的排水—供水—生态环境保护三位一体化开发条件的矿区，或区域降水不会造成对矿区生态环境及其供水工程严重不利影响时，可优先选用主动的预先(事前)疏水降压的方法。特别是当矿床隔水底板空间分布变化无常，依靠其他防治方法难以控制时，优先选用该方法可以较好地满足无压条件下安全开采工作的需要。

当矿床充水含水层(组)富水性强，补给条件好，且从矿区生态环境角度考虑不允许大量疏排地下水时，可优先选用采掘控制的方法。当采掘方法控制难以奏效而矿床突水通道类型及空间分布状况又比较清楚时，宜优先选用主动的、预先注浆堵塞加固的方法，以实现带压条件下的开采。

地表水下采掘及地表水防治需针对矿床具体情况，按照表 16-1 所列方法有选择性地进行。选择时，本着上述原则，统筹安排，合理选用，应注意将地表同地下防治方法和措施有机结合起来，以避免重叠使用防治工程及其造成不必要的浪费。

超前探放水和突水前兆实时监测与预警的方法，是矿床不同开采阶段应该始终开展的一项基本防治方法，贯穿于整个开采过程中。同时，超前探放水和实时监测方法的工作结果，又是疏水降压、注浆堵塞加固等方法是否运用、如何运用的依据。因此，应依据矿床具体的地质、水文地质条件严格按照相关要求执行。

表16-1　矿床突水主要防治方法与应用情况

防治方法分类	具体方法及防治内容	成功应用矿例
疏干降压	(1)地表疏降 (2)地下疏降 (3)联合疏降——地表疏降与地下疏降同时进行 (4)预先疏水降压 (5)平行疏水降压	广东石碌铜矿，淮北米庄煤矿，杨庄煤矿，湖南恩口，徐州夏桥煤矿，湖南煤炭坝矿等
注浆堵水	(1)注浆堵水——巷道注浆堵水、断层注浆堵水、陷落柱注浆堵水、裂隙密集带注浆堵水 (2)注浆加固与改造隔水岩层强度 (3)注浆帷幕截流 (4)注浆防渗连续墙 (5)注浆调节矿床涌水量	肥城大丰煤矿、开滦范各庄煤矿、赵各庄煤矿、峰峰第四煤矿、枣庄郭东井煤矿、淮北朱庄煤矿、焦作演马庄煤矿、夹沟铝土矿、开滦范各庄煤矿、湖南斗笠山煤矿香花台井等
超前探放水	(1)探放断层水 (2)探放陷落柱 (3)探放老空水 (4)探放含水层水 (5)探放旧凿井、钻孔水	峰峰煤矿区、井陉煤矿区、邯郸煤矿区、淄博煤矿区、肥城煤矿区等
坑道防排水	(1)设置防水闸门及防水闸墙 (2)布设排水泵房、水仓、排水管道及沟渠系统	峰峰煤矿区、邯郸煤矿区、焦作煤矿区及其他大水矿区等
地表水防治	(1)河流、小溪、冲沟渗漏段铺砌阻止渗漏 (2)局部河流、小溪、冲沟地段改道 (3)矿区外围修筑防洪泄水渠道 (4)采空区、塌陷区外围挖沟排截洪水 (5)塌陷区积水抽排	湖南恩口煤矿、南桐红岩矿、徐州贾汪煤矿区等
采掘方法控制	(1)控制采掘面宽度和斜长、短壁开采、条带开采、充填开采 (2)依据矿床节理、裂隙产状及地应力状况，合理布置工作面掘进走向 (3)合理留设安全隔水层厚度	淄博矿务局双沟煤矿、杨庄煤矿等
地表水体下采掘	(1)地表水体下(含断层处、陷落柱处等)留设安全防水矿(岩)柱 (2)控制采高比，加强顶板管理 (3)建立坑道上、下水文动态监测网、避灾路线、报警系统等	淮南孔集煤矿、开滦唐山煤矿、乐平钟家山煤矿等
突水前兆信息实时监测与预警	(1)矿床应力、应变、水压、水温等前兆信息实时监测与预警 (2)矿床隔水底板厚度、岩性、力学特征、断裂密度、采动破坏强度等多元信息监测与预警	淄博煤矿区、陕西韩城煤矿区、焦作煤矿区、井陉煤矿区等

16.1.2 不同充水水源和突水通道类型下防治方法与技术的运用

针对铝土矿床不同的充水水源类型和突水通道类型,其防治方法的运用种类乃至先后顺序不同。对于某一特定的矿床地质、水文地质条件,这其中存在一个优化运用的问题,正如前面所说,需结合具体情况具体分析,在详细勘察、探测研究工作的基础上,综合比选出一个最佳的方法和方案。

这里仅给出一般情况下,不同充水水源和突水通道类型下防治方法运用的种类及其优化运用的顺序及方案,详见表 16-2、表 16-3,供实际工作中参考。

表 16-2 铝土矿床不同充水水源类型防治方法与技术的运用

<table>
<tr><th colspan="4">矿床充水水源的类型</th><th rowspan="2">防治方法及其优化运用的顺序或方案</th></tr>
<tr><th>分类</th><th colspan="3">亚类</th></tr>
<tr><td rowspan="12">自然充水水源</td><td colspan="3">大气降水</td><td>防洪围堰、挖沟排水</td></tr>
<tr><td rowspan="3">地表水</td><td colspan="2">河流、水渠(线状体)</td><td>水流改道、铺砌阻渗、合理布置掘进走向、控制采高比、水文动态实时监测与预警</td></tr>
<tr><td colspan="2">小型水库、池塘(点状体)</td><td>控制采高比、预留矿柱、条带开采、充填开采、水文动态实时监测与预警</td></tr>
<tr><td colspan="2">大型水库、湖泊(面状体)</td><td>条带开采、充填开采、预留矿柱、控制采高比、水文动态实时监测与预警</td></tr>
<tr><td rowspan="6">地下水</td><td colspan="2">孔隙水</td><td>坑道防排水、疏水降压</td></tr>
<tr><td rowspan="2">裂隙水</td><td>层状裂隙水</td><td>预留安全隔水层厚度、坑道防排水、疏水降压</td></tr>
<tr><td>脉状裂隙水</td><td>坑道防排水、注浆堵塞</td></tr>
<tr><td rowspan="3">岩溶水</td><td>溶隙水</td><td>超前探水、注浆加固隔水层强度、坑道防排水</td></tr>
<tr><td>溶孔(洞)水</td><td>超前探水、注浆堵塞</td></tr>
<tr><td>暗河管道水</td><td>超前探水、注浆建造防渗连续墙</td></tr>
<tr><td colspan="4" style="display:none"></td></tr>
<tr><td colspan="4" style="display:none"></td></tr>
<tr><td rowspan="6">人为充水水源</td><td rowspan="2">老空水</td><td colspan="2">静态老空水</td><td>超前探水、积水抽排、预留防水矿墙、水文动态实时监测与预警</td></tr>
<tr><td colspan="2">动态老空水</td><td>超前探水、合理布置掘进走向、预留防水矿墙、注浆建造防渗连续墙、水文动态实时监测与预警</td></tr>
<tr><td rowspan="4">袭夺水</td><td colspan="2">袭夺泉水</td><td>注浆加固顶板或底板隔水层强度、注浆建造防渗连续墙或帷幕改变流场条件</td></tr>
<tr><td colspan="2">袭夺地表水</td><td>注浆堵塞加固顶板隔水层、合理预留矿柱、控制采高比、水文动态实时监测与预警</td></tr>
<tr><td colspan="2">袭夺相邻含水层水</td><td>注浆建造帷幕防渗、注浆加固顶底隔水层强度</td></tr>
<tr><td colspan="2">袭夺相邻水文地质单元地下水</td><td>注浆建造防渗连续墙或帷幕、改变渗流场条件</td></tr>
</table>

表16-3 铝土矿床不同突水通道类型防治方法与技术的运用

<table>
<tr><th colspan="4">矿床突水通道类型</th><th rowspan="2">防治方法及其优化运用的顺序或方案</th></tr>
<tr><th>分类</th><th colspan="3">亚类</th></tr>
<tr><td rowspan="14">天然型通道</td><td rowspan="8">构造型</td><td rowspan="4">条状断层型</td><td>切割型</td><td>超前探水、注浆堵塞、预留防水矿墙、实时监测与预警</td></tr>
<tr><td>接近型</td><td>超前探水、预留防水矿墙、合理布置掘进走向、注浆堵塞、实时监测与预警</td></tr>
<tr><td>对接型</td><td>超前探水、预留防水矿墙、注浆堵塞、实时监测与预警</td></tr>
<tr><td>远距型</td><td>超前探水、预留防水矿墙、合理布置掘进走向、注浆建造防渗连续墙、实时监测与预警</td></tr>
<tr><td rowspan="4">面状裂隙型</td><td>突发型</td><td>超前探水、疏水降压、坑道防排水、注浆堵塞加固、实时监测与预警</td></tr>
<tr><td>跳跃型</td><td>超前探水、坑道防排水、疏水降压、注浆堵塞加固</td></tr>
<tr><td>缓冲型</td><td>坑道防排水、疏水降压、注浆堵塞加固</td></tr>
<tr><td>滞后型</td><td>坑道防排水、疏水降压</td></tr>
<tr><td rowspan="6">侵蚀剥蚀型</td><td rowspan="4">点状岩溶陷落柱型</td><td>全断面导水型</td><td>超前探水、注浆堵塞、注浆建造水平帷幕截流、预留防水矿墙、坑道防排水、实时监测与预警</td></tr>
<tr><td>核心导水型</td><td>超前探水、预留防水矿柱、注浆堵塞、坑道防排水、实时监测与预警</td></tr>
<tr><td>接触带导水型</td><td>超前探水、预留防水矿柱、注浆堵塞、疏水降压、坑道防排水</td></tr>
<tr><td>影响裂隙带导水型</td><td>超前探水、预留防水矿柱、注浆堵塞、坑道防排水、疏水降压</td></tr>
<tr><td colspan="2">丘状岩溶凸起柱型</td><td>超前探水、预留防水矿柱、疏水降压、注浆建造帷幕截流、实时监测与预警</td></tr>
<tr><td colspan="2">窗状隐伏露头型</td><td>超前探水、注浆堵塞、疏水降压、预留防水矿柱</td></tr>
<tr><td rowspan="4">人为型通道</td><td rowspan="2">采矿扰动型</td><td colspan="2">顶板冒落裂隙带型</td><td>控制采高比、预留安全矿柱、条带开采、短壁开采、充填开采、注浆加固</td></tr>
<tr><td colspan="2">底板采动裂隙带型</td><td>预留隔水层厚度、注浆加固隔水层强度、注浆堵塞、疏水降压、坑道防排水、实时监测与预警</td></tr>
<tr><td rowspan="2">非采矿扰动型</td><td colspan="2">岩溶疏水塌陷带(洞)型</td><td>超前探水、注浆建造帷幕截流、注浆建造连续墙、合理布置掘进走向</td></tr>
<tr><td colspan="2">钻孔、凿井型</td><td>超前探水、注浆堵塞</td></tr>
</table>

16.2 防治方法实施阶段划分及要求

矿床突水防治方法的运用和防治工程的实施,有赖于翔实的勘察、探测工作,有赖于对矿床突水机理的研究。同时,防治方法的运用和工程实施的结果,又不断完善并深化对前期工作的认识。上述防治方法的运用原则体现为两个观点最佳的结合,一是地质的观点;二是工程的观点。前者可保证正确分析和掌握矿床突水成因的机制和发展的趋势;后者可保证优化比选出能够达到防治目的且工程效益又好的最佳方案。因此，防治工作实施可划分为以下三个阶段：矿床突水成因勘察、探测研究阶段；防治方法比选、防治工程方案研究与设计阶段；防治工程施工与监控阶段。其中，防治方法比选、防治工程方案研究与设计阶段又可以细分为三个亚阶段，即可行性研究——方案比选亚阶段、方案优化——初步设计亚阶段和施工图设计亚阶段。

16.2.1　矿床突水成因勘察及突水机理研究阶段

该阶段主要利用勘察、探测手段，分析研究矿床突水的成因机理、发展演化趋势以及进行模型构建与模拟计算等。其基本的分析研究方法主要为“地质理论分析”。运用该方法可分析研究矿床突水地质、水文地质条件、矿床充水水源、突水通道类型与空间展布状况等，对矿床突水的成因机理、主要致突作用因素以及发展演化趋势做出分析评价。地质理论分析的方法由理论地质学（如地层学、构造地质学、岩石学、矿物学及其地貌第四系地质学等构成）、应用地质学（如土体力学、岩体力学、工程地质学和水文地质学等构成）和生态环境科学等三大方面组成。地质理论分析的核心内容是矿床突水的成因机理与变形破坏机制分析。主要包括如下三方面的内容。

16.2.1.1　区域矿床地质环境演化过程分析

矿床区域地质环境演化背景，特别是区域地壳构造活动与岩溶发育演化特征等，对矿床突水机理分析和变形破坏机制研究具有重要的作用。如果矿床所处的地区大背景不清楚，就采场论采场，往往会导致考虑问题的视野狭窄、不开阔，不能从整体上、区域上把握矿床突水的本质，甚至产生瞎子摸象、错误的局限性认识结果。

16.2.1.2　矿床地质、水文地质综合的分析

在区域地质环境演化分析研究的基础上，逐渐缩小靶区，针对具体矿床采场，运用地质、水文地质综合分析的方法，对采场突水和形成机理与变形破坏机制开展综合分析研究。具体有：

（1）分析矿床（采场）充水的水源类型及充水强度。

（2）描述矿床（采场）突水通道特征及其空间展布状况。

（3）提取矿床（采场）突水形成与演化的主要致突因素，对其突水机理与变形破坏机制进行研究。

（4）预测矿床（采场）突水发展演变趋势。

（5）构造合乎实际的矿床（采场）突水的地质概念模型，分析其运动学与动力学特征，为突水预警预报及防治方法选择和关键治理部位的确定奠定基础。

16.2.1.3　模拟分析与定量评价计算

通过矿床（采场）突水机理分析和地质概念模型的建立，结合突水形成的运动学与动力学特征，构建突水物理力学模型及其数学模拟模型，从而把地质理论定性分析结果具体化、定量化，为防治工程方案优化选择和相似矿区突水预警预报提供定量计算依据。在进行建模和模拟计算时，应遵循以下几项原则：

（1）明确反映突水形成的机理与变形破坏的机制。

（2）计算方法、计算步骤应尽可能简化，抓住主要致突因素，提高其适用性。

（3）灵敏度高，易于校验。

(4)不刻意追求新颖和复杂化。

16.2.2　防治方法比选和防治工程方案研究与设计阶段

该阶段的任务就是开展防治方法和防治工程方案的比选与工程施工设计工作,也是一个多方面知识综合使用、反复认识研究突水对象的过程。它包括地质理论分析研究确定的目标、方案的论证、评估、实施方案的设计及修正完善等几个环节,其中心环节是方法与方案的比选和设计。需要研究的重点问题有:防治方法和防治工程方案论证与设计理论、现场施工技术及其实现的难度、矿床(采场)突水治理与当地生态地质环境保护的关系以及社会与经济方面的承受能力和防治效益的评估等。其中,防治工程费用投入和收益,宜满足下述的关系:

$$E = E_S - E_L - E_T \gg 0 \text{ 或 } E_S \gg E_L - E_T \tag{16-1}$$

式中　E——经济、社会与环境纯收益;

E_S——采矿期内防治工程避免突水发生的总收益;

E_L——突水发生后的经济、社会和环境总损失量;

E_T——防治工程的总成本。

防治工程设计时,应遵循的路线和准则是:初次设计—地质设计、综合分析设计—系统设计、代偿设计—补偿设计、二次反馈设计—监控设计以及计算设计和 CAD 制图设计等。

这里,二次反馈设计体现在防治工程实施的三个阶段:一是施工组织阶段;二是施工过程中;三是施工初步完成后的效果监测检验阶段。反馈设计即是根据这三个阶段揭露发现的新现象检查设计是否存在考虑不周或设计错误,验证设计成果,避免原则性失误问题的发生。

由于铝土矿床地质、水文地质环境复杂,加之采矿活动所致变形破坏作用规律不易准确掌握,同时防治工程实施效果还受材料质量、施工质量(如队伍素质、设备性能、施工工艺等)以及监控质量的影响,因此防治工程设计时,应正确预留一定的安全储备,并注意做好各个施工环节的优化衔接,从中“制造”一定的安全储备,达到代偿设计的目的。

16.2.3　防治工程施工与监控阶段

该阶段主要是依据上述设计结果,进行防治工程施工和对施工质量的监控。同时,做好施工设计的反馈信息收集和设计调整变更工作。

根据以往成熟的经验,为方便施工单位更好地了解和实现设计的意图,设计者最好在施工前编制一套施工导则,并结合施工进展及时优化与调整,这对于设计、施工和监控三方沟通与协调是十分有益的。

16.3　豫西夹沟矿床突水防治方法与技术的优化运用

针对夹沟矿床现采场二元突水模式的实际,在综合分析上述各类防治方法与技术特性和适应条件基础上认为,该采场乃至未来纵Ⅲ线以南地区,除须采用超前探放水和实时监测预警方法以及依据矿床节理、裂隙产状及地应力状况,合理布置工作面掘进走向外,尚可以选择使用合理留设矿床 C_2 底板安全隔水层防护、预先疏排降压、事后被动疏干排水、注浆加固与改造底板隔水岩层强度及注浆堵塞调节矿床涌水量等方法。

其中,“预留”法可针对 C_2 矿床底板,预留一定厚度的安全隔水层,隔离或减轻与下伏 $O_2+\in_{2+3}$ 含水岩组的联系,避免或减少矿床的突水;“疏排”法则可事后直接针对采场突水进行疏干排水,亦可于采场周侧钻凿若干个降水井进行预先疏排降压,降低地下水位,消除或减弱对采场的充水;“注浆”法既可针对矿床隔水底板(C_2)进行注浆加固与改造隔水岩层的强度,提高阻隔水的能力,也可以注浆堵塞调节矿床下伏奥陶系(O_2)含水层的涌水量,降低含水层的渗透能力,同隔水底板一起,达到加固堵塞矿床底板突水通道的目的。

倘若抛开“经济”因素于不顾,单从“技术”角度来讲,显然,上述几种防治方法运用于夹沟采场乃至未来纵Ⅲ线以南地区突水的防治,应该说都是可行的。

但是,考虑到夹沟矿床现采场顶板 C_3 含水岩组突水量不大、突水主要来自矿床底板下伏 $O_2+\in_{2+3}$ 含水岩组,且隔水底板尚有一定的隔水作用而总的突水量又有限,以及注浆工程较费时费钱、采用预留一定厚度的安全隔水底板的方法易于实现又省钱省力等因素,本着“技术上可行,经济上合理”的原则,优化确定夹沟矿床现采场乃至未来纵Ⅲ线以南地区的防治方法和总体方案如下:事前主动“预留矿床(C_2)隔水底板”防护 + 事后平行“疏干排水”治理。

16.4　当前工作的重点与建议

(1)鉴于铝土矿床水文地质条件比较复杂,且目前矿床突水防治工作又较为薄弱和滞后,因此当务之急,为保证矿床安全的开采,各深采矿区应首先抓紧开展矿区岩溶、裂隙地下水的监测工作,空间上形成网络,实时地获取地下水动态观测的资料。这样一则可有利于必要时进行矿区岩溶、裂隙地下水的疏水降压模拟研究,提高疏水降压工程设计的精度;二则能够及时地掌握矿区水量消涨变化的情况,切实制定出矿床突水应急处理的预案,以便发现异常可及时预警避让或采取其他有效措施,避免造成人员伤亡和更大的财产损失。

(2)继续加强夹沟乃至我国北方其他铝土矿区未来开采地段矿床顶底板突水机理的研究,特别是未来地下深部采掘条件下矿床底板突水机理的研究。深部开采不论是围岩应力、矿压扰动,还是采动破坏条件等都与浅部开采情况有很大的不同(虎维岳)。为此,有必要结合夹沟及其他矿区未来地下深部开采工作,通过现场观测试验、理论计算分析和室内数值模拟等,进一步研究在不同开采地段、不同地质与水文地质条件以及现代化综采条件下,矿床底板水的突出机理和控制因素,为科学开展矿床突水防治工作提供更加扎实的理论基础。

(3)结合夹沟乃至我国北方其他铝土矿区未来开采工作,不断深化不同地质与水文地质条件和不同开采方式下矿床底板防突效应的研究。随着深部开采疏降难度的增大和对水资源保护的日益重视,深入认识和研究矿床底板隔水岩层的防突水效应,进而有效利用隔水岩层的天然防突水能力、科学厘定矿床底板隔水岩层几何参数等显得十分重要。为此,有必要通过对矿床底板隔水岩层的地质结构、岩石力学结构、采矿扰动破坏机理、水岩相互作用机理及其他们之间相互关系的研究,进一步深化提出矿床底板隔水层应对下伏寒武、奥陶系高承压水入侵和突出的评价理论和方法,为充分利用天然隔水岩层的防突水效应、安全实施未来深部开采工作提供保障基础。

(4)在总结其他矿山探防水技术经验的基础上,针对夹沟以及整个北方铝土矿床地质与水文地质条件,开展对隐伏导水构造,特别是断层、岩溶陷落柱、岩溶凸起柱、裂隙密集带的精细探测技术与超前预测的研究。要有针对性地重点研究以坑道物探为主的高精度、大范围的快速探测方法和技术,从大尺度上提高铝土矿床突水的探查精度和超前准确预测的能力。

(5)开展矿床突水信息原位采集技术、突水因子实时检测技术、突水因子远程监控技术、突水信息动态分析和人工智能判别技术等的试验研究工作,以直接从铝土矿床突水的前兆因素入手,利用现代信号检测、数据传输和模式识别技术,通过适当的无线传感器直接监测矿床突水前兆因素的各项参数的变化,研究确定矿床突水的发生条件和更加精确的预报方法,建立更加完善的矿床突水自动监测预报预警系统,实现矿床突水临突实时的预报。

(6)进一步开展矿床底板下伏寒武、奥陶系灰岩突水快速治理方法与技术的研究,着重加强对高强速凝廉价复合注浆材料的研究以及与之配套的施工方法和关键技术的开发。在夹沟矿床突水机理与防治技术研究的基础上,结合华北地台未来铝土矿床开采地段地质与水文地质条件,对于铝土矿床的致突机理与针对性的防治方法体系展开更加深入的扩大对比研究,以便正确指导北方各地铝土矿床深部安全开采的工作。

参考文献

[1] 李满洲,王继华,铁平菊,等.中铝河南夹沟铝土矿床突水机理与降水试验报告[R].内部出版, 2004.
[2] 李铎,等.华北煤田排水供水环保结合优化管理[M].北京:地质出版社,2005.